쉽게 따라하는

Ansible AWX 구축 가이드

Ansible AWX 개념·사용법 이해와 활용

(주)리눅스데이타시스템

C O N T E N T S

C O N T E N T S

C O N T E N T S

CONTENTS

서문

머리말

IT 인프라 자동화의 필요성

IT 인프라는 기업의 운영에 필수적인 요소입니다. 서버, 네트워크, 스토리지, 보안 등 다양한 구성 요소로 구성되며, 기업의 비즈니스 요구 사항에 따라 지속적으로 변화하고 확장됩니다.

IT 인프라를 수동으로 관리하는 것은 매우 어려운 일입니다. 수많은 구성 요소를 일일이 관리해야 하며, 작은 실수라도 큰 문제를 일으킬 수 있습니다. 또한, IT 인프라의 변화와 확장에 신속하게 대응하기 어렵습니다.

IT 인프라 자동화는 이러한 문제를 해결하기 위한 방법입니다. IT 인프라 자동화는 IT 인프라의 구성, 관리, 운영을 자동화하는 것을 의미합니다. 자동화된 프로세스를 통해 IT 인프라를 보다 효율적이고 안전하게 관리할 수 있습니다.

IT 인프라 자동화의 필요성은 다음과 같습니다.

- 작업 효율성 향상: IT 인프라를 수동으로 관리하는 경우, 많은 시간과 노력이 소요됩니다. 작업을 자동화하면, 인력과 비용을 절감하고 작업 효율성을 향상시킬 수 있습니다.
- 오류 감소: 수동으로 작업을 수행할 때는 실수로 인한 오류가 발생할 수 있습니다. 자동화를 통해 작업을 자동화하면, 오류를 줄이고 안정성을 향상시킬 수 있습니다.
- 준수성 강화: IT 인프라는 다양한 규제에 따라야 합니다. 자동화를 통해 규정 준수를 자동화하면, 규정 준수를 강화하고 비용을 절감할 수 있습니다.
- 보안 강화: IT 인프라의 보안은 매우 중요합니다. 자동화를 통해 보안을 자동화하면, 보안을 강화하고 공격에 대한 노출을 줄일 수 있습니다.

IT 인프라 자동화는 기업의 IT 운영을 효율적이고 안전하게 관리하기 위한 필수적인 요소입니다.

Ansible AWX의 개요

Ansible AWX는 Ansible Playbook을 실행하고 관리하기 위한 웹 기반 플랫폼입니다. Ansible은 IT 인프라 자동화 도구로, Playbook이라는 텍스트 파일을 사용하여 IT 인프라 구성, 관리, 운영을 자동화할 수 있습니다.

Ansible AWX는 다음과 같은 기능을 제공합니다.

- Playbook 관리: Ansible Playbook을 생성, 편집, 실행, 관리할 수 있습니다.
- Job Template 관리: Ansible Playbook을 작업 템플릿으로 그룹화하여 실행할 수 있습니다.
- Inventory 관리: 관리 대상 Node의 목록을 관리할 수 있습니다.
- 보고서 작성: Ansible 작업의 실행 결과를 보고할 수 있습니다.

Ansible AWX는 다음과 같은 장점을 가지고 있습니다.

- 웹 기반 인터페이스: 직관적인 웹 기반 인터페이스를 통해 Ansible을 쉽게 사용할 수 있습니다.
- 강력한 기능: Ansible의 모든 기능을 지원합니다.
- 확장성: 커뮤니티 모듈과 플러그인을 통해 확장할 수 있습니다.

Ansible AWX는 IT 인프라 자동화를 위한 강력한 도구입니다. 다음과 같은 분야에서 활용할 수 있습니다.

- 서버 프로비저닝: 서버의 설치, 구성, 패키지 관리 등을 자동화할 수 있습니다.
- 서버 관리: 서버의 업데이트, 보안 강화, 성능 최적화 등을 자동화할 수 있습니다.
- 네트워크 관리: 네트워크 장비의 구성, 관리, 보안 강화 등을 자동화할 수 있습니다.
- 애플리케이션 관리: 애플리케이션의 설치, 구성, 업데이트 등을 자동화할 수 있습니다.

Ansible AWX는 IT 인프라 자동화를 위한 필수적인 도구입니다.

이 책의 목적과 대상 독자

책의 목적

이 책의 목적은 Ansible AWX를 처음 접하는 독자가 Ansible AWX의 개념과 사용법을 이해하고 활용할 수 있도록 돕는 것입니다. 이 책을 통해 독자는 다음과 같은 내용을 학습할 수 있습니다.

- IT 인프라 자동화의 개념과 필요성
- Ansible AWX의 개요와 기능
- Ansible AWX의 웹 기반 인터페이스 사용법
- Ansible Playbook 작성법
- 서버, 네트워크, 애플리케이션 관리를 위한 Ansible Playbook 작성법

대상 독자

이 책은 IT 인프라 자동화에 관심이 있는 다음과 같은 독자에게 적합합니다.

- IT 운영자
- 시스템 관리자
- DevOps 엔지니어
- 개발자

이 책을 통해 독자는 Ansible AWX를 사용하여 IT 인프라를 보다 효율적이고 안전하게 관리할 수 있는 능력을 습득할 수 있습니다.

추천사

디지털 혁신과 자동화의 시대에 IT 인프라의 효율적 관리와 운영은 필수가 되었습니다. 이러한 변화의 중심에는 Ansible AWX가 있습니다. 이 책은 Ansible AWX를 통해 자동화된 IT 환경을 구축하고자 하는 모든 이들에게 필수적인 지침서입니다.

"쉽게 따라하는 Ansible AWX 구축가이드"는 IT 인프라 자동화의 필요성에서부터 시작해 Rocky Linux 설치, 가상화 환경 설정, K3s 구성, 그리고 AWX의 설치와 운영까지 모든 단계를 체계적으로 설명합니다. 각 장은 독자들이 실질적으로 적용할 수 있는 명확한 방법과 실습을 제시하여, 초보자부터 전문가까지 모두에게 유용한 정보를 제공합니다.

이 책은 Ansible AWX를 활용하여 IT 인프라를 자동화하고자 하는 관리자, DevOps 엔지니어, 시스템 엔지니어를 대상으로 합니다. 특히, Rocky Linux와 KVM 가상화, K3s 클러스터 구성, Ansible AWX 설치 및 사용법을 다루는 부분은 실무에서 직접 적용할 수 있는 유용한 지식을 제공합니다.

Ansible을 활용한 서버 유지 관리 및 업데이트, 보안 설정, 애플리케이션 배포 및 관리에 대한 내용

은 IT 인프라의 다양한 측면을 자동화하는 데 큰 도움이 될 것입니다. 이 책이 여러분의 IT 인프라 자동화 여정에 큰 도움이 되기를 바랍니다.

(주)홈앤쇼핑 테크니컬아키텍트 신준아

현재와 그리고 미래의 IT인프라와 각종 서비스 어플리케이션의 복잡도는 가히 상상을 초월합니다. 그래서 엔지니어가 직접 시스템 인프라에 접근해서 관리한다는 말은 시대 착오적인 이야기 입니다.

특히 최근에는 생성형 AI로 인해서 인프라 시스템은 점점 더 복잡해지고 있습니다. 이러한 복잡한 IT 인프라를 통합 자동화하는 솔루션이 바로 "Ansible AWX" 입니다.

앤서블은 오픈소스 소프트웨어이면서 전세계적으로 글로벌 기업들이 사용하는 자동화 툴의 표준 솔루션 이라고 해도 과언이 아닙니다.

"쉽게 따라하는 Ansible AWX 구축가이드"는 이러한 복잡한 IT인프라를 운영자동화 하기 위한 입문서입니다.

이 책의 강점은 실무 경험이 풍부한 엔지니어들이 현장 경험을 바탕으로 꼭 필요한 기초, 기본 기술을 수록하였다는 것입니다. 앤서블 뿐만 아니라 가상머신, 리눅스 초보 인문자들이 책의 목차 순서대로 그대로 따라서 실행만 하면 앤서블 서버를 설치 할 수 있는 설치 가이드입니다. 이 책은 앤서블 입문서이긴 하지만 인프라 운영 실무자들도 기본기를 탄탄히 잡을 수 있는 앤서블 메뉴얼입니다.

바쁜 회사 업무에도 불구하고 훌륭한 책을 집필하느라 고생한 우리 엔지니어들의 노고에 감사드립니다. 부디 이 책을 통해서 대한민국의 IT인프라가 장애 없는 선진 시스템이 구축되길 기원합니다.

(주)리눅스데이타시스템 대표이사 **정정모**

Ansible로 구현하는 인프라 자동화에 대한 책 중 국내에 유일하게 초보자들도 쉽게 접해볼 수 있는 유익한 내용의 서적이라고 생각합니다.

아직까지는 어려운 용어와 이해도가 높은 수준의 책들이 많은 편이여서 오히려 Ansible의 인프라 자동화에 대한 이해가 어려운 부분도 있었지만, 이책을 통하여 좀 더 쉽게 Ansible에 대한 많은 지식이 전달이 되었으면 하는 바람입니다. Ansible 관련 서적 중 최고라고 생각합니다.

(주)리눅스데이타시스템 OTS 사업본부 본부장 **허지관**

88올림픽이 열리고 몇 년 지난 후에 처음, 그 누군가 쓰다 버린 구형 컴퓨터가 제 손에 들어 왔습니다. 그냥 장난감처럼 내부 구조가 궁금해서 요리조리 분해 해 보고 싶었습니다. 웬걸 모르겠습니다.

당시 유명한 개그맨인 전유성씨가 저술한 “무작정 컴퓨터 따라하기” 책을 사서 생각 없이 따라 했었습니다. 따라 하다 보니 이해가 되었고 IT로 입문하게 된 계기가 되었습니다. Ansible 솔직히 어렵습니다. 하지만 이 책만 따라 해도 이해 됩니다. 학습하고 배워야 할 것 들이 많은 요즘입니다. 가끔은 그냥 따라만 해도 되는 것들이 반갑습니다.

(주)리눅스데이타시스템 스마트플랫폼 사업본부 본부장 **김기욱**

오늘도 처리해야 하는 수 없이 많은 반복 업무들 중에 Ctrl+C 와 Ctrl+V 를 수 없이 사용하면서 “내가 지금 왜 이러고 있을까”를 생각해 보신 적 있으신 분들은 꼭 “쉽게 따라하는 Ansible AWX 구축가이드” 를 읽어 보시기 바랍니다.

이 책을 읽으신 분들은 스타벅스에서 급하게 압축한 쓰디 쓴 에스프레소의 커피맛이 아니라, 고소하고 산미가 가득한 드립 커피를 마실 수 있는 여유를 갖을 수 있게 됩니다. 이런 여유를 갖을 수 있는 방법의 시작과 끝을 “쉽게 따라하는 Ansible AWX 구축가이드”를 통해 알려 주신 집필자 분들께 진심 어린 감사드립니다.

(주)오에스에스랩 기술이사 **엄근영**

20년간 오픈소프트웨어 전문기업으로서 축적한 Know-how를 녹여낸 “쉽게 따라하는 Ansible AWX”, 본 서적 한권으로 인프라 자동화 툴인 Ansible을 쉽게 습득할 수 있을 것 입니다.

(주)리눅스데이타시스템 중부지사 지사장 **강준경**

자동화솔루션에 대한 기초 및 이해에 대한 바이블이라고 말씀 드립니다.

(주)리눅스데이타시스템 컨설팅 사업본부 본부장 **강민석**

베타리더의 말

Ansible AWX를 이해하고 활용하는 최고의 안내서입니다. IT 운영자, 시스템 관리자, DevOps 엔지니어, 개발자에게 추천합니다. 이 책과 함께 IT 인프라 자동화 전문가가 되세요.

(주)리눅스데이타시스템 중부지사 기술이사 **이강우**

앞으로는 비즈니스 효율성과 오류를 최소화하며, 튼튼한 기본 지식을 바탕으로 경쟁력을 빠르게 높여 나가야 하는 시대입니다. 이 책은 Ansible AWX를 이용하여 IT 인프라 구축에 대한 실용적인 지식과 지침을 제공합니다. 초보자부터 상급자까지 체계적으로 중요한 지식을 습득하길 원하는 분들에게 가장 필요한 책으로 판단됩니다.

(주)소클 기술본부 팀장 **이문호**

PART 1
Ansible AWX 준비

PART 1 Ansible AWX 준비

제1장 Rocky Linux 설치

해당 장에서는 Ansible AWX 작업 환경인 OS 환경 구성에 대한 내용입니다.

1.1. Rocky Linux 소개

1.1.1. Rocky Linux란 무엇인가?

[그림 : Rocky Linux Logo]

Rocky Linux는 2021년 6월 21일에 첫 번째 버전이 출시되었습니다. CentOS 프로젝트의 공동 설립자인 Gregory Kurtzer가 주도하는 커뮤니티에 의해 개발 및 지원되고 있습니다.

Rocky Linux는 RHEL의 대안으로 인기를 얻고 있습니다. Rocky Linux는 무료로 사용할 수 있습니다. 또한, Rocky Linux는 커뮤니티에서 개발 및 지원되기 때문에 RHEL보다 더 개방적입니다.

Rocky Linux는 안정적이고 보안이 뛰어난 무료 리눅스 배포판입니다. 다양한 용도로 사용할 수 있으며, RHEL의 대안으로 인기를 얻고 있습니다.

1.1.2. Rocky Linux의 특징

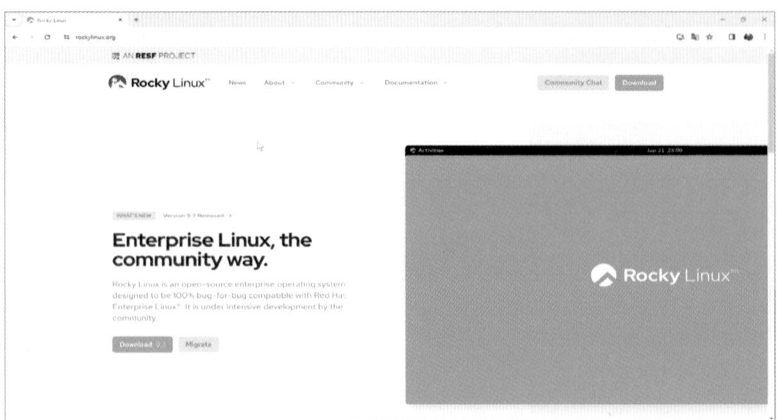

[그림 : Rocky Linux Site]

Rocky Linux는 레드햇 엔터프라이즈 리눅스(RHEL)의 소스 코드를 기반으로 한 무료 리눅스 배포판입니다. RHEL과 100% 호환되며, RHEL의 안정성과 보안을 그대로 제공합니다.

Rocky Linux의 특징은 다음과 같습니다.

- RHEL과의 100% 호환성
  - Rocky Linux는 RHEL의 소스 코드를 기반으로 하기 때문에 RHEL과 100% 호환됩니다. 이는 Rocky Linux가 RHEL과 동일한 소프트웨어 및 기능을 사용할 수 있다는 것을 의미합니다.
  - RHEL은 기업에서 사용되는 가장 안정적이고 안전한 리눅스 배포판 중 하나로 알려져 있습니다. 따라서 Rocky Linux는 RHEL과의 100% 호환성 덕분에 기업에서도 안정적이고 안전하게 사용할 수 있습니다.

- 안정성과 보안
  - Rocky Linux는 RHEL의 안정성과 보안을 그대로 제공합니다. RHEL은 기업에서 사용되는 가장 안정적이고 안전한 리눅스 배포판 중 하나로 알려져 있습니다. 따라서 Rocky Linux는 RHEL과의 100% 호환성 덕분에 기업에서도 안정적이고 안전하게 사용할 수 있습니다.
  - Rocky Linux는 다음과 같은 보안 기능을 제공합니다.
    - 패키지 업데이트: Rocky Linux는 정기적으로 패키지 업데이트를 제공하여 최신 보안 취약점을 해결합니다.
    - 방화벽: Rocky Linux는 기본적으로 방화벽이 활성화되어 있어 외부로부터의 공격을 방지합니다.
    - 루트 사용자 제한: Rocky Linux는 루트 사용자의 권한을 제한하여 악의적인 공격으로부터 시스템을 보호합니다.

- 커뮤니티 지원
  - Rocky Linux는 활발한 커뮤니티를 통해 지원됩니다. 커뮤니티는 질문에 답하고 문제를 해결하는 데

도움을 줄 수 있습니다.

- Rocky Linux 커뮤니티는 다음과 같은 리소스를 제공합니다.
  - 웹사이트: Rocky Linux의 공식 웹사이트에는 설치 가이드, 문서, 소식 등이 제공됩니다.
  - 포럼: Rocky Linux 포럼에서는 질문과 답변을 할 수 있습니다.
  - IRC 채널: Rocky Linux IRC 채널에서는 실시간으로 질문과 답변을 할 수 있습니다.

➢ 다양한 용도 지원

- Rocky Linux는 다양한 용도로 사용할 수 있습니다. 다음은 몇 가지 예입니다.
  - 서버: Rocky Linux는 웹 서버, 데이터베이스 서버, 파일 서버 등 다양한 종류의 서버를 실행하는 데 사용할 수 있습니다.
  - 데스크톱: Rocky Linux는 데스크톱 운영 체제로 사용할 수 있습니다.
  - 컨테이너: Rocky Linux는 컨테이너화된 애플리케이션을 실행하는 데 사용할 수 있습니다.

Rocky Linux의 주요 특징을 요약하면 다음과 같습니다.

➢ RHEL과의 100% 호환성: RHEL과 동일한 소프트웨어 및 기능을 사용할 수 있습니다.
➢ 안정성과 보안: RHEL의 안정성과 보안을 그대로 제공합니다.
➢ 커뮤니티 지원: 활발한 커뮤니티를 통해 지원을 받을 수 있습니다.
➢ 다양한 용도 지원: 서버, 데스크톱, 컨테이너 등 다양한 용도로 사용할 수 있습니다.

Rocky Linux는 안정적이고 보안이 뛰어난 무료 리눅스 배포판을 찾는 사용자에게 적절한 선택입니다.

1.2. Rocky Linux 설치 준비

1.2.1. OS 설치 사전 준비 사항

➢ 이 설치에 사용할 Rocky Linux 버전의 최신 ISO 이미지는 여기에서 다운로드할 수 있습니다.

- https://www.rockylinux.org/download/

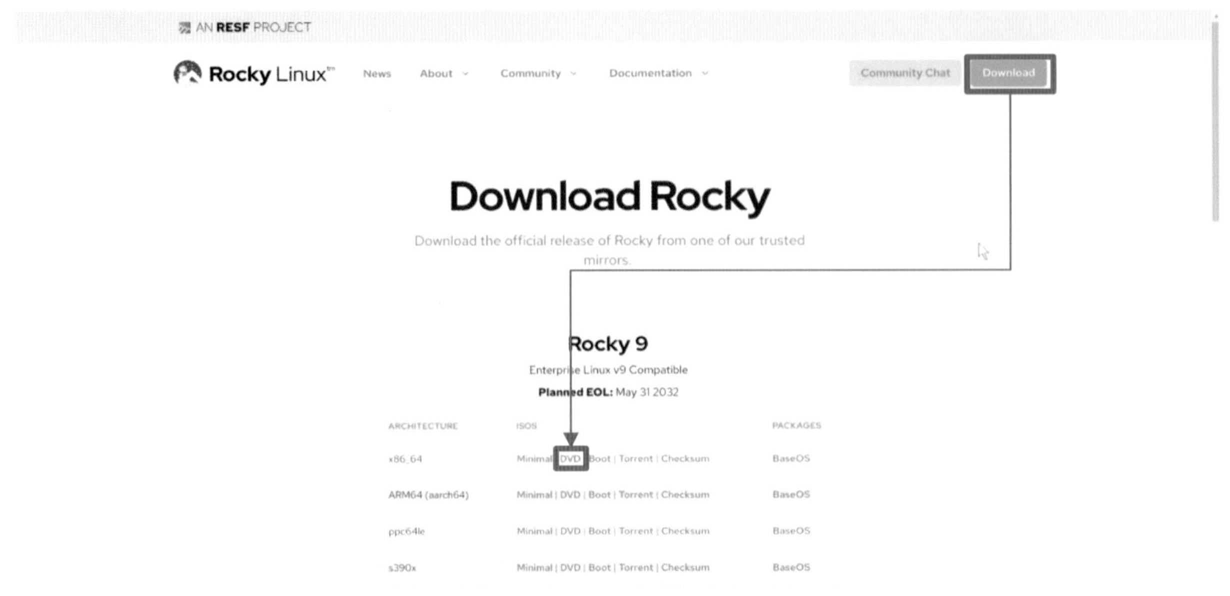

[그림 : Rocky Linux - Download - x86_64 - DVD]

- 기존 Linux 기반 시스템의 명령줄에서 ISO를 직접 다운로드하려면 wget 명령을 사용합니다.

```
# wget https://download.rockylinux.org/pub/rocky/9/isos/x86_64/Rocky-9.3-x86_64-dvd.iso
```

```
[root@host ISO]# pwd
/home/ISO
[root@host ISO]# wget https://download.rockylinux.org/pub/rocky/9/isos/x86_64/Rocky-9.3-x86_64-
dvd.iso
[root@host ISO]#
```

1.2.2. 설치 프로그램 ISO 파일 확인

먼저 사용 가능한 ISO에 대한 공식 체크섬이 포함된 파일을 다운로드합니다. 다운로드한 Rocky Linux ISO가 포함된 폴더에서 ISO용 체크섬 파일을 다운로드하는 동안 다음을 입력합니다.

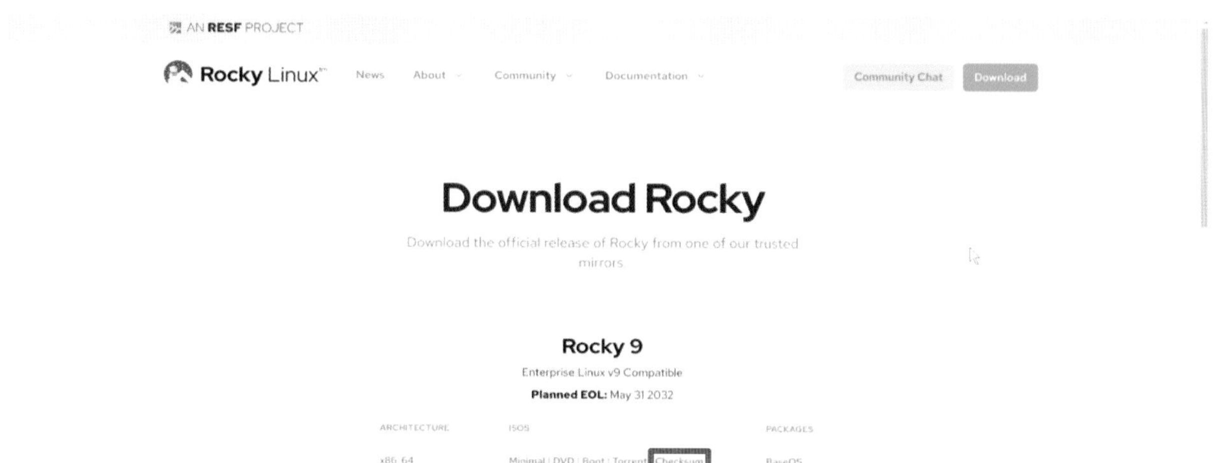

[그림 : Rocky Linux - Download - x86_64 - Checksum]

```
# wget https://download.rockylinux.org/pub/rocky/9/isos/x86_64/CHECKSUM
```

```
[root@host ISO]# wget https://download.rockylinux.org/pub/rocky/9/isos/x86_64/CHECKSUM
--2024-01-05 10:14:44--  https://download.rockylinux.org/pub/rocky/9/isos/x86_64/CHECKSUM
Resolving download.rockylinux.org (download.rockylinux.org)... 151.101.42.132, 2a04:4e42:a::644
Connecting to download.rockylinux.org (download.rockylinux.org)|151.101.42.132|:443... connected.
HTTP request sent, awaiting response... 200 OK
Length: 1350 (1.3K) [application/octet-stream]
Saving to: 'CHECKSUM'

CHECKSUM                  100%[==================================================>]
1.32K  --.-KB/s    in 0s

utime(CHECKSUM): Operation not permitted
2024-01-05 10:14:45 (3.26 MB/s) - 'CHECKSUM' saved [1350/1350]

[root@host ISO]#
```

- sha256sum 유틸리티를 사용하여 ISO 파일의 손상 및/또는 변조에 대한 무결성을 확인합니다

```
# sha256sum -c CHECKSUM --ignore-missing
```

```
[root@host ISO]# sha256sum -c CHECKSUM --ignore-missing
Rocky-9.3-x86_64-dvd.iso: OK
[root@host ISO]#
```

1.2.3. 부팅 ISO 만들기

Rocky Linux를 설치하기 위해 다운로드한 ISO 이미지를 담은 USB 로, Booting USB를 생성하는 방법을 아래와 같이 진행합니다. Rocky Linux는 다양한 CPU 아키텍처를 지원하므로 설치 DVD 이미지는 자신의 환경과 일치하는 것을 선택해야 합니다.

1.2.3.1. Windows에서 부팅 가능한 USB 만들기

Rufus는 USB 메모리 및 플래시 드라이브를 포맷하고 부팅할 수 있도록 만드는 도구입니다.

이 프로그램은 다음 상황에서 유용하게 사용할 수 있습니다:

- 부팅 가능한 ISO 파일(Windows, 리눅스, UEFI 등)을 USB로 설치해야 할 때
- OS가 설치되지 않은 시스템에서 작업해야 할 때
- DOS 환경에서 BIOS나 기타 펌웨어를 설치해야 할 때
- 로우포맷 유틸리티를 실행해야 할 때

Rufus를 사용하여 Windows에서 Rocky Linux 9용 부팅 가능한 USB를 만듭니다.

1. 이미지 다운로드가 완료되면 부팅이 가능한 USB를 만들기 위해 Rufus 소프트웨어를 다운로드합니다.
   a. https://rufus.ie/en/

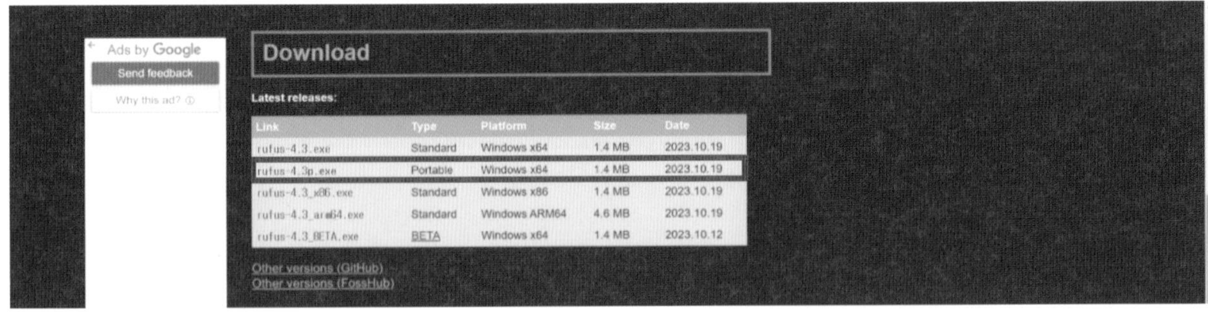

[그림 : Rufus - Download - https://rufus.ie/en/]

2. Rufus 를 실행합니다.
3. USB 드라이브를 시스템에 연결하십시오.
   a. Rufus는 자동으로 이를 감지합니다.
   b. Rocky Linux ISO가 Image가 10GB이상이므로 USB는 16GB 이상으로 준비합니다.

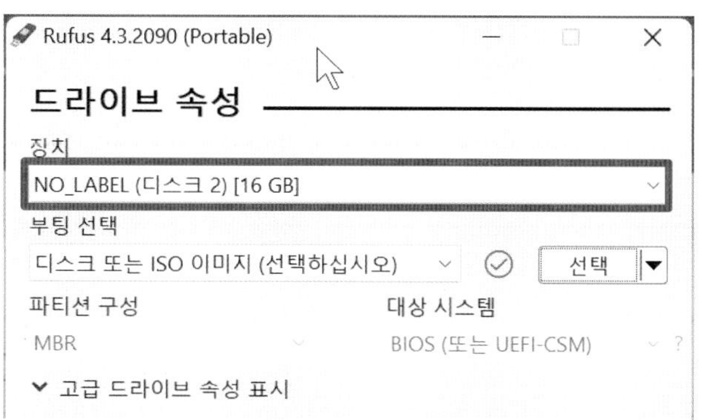

[그림 : Rufus – 실행]

4. Rufus 드라이브 속성 설정합니다.
   a. "선택" 버튼을 클릭하여 Rocky Linux 9 ISO 파일을 선택합니다. 그런 다음 ISO 파일을 찾아 선택합니다.
   b. 영구 파티션 크기로 1GB를 할당하고 파티션 구성표로 MBR을 할당합니다.

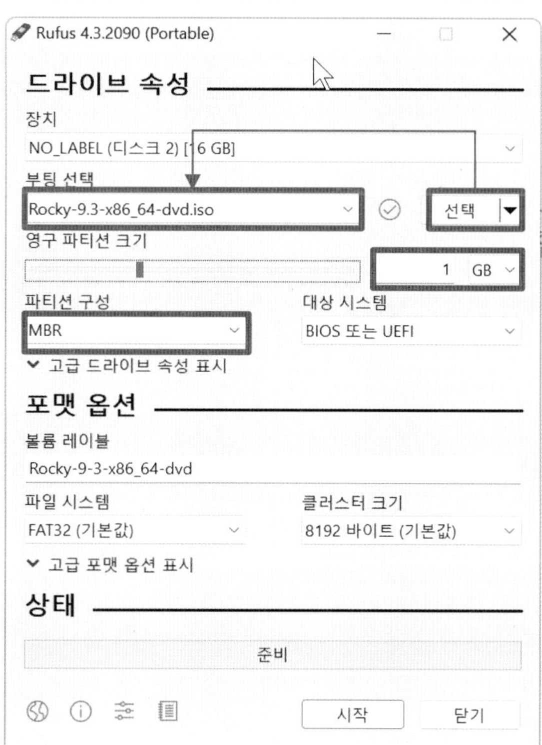

[그림 : Rufus – 드라이브 속성]

5. "시작" 버튼을 클릭하여 Rocky Linux 9 OS의 부팅 프로세스를 시작합니다.
6. 추가 필요한 다운로드 프로그램을 다운로드합니다.

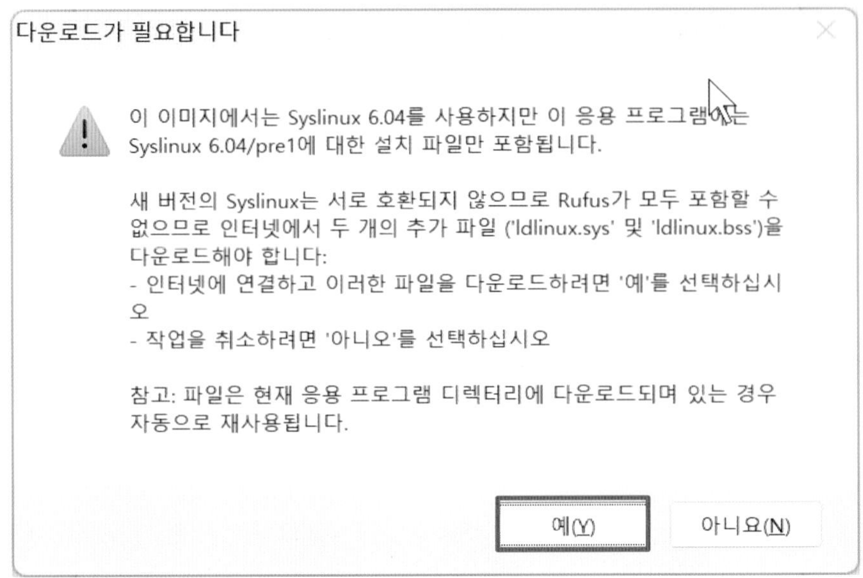

[그림 : Rufus – 다운로드 필요 문구 – Syslinux 6.04]

7. 데이터 삭제 경고 내용입니다. "확인" 버튼을 클릭합니다.

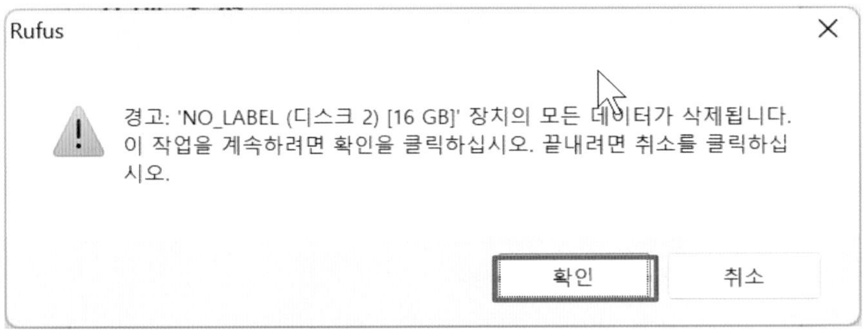

[그림 : Rufus – 데이터 삭제 경고]

1.2.3.2. Linux 환경에서 부팅 가능한 USB 만들기

1. USB 플래시 드라이브를 시스템에 연결하고 dmesg 명령을 실행합니다. 최근의 모든 이벤트를 자세히 설명하는 로그가 표시되고, 이 로그의 맨 아래에는 방금 연결한 USB 플래시 드라이브로 인해 발생하는 일련의 메시지가 표시되며, 다음과 같은 드라이브 sda를 찾을 수 있습니다.

   a. sda와 sdb는 각 환경마다 다를수 있습니다.

```
$ dmesg

$ dmesg | grep disk
```

```
[root@localhost ~]# dmesg | grep disk
[870519.775611] sd 0:0:0:0: [sda] Attached SCSI removable disk
[871268.899479] sd 0:0:0:0: [sda] Attached SCSI removable disk
```

```
[1109313.033650] sd 0:0:0:0: [sda] Attached SCSI removable disk
[root@localhost ~]#
```

2. root로 로그인 합니다.

```
$ su -
```

```
[lds@localhost ~]$ su -
Password:
[root@localhost ~]#
```

   a. 메시지가 나타나면 root 암호를 입력 합니다.

3. 장치의 마운트 상태를 확인합니다. 이를 위해 먼저 이전 단계에서 찾은 명령과 장치 이름을 사용합니다. 예를 들어, 이름이 sdb 인 경우 다음을 사용합니다.

```
# findmnt /dev/sda
```

```
[root@localhost ~]# findmnt /dev/sda
[root@localhost ~]#
```

   a. 명령의 출력을 표시하지 않으면 다음 단계를 진행할 수 있습니다. 그러나 명령이 출력을 제공하는 경우 장치가 자동으로 마운트 된 것이므로 계속하기 전에 마운트를 해제 해야합니다. 명령어는 다음과 같습니다.

```
# findmnt /dev/sda
```

```
TARGET   SOURCE   FSTYPE  OPTIONS
/mnt/iso /dev/sda iso9660 ro,relatime
```

   b. TARGET 열에 유의해야 합니다. 다음으로 umount target 명령을 사용하여 장치를 마운트 해제합니다.

```
# umount /mnt/iso
```

4. 다음의 dd 명령을 사용하여 설치 ISO 이미지를 USB 장치에 직접 씁니다.

```
# dd if=/image_directory/image.iso of=/dev/device bs=blocksize status=progress
```

   a. /image_directory/image.iso를 다운로드 한 ISO 이미지 파일의 전체 경로를 이전에 dmesg 명령에서 보고한 장치 이름을 가진 device로 바꾸고, 쓰기 속도를 높이기 위해 적절한 블록 크기 (예 : 512k)로 blocksize를 바꿉니다.

   b. bs 매개 변수는 선택 사항이지만 프로세스 속도를 더욱 높일 수 있습니다.

   c. 참고 사항

i. 출력을 장치의 파티션 이름 (예 : /dev/sda1)이 아니라 장치 이름 (예 : /dev/sda)으로 지정해야 합니다.

ii. 예를 들어 ISO 이미지가 /var/lib/libvirt/images/ISO/Rocky-9.3-x86_64-dvd.iso에 있고 감지된 장치 이름이 sda 인 경우 명령은 다음과 같습니다.

```
# dd if=/var/lib/libvirt/images/ISO/Rocky-9.3-x86_64-dvd.iso of=/dev/sda bs=512k status=progress
```

```
[root@localhost ~]# dd if=/var/lib/libvirt/images/ISO/Rocky-9.3-x86_64-dvd.iso of=/dev/sda bs=512k
status=progress
10511974400 bytes (11 GB, 9.8 GiB) copied, 478 s, 22.0 MB/s
20053+1 records in
20053+1 records out
10514006016 bytes (11 GB, 9.8 GiB) copied, 478.134 s, 22.0 MB/s
[root@localhost ~]#
```

5. dd가 장치에 이미지 쓰기를 완료할 때까지 기다립니다. 진행률 표시줄이 나타나지 않고 # 프롬프트가 다시 나타나면 데이터 전송이 완료된 것입니다. 프롬프트가 표시되면 root 계정에서 로그아웃 하고 USB 드라이브를 분리합니다.

1.3. Rocky Linux 설치

➢ Rocky Linux USB 부팅 이미지로 Booting을 시작합니다. 컴퓨터가 부팅되면 Rocky Linux 9 환영 시작 화면이 표시됩니다.

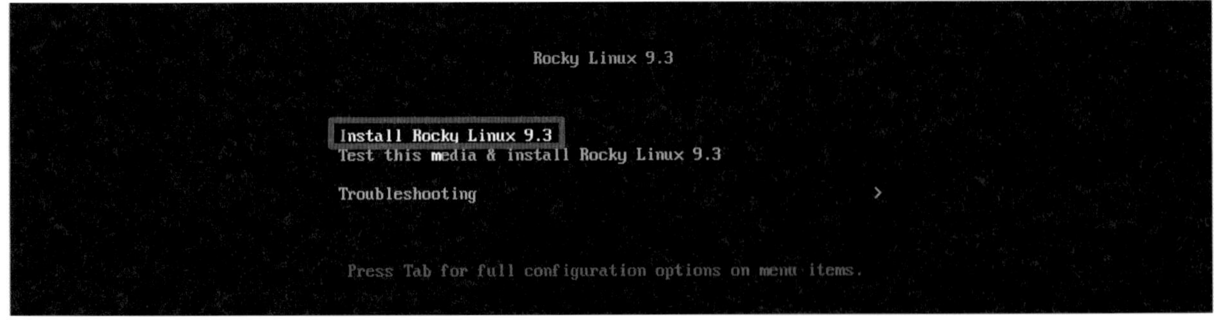

[그림 : Rocky Linux 설치 – Booting]

1.3.1. 설치 요약

➢ 화면은 대략 다음과 같은 섹션으로 구분됩니다.

- LOCALIZATION: (키보드, 언어 지원, 시간 및 날짜)
- SOFTWARE: (설치 소스 및 소프트웨어 선택)
- 시스템: (설치 대상, KDUMP, 네트워크 및 호스트 이름, 보안 프로필)

- 사용자 설정: (루트 비밀번호 및 사용자 생성)

이 화면에서 설치를 수행하는 데 사용할 언어를 선택합니다. 이 가이드에서는 영어(미국)를 선택합니다. 그런 다음 계속 버튼을 클릭합니다.

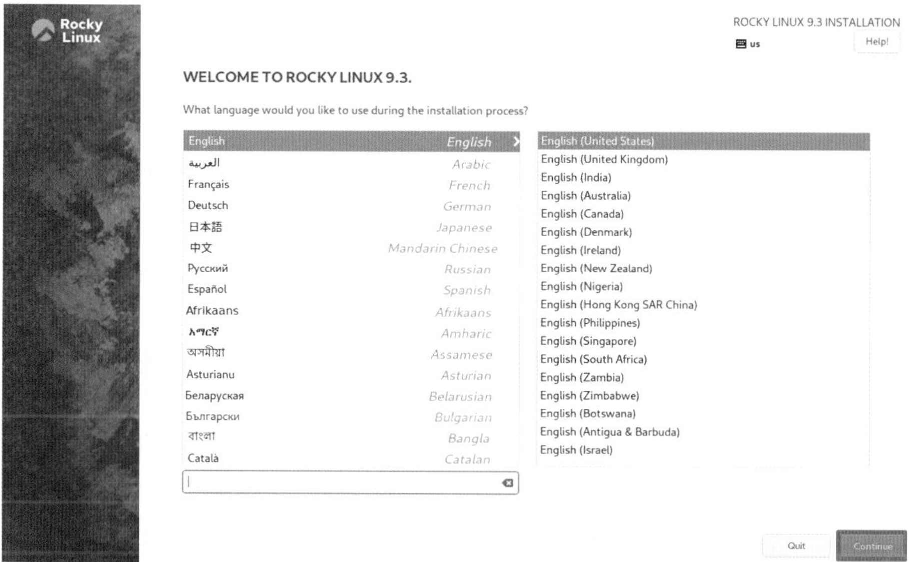

[그림 : Rocky Linux 설치 - WELCOME TO ROCKY LINUX]

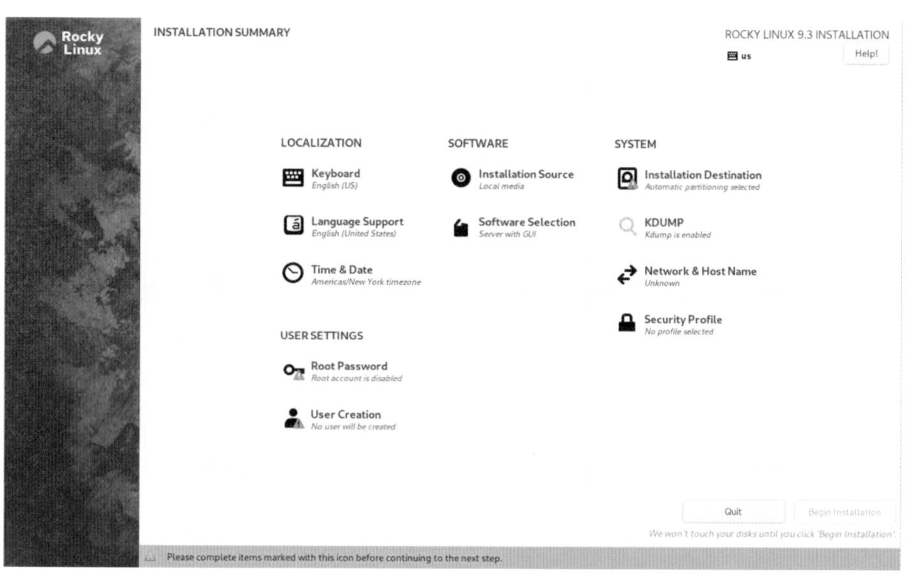

[그림 : Rocky Linux 설치 - INSTALLATION SUMMARY]

1.3.2. Localization 부분

1.3.2.1. Keyboard

- 기본값(미국 영어)을 사용하며, 이를 변경하지 않습니다.

1.3.2.2. Language Support

- 설치 요약 화면의 언어 지원 옵션을 사용하면 필요할 수 있는 추가 언어에 대한 지원을 지정할 수 있습니다.
- 한국어 내용을 추가 적용 합니다.
  - 한국어 Korean
  - 한국어 (대한민국) 변경하고 완료를 클릭합니다.

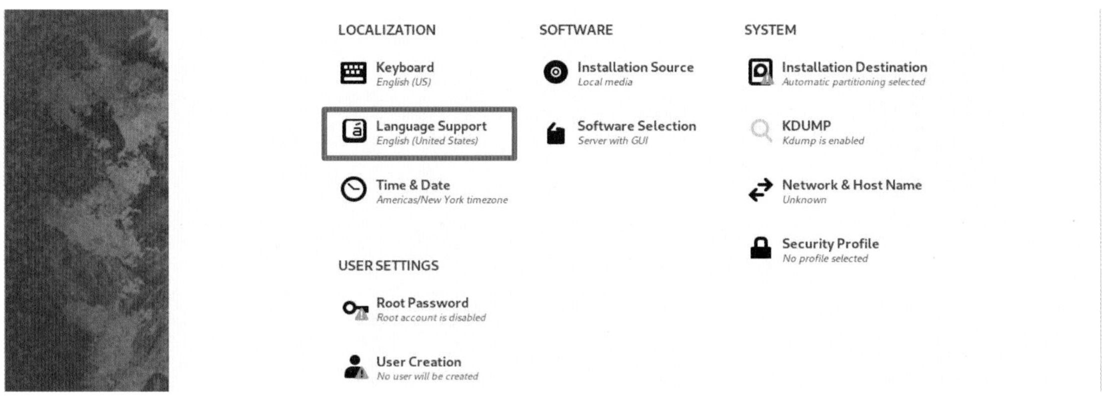

[그림 : Rocky Linux 설치 – INSTALLATION SUMMARY]

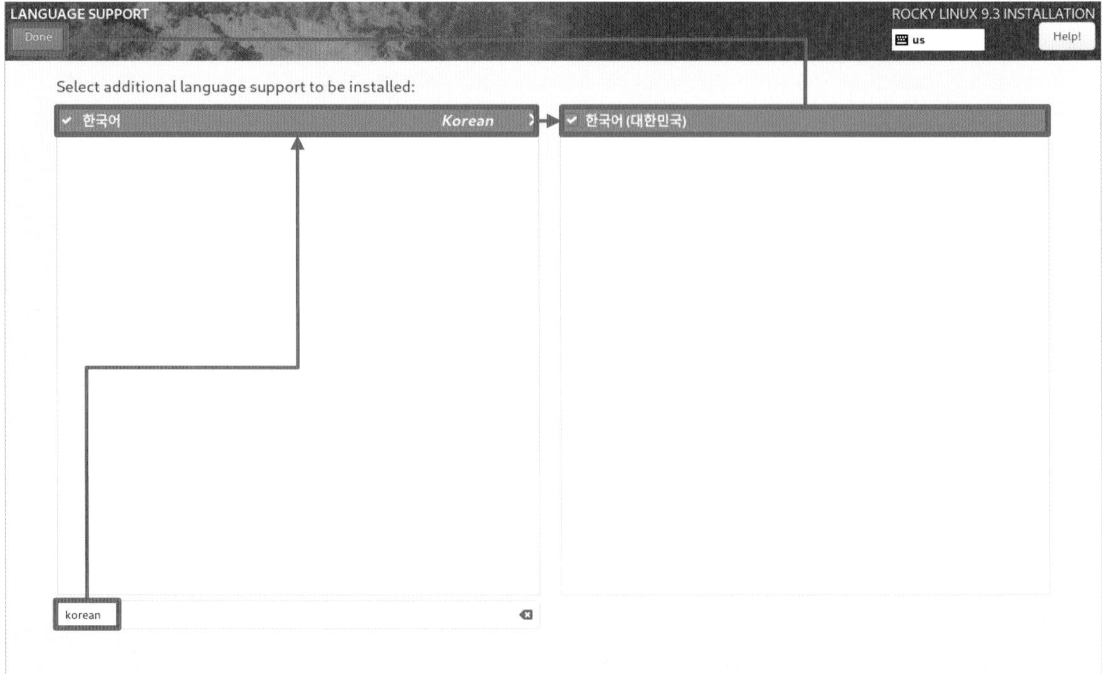

[그림 : Rocky Linux 설치 – LANGUAGE SUPPORT]

1.3.2.3. Time & Date

기본 설치 요약 화면에서 시간 및 날짜 옵션을 클릭하면 컴퓨터가 위치한 시간대를 선택할 수 있는 다른 화면이 나타납니다. 지역 및 도시 목록을 스크롤하여 가장 가까운 지역을 선택합니다.

- Region: Asia
- City: Seoul

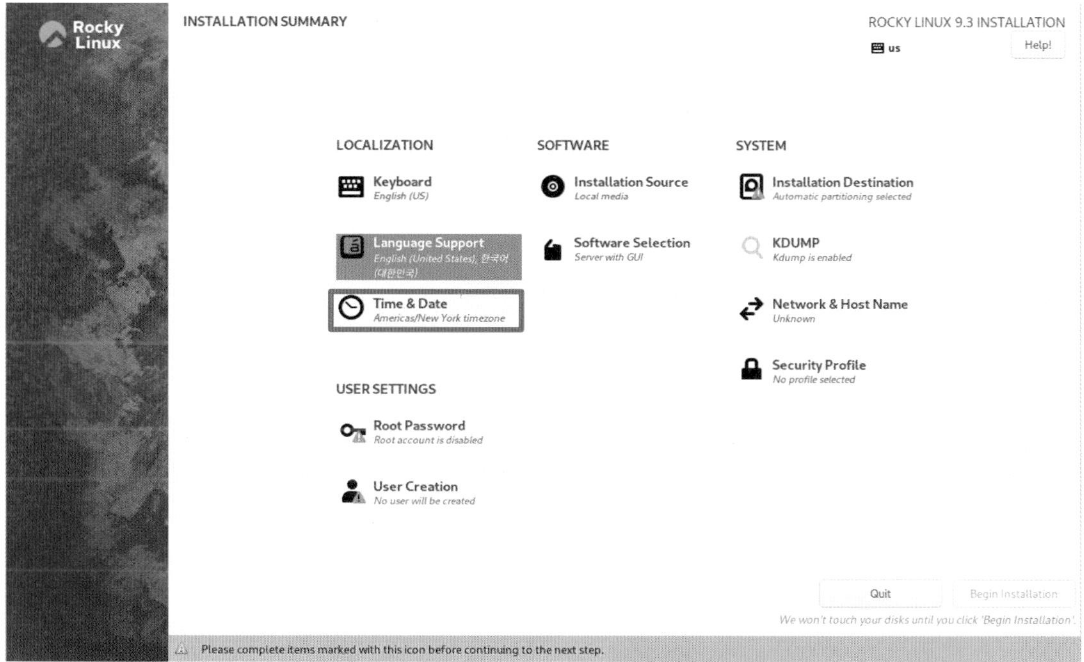

[그림 : Rocky Linux 설치 – INSTALLATION SUMMARY]

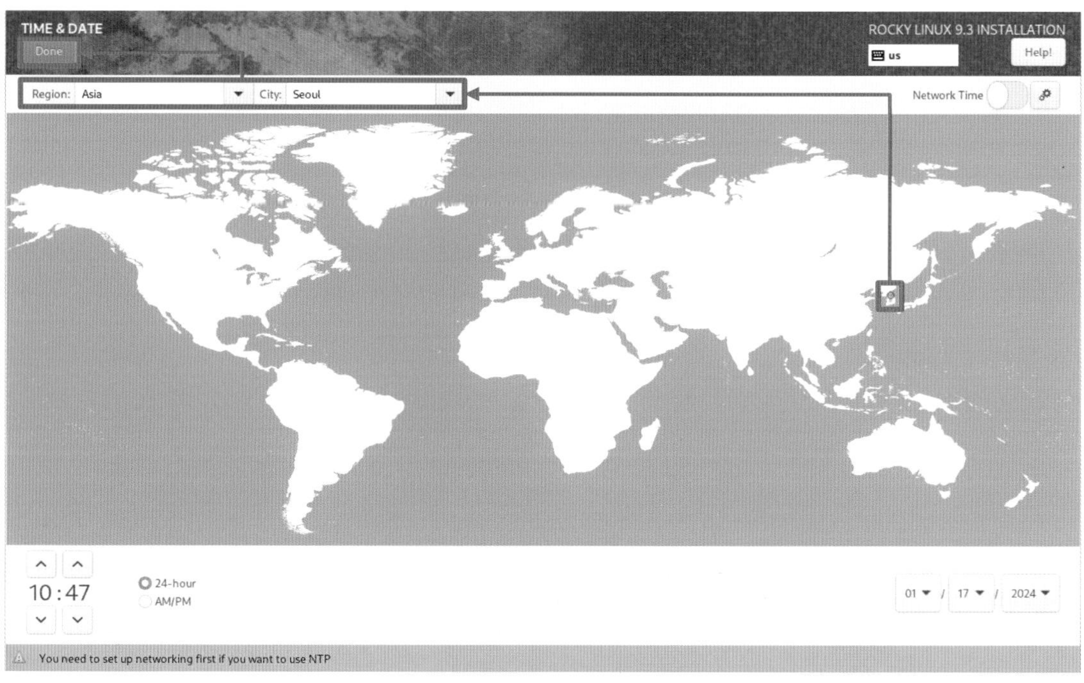

[그림 : Rocky Linux 설치 – TIME & DATE]

1.3.3. Software 부분

1.3.3.1. Installation Source

- Rocky Linux 9 ISO 이미지를 사용하여 설치를 수행하므로 기본 설치 요약 화면의 설치 소스 섹션에 로컬 미디어가 자동으로 지정되는 것을 볼 수 있습니다. 미리 설정된 기본값을 적용하겠습니다.
  - Local media

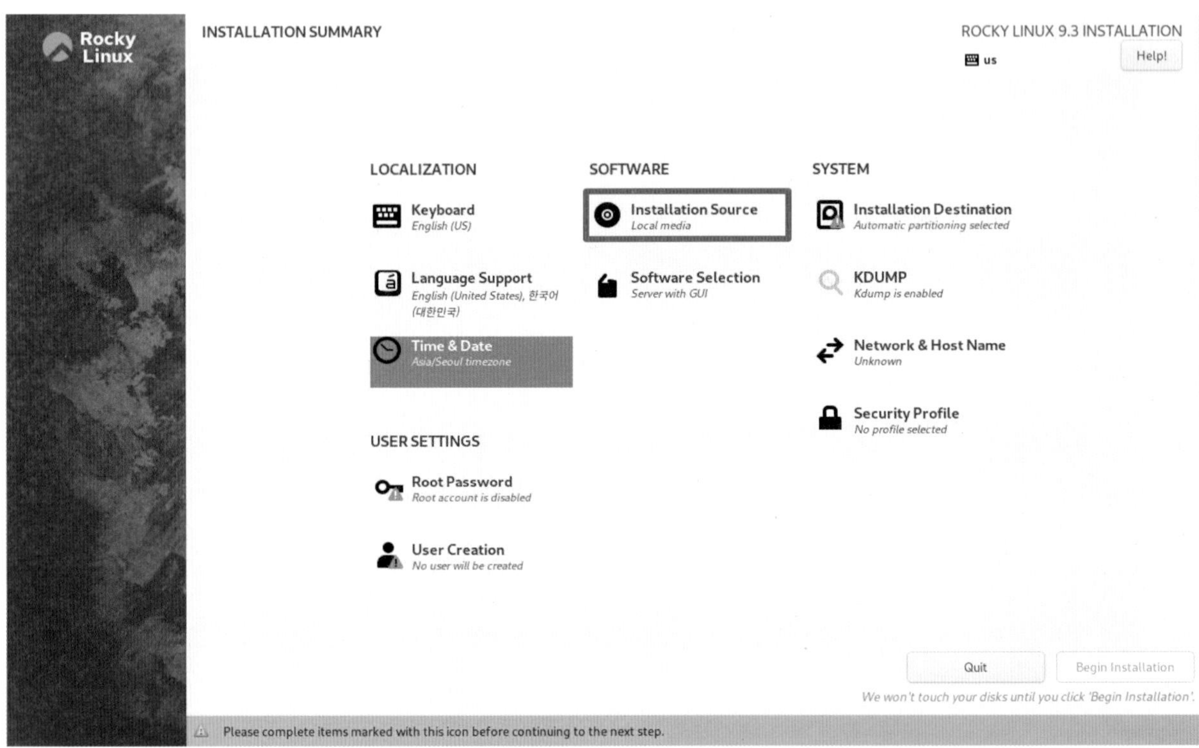

[그림 : Rocky Linux 설치 - INSTALLATION SUMMARY]

1.3.3.2. Software Selection

- 기본 설치 요약 화면에서 소프트웨어 선택 옵션을 클릭하면 시스템에 설치할 정확한 소프트웨어 패키지를 선택할 수 있는 설치 섹션이 표시됩니다. 소프트웨어 선택 영역은 다음과 같이 적용합니다.
  - Server with GUI

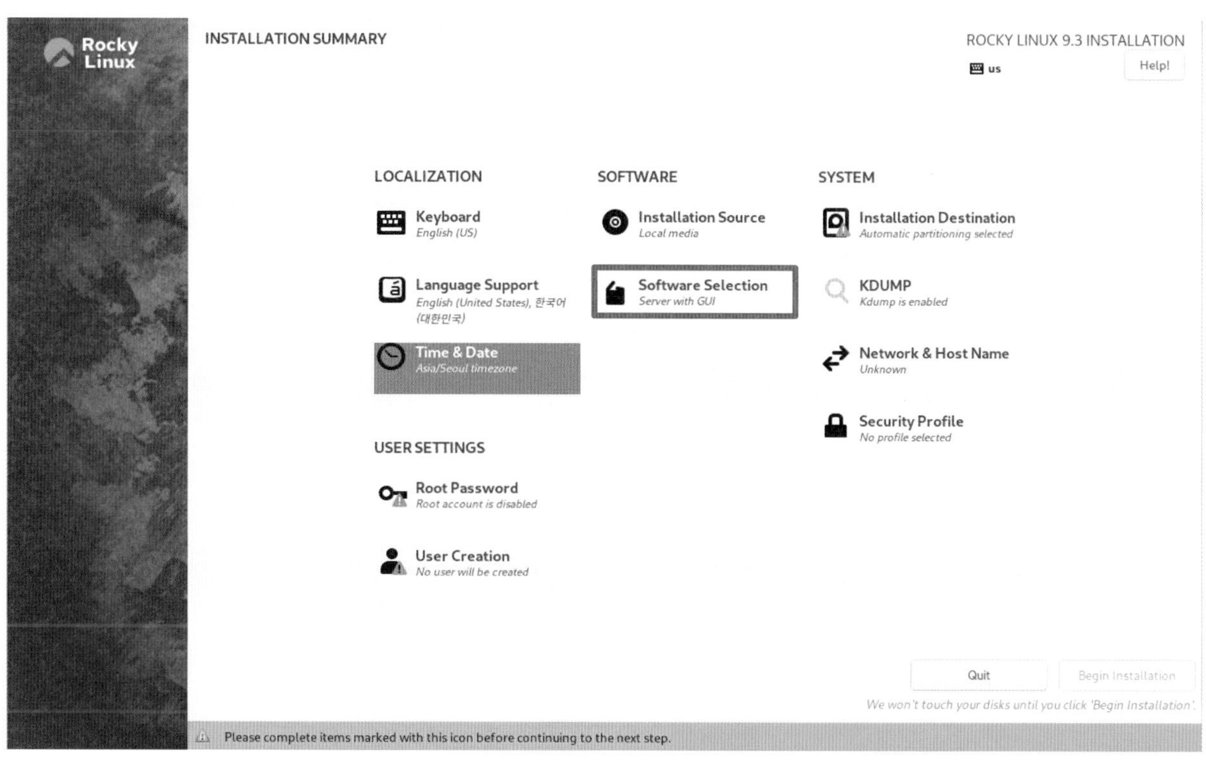

[그림 : Rocky Linux 설치 – INSTALLATION SUMMARY]

1.3.4. System 부분

1.3.4.1. Installation Destination

- 설치 요약 화면에서 설치 대상 옵션을 클릭합니다. 그러면 해당 작업 영역으로 이동됩니다.
- 그런 다음 화면 상단에서 “Done”을 클릭합니다.

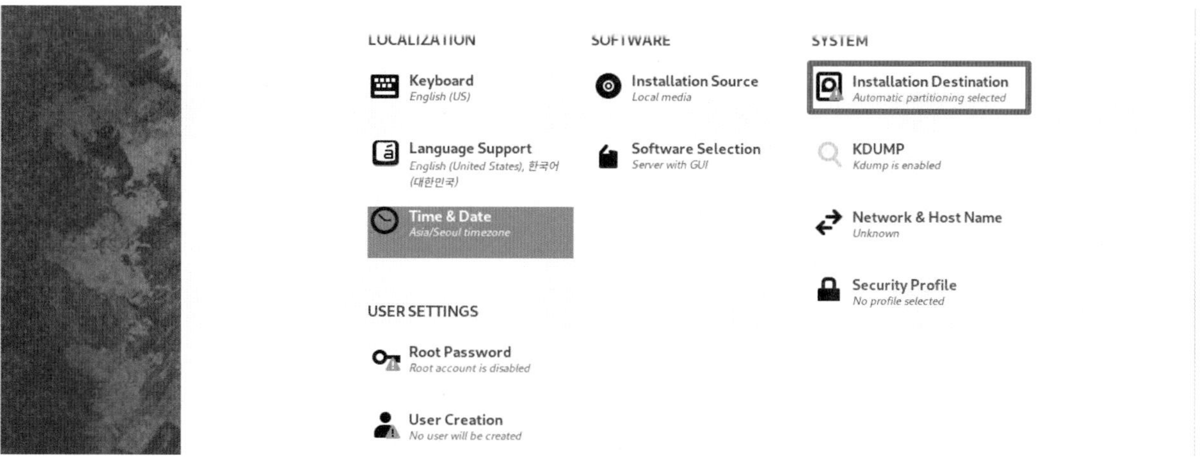

[그림 : Rocky Linux 설치 – INSTALLATION SUMMARY]

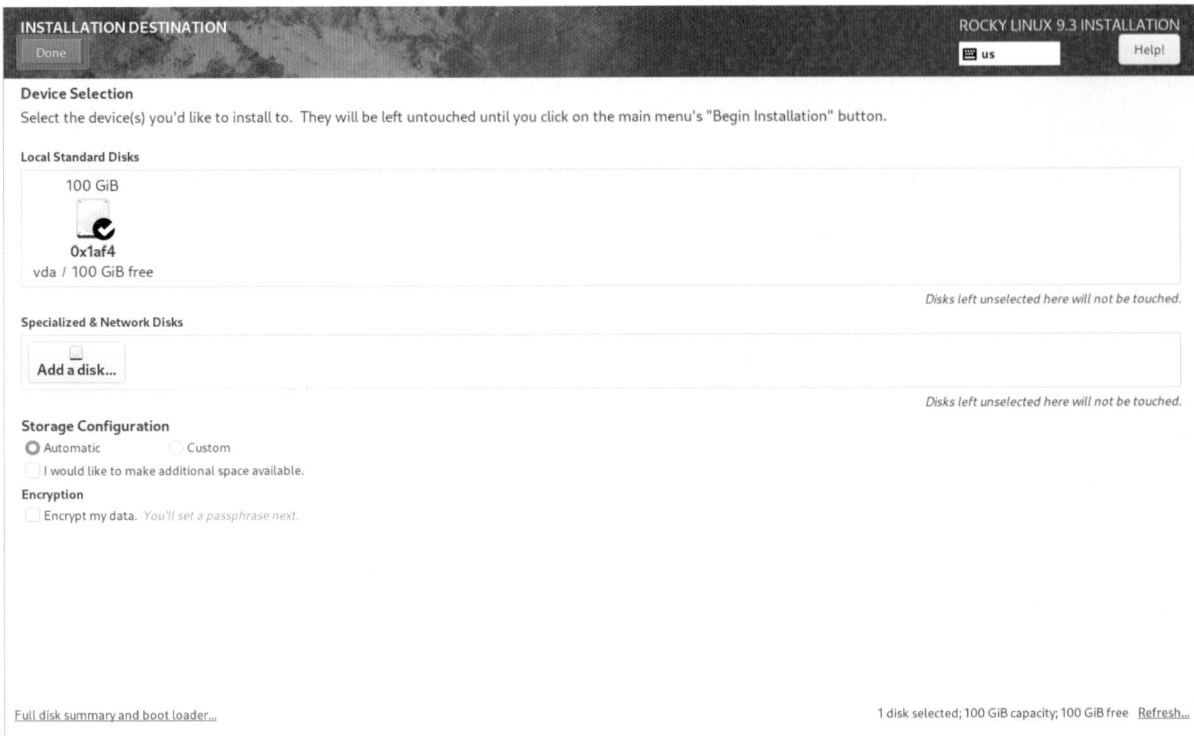

[그림 : Rocky Linux 설치 – INSTALLATION DESTINATION]

1.3.5. Network 및 Hostname 부분

설치 절차의 마지막 작업은 시스템의 네트워크 관련 설정을 구성하거나 조정할 수 있는 네트워크 구성을 다룹니다.

- 해당 부분은 CLI를 통해 추후 작업을 진행합니다.

1.3.6. User 설정 부분

이 섹션은 루트 사용자 계정의 비밀번호를 생성하고 새 관리 계정 또는 비관리 계정을 생성하는 데 사용할 수 있습니다.

1.3.6.1. Root Password

사용자 설정 아래의 Root 비밀번호 필드를 클릭하여 Root 비밀번호 작업 화면을 시작합니다.

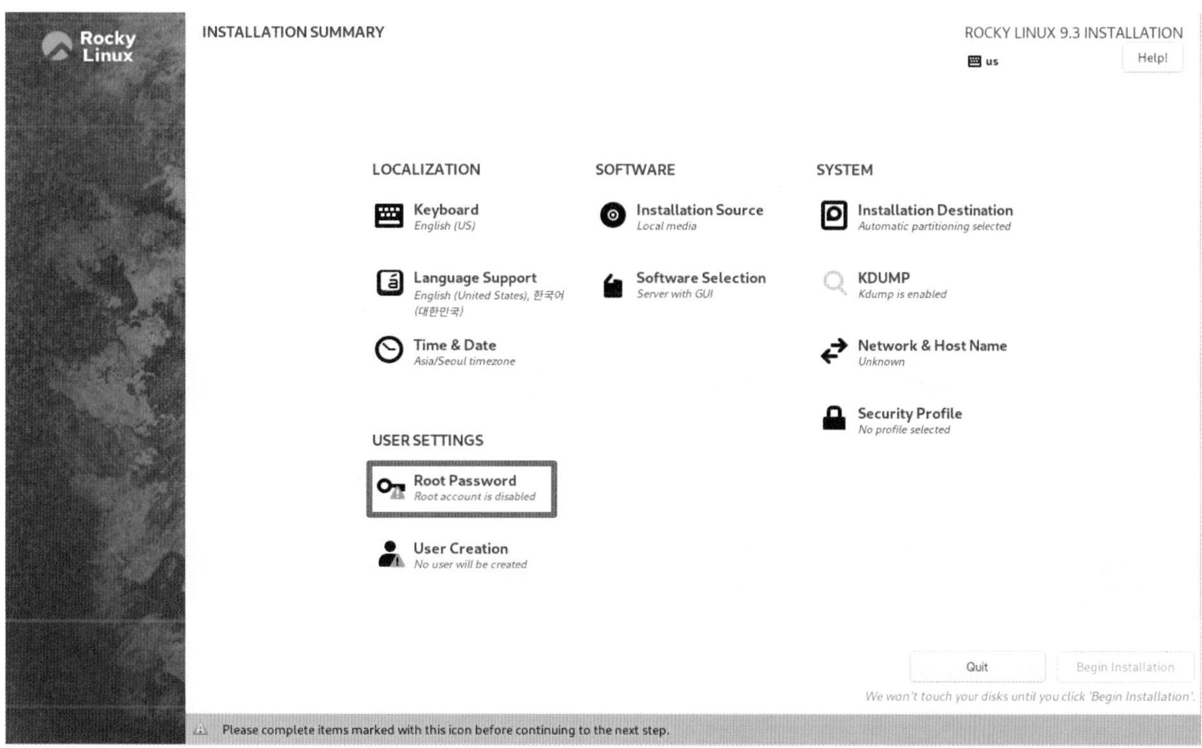

[그림 : Rocky Linux 설치 – INSTALLATION SUMMARY]

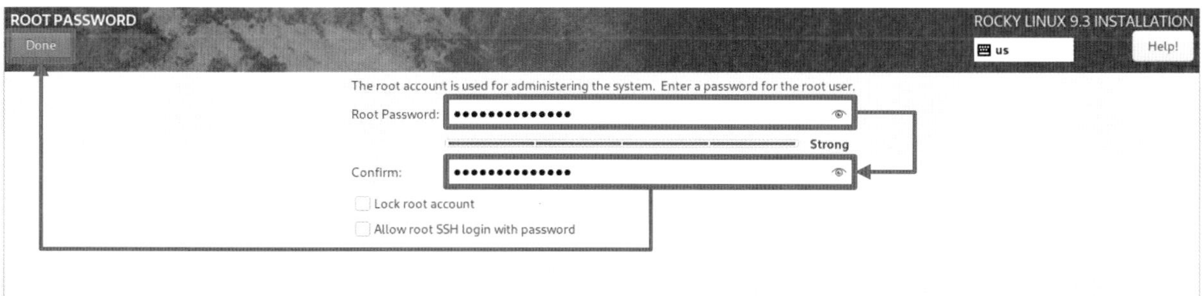

[그림 : Rocky Linux 설치 – ROOT PASSWORD]

1.3.6.2. User Creation

그런 다음 사용자 설정 아래의 사용자 생성 필드를 클릭하여 사용자 생성 작업 화면을 시작합니다. 이 작업 영역을 사용하면 시스템에서 권한이 있거나 권한이 없는 사용자 계정을 생성할 수 있습니다.

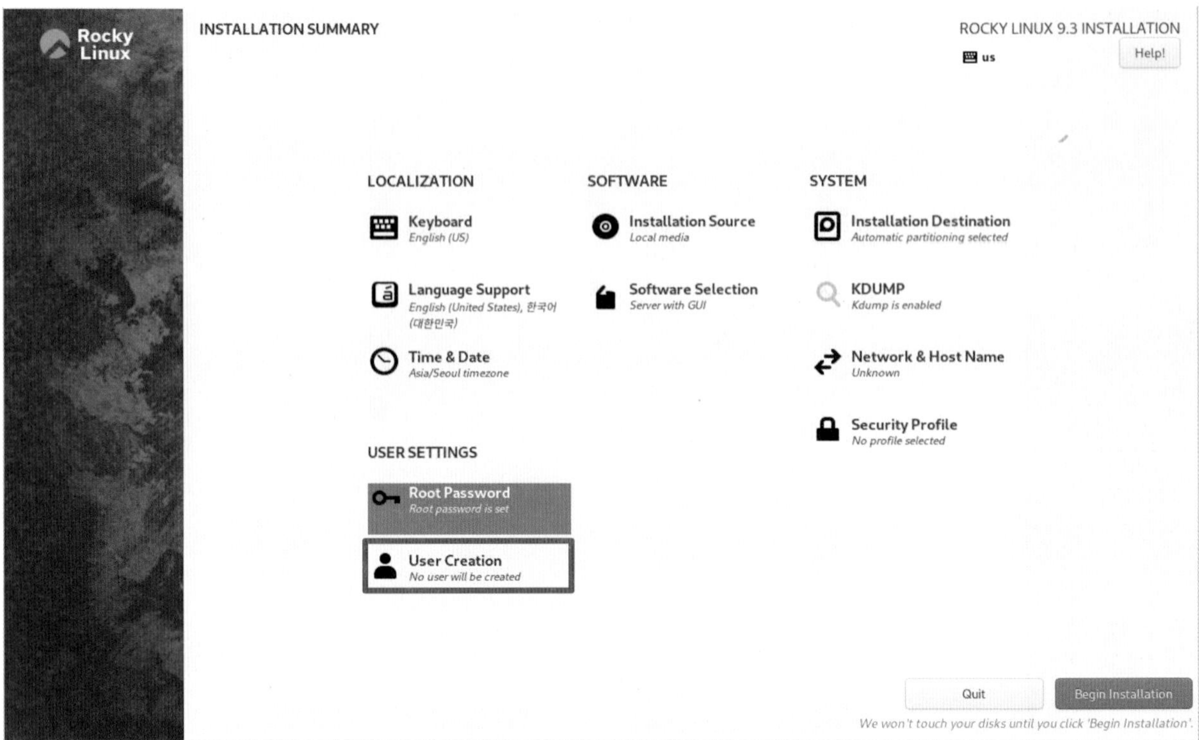

[그림 : Rocky Linux 설치 - INSTALLATION SUMMARY]

- 다음 정보로 사용자 생성 화면의 필드를 완성한 후 완료를 클릭합니다.
  - Full name: lds
  - Username: lds
  - Make this user administrator: Unchecked
  - Require a password to use this account: Checked
  - Password: [INPUT]
  - Confirm password: **[INPUT]**
- "Done"을 클릭합니다.

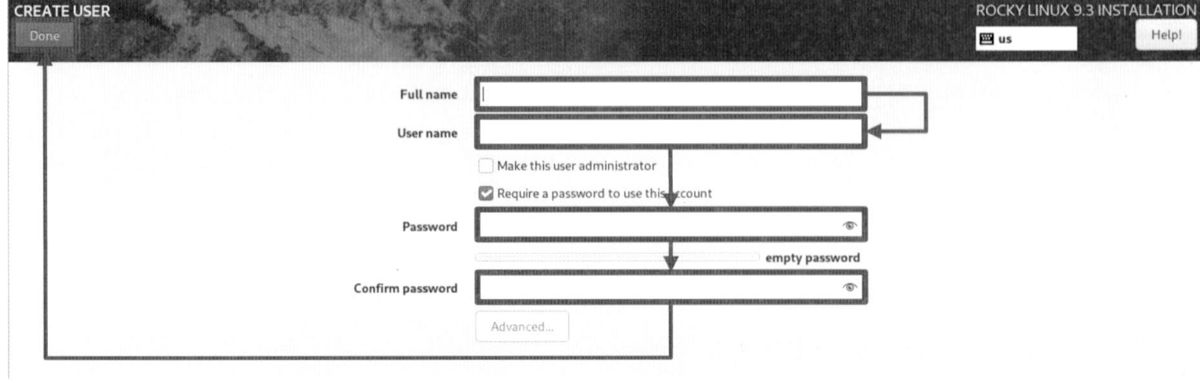

[그림 : Rocky Linux 설치 - CREATE USER]

1.3.7. 설치 진행 단계

1.3.7.1. Start the Installation

- 다양한 설치 작업에 대한 선택 사항에 만족하면 기본 설치 요약 화면에서 설치 시작 버튼을 클릭합니다.

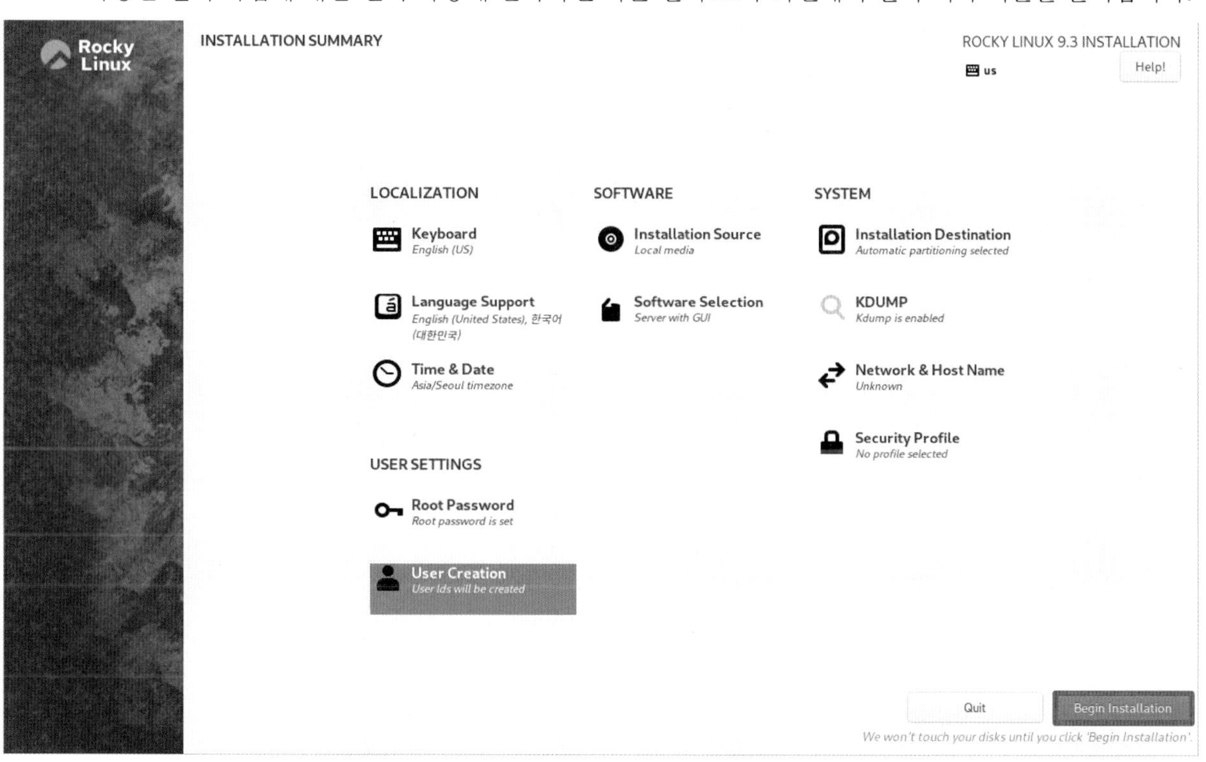

[그림 : Rocky Linux 설치 – INSTALLATION SUMMARY]

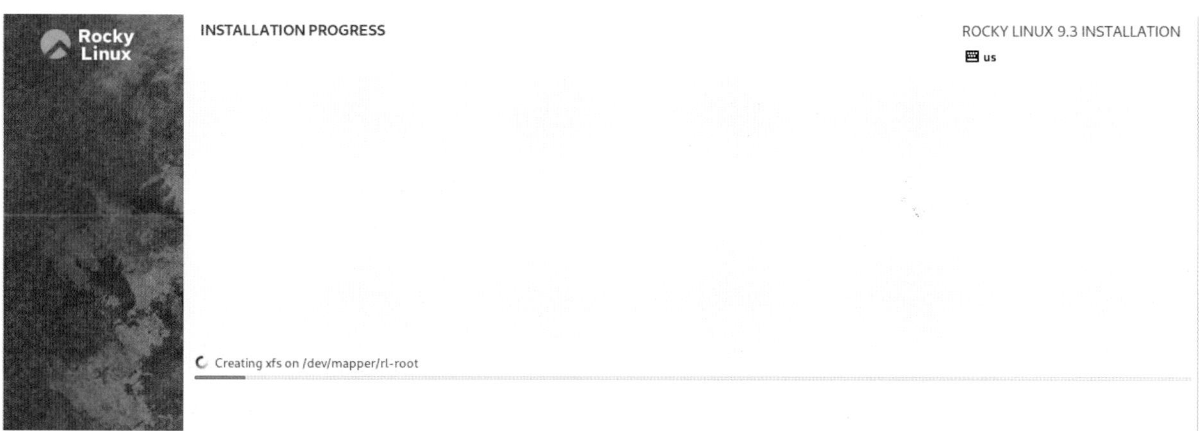

[그림 : Rocky Linux 설치 – INSTALLATION PROGRESS]

1.3.7.2. Complete the Installation

- 설치 프로그램이 해당 과정을 실행한 후 전체 메시지와 함께 최종 설치 진행 화면이 표시됩니다.
- 마지막으로 시스템 재부팅 버튼을 클릭하여 전체 절차를 완료합니다. 시스템이 다시 시작됩니다.

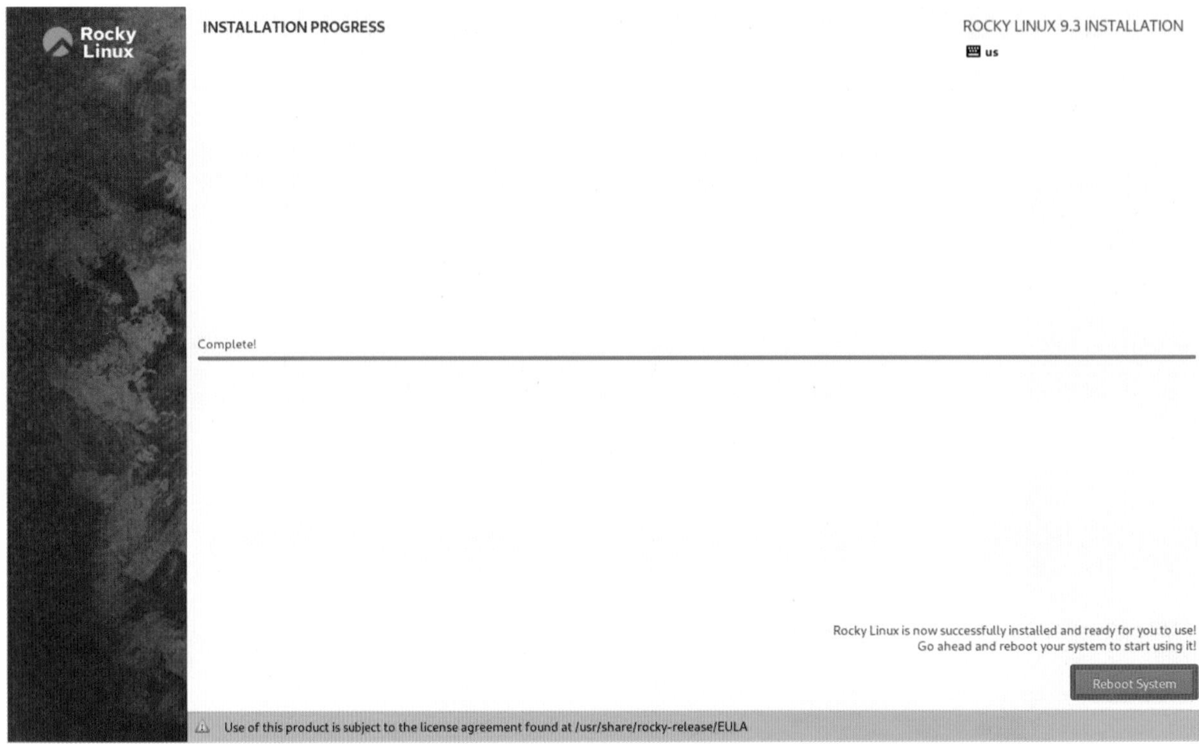

[그림 : Rocky Linux 설치 - INSTALLATION PROGRESS - Complete]

1.3.7.3. Log In

- 이제 시스템이 설정되었으며 사용할 준비가 되었습니다. Rocky Linux 콘솔이 표시됩니다.
- 시스템에 로그온하려면 로그인 프롬프트에 "lds"를 입력하고 Enter를 누르십시오.

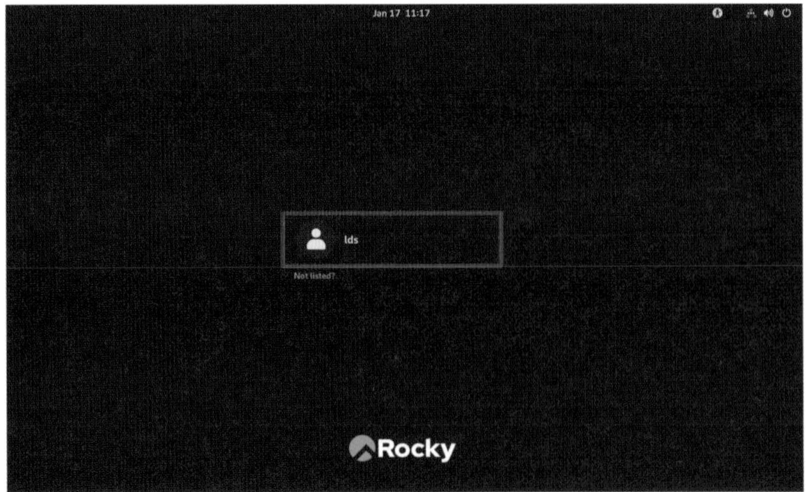

[그림 : Rocky Linux - Login]

- Password 프롬프트에서 [INPUT](lds의 비밀번호)을 입력하고 Enter를 누르십시오(비밀번호는 화면에 표시되지 않으며 이는 정상입니다).

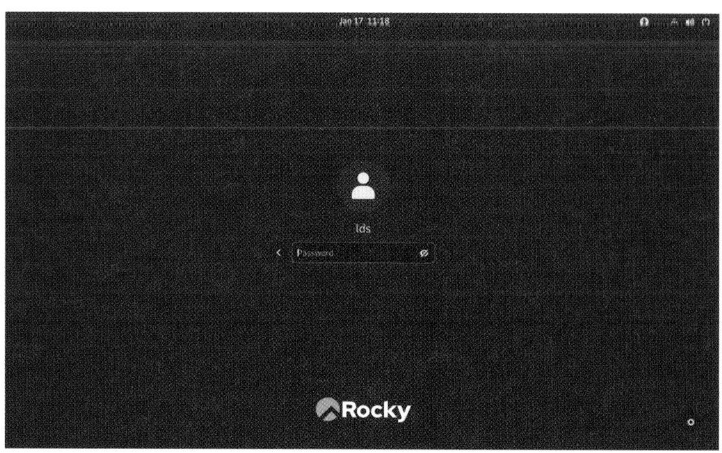

[그림 : Rocky Linux - Login - Input Password]

- [Welcome to Rocky Linux]가 표시 되며 Rocky Linux를 둘러보지 않기 위해 "No Thanks"를 선택합니다.

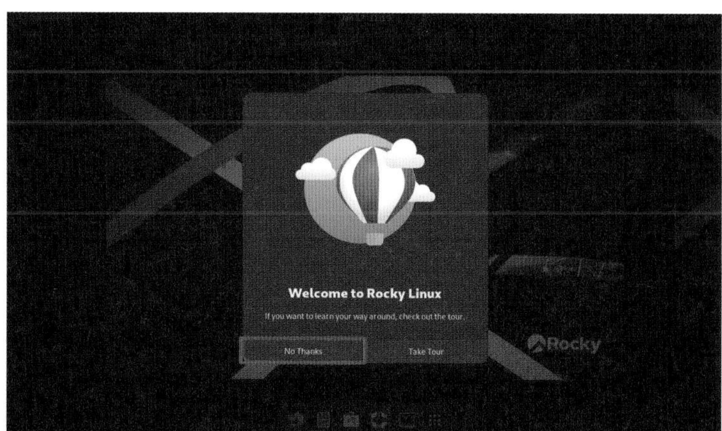

[그림 : Rocky Linux - Login - Welcome to Rocky Linux]

- Rocky Linux의 멀티 화면 내역이 표시되면 첫번째 화면을 선택합니다.

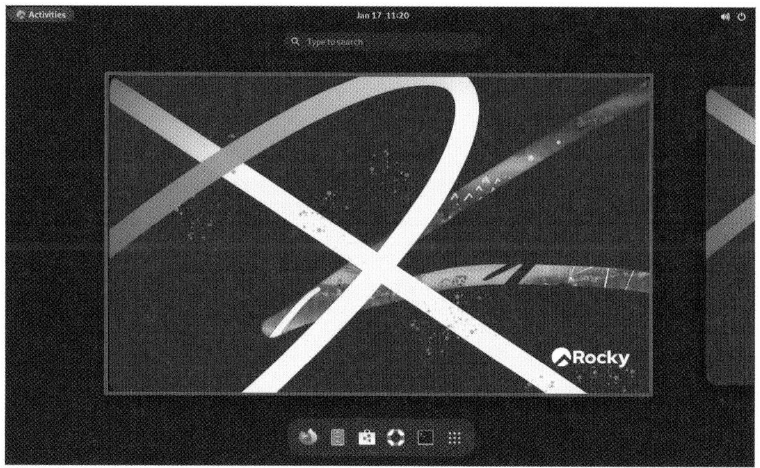

[그림 : Rocky Linux - Login - Multi Screen]

- Rocky Linux가 설치 완료 및 Login 완료 되었습니다.
    - [Activities]를 선택하여 다양한 내용을 실행 가능합니다.

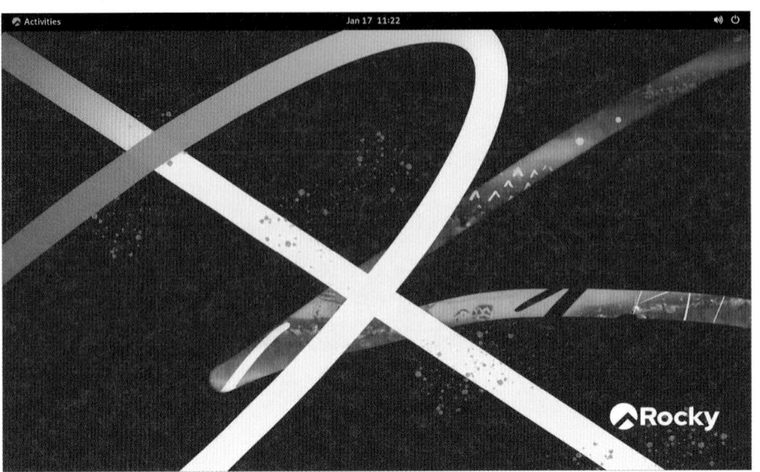

[그림 : Rocky Linux - Login - 완료]

1.4. 보안 배포 체크리스트

1.4.1. SSH 연결에 대한 액세스 제한

- SSH(Secure Shell)를 사용하면 다른 시스템과의 보호되고 암호화된 통신이 가능합니다. SSH는 시스템의 진입점이므로 필요하지 않은 경우 비활성화하거나 /etc/ssh/sshd_config 파일을 편집하여 사용을 제한합니다.
- 예를 들어, 다음 설정은 루트가 SSH를 사용하여 로그인하는 것을 허용하지 않습니다.

```
# cp /etc/ssh/sshd_config /etc/ssh/sshd_config.orig

# vi /etc/ssh/sshd_config
...output omitted...
PermitRootLogin yes
...output omitted...

# systemctl restart sshd

# systemctl status sshd
```

```
[lds@localhost ~]$ su -
Password:
[root@localhost ~]# cp /etc/ssh/sshd_config /etc/ssh/sshd_config.orig
[root@localhost ~]# vi /etc/ssh/sshd_config
```

```
...output omitted...
PermitRootLogin yes
...output omitted...
[root@localhost ~]# systemctl restart sshd
[root@localhost ~]#
[root@localhost ~]# systemctl status sshd
● sshd.service - OpenSSH server daemon
     Loaded: loaded (/usr/lib/systemd/system/sshd.service; enabled; preset: ena>
     Active: active (running) since Tue 2024-01-09 15:54:40 KST; 8s ago
     Docs: man:sshd(8)
     man:sshd_config(5)
     Main PID: 14293 (sshd)
     Tasks: 1 (limit: 201008)
     Memory: 1.4M
     CPU: 8ms
     CGroup: /system.slice/sshd.service
      └─14293 "sshd: /usr/sbin/sshd -D [listener] 0 of 10-100 startups"

Jan 09 15:54:40 localhost systemd[1]: Starting OpenSSH server daemon...
Jan 09 15:54:40 localhost sshd[14293]: Server listening on 0.0.0.0 port >
Jan 09 15:54:40 localhost sshd[14293]: Server listening on :: port 22.
Jan 09 15:54:40 localhost systemd[1]: Started OpenSSH server daemon.
[root@localhost ~]#
```

1.5. Host 서버 기본 설정

1.5.1. timezone

host 서버의 timezone을 설정합니다.

```
# ln -sf /usr/share/zoneinfo/Asia/Seoul /etc/localtime
```

```
[root@localhost ~]# ln -sf /usr/share/zoneinfo/Asia/Seoul /etc/localtime
[root@localhost ~]# date
Tue Jan  9 03:56:44 PM KST 2024
[root@localhost ~]#
```

1.5.2. Hostname 설정

host 서버의 Hostname을 설정합니다.

```
# hostnamectl set-hostname host.example.com
```

```
[root@localhost ~]# hostnamectl set-hostname host.example.com
[root@localhost ~]# hostname
host.example.com
```

```
[root@localhost ~]# su -
[root@host ~]#
```

1.5.3. Firewalld and selinux

firewalld 설정을 중지하며, selinux를 비활성화합니다.

- firewalld 중지

```
# systemctl disable firewalld

# systemctl stop firewalld

# systemctl status firewalld
```

```
[root@host ~]# systemctl disable firewalld
[root@host ~]# systemctl stop firewalld
[root@host ~]# systemctl status firewalld
● firewalld.service - firewalld - dynamic firewall daemon
  Loaded: loaded (/usr/lib/systemd/system/firewalld.service; disabled; vendor >
  Active: inactive (dead)
    Docs: man:firewalld(1)
[root@host ~]#
```

- selinux 비활성화

```
# setenforce 0

# sed -i 's/enforcing/disabled/g' /etc/selinux/config
```

```
[root@host ~]# setenforce 0
[root@host ~]# sed -i 's/enforcing/disabled/g' /etc/selinux/config
[root@host ~]# sestatus
SELinux status:                 enabled
SELinuxfs mount:                /sys/fs/selinux
SELinux root directory:         /etc/selinux
Loaded policy name:             targeted
Current mode:                   permissive
Mode from config file:          disabled
Policy MLS status:              enabled
Policy deny_unknown status:     allowed
Memory protection checking:     actual (secure)
Max kernel policy version:      33
[root@host ~]#
```

1.5.4. Network Interface 설정 - Host

NetworkManager 도구인 nmtui를 이용하여 network interface를 설정할 수 있다.

nmtui
[root@host ~]# nmtui

1. 네트워크 인터페이스에 IP 설정을 위해 [Activate a connection] 메뉴로 들어갑니다.

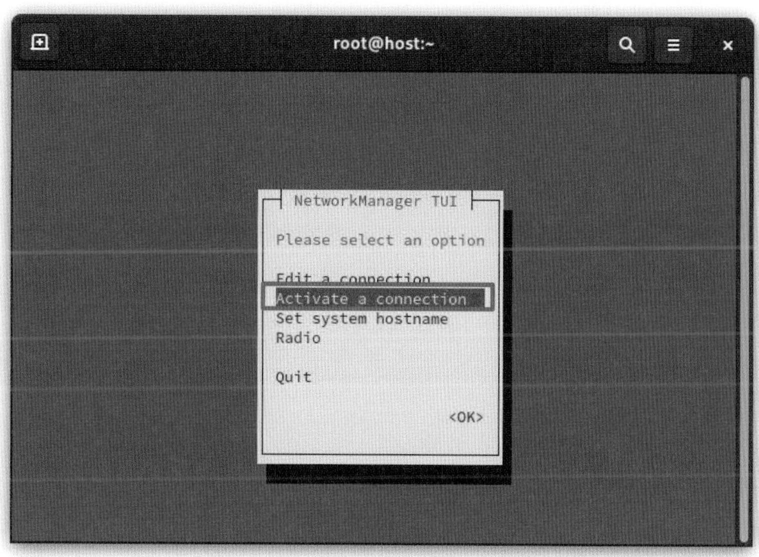

[그림 : NetworkManager TUI - Menu]

2. [Wi-Fi] 항목에서 활성화 대상의 Network를 선택하여 [Enter]를 실행합니다.

[그림 : NetworkManager TUI - Wifi]

3. wifi 접근을 위한 [Password] 정보를 확인하여 입력 한후 [OK]를 선택합니다.

[그림 : NetworkManager TUI - Wifi - Password]

4. wifi의 [Password] 가 맞으면 아래와 같이 Wi-Fi 목록에 [*] 설정되어 활성화됩니다.

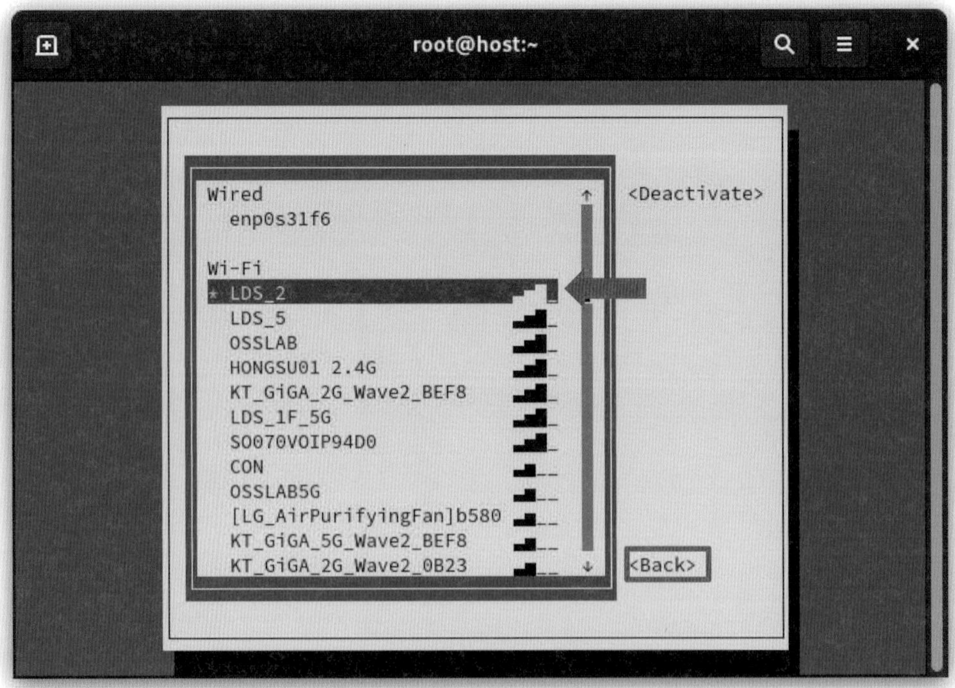

[그림 : NetworkManager TUI - Wifi - Activate]

5. [Quit] 선택 후 종료 합니다.

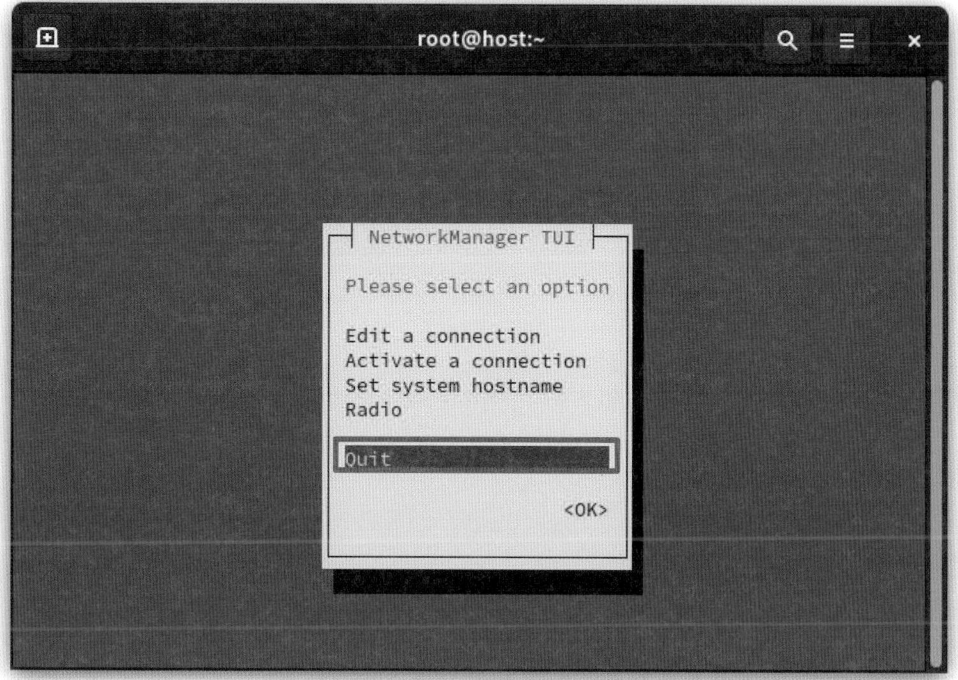

[그림 : NetworkManager TUI – Quit]

제2장 가상화 설치

해당 장에서는 Ansible AWX 작업 환경인 가상화 환경 구성에 대한 내용입니다.

2.1. 가상화 개요

2.1.1. 가상화란 무엇인가?

[그림 - Virtual Manager - Linux 가상화 도구]

가상화(Virtualization)는 물리적 하드웨어를 논리적으로 분할하여 여러 개의 독립적인 가상 시스템을 생성하는 기술입니다. 가상 시스템은 물리적 시스템과 동일한 운영 체제와 애플리케이션을 실행할 수 있습니다.

가상화는 다음과 같은 장점을 제공합니다.

- 자원 효율성 향상: 가상화는 물리적 하드웨어를 효율적으로 활용할 수 있도록 합니다. 예를 들어, 한 대의 물리적 서버에서 여러 대의 가상 서버를 실행할 수 있습니다.
- 비용 절감: 가상화는 서버, 스토리지, 네트워크 등의 하드웨어 비용을 절감할 수 있습니다.
- 관리 편의성 향상: 가상화는 여러 대의 서버를 단일 콘솔에서 관리할 수 있도록 합니다.

가상화는 다양한 분야에서 사용되고 있습니다.

- 서버 가상화: 서버 가상화는 물리적 서버를 여러 대의 가상 서버로 분할하여 사용합니다. 서버 가상화는 서버 공간과 자원을 효율적으로 활용하고, 관리를 편리하게 할 수 있습니다.
- 데스크톱 가상화: 데스크톱 가상화는 데스크톱 운영 체제를 가상 시스템으로 실행합니다. 데스크톱 가상화는 사용자에게 다양한 운영 체제와 애플리케이션을 제공하고, 관리를 편리하게 할 수 있습니다.

- 클라우드 컴퓨팅: 클라우드 컴퓨팅은 가상화를 기반으로 하는 서비스입니다. 클라우드 컴퓨팅은 사용자가 필요한 만큼의 가상 시스템을 사용할 수 있도록 합니다.

가상화는 IT 환경에서 필수적인 기술로 자리 잡고 있습니다.

2.1.2. 가상화의 장점

가상화는 물리적 하드웨어를 논리적으로 분할하여 여러 개의 독립적인 가상 시스템을 생성하는 기술입니다.

가상화는 다음과 같은 장점을 제공합니다.

- 자원 효율성 향상
  - 가상화는 물리적 하드웨어를 효율적으로 활용할 수 있도록 합니다. 예를 들어, 한 대의 물리적 서버에서 여러 대의 가상 서버를 실행할 수 있습니다. 이렇게 하면 서버의 CPU, 메모리, 스토리지 등의 자원을 효율적으로 사용할 수 있습니다.
- 비용 절감
  - 가상화는 서버, 스토리지, 네트워크 등의 하드웨어 비용을 절감할 수 있습니다. 예를 들어, 한 대의 물리적 서버를 여러 대의 가상 서버로 분할하여 사용하면 서버의 대수를 줄일 수 있습니다. 이렇게 하면 서버 구매 비용과 유지 보수 비용을 절감할 수 있습니다.
- 관리 편의성 향상
  - 가상화는 여러 대의 서버를 단일 콘솔에서 관리할 수 있도록 합니다. 이렇게 하면 서버의 설치, 구성, 관리, 업데이트 등을 보다 효율적으로 수행할 수 있습니다.
- 보안 강화
  - 가상화는 가상 시스템을 물리적 시스템과 격리하여 보안을 강화할 수 있습니다. 예를 들어, 한 가상 시스템에서 발생한 보안 사고가 다른 가상 시스템으로 확산되는 것을 방지할 수 있습니다.
- 확장성 향상
  - 가상화는 필요에 따라 가상 시스템을 추가하거나 제거할 수 있어 확장성이 뛰어납니다. 예를 들어, 트래픽이 증가하면 새로운 가상 서버를 추가하여 서버의 성능을 향상시킬 수 있습니다.
- 유연성 향상
  - 가상화는 다양한 운영 체제와 애플리케이션을 실행할 수 있어 유연성이 뛰어납니다. 예를 들어, 한 물리적 서버에서 여러 운영 체제를 실행할 수 있습니다.

가상화는 IT 환경에서 필수적인 기술로 자리 잡고 있습니다. 가상화를 통해 자원 효율성, 비용 절감, 관리 편의성, 보안 강화, 확장성 향상, 유연성 향상 등의 효과를 얻을 수 있습니다.

2.1.3. 가상화의 종류

가상화는 크게 시스템 가상화와 컨테이너 가상화로 나눌 수 있습니다.

시스템 가상화는 물리적 하드웨어를 논리적으로 분할하여 여러 개의 독립적인 가상 시스템을 생성하는 기술입니다.

시스템 가상화는 다음과 같은 종류로 나눌 수 있습니다.

- 하이퍼바이저 기반 시스템 가상화: 하이퍼바이저는 물리적 하드웨어와 가상 시스템 사이에 위치하여 가상 시스템을 관리하는 소프트웨어입니다. 하이퍼바이저 기반 시스템 가상화는 하이퍼바이저의 종류에 따라 전가상화(Full Virtualization)와 반가상화(Paravirtualization)로 나눌 수 있습니다.
  - 전가상화: 하이퍼바이저는 가상 시스템이 물리적 하드웨어의 모든 기능을 사용할 수 있도록 합니다. 따라서 가상 시스템은 물리적 시스템과 동일한 성능을 발휘할 수 있습니다. 대표적인 전가상화 기술로는 VMware, Xen, KVM 등이 있습니다.
  - 반가상화: 하이퍼바이저는 가상 시스템이 물리적 하드웨어의 일부 기능만 사용할 수 있도록 합니다. 따라서 가상 시스템은 물리적 시스템보다 성능이 약간 떨어질 수 있습니다. 대표적인 반가상화 기술로는 VMware ESXi, Microsoft Hyper-V 등이 있습니다.
- 프로세서 가상화: 프로세서 가상화는 물리적 프로세스를 여러 개의 논리 프로세서로 분할하여 사용하는 기술입니다. 프로세서 가상화는 하이퍼바이저를 사용하지 않고 프로세서 자체에서 가상화를 지원합니다. 대표적인 프로세서 가상화 기술로는 Intel VT-x, AMD-V 등이 있습니다.

컨테이너 가상화는 운영 체제의 커널을 공유하여 여러 개의 가상 시스템을 생성하는 기술입니다. 컨테이너는 운영 체제의 커널을 공유하기 때문에 가상 시스템보다 가볍고 효율적입니다.

컨테이너 가상화는 다음과 같은 종류로 나눌 수 있습니다.

- 도커(Docker): 도커는 컨테이너 가상화를 위한 표준 기술입니다. 도커는 컨테이너를 생성, 실행, 관리할 수 있는 도구를 제공합니다.
- 쿠버네티스(Kubernetes): 쿠버네티스는 도커 컨테이너를 관리하기 위한 오픈 소스 플랫폼입니다. 쿠버네티스는 컨테이너의 배치, 스케일링, 관리 등을 자동화할 수 있는 기능을 제공합니다.

2.2. KVM 가상화 설치

2.2.1. KVM이란 무엇인가?

[그림 : KVM]

KVM(Kernel-based Virtual Machine)은 Linux 커널에 내장된 하이퍼바이저입니다. KVM은 전가상화(Full Virtualization)를 사용하여 가상 시스템을 생성합니다. 따라서 가상 시스템은 물리적 시스템과 동일한 성능을 발휘할 수 있습니다.

KVM은 다음과 같은 특징을 가지고 있습니다.

- 효율성: KVM은 전가상화를 사용하여 가상 시스템을 생성하기 때문에 효율적입니다.
- 확장성: KVM은 하드웨어의 성능에 따라 가상 시스템의 수를 확장할 수 있습니다.
- 보안: KVM은 가상 시스템을 물리적 시스템과 격리하여 보안을 강화할 수 있습니다.

KVM은 다양한 용도로 사용될 수 있습니다.

- 서버 가상화: KVM은 물리적 서버를 여러 대의 가상 서버로 분할하여 사용합니다. 서버 가상화는 서버 공간과 자원을 효율적으로 활용하고, 관리를 편리하게 할 수 있습니다.
- 데스크톱 가상화: KVM은 데스크톱 운영 체제를 가상 시스템으로 실행합니다. 데스크톱 가상화는 사용자에게 다양한 운영 체제와 애플리케이션을 제공하고, 관리를 편리하게 할 수 있습니다.
- 클라우드 컴퓨팅: KVM은 클라우드 컴퓨팅의 기반 기술로 사용됩니다. 클라우드 컴퓨팅은 사용자가 필요한 만큼의 가상 시스템을 사용할 수 있도록 합니다.

KVM은 오픈 소스 하이퍼바이저이기 때문에 무료로 사용할 수 있습니다. 또한, Linux, FreeBSD, NetBSD 등 다양한 운영 체제에서 사용할 수 있습니다.

2.2.2. KVM 환경 확인

2.2.2.1. KVM 지원 시스템

KVM은 x86 하드웨어에 설치된 리눅스에서 동작하는 전가상화 솔루션입니다. x86장비는 Intel VT나 AMD-V와 가상화 확장(Virtualization extensions)을 지원해야 합니다. 메인 리눅스 커널에는 일반적으로 KVM이 포함되어 있고, KVM에는 QEMU가 포함되어 입습니다.

다음은 Intel VT 또는 AMD-V 지원 여부를 확인하는 명령어입니다.

```
# lscpu | grep Virtualization
```

```
[root@host ~]# lscpu | grep Virtualization
Virtualization:          VT-x
[root@host ~]#
```

다음 명령어 결과값에 Kvm_Intel, Kvm_amd 항목이 있으면 커널에 KVM 하드웨어 가상화 모듈이 탑재된 것입니다.

```
lsmod | grep kvm
```

```
[root@host ~]# lsmod | grep kvm
kvm_intel          364544  0
kvm               1056768  1 kvm_intel
irqbypass           16384  1 kvm
[root@host ~]#
```

만약 KVM 모듈이 자동으로 탑재되어 있지 않다면 다음의 명령어를 사용하여 KVM 모듈을 실행시킬 수 있습니다.

```
# modprobe kvm_intel

# modprobe kvm_amd
```

```
[root@host ~]# modprobe kvm_intel
[root@host ~]#
```

2.2.2.2. CPU 가상화 지원 확인

KVM을 설치하기 전에 시스템의 CPU가 하드웨어 가상화를 지원하는지 체크해야 합니다. CPU 정보에 vmx나 svm이 포함되어 있지 않다면 시스템의 CPU는 가상화를 지원하지 않습니다.

```
# grep -E 'svm|vmx' /proc/cpuinfo
```

```
[root@host ~]#  grep -E 'svm|vmx' /proc/cpuinfo
...output omitted...
flags          : fpu vme de pse tsc msr pae mce cx8 apic sep mtrr pge mca cmov pat pse36 clflush dts
acpi mmx fxsr sse sse2 ss ht tm pbe syscall nx pdpe1gb rdtscp lm constant_tsc art arch_perfmon pebs
```

```
bts rep_good nopl xtopology nonstop_tsc cpuid aperfmperf pni pclmulqdq dtes64 monitor ds_cpl vmx est
tm2 ssse3 sdbg fma cx16 xtpr pdcm pcid sse4_1 sse4_2 x2apic movbe popcnt tsc_deadline_timer aes
xsave avx f16c rdrand lahf_lm abm 3dnowprefetch cpuid_fault epb invpcid_single pti ssbd ibrs ibpb stibp
tpr_shadow vnmi flexpriority ept vpid ept_ad fsgsbase tsc_adjust sgx bmi1 avx2 smep bmi2 erms invpcid
mpx rdseed adx smap clflushopt intel_pt xsaveopt xsavec xgetbv1 xsaves dtherm ida arat pln pts hwp
hwp_notify hwp_act_window hwp_epp sgx_lc md_clear flush_l1d arch_capabilities
...output omitted...
[root@host ~]#
```


2.3. KVM 설치

2.3.1. 가상화 패키지 종류

가상 환경을 구성하려면 필수 패키지를 설치해야 합니다. 그 다음 필요에 따라 추가 패키지를 설치합니다.

필수 패키지

- qemu-kvm : KVM 에뮬레이터를 제공하여 VM을 관리하는 가장 기본적인 패키지입니다.
- qemu-img : VM 의 디스크 이미지를 관리하는 패키지로 qemu-kvm을 설치하면 함께 설치됩니다.
- libvirt : 가상화를 지원하는 libvirtd 데몬이 포함된 패키지입니다.

추가 패키지

- libvirt-client : 'virsh'를 포함하여 클라이언트 쪽 유틸리티를 제공합니다.
- virt-install : VM을 설치하는 유틸리티입니다.
- virt-viewer : VM의 그래픽 모드 콘솔을 볼 수 있도록 해주는 패키지입니다.
- virt-manager : VM을 관리하는 그래픽모드 도구입니다.
- libvirt-python : 파이썬 프로그래밍 언어로 짜여진 애플리케이션을 가상 환경에서 관리할 수 있게 하는 도구입니다.
- libguestfs-tools : 가상 디스크 이미지를 수정할 수 있게 해주는 도구입니다.

2.3.2. KVM 설치 및 서비스 시작

2.3.2.1. CLI 명령어로 VM을 관리하기 위한 패키지 설치

다음은 명령어를 실행하여 패키지를 설치 합니다.

```
# dnf -y install qemu-kvm libvirt libvirt-client virt-install virt-viewer
```

```
[root@host ~]# dnf -y install qemu-kvm libvirt libvirt-client virt-install virt-viewer
Last metadata expiration check: 2:02:08 ago on Mon 15 Jan 2024 12:31:07 PM KST.
Dependencies resolved.
================================================================================
 Package                Arch   Version              Repo             Size
================================================================================
Installing:
 libvirt                x86_64 9.5.0-7.el9_3        appstream         24 k
 libvirt-client         x86_64 9.5.0-7.el9_3        appstream         428 k
 qemu-kvm                      x86_64 17:8.0.0-16.el9_3.1          appstream  63 k
 virt-install           noarch 4.1.0-4.el9          appstream         42 k
 virt-viewer            x86_64 11.0-1.el9           appstream         284 k
Upgrading:
 libipa_hbac            x86_64 2.9.1-4.el9_3.1      baseos            38 k
 libsss_certmap         x86_64 2.9.1-4.el9_3.1      baseos            93 k
...
  virt-install-4.1.0-4.el9.noarch
  virt-manager-common-4.1.0-4.el9.noarch
  virt-viewer-11.0-1.el9.x86_64
  virtiofsd-1.7.2-1.el9.x86_64
  xorriso-1.5.4-4.el9.x86_64

Complete!
[root@host ~]#
```

2.3.2.2. virt-manager 사용을 위한 패키지 설치

virt-manager 사용에 필요한 패키지 설치합니다.

```
# dnf -y install virt-manager
```

```
[root@host ~]# dnf -y install virt-manager
Last metadata expiration check: 2:05:39 ago on Mon 15 Jan 2024 12:31:07 PM KST.
Dependencies resolved.
================================================================================
 Package                Arch     Version            Repository       Size
================================================================================
Installing:
 virt-manager           noarch   4.1.0-4.el9        appstream        528 k
Installing weak dependencies:
 libvirt-daemon-kvm     x86_64   9.5.0-7.el9_3      appstream        24 k

Transaction Summary
================================================================================
Install  2 Packages

Total download size: 552 k
Installed size: 2.9 M
Downloading Packages:
```

```
(1/2): libvirt-daemon-kvm-9.5.0-7.el9_3.x86_64. 157 kB/s |  24 kB     00:00
(2/2): virt-manager-4.1.0-4.el9.noarch.rpm        2.7 MB/s | 528 kB     00:00
--------------------------------------------------------------------------------
Total                                 228 kB/s | 552 kB     00:02
Running transaction check
Transaction check succeeded.
Running transaction test
Transaction test succeeded.
Running transaction
  Preparing        :                                                    1/1
  Installing       : libvirt-daemon-kvm-9.5.0-7.el9_3.x86_64                  1/2
  Installing       : virt-manager-4.1.0-4.el9.noarch                   2/2
  Running scriptlet: virt-manager-4.1.0-4.el9.noarch                   2/2
  Verifying        : virt-manager-4.1.0-4.el9.noarch                   1/2
  Verifying        : libvirt-daemon-kvm-9.5.0-7.el9_3.x86_64                  2/2

Installed:
  libvirt-daemon-kvm-9.5.0-7.el9_3.x86_64        virt-manager-4.1.0-4.el9.noarch

Complete!
[root@host ~]#
```

2.3.2.3. libvirtd 서비스 시작

패키지들이 정상적으로 설치되었다면 host 시스템에서 libvirtd 서비스를 시작합니다. libvirtd는 libvirt API를 관리하는 데몬입니다. virt-manager와 같은 libvirt 클라이언트 애플리케이션은 host 서버의 libvirt 데몬과 통신합니다.

다음은 명령어를 실행하여 서비스를 시작합니다.

- 서비스 시작

```
# systemctl start libvirtd
```

```
[root@host ~]# systemctl start libvirtd
[root@host ~]#
```

- 서비스 활성화

```
# systemctl enable libvirtd
```

```
[root@host ~]# systemctl enable libvirtd
Created symlink /etc/systemd/system/multi-user.target.wants/libvirtd.service → /usr/lib/systemd/system/libvirtd.service.
Created symlink /etc/systemd/system/sockets.target.wants/libvirtd.socket → /usr/lib/systemd/system/libvirtd.socket.
Created symlink /etc/systemd/system/sockets.target.wants/libvirtd-ro.socket → /usr/lib/systemd/system/
```

```
libvirtd-ro.socket.
[root@host ~]#
```

➢ 서비스 상태 확인

```
# systemctl status libvirtd
```

```
[root@host ~]# systemctl status libvirtd
● libvirtd.service - Virtualization daemon
    Loaded: loaded (/usr/lib/systemd/system/libvirtd.service; enabled; preset:>
    Active: active (running) since Mon 2024-01-15 14:38:38 KST; 1min 10s ago
TriggeredBy: ○ libvirtd-tls.socket
             ○ libvirtd-tcp.socket
             ● libvirtd-admin.socket
             ● libvirtd.socket
             ● libvirtd-ro.socket
      Docs: man:libvirtd(8)
            https://libvirt.org
  Main PID: 84212 (libvirtd)
     Tasks: 21 (limit: 32768)
    Memory: 21.6M
       CPU: 383ms
    CGroup: /system.slice/libvirtd.service
            ├─84212 /usr/sbin/libvirtd --timeout 120
            ├─84315 /usr/sbin/dnsmasq --conf-file=/var/lib/libvirt/dnsmasq/def>
            └─84316 /usr/sbin/dnsmasq --conf-file=/var/lib/libvirt/dnsmasq/def>

Jan 15 14:38:39 host.example.com dnsmasq[84315]: started, version 2.85 cachesiz>
Jan 15 14:38:39 host.example.com dnsmasq[84315]: compile time options: IPv6 GNU>
Jan 15 14:38:39 host.example.com dnsmasq-dhcp[84315]: DHCP, IP range 192.168.12>
Jan 15 14:38:39 host.example.com dnsmasq-dhcp[84315]: DHCP, sockets bound exclu>
[root@host ~]#
```

2.4. 가상화 구성

2.4.1. 구성도

2.4.1.1. Host 및 Ansible 접근 Flow

Host에서 Browser를 통한 Ansible AWX 접근 가능하도록 구성하며, Host에서 SSH 접근을 통해 KVM의 Guest OS에 접근 가능하도록 구성합니다.

Ansible AWX VM의 경우 k3s와 AWX 설치 가능하도록 구성이 필요합니다. 해당 자원 산정을 위하 k3s 설치 요건인 cpu 2 cores와 memory 1 GiB가 필요하며, AWX 설치를 위해 cpu 2 cores와 memory 4 GiB가 필요합니다. OS 여유 memory를 3 GiB 추가하여 cpu 4 cores 및 memory 8 GiB로 정하여 VM을 구성합니다. Ansible Guest의 경우 Ansible 단순 테스트를 위해 cpu 2 cores 및 memory 4 GiB로 정하여 VM을 구성합니다.

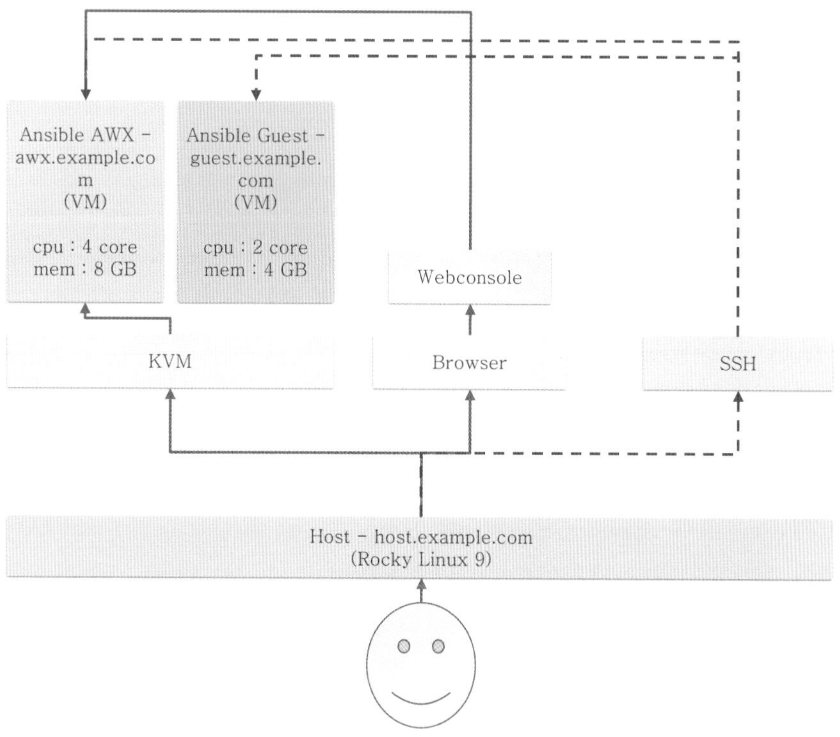

[그림 : Host and KVM Guest WorkFlow]

2.4.1.2. VM Network 구성도

KVM Guest OS는 Ansible 통신을 위한 Internal Network 구성을 사용하며, 편리한 테스트를 위해 Internet 접근이 가능한 Network를 추가 구성합니다.

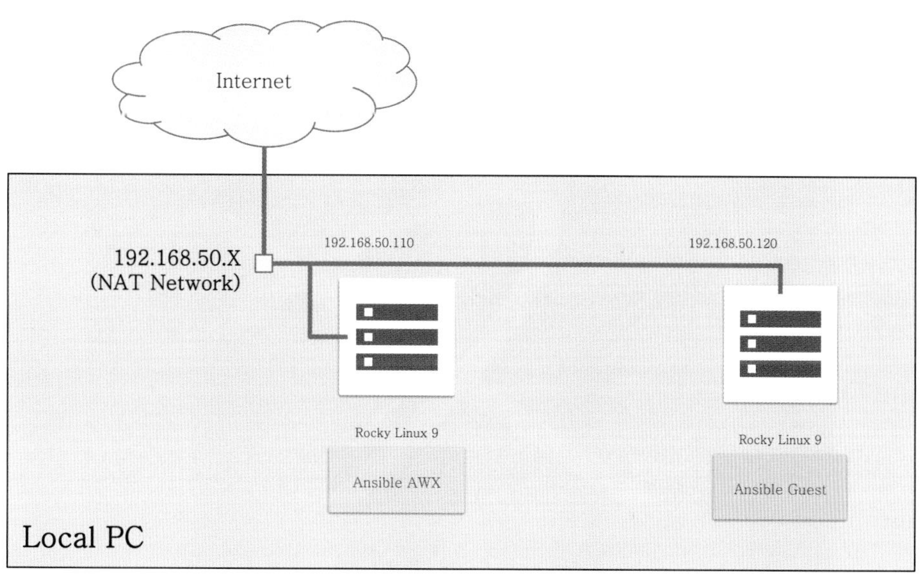

[그림 : Network Workflow]

2.4.2. 가상화 Network 설정

default network를 비활성화 적용합니다.

2.4.2.1. Network 정보 확인

virsh 명령어를 통해 default network 정보를 확인 합니다.

```
# virsh net-dumpxml default
```

```
[root@host ~]# virsh net-dumpxml default
<network>
  <name>default</name>
  <uuid>63418182-6aed-4fbb-8056-e156c7d7094c</uuid>
  <forward mode='nat'>
    <nat>
      <port start='1024' end='65535'/>
    </nat>
  </forward>
  <bridge name='virbr0' stp='on' delay='0'/>
  <mac address='52:54:00:7b:08:17'/>
  <ip address='192.168.122.1' netmask='255.255.255.0'>
    <dhcp>
      <range start='192.168.122.2' end='192.168.122.254'/>
    </dhcp>

  </ip>
</network>

[root@host ~]#
```

2.4.2.1. default network 수정

```
# virsh net-edit default
```

```
[root@host ~]# virsh net-edit default
<network>
  <name>default</name>
  <uuid>afc52265-a3b9-4b56-8469-ab2993b40490</uuid>
  <forward mode='nat'>
      <nat>
      <port start='1024' end='65535'/>
      </nat>
  </forward>
  <bridge name='virbr0' stp='on' delay='0'/>
  <mac address='52:54:00:f1:2b:83'/>
  <ip address='192.168.122.1' netmask='255.255.255.0'>
      <dhcp>
      <range start='192.168.122.2' end='192.168.122.254'/>
```

```
  </dhcp>
 </ip>
</network>

[root@host ~]#
```

2.4.2.3. default network 적용

virsh 명령어를 사용하여 가상화 Network를 설정합니다. virsh 명령어를 확장하여 net-destroy 명령어로 Network를 삭제, net-list로 network 목록 내역 확인, net-start 명령어로 가상화 network 시작 할 수 있습니다. virsh net-dumpxml 명령어로 대상 network의 상세 내역을 확인합니다.

```
# virsh net-destroy default

# virsh net-start default

# virsh net-list default

# virsh net-dumpxml default
```

```
[root@host ~]# virsh net-destroy default
Network default destroyed

[root@host ~]# virsh net-list
 Name   State   Autostart   Persistent
----------------------------------------

[root@host ~]# virsh net-start default
Network default started

[root@host ~]# virsh net-list
 Name      State    Autostart   Persistent
--------------------------------------------
 default   active   yes         yes

[root@host ~]# virsh net-dumpxml default
<network>
  <name>default</name>
  <uuid>63418182-6aed-4fbb-8056-e156c7d7094c</uuid>
  <forward mode='nat'>
    <nat>
      <port start='1024' end='65535'/>
    </nat>
  </forward>
  <bridge name='virbr0' stp='on' delay='0'/>
  <mac address='52:54:00:7b:08:17'/>
  <ip address='192.168.122.1' netmask='255.255.255.0'>
  </ip>
</network>

[root@host ~]#
```

2.4.3. VM 환경 구성

virt-manager GUI를 활용하여 VM Network, Storage 및 VM 환경을 구성합니다.

- virt-manager
  - virt-manager를 실행합니다.

```
[root@host ~]# virt-manager
```

2.4.3.1. virt-manager – Network

NAT Network를 추가 구성합니다.

- [QEMU/KVM] 선택

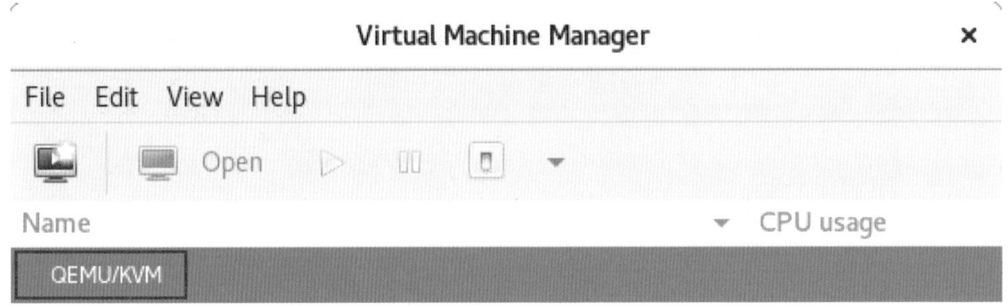

[그림 : Virtual Machine Manager – QEMU/KVM]

- Edit 〉 Connection Details

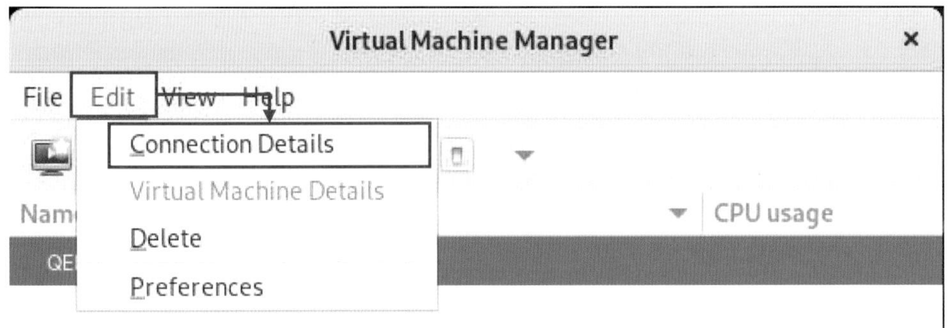

[그림 : Virtual Machine Manager – Connection Details]

- Virtual Network 〉 [+] (Add Network)

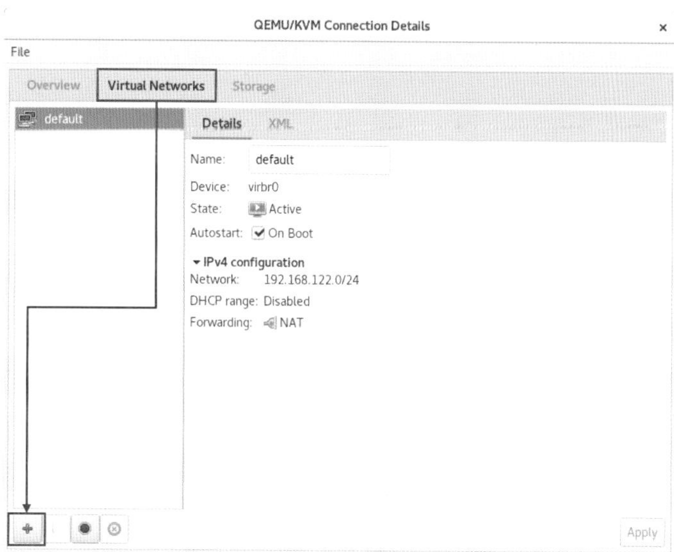

[그림 : Virtual Machine Manager - Virtual Networks]

Create virtual network

- Details
  - Name: **ansible-network**
  - Mode: NAT
  - Forward to : Any physical device
  - IPv4 Configuration
    - Enable IPv4 : **checked**
    - Network: **192.168.50.0/24**
    - Enable DHCPv4 : **Unchecked**

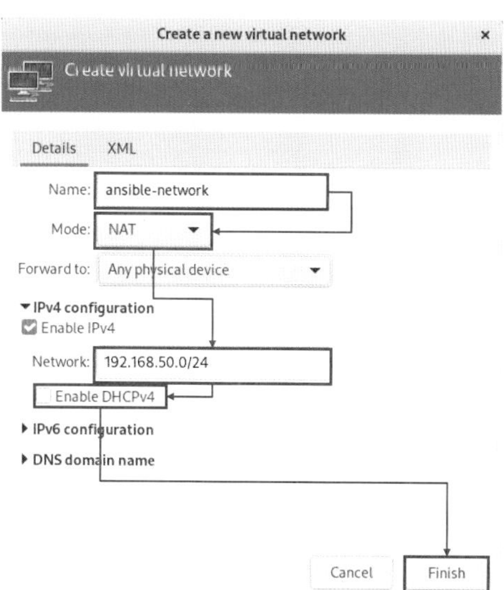

[그림 : Virtual Machine Manager - Create a new virtual network]

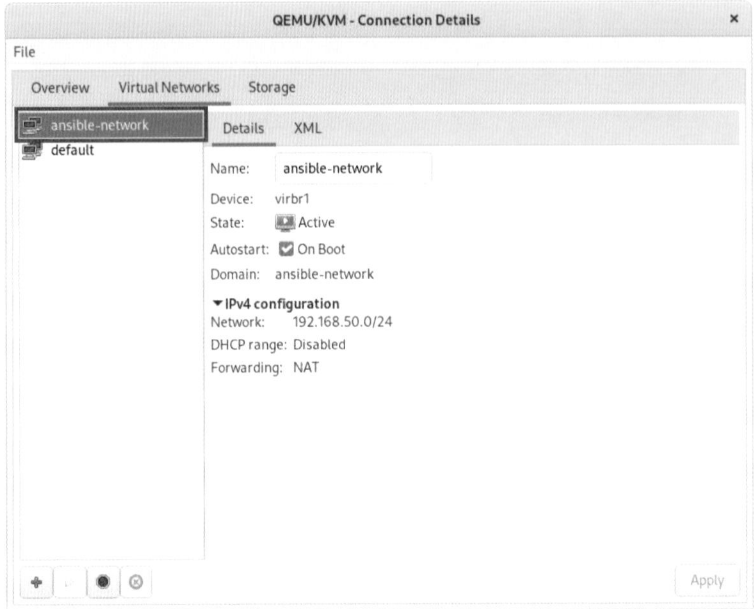

[그림 : Virtual Machine Manager - Virtual Network Details]

2.4.3.2. virt-manager - Storage

Storage Pool을 추가 구성합니다.

- [QEMU/KVM] 선택

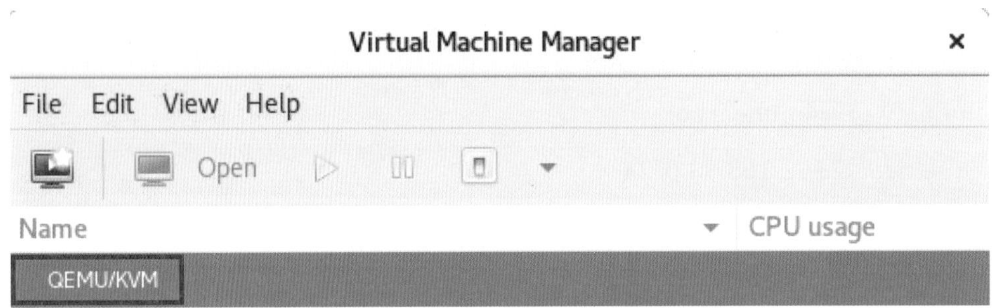

[그림 : Virtual Machine Manager - QEMU/KVM]

- Edit 〉 Connection Details

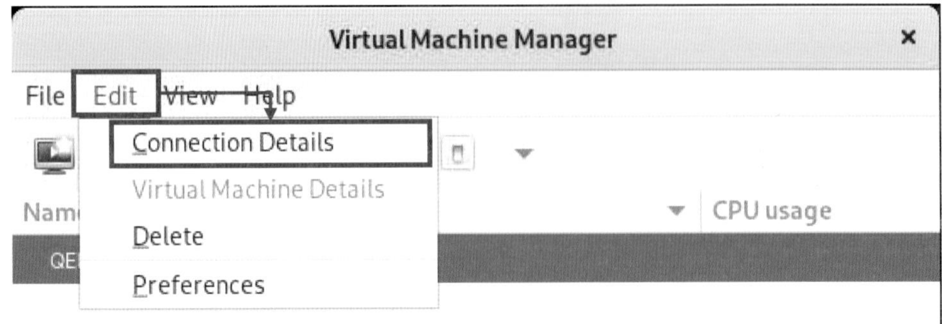

[그림 : Virtual Machine Manager - Connection Details]

- Storage 〉 Add Pool

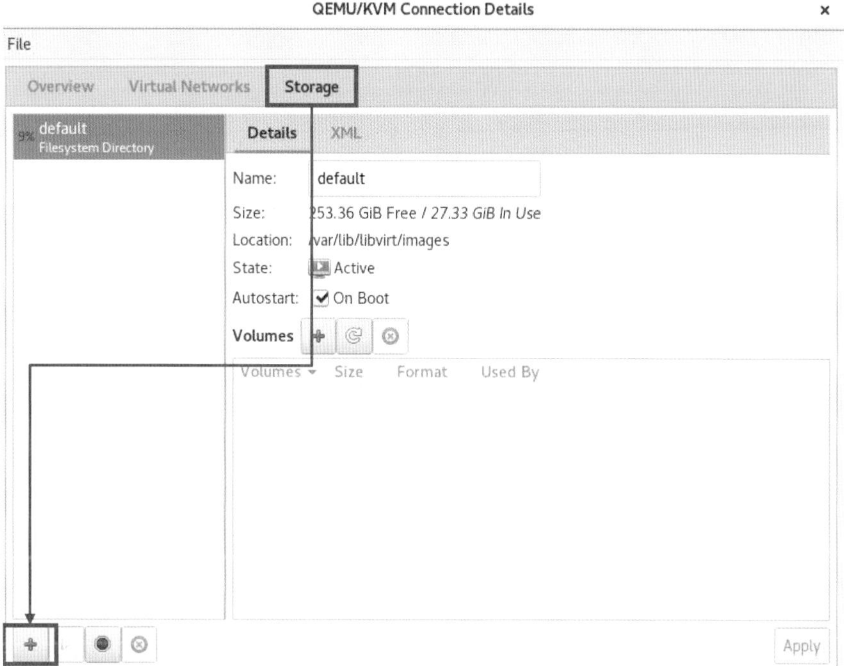

[그림 : Virtual Machine Manager – Storage]

2.4.3.2.1. Disk Pool

VM Disk 용도의 Pool 추가합니다.

- Create storage pool
  - 입력 내용은 다음과 같습니다.
    - Name : [pool]
    - Type: [dir: Filesystem Directory]
    - TargetPath: /var/lib/libvirt/images/pool
    - [Finish]

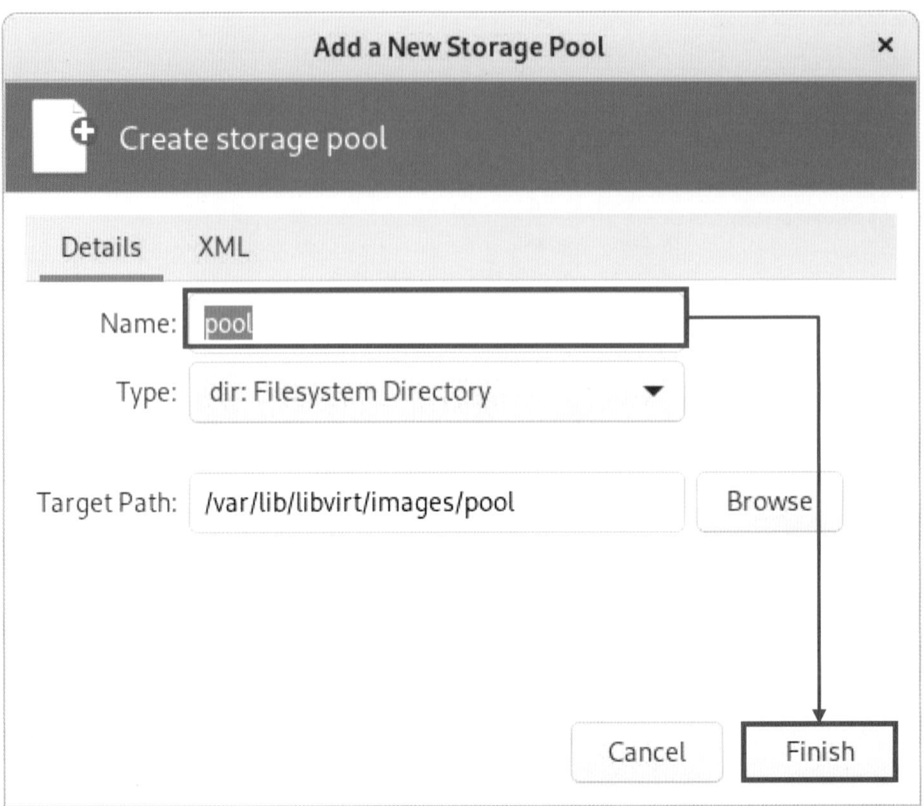

[그림 : Virtual Machine Manager - Create storage pool]

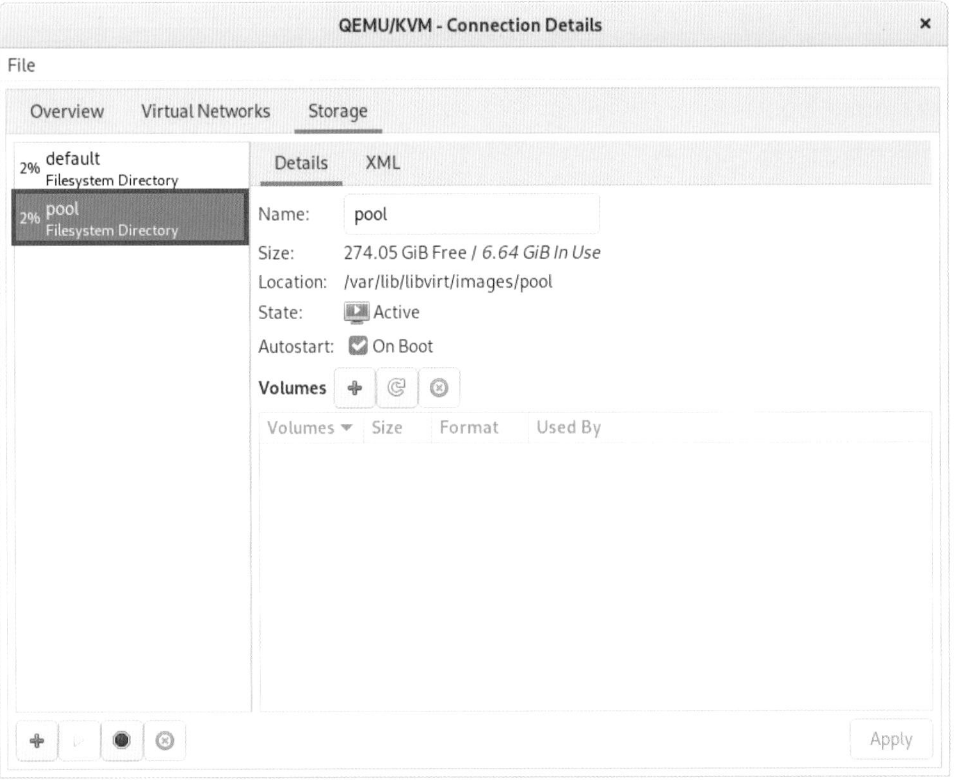

[그림 : Virtual Machine Manager - Storage info]

2.4.3.2.2. ISO Pool

ISO Image 용도의 Pool 추가합니다.

- Create storage pool
  - 입력 내용은 다음과 같습니다.
    - Name : [iso]
    - Type: [dir: Filesystem Directory]
    - TargetPath: /var/lib/libvirt/images/iso
    - [Finish]

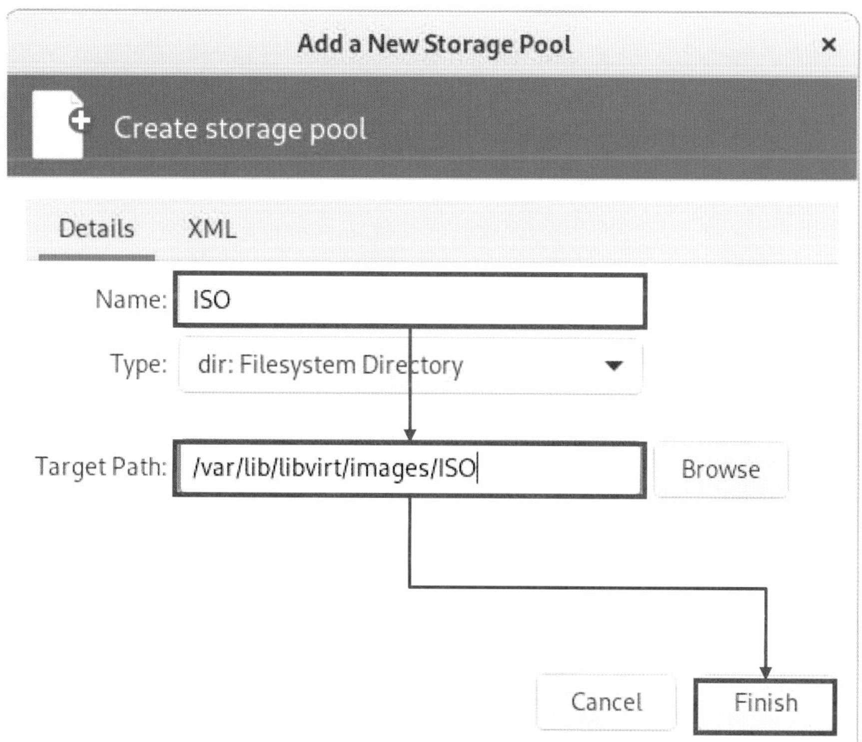

[그림 : Virtual Machine Manager - Create storage pool - ISO]

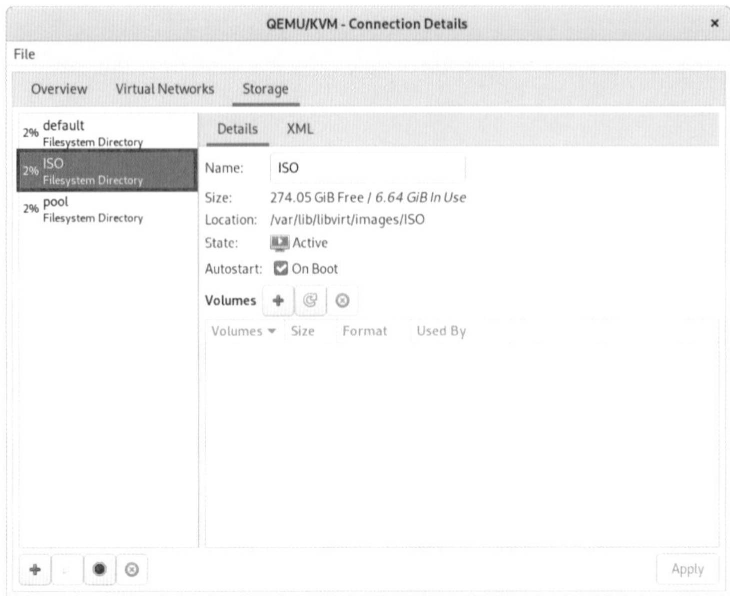

[그림 : Virtual Machine Manager – Storage List]

2.4.3.2.3. Prepare ISO

Rocky Linux Download 받은 이미지를 ISO 경로로 이동 시킵니다.

- ISO Image 파일 이동 및 권한 설정
  - Rocky Linux Image 파일을 /var/lib/libvirt/images/ISO/ 하위로 이동 시킵니다.
  - Rocky Linux Image 파일의 파일 권한을 qemu로 설정하여 권한을 변경 합니다.

```
cd /var/lib/libvirt/images/ISO/

mv /home/lds/Downloads/Rocky-9.3-x86_64-dvd.iso ./

chown qemu:qemu Rocky-9.3-x86_64-dvd.iso

ls -al
```

```
[root@host ~]# cd /var/lib/libvirt/images/ISO/
[root@host ISO]# pwd
/var/lib/libvirt/images/ISO
[root@host ISO]# mv /home/lds/Downloads/Rocky-9.3-x86_64-dvd.iso ./
[root@host ISO]# chown qemu:qemu Rocky-9.3-x86_64-dvd.iso
[root@host ISO]# ls -al
total 10267584
drwx--x--x. 2 root root           38 Jan 15 17:00 .
drwx--x--x. 4 root root           29 Jan 15 16:55 ..
-rw-rw-r--. 1 qemu qemu 10514006016 Jan  5 09:49 Rocky-9.3-x86_64-dvd.iso
[root@host ISO]#
```

- Storage ISO Pool 내역 추가 확인
  - ISO pool에 refresh 아이콘을 클릭하여 최근 등록된 ISO 파일 정보를 확인합니다.

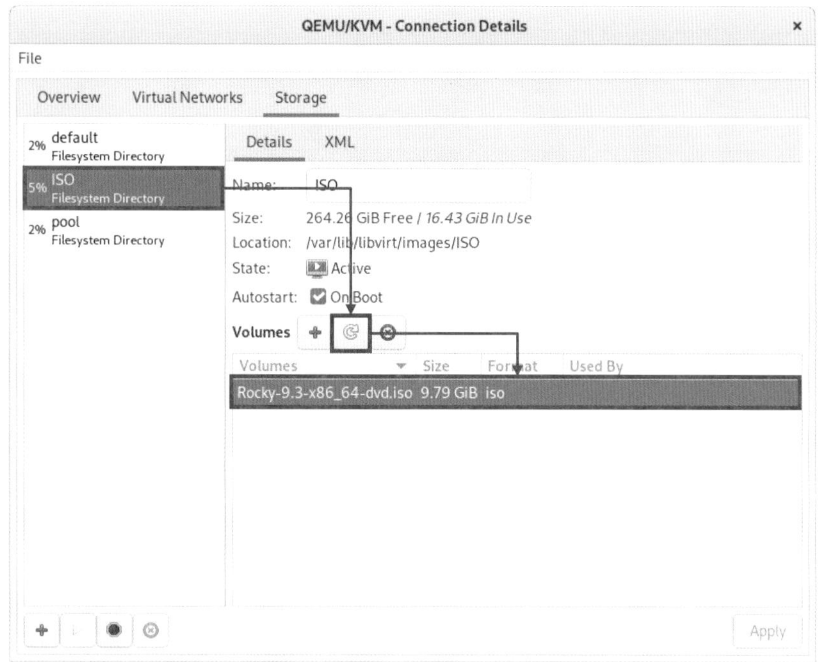

[그림 : Virtual Machine Manager – Storage – Volume list]

2.4.4. VM 구성

2.4.4.1. Ansible AWX – VM

VM에 필요한 Image를 생성후 VM을 생성합니다. Ansible AWX VM의 경우 K3s 사용 용량과 Ansible AWX 설치에 필요한 자원을 기반으로 VM 자원을 산정하였습니다.

2.4.4.1.1. Disk 생성

- Create qemu image
  - qemu-img 명령어를 통해 qcow2 Image를 생성합니다.
    - 파일 이름은 ansible-awx.qcow2로 정의 하고 100G 크기로 지정합니다.
    - 파일의 권한은 qemu로 설정하여 권한을 변경 합니다.

```
cd /var/lib/libvirt/images/pool

qemu-img create -f qcow2 ansible-awx.qcow2 100G

chown qemu:qemu ansible-awx.qcow2

ls -al
```

```
[root@host ~]# cd /var/lib/libvirt/images/pool
[root@host pool]# qemu-img create -f qcow2 ansible-awx.qcow2 100G
Formatting 'ansible-awx.qcow2', fmt=qcow2 cluster_size=65536 extended_l2=off compression_type=zlib
size=107374182400 lazy_refcounts=off refcount_bits=16
[root@host pool]# chown qemu:qemu ansible-awx.qcow2
[root@host pool]# ls -al
total 196
drwx--x--x. 2 root root   31 Jan 15 15:25 .
drwx--x--x. 3 root root   18 Jan 15 15:18 ..
-rw-r--r--. 1 qemu qemu 198208 Jan 15 15:25 ansible-awx.qcow2
[root@host pool]#
```

2.4.4.1.2. VM 생성

- [File] > [New Virtual Machine]
  - Virtual Machine Manager에서 신규 VM을 생성합니다.

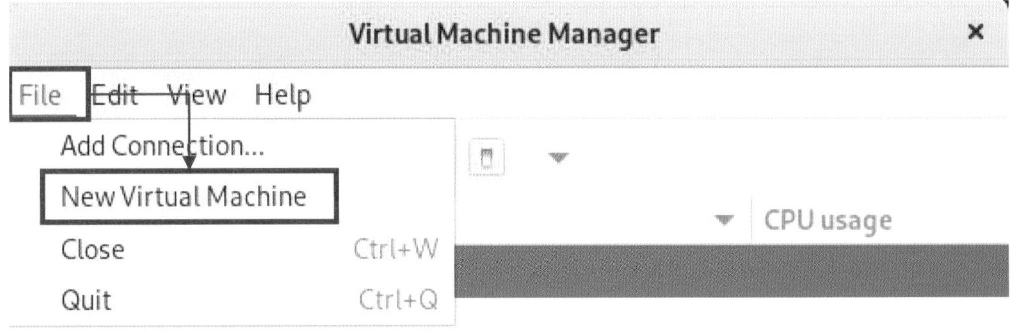

[그림 : Virtual Machine Manager - New Virtual Machine]

- New VM
  - VM 생성 개요 내용은 다음과 같습니다.
    - Name : **ansible-awx**
    - OS : Rocky Linux 9.3
    - Install : Local CDROM/ISO
    - Memory : **8192 MiB**
    - CPUs : **4**

- Storage : 100.0 GiB
  - /var/lib/libvirt/images/pool/ansible-awx.qcow2
- Network selection
  - **Virtual network ansible-network : NAT**
- Create a new virtual machine (Step 1 of 5)
  - Note
    - VM에 OS설치시 설치하 매체를 선택합니다.
  - Connection: QEMU/KVM
  - Choose how you would like to install the operating system
    - Local install media (ISO image or CDROM) : **[Selected]**
      - 다운로드 받은 Rocky Linux ISO Image를 사용합니다.
    - [Forward]

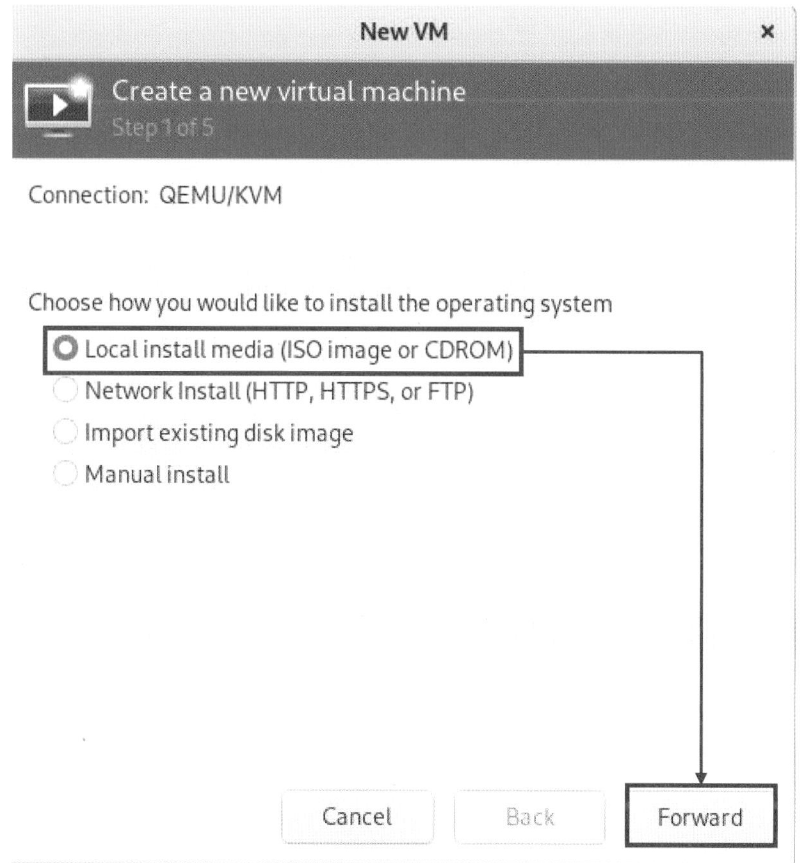

[그림 : Virtual Machine Manager - Create a new virtual machine (Step 1 of 5)]

- Create a new virtual machine (Step 2 of 5)
  - Note
    - VM에 설치할 ISO Image를 선택합니다.
  - Choose ISO or CDROM install media:
    - [Browse…]

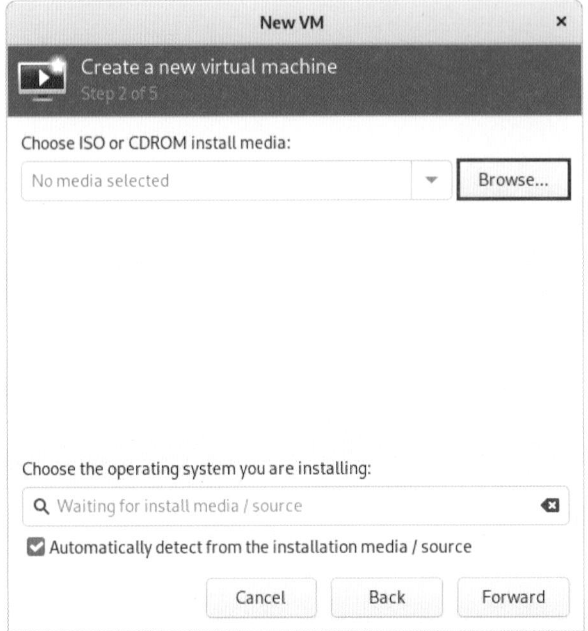

[그림 : Virtual Machine Manager – Create a new virtual machine (Step 2 of 5)]

- Locate ISO media volume
  - ISO pool에서 등록되어 있는 Rocky-9.3-x86_64-dvd.iso Image 파일을 선택합니다.
- [Choose Volume]

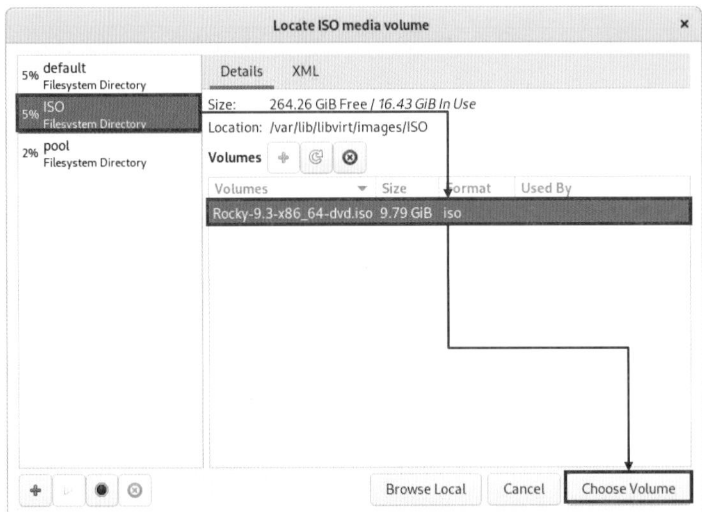

[그림 : Virtual Machine Manager – ISO media volume]

- Create a new virtual machine (Step 2 of 5)
  - Note
    - VM에 설치할 ISO Image 내역을 확인합니다.
  - Choose ISO or CDROM install media:
    - [/lib/libvirt/images/ISO/Rocky-9.3-x86_64-dvd.iso]
      - 선택된 ISO Image가 표시됩니다.
  - Choose the operating system you are installing:
    - [Rocky Linux 9]
      - 설치하고자하는 OS가 Rocky Linux 9 Image로 표기 됩니다.
  - [Forward]

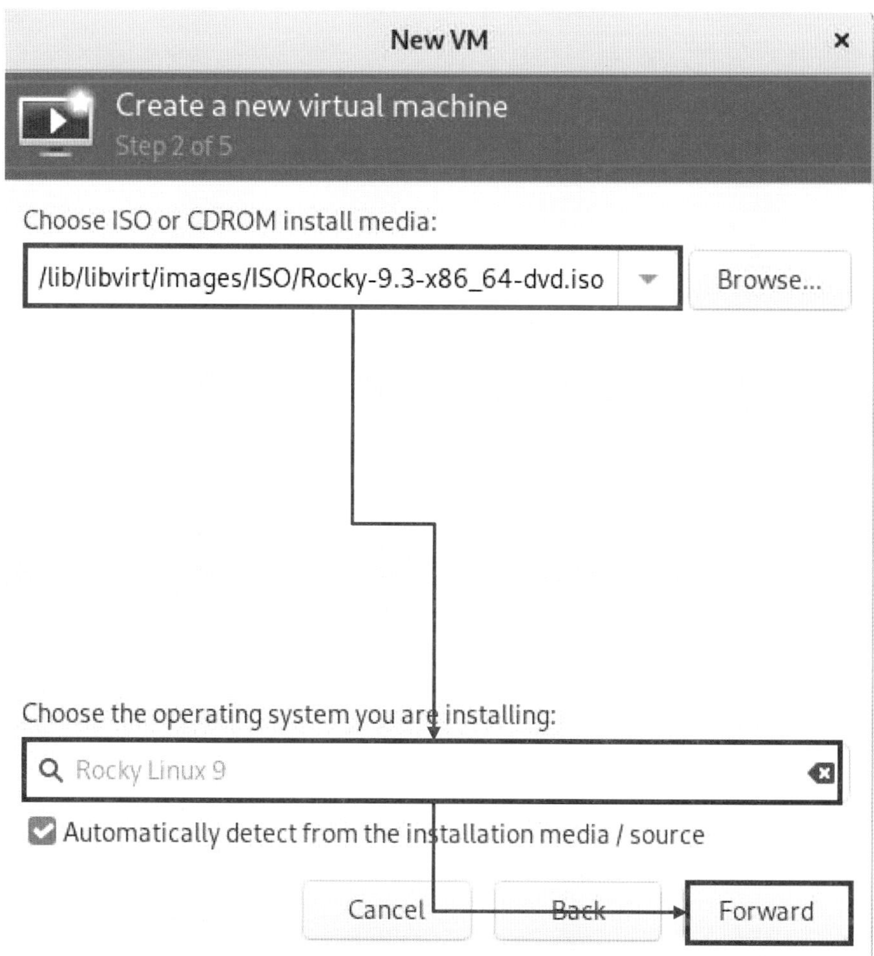

[그림 : Virtual Machine Manager - Create a new virtual machine (Step 2 of 5)]

- Create a new virtual machine (Step 3 of 5)
  - Choose Memory and CPU settings:
    - Memory: **8192**
    - CPUs: **4**
      - ansible-awx node 기준으로 자원 산정된 내역을 입력합니다.

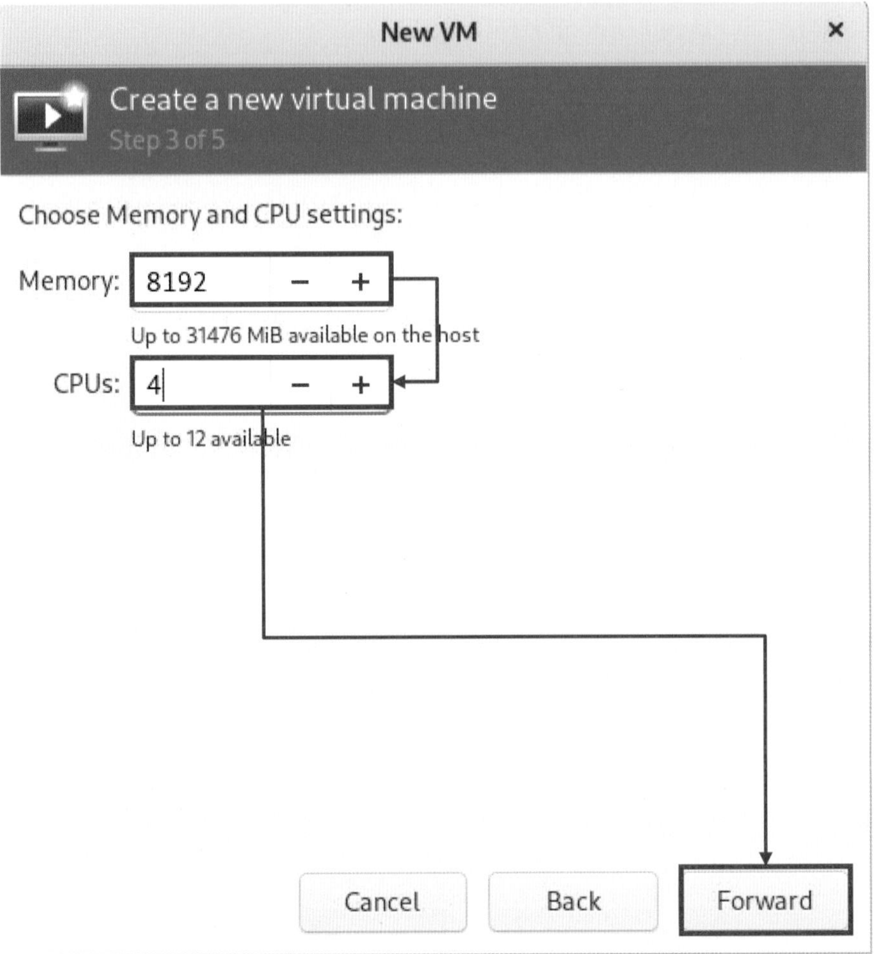

[그림 : Virtual Machine Manager - Create a new virtual machine (Step 3 of 5)]

- Create a new virtual machine (Step 4 of 5)
  - Note
    - VM에 사용할 Storage를 설정합니다.
    - 기존에 생성한 qcow2 파일을 활용합니다.
  - Select or create custom storage: [Selected]
    - [Manage…]
      - 클릭합니다.

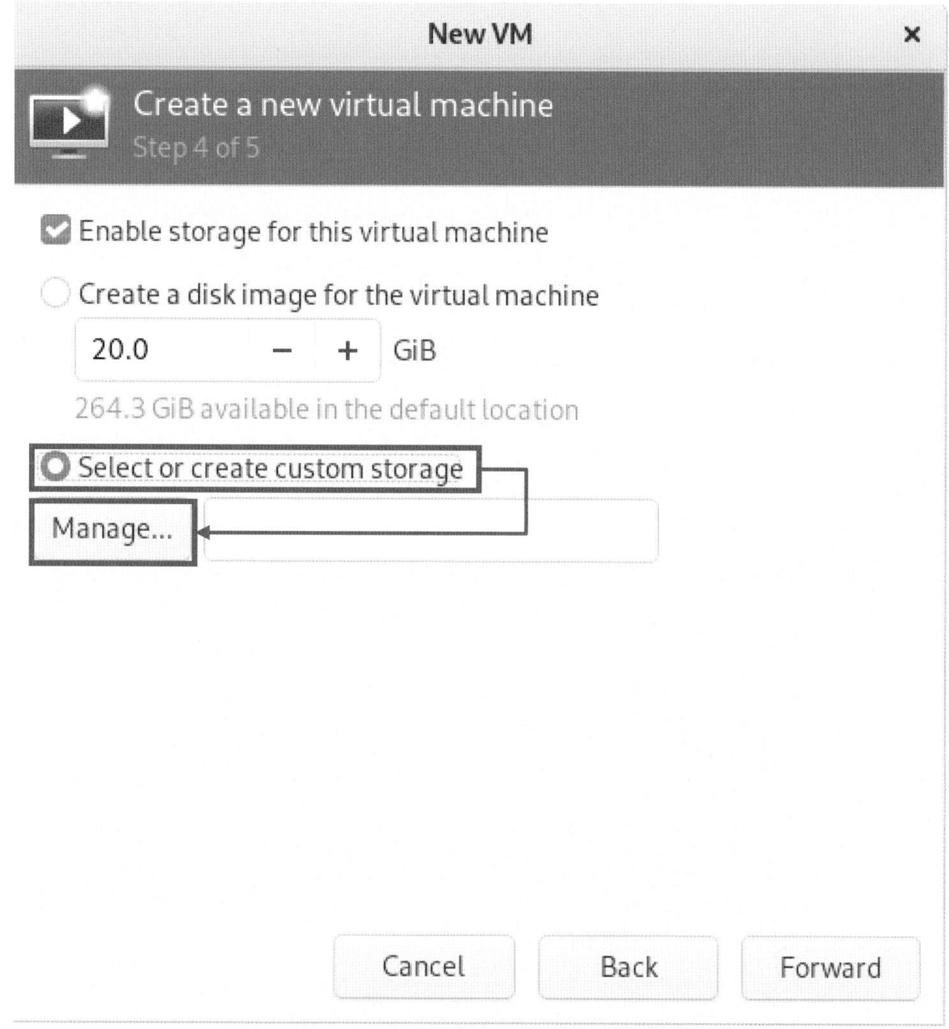

[그림 : Virtual Machine Manager - Create a new virtual machine (Step 4 of 5)]

- Locate or create storage volume
  - [pool] 〉 [Refresh volume list] 〉 Volumes
    - ansible-awx.qcow2
      - 미리 생성한 ansible-awx.qcow2 파일을 선택합니다.

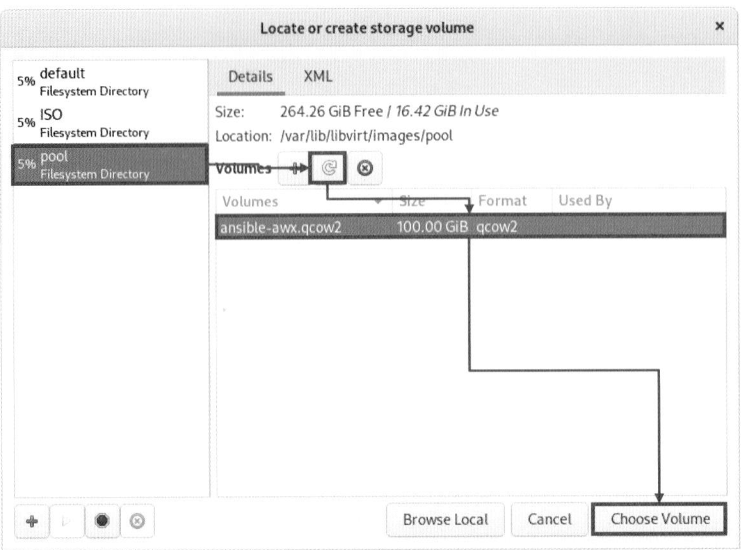

[그림 : Virtual Machine Manager – Choose Volume]

- Create a new virtual machine (Step 4 of 5)
  - Note
    - VM storage 내역을 확인합니다.
  - Select or create custom storage: [Selected]
    - [Manage…]
      - /var/lib/libvirt/images/pool/ansible-awx.qcow2
    - 선택된 storage 내역이 표시됩니다.

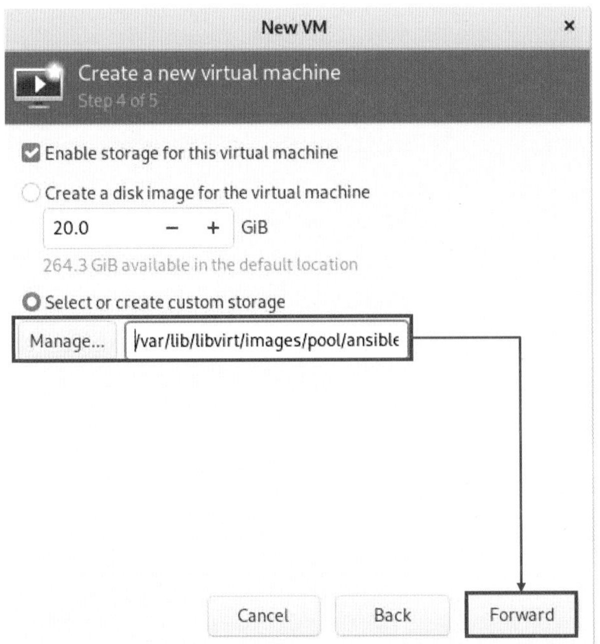

[그림 : Virtual Machine Manager – Create a new virtual machine (Step 4 of 5)]

- Create a new virtual machine (Step 5 of 5)
  - Note
    - VM storage 내역을 확인합니다.
  - Ready to begin the installation
    - Name: ansible-awx
      - VM 이름을 입력합니다.
  - Network selection
    - 클릭합니다.

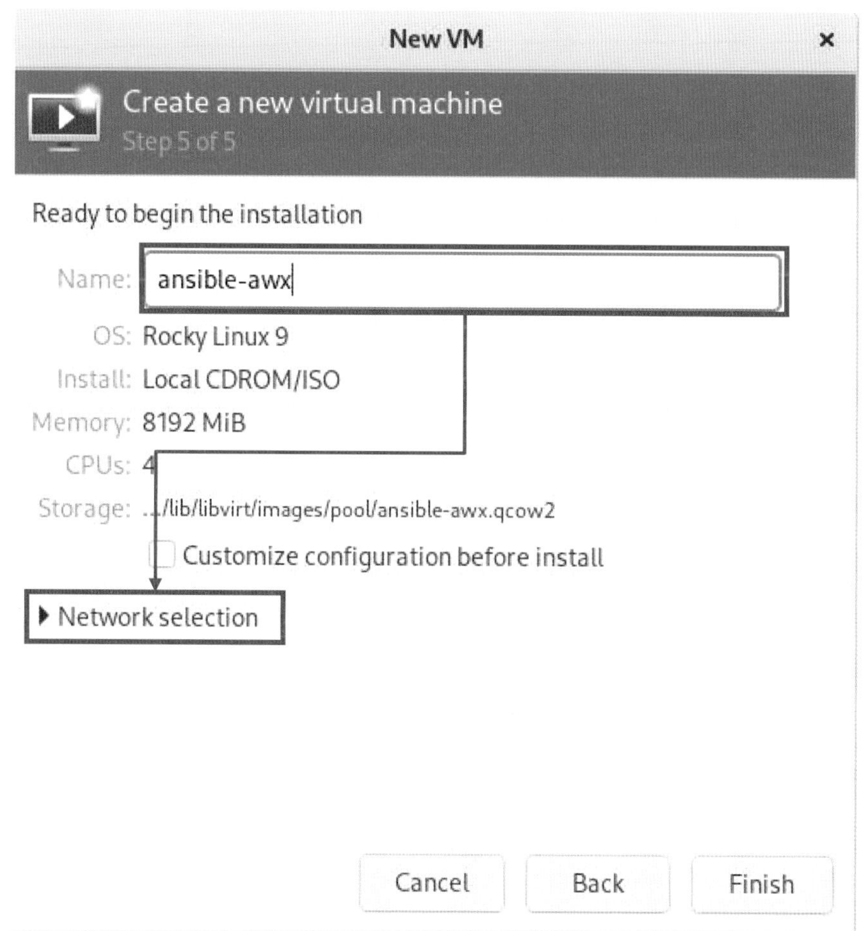

[그림 : Virtual Machine Manager - Create a new virtual machine (Step 5 of 5)]

  - Network selection
    - Virtual network 'ansible-network': NAT
      - 미리 생성한 ansible-network NAT 항목을 선택합니다.
  - [Finish]

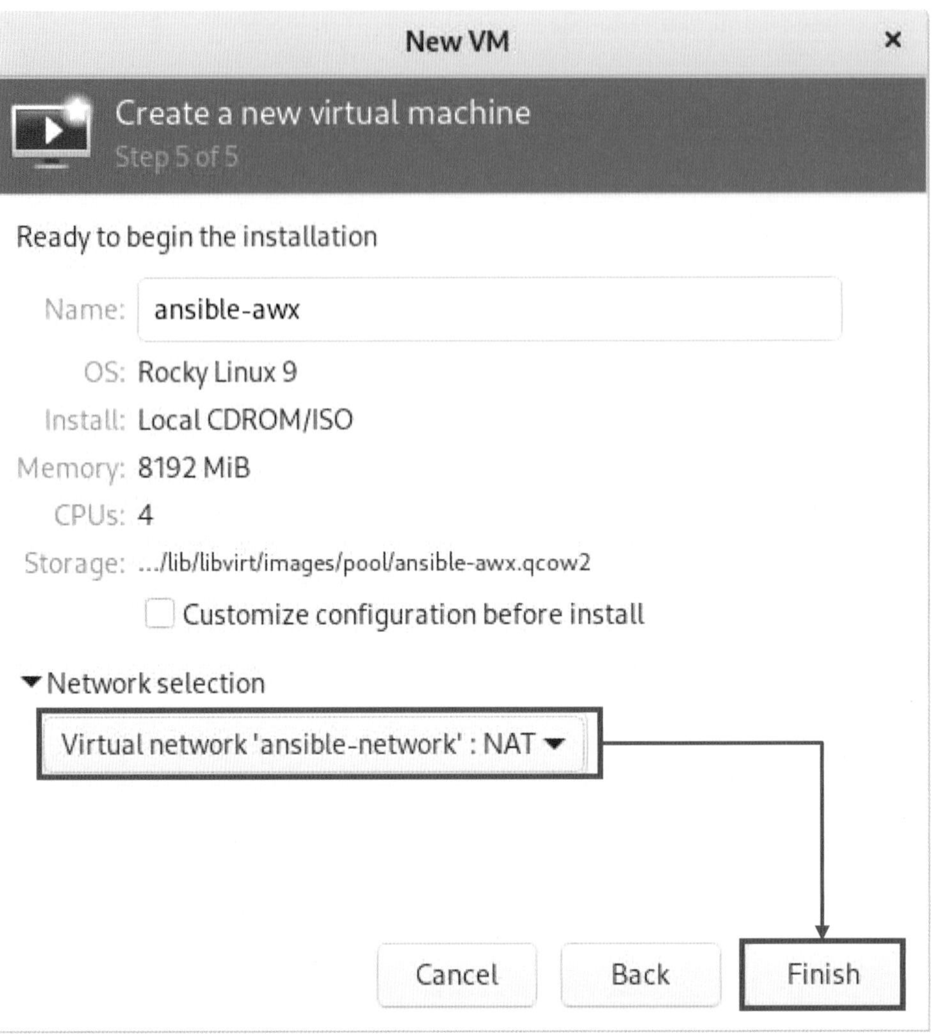

[그림 : Virtual Machine Manager - Create a new virtual machine (Step 5 of 5)]

2.4.4.1.3. Install OS

"Rocky Linux" 항목을 참조하여 설치를 진행합니다.

2.4.4.1.4. Network Interface 설정

NetworkManager 도구인 nmtui를 이용하여 network interface를 설정할 수 있습니다.

```
su -

nmtui
```

```
[lds@localhost ~]$ su -
Password:
[root@localhost ~]# nmtui
```

1. 네트워크 인터페이스에 IP 설정을 위해 [Edit a connection] 메뉴로 들어갑니다.

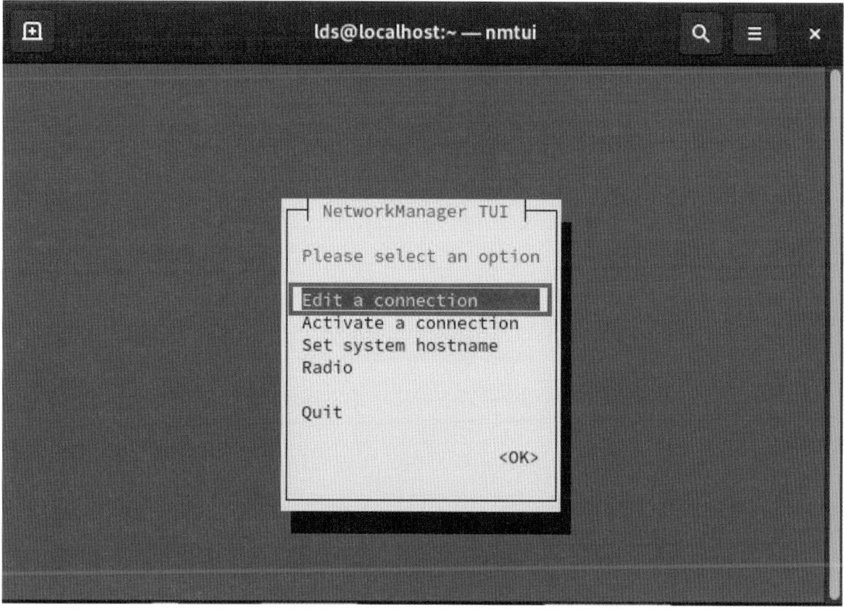

[그림 : NetworkManager TUI – Edit a connection]

2. 대상 Interface(enpls0)를 확인 후 "Edit…"를 클릭합니다.

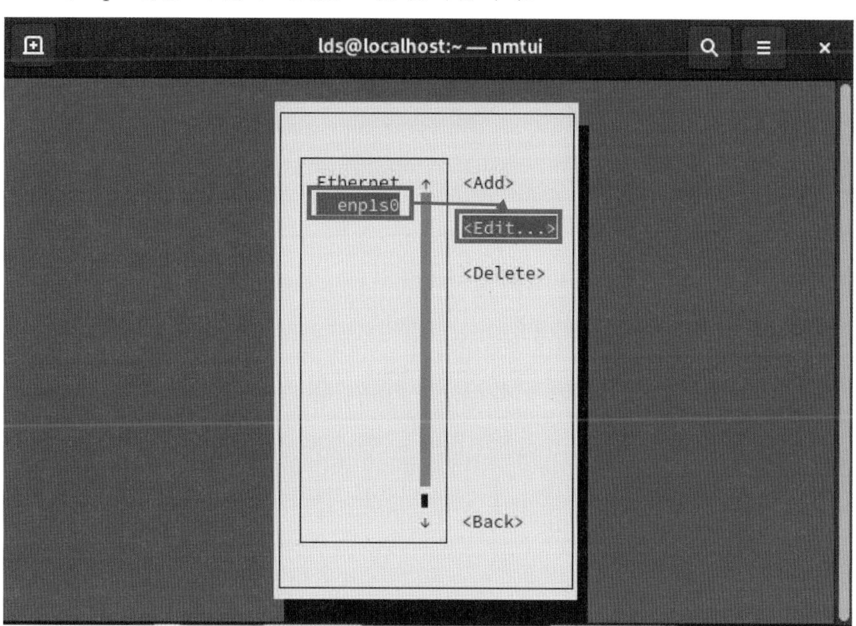

[그림 : NetworkManager TUI – Edit a Ethernet]

3. 대상 Interface 정보를 수정 입력합니다.
   a. IPv4 CONFIGURATION: Manual
      i. Addresses: **192.168.50.110**
      ii. Gateway: **192.168.50.1**

iii. DNS servers: 8.8.8.8

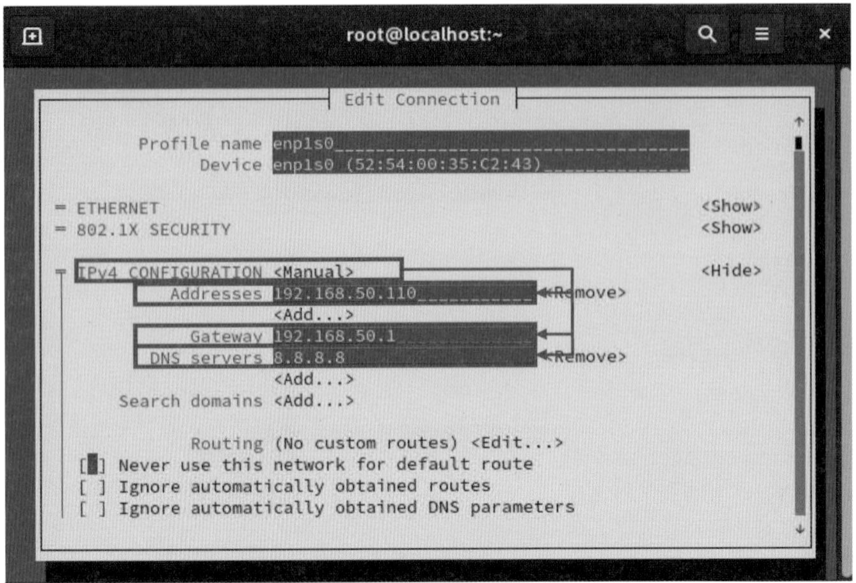

[그림 : NetworkManager TUI – Edit Connection – Ethernet – Manual]

b. Automatically connect : **[Checked]**

c. Available to all users : **[Checked]**

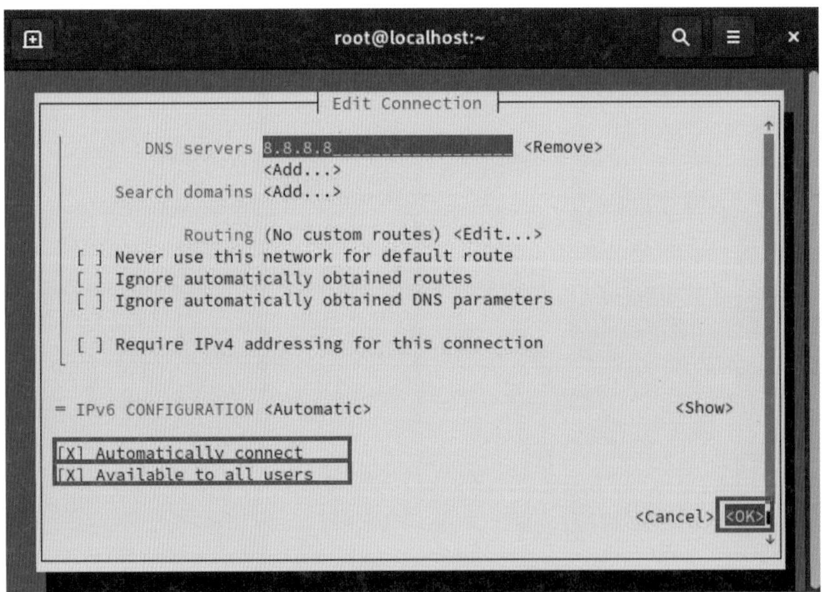

[그림 : NetworkManager TUI – Edit Connection – OK]

4. NetworkManager TUI를 종료 합니다.

   a. [OK]

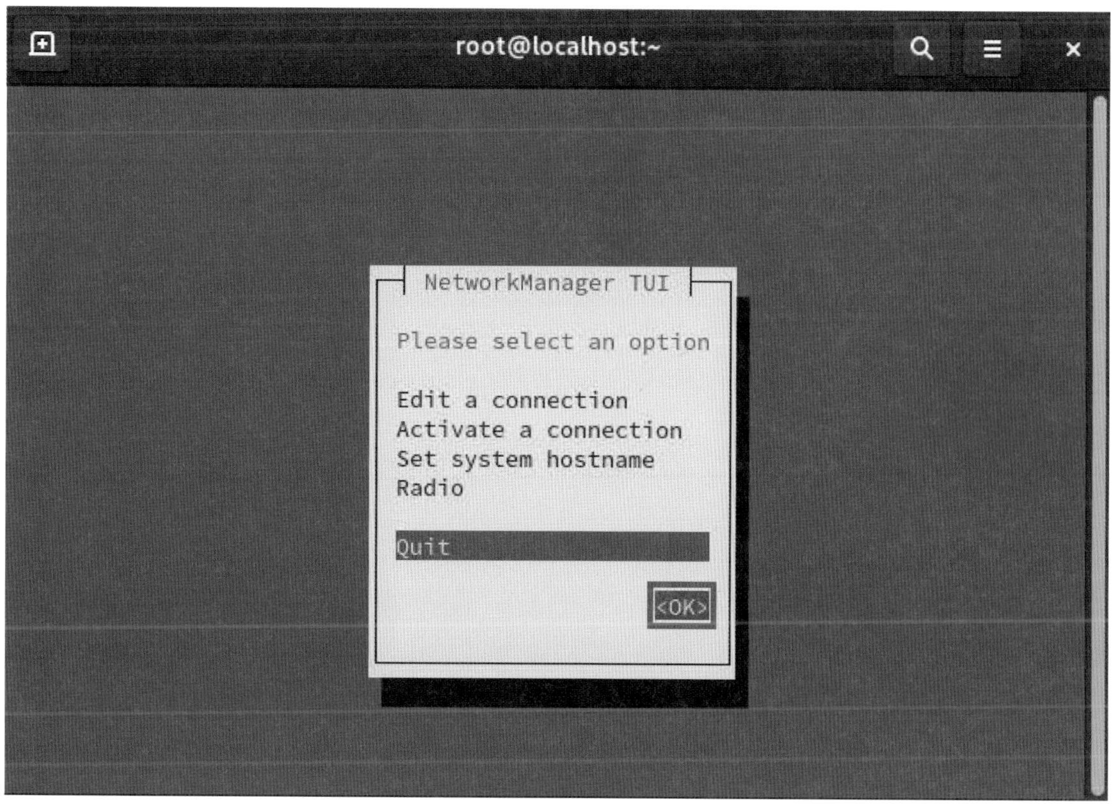

[그림 : NetworkManager TUI – Quit]

5. 변경된 IP 정보를 확인합니다.

```
ip addr show
```

```
[root@localhost ~]# ip addr show
1: lo: <LOOPBACK,UP,LOWER_UP> mtu 65536 qdisc noqueue state UNKNOWN group default qlen 1000
    link/loopback 00:00:00:00:00:00 brd 00:00:00:00:00:00
    inet 127.0.0.1/8 scope host lo
    valid_lft forever preferred_lft forever
    inet6 ::1/128 scope host
    valid_lft forever preferred_lft forever
2: enp1s0: <BROADCAST,MULTICAST,UP,LOWER_UP> mtu 1500 qdisc fq_codel state UP group default
qlen 1000
    link/ether 52:54:00:35:c2:43 brd ff:ff:ff:ff:ff:ff
    inet 192.168.50.110/24 brd 192.168.50.255 scope global noprefixroute enp1s0
    valid_lft forever preferred_lft forever
    inet6 fe80::5054:ff:fe35:c243/64 scope link noprefixroute
    valid_lft forever preferred_lft forever
[root@localhost ~]#
```

2.4.4.1.5. Hostname 설정

ansible-awx 서버의 Hostname을 설정합니다.

```
# hostnamectl set-hostname awx.example.com
```

```
[root@localhost ~]# hostnamectl set-hostname awx.example.com
[root@localhost ~]# hostname
awx.example.com
[root@localhost ~]# su -
[root@awx ~]#
```

2.4.4.2. Ansible Guest - VM

Ansible Guest VM의 경우 Rocky Linux 설치에 필요한 자원을 기반으로 VM 자원을 산정하였습니다.

2.4.4.2.1. Disk 생성

- Create qemu image
  - qemu-img 명령어를 통해 qcow2 Image를 생성합니다.
    - 파일 이름은 ansible-awx.qcow2로 정의 하고 100G 크기로 지정합니다.
    - 파일의 권한은 qemu로 설정하여 권한을 변경합니다.

```
cd /var/lib/libvirt/images/pool

qemu-img create -f qcow2 ansible-guest.qcow2 100G

chown qemu:qemu ansible-guest.qcow2

ls -al
```

```
[root@host ~]# cd /var/lib/libvirt/images/pool
[root@host pool]# qemu-img create -f qcow2 ansible-guest.qcow2 100G
Formatting 'ansible-guest.qcow2', fmt=qcow2 cluster_size=65536 extended_l2=off
compression_type=zlib size=107374182400 lazy_refcounts=off refcount_bits=16
[root@host pool]#
[root@host pool]# chown qemu:qemu ansible-guest.qcow2
[root@host pool]# ls -al
total 5900780
drwx--x--x. 2 root root            58 Jan 17 13:58 .
drwx--x--x. 4 root root            29 Jan 15 16:55 ..
-rw-r--r--. 1 qemu qemu 6041894912 Jan 17 13:59 ansible-awx.qcow2
-rw-r--r--. 1 qemu qemu        198208 Jan 17 13:58 ansible-guest.qcow2
[root@host pool]#
```

2.4.4.2.2. VM 생성

Ansible AWX VM 내용을 비교하여 ansible-guest VM을 생성하고 Rocky Linux를 설치 진행합니다. OS 설치 작업 후 Network 및 Hostname을 설정하도록 합니다.

- New VM
  - VM 생성 개요 내용은 다음과 같습니다.
    - Name : **ansible-guest**
    - OS : Rocky Linux 9.3
    - Install : Local CDROM/ISO
    - Memory : **4096 MiB**
    - CPUs : **2**
    - Storage : 100.0 GiB
      - **/var/lib/libvirt/images/pool/ansible-guest.qcow2**
    - Network selection
      - **Virtual network ansible-network : NAT**
- VM Network Info
  - IPv4 CONFIGURATION: Manual
    - Addresses: **192.168.50.120**
    - Gateway: **192.168.50.1**
    - DNS servers: 8.8.8.8
- Hostname
    - **guest.example.com**

2.4.4.2.3. SSH 연결에 대한 액세스 제한

- guest VM에서 root 접근이 가능하도록 설정합니다.

```
# cp /etc/ssh/sshd_config /etc/ssh/sshd_config.orig

# vi /etc/ssh/sshd_config
...output omitted...
PermitRootLogin yes
...output omitted...

# systemctl restart sshd

# systemctl status sshd
```

```
[lds@localhost ~]$ su -
Password:
[lds@guest ~]$ su -
Password:
[root@guest ~]# cp /etc/ssh/sshd_config /etc/ssh/sshd_config.orig
[root@guest ~]# vim /etc/ssh/sshd_config
...output omitted...
PermitRootLogin yes
...output omitted...
[root@guest ~]# systemctl restart sshd
[root@guest ~]# systemctl status sshd
● sshd.service - OpenSSH server daemon
     Loaded: loaded (/usr/lib/systemd/system/sshd.service; enabled; preset: ena>
     Active: active (running) since Tue 2024-03-26 13:40:36 KST; 6s ago
       Docs: man:sshd(8)
             man:sshd_config(5)
   Main PID: 3026 (sshd)
      Tasks: 1 (limit: 22959)
     Memory: 1.3M
        CPU: 10ms
     CGroup: /system.slice/sshd.service
             └─3026 "sshd: /usr/sbin/sshd -D [listener] 0 of 10-100 startups"

Mar 26 13:40:36 guest.example.com systemd[1]: Starting OpenSSH server daemon...
Mar 26 13:40:36 guest.example.com sshd[3026]: Server listening on 0.0.0.0 port >
Mar 26 13:40:36 guest.example.com sshd[3026]: Server listening on :: port 22.
Mar 26 13:40:36 guest.example.com systemd[1]: Started OpenSSH server daemon.
[root@guest ~]#
```

제3장 K3s 구성

해당 장에서는 Ansible AWX 작업 환경인 컨테이너 환경 구성에 대한 내용입니다.

3.1. K3s란 무엇인가?

[그림 - K3s - Kubernetes 경량화 도구]

3.1.1. K3s 개요

경량의 쿠버네티스, 간편한 설치와 절반의 메모리, 모든걸 100MB 미만의 바이너리로 제공합니다.

적합한 환경은 다음과 같습니다:

- 엣지(Edge)
- 사물인터넷(IoT)
- 지속적인 통합(CI)
- 개발
- ARM
- 임베딩 K8s

K3s는 쿠버네티스와 완전히 호환되며 다음과 같은 향상된 기능을 갖춘 배포판입니다:

- 단일 바이너리로 패키지화 가능합니다.
- 기본 스토리지 메커니즘으로 sqlite3를 기반으로 하는 경량 스토리지 백엔드. etcd3, MySQL, Postgres 도 사용 가능 합니다.
- 복잡한 TLS 및 옵션을 처리하는 간단한 런처에 포함됩니다.
- 경량 환경을 위한 합리적인 기본값으로 보안을 유지합니다.

- 다음과 같이 간단하고 강력한 기능 추가가 가능합니다. 예를 들어:
  - local storage provider
  - service load balancer
  - Helm controller
  - Traefik ingress controller
- 모든 쿠버네티스 컨트롤 플레인 구성 요소의 작동은 단일 바이너리 및 프로세스로 캡슐화하고 이를 통해 K3s는 인증서 배포와 같은 복잡한 클러스터 작업을 자동화하고 관리합니다.
- 외부 종속성 최소화할 수 있습니다.(최신 커널과 cgroup 마운트만 필요)

K3s는 다음과 같은 필수 종속성을 패키지로 제공합니다:

- Containerd
- Flannel (CNI)
- CoreDNS
- Traefik (인그레스)
- Klipper-lb (서비스 로드밸런서)
- 임베디드 네트워크 정책 컨트롤러
- 임베디드 로컬 경로 프로비저너
- 호스트 유틸리티(iptables, socat 등)

3.1.2. K3s Architecture

3.1.2.1. 서버 및 에이전트

서버 Node는 K3s에서 관리하는 제어 플레인 및 데이터 저장소 구성 요소와 함께 k3s 서버 명령을 실행하는 호스트로 정의됩니다.

에이전트 Node는 데이터스토어가 제어 플레인 구성 요소 없이 k3s 에이전트 명령을 실행하는 호스트로 정의됩니다.

서버와 에이전트 모두 kubelet, 컨테이너 런타임 및 CNI를 실행합니다.

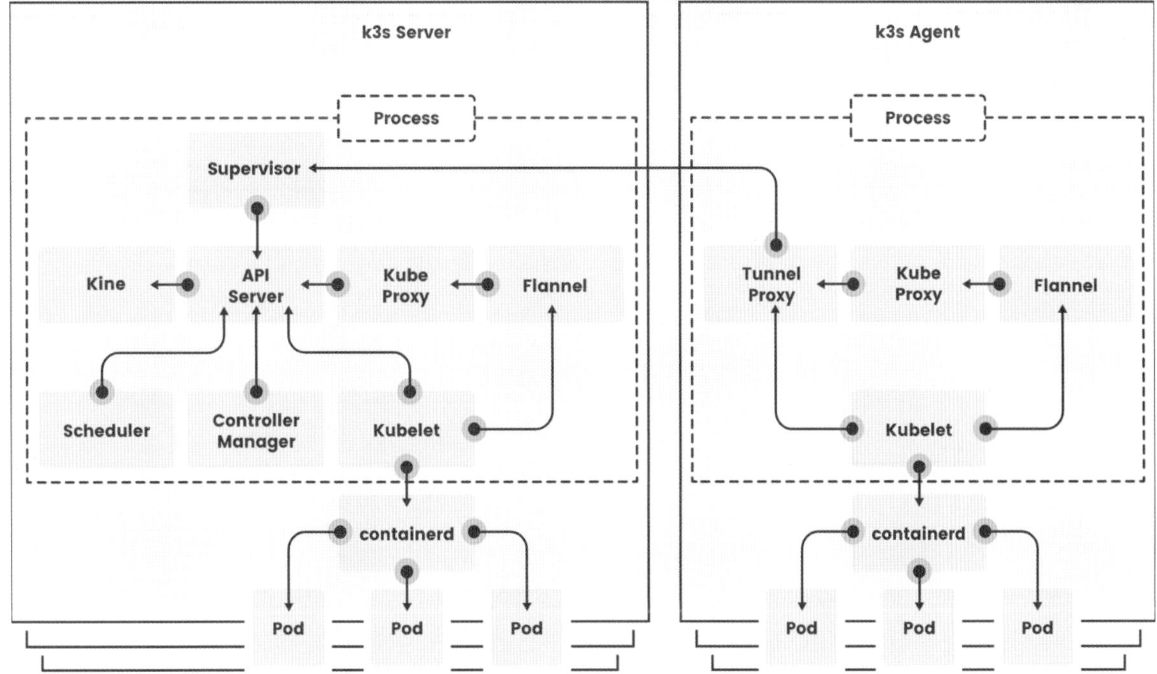

[그림 : K3s Architecture – Servers and Agents]

3.1.2.2. Embedded DB를 이용한 단일 서버 설정

다음 다이어그램은 내장된 SQLite 데이터베이스가 있는 단일 Node K3s 서버가 있는 클러스터의 예를 보여줍니다. 이 구성에서는 각 에이전트 Node가 동일한 서버 Node에 등록됩니다. K3s 사용자는 서버 Node에서 K3s API를 호출하여 Kubernetes 리소스를 조작할 수 있습니다.

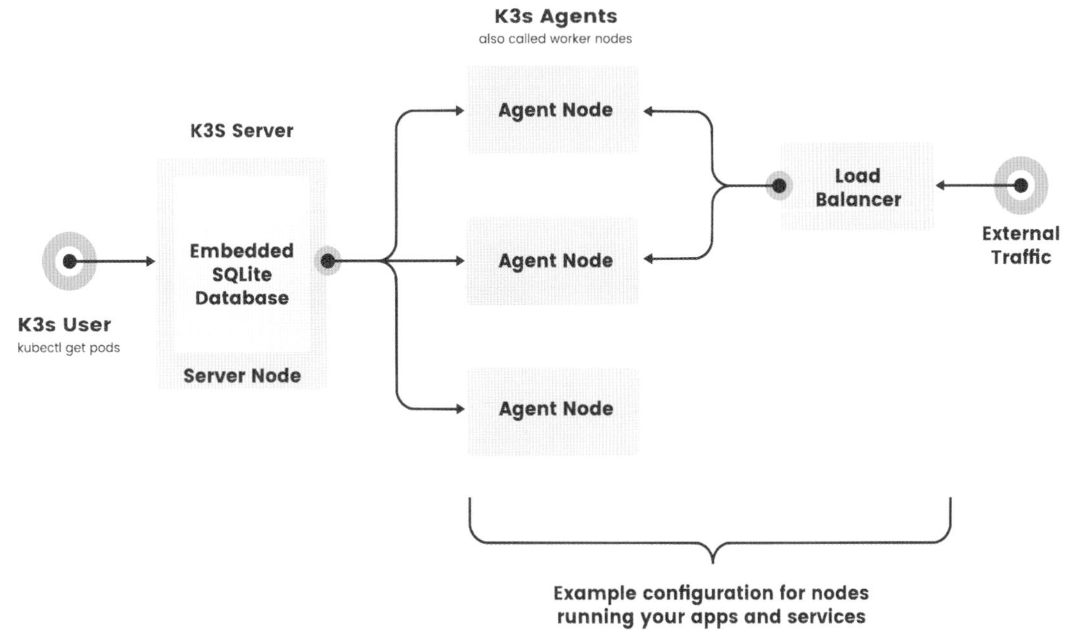

[그림 : K3s Architecture – Single Server]

3.2. K3s 설치 요구 사항

K3s는 매우 가볍지만 아래에 설명된 몇 가지 최소 요구 사항이 있습니다. 컨테이너에서 실행되도록 K3를 구성하든 기본 Linux 서비스로 실행하든 관계없이 K3를 실행하는 각 Node는 다음과 같은 최소 요구 사항을 충족해야 합니다. 이러한 요구 사항은 K3 및 해당 패키지 구성 요소의 기준이며 워크로드 자체에서 사용하는 리소스는 포함하지 않습니다.

3.2.1. K3s 설치 전제 조건

두 Node는 동일한 호스트 이름을 가질 수 없습니다.

여러 Node가 동일한 호스트 이름을 가지거나 자동화된 프로비저닝 시스템에서 호스트 이름을 재사용할 수 있는 경우 --with-node-id 옵션을 사용하여 각 Node에 임의의 접미사를 추가합니다. 또는 클러스터에 추가하는 각 Node에 대해 --node-name 또는 $K3S_NODE_NAME와 함께 전달할 고유 이름을 고려해야 합니다.

3.2.2. Architecture

K3s는 다음 아키텍처에서 사용할 수 있습니다.:

- x86_64
- armhf
- arm64/aarch64
- s390x

aarch64/arm64 시스템에서 OS는 4k 페이지 크기를 사용해야 합니다. Rocky Linux9, RHEL9, Ubuntu 및 SLES는 모두 이 요구 사항을 충족합니다.

3.2.3. Operating System

K3s는 대부분의 최신 Linux 시스템에서 작동할 것으로 예상됩니다.

일부 OS에는 특정 요구 사항이 있습니다:

- (Red Hat/CentOS) Enterprise Linux를 사용하는 경우 추가 설정을 위해 다음 단계를 따릅니다.

3.2.3.1. 추가 OS 준비 사항

- firewalld를 끄는 것이 좋습니다:

```
systemctl disable firewalld --now

systemctl stop firewalld

systemctl status firewalld
```

```
[root@awx ~]# systemctl disable firewalld --now
Removed "/etc/systemd/system/multi-user.target.wants/firewalld.service".
Removed "/etc/systemd/system/dbus-org.fedoraproject.FirewallD1.service".
[root@awx ~]#
[root@awx ~]# systemctl stop firewalld
[root@awx ~]# systemctl status firewalld
○ firewalld.service - firewalld - dynamic firewall daemon
   Loaded: loaded (/usr/lib/systemd/system/firewalld.service; disabled; prese>
   Active: inactive (dead)
   Docs: man:firewalld(1)

Jan 17 13:12:25 localhost systemd[1]: Starting firewalld - dynamic firewall dae>
Jan 17 13:12:25 localhost systemd[1]: Started firewalld - dynamic firewall daem>
Jan 18 09:57:29 awx.example.com systemd[1]: Stopping firewalld - dynamic firewa>
```

- 방화벽을 사용하도록 설정하려면 기본적으로 다음 규칙이 필요합니다:
  - firewall을 사용할 경우에만 적용합니다.
  - firewall이 동작중이지 않는 경우 아래와 같이 표기 됩니다.

```
firewall-cmd --permanent --add-port=6443/tcp #apiserver
firewall-cmd --permanent --zone=trusted --add-source=10.42.0.0/16 #pods
firewall-cmd --permanent --zone=trusted --add-source=10.43.0.0/16 #services
firewall-cmd --reload
```

```
[root@awx ~]# firewall-cmd --permanent --add-port=6443/tcp
FirewallD is not running
[root@awx ~]#
```

설정에 따라 추가 포트를 열어야 할 수도 있습니다. 파드 또는 서비스에 대한 기본 CIDR을 변경하는 경우, 그에 따라 방화벽 규칙을 업데이트해야 합니다.

- 활성화된 경우, nm-cloud-setup을 비활성화하고 Node를 재부팅해야 합니다:
  - 해당 서비스가 없는 경우 아래와 같이 표기됩니다.

```
systemctl disable nm-cloud-setup.service nm-cloud-setup.timer
reboot
```

```
[root@awx ~]# systemctl disable nm-cloud-setup.service nm-cloud-setup.timer
Failed to disable unit: Unit file nm-cloud-setup.service does not exist.
[root@awx ~]#
```

- selinux를 비활성화합니다.
  - selinux 설정 변경후 selinux 상태를 확인합니다.

```
setenforce 0

sed -i 's/enforcing/disabled/g' /etc/selinux/config

grep "^SELINUX" /etc/selinux/config

sestatus
```

```
[root@awx ~]# setenforce 0
[root@awx ~]# grep "^SELINUX" /etc/selinux/config
SELINUX=enforcing
SELINUXTYPE=targeted
[root@awx ~]# sed -i 's/enforcing/disabled/g' /etc/selinux/config
[root@awx ~]# grep "^SELINUX" /etc/selinux/config
SELINUX=disabled
SELINUXTYPE=targeted
[root@awx ~]# sestatus
SELinux status:                 enabled
SELinuxfs mount:                /sys/fs/selinux
SELinux root directory:         /etc/selinux
Loaded policy name:             targeted
Current mode:                   permissive
Mode from config file:          disabled
Policy MLS status:              enabled
Policy deny_unknown status:     allowed
Memory protection checking:     actual (secure)
Max kernel policy version:      33
[root@awx ~]#
```

3.2.4. Hardware

하드웨어 요구 사항은 배포 규모에 따라 확장됩니다. 여기에는 최소 권장 사항이 설명되어 있습니다.

Spec	Minimum	**Recommended**
CPU	1 core	**2 cores**
RAM	512 MB	**1 GB**

[표 : K3s Hardware Recommended]

3.2.4.1. Disks

K3s 성능은 데이터베이스 성능에 따라 달라집니다. 최적의 속도를 보장하려면 SSD를 사용하는 것이 좋습니다. 디스크 성능은 SD 카드 또는 eMMC를 사용하는 ARM 장치에 따라 달라집니다.

3.2.5. Networking

K3s 서버에는 모든 Node가 액세스하려면 포트 6443이 필요합니다. Node는 Flannel VXLAN을 사용할 경우 UDP 포트 8472를 통해, Flannel Wireguard 백엔드를 사용할 경우 UDP 포트 51820 및 51821(IPv6를 사용할 경우)을 통해 다른 Node에 연결할 수 있어야 합니다. Node는 다른 포트에서 수신 대기해서는 안 됩니다. K3s는 Node가 서버에 대한 아웃바운드 연결을 만들고 모든 kubelet 트래픽이 해당 터널을 통해 실행되도록 역방향 터널링을 사용합니다.

메트릭 서버를 활용하려면 모든 Node가 포트 10250에서 서로 액세스할 수 있어야 합니다.

내장된 etcd를 사용하여 고가용성을 달성하려는 경우 서버 Node는 포트 2379 및 2380에서 서로 액세스할 수 있어야 합니다.

Node의 VXLAN 포트는 누구나 액세스할 수 있도록 클러스터 네트워크를 개방하므로 외부에 노출되어서는 안 됩니다.

3.2.5.1. Inbound Rules for K3s Server Nodes

K3s 포트 사용 내용은 다음과 같습니다. Node간 통신이 필요한 경우 해당 정보를 기준으로 방화벽 오픈을 적용하면 됩니다.

Protocol	Port	Source	Destination	Description
TCP	2379-2380	Servers	Servers	etcd가 내장된 HA에만 필요
TCP	6443	Agents	Servers	K3s 감독자 및 Kubernetes API 서버
UDP	8472	All nodes	All nodes	Flannel VXLAN에만 필요
TCP	10250	All nodes	All nodes	Kubelet metrics
UDP	51820	All nodes	All nodes	IPv4를 사용하는 Flannel Wireguard에만 필요
UDP	51821	All nodes	All nodes	IPv6를 사용하는 Flannel Wireguard에만 필요

[표 : K3s Inbound Rules Port]

3.3. K3s 설치

K3s는 host에 구성된 ansible-awx VM에 설치 진행합니다.

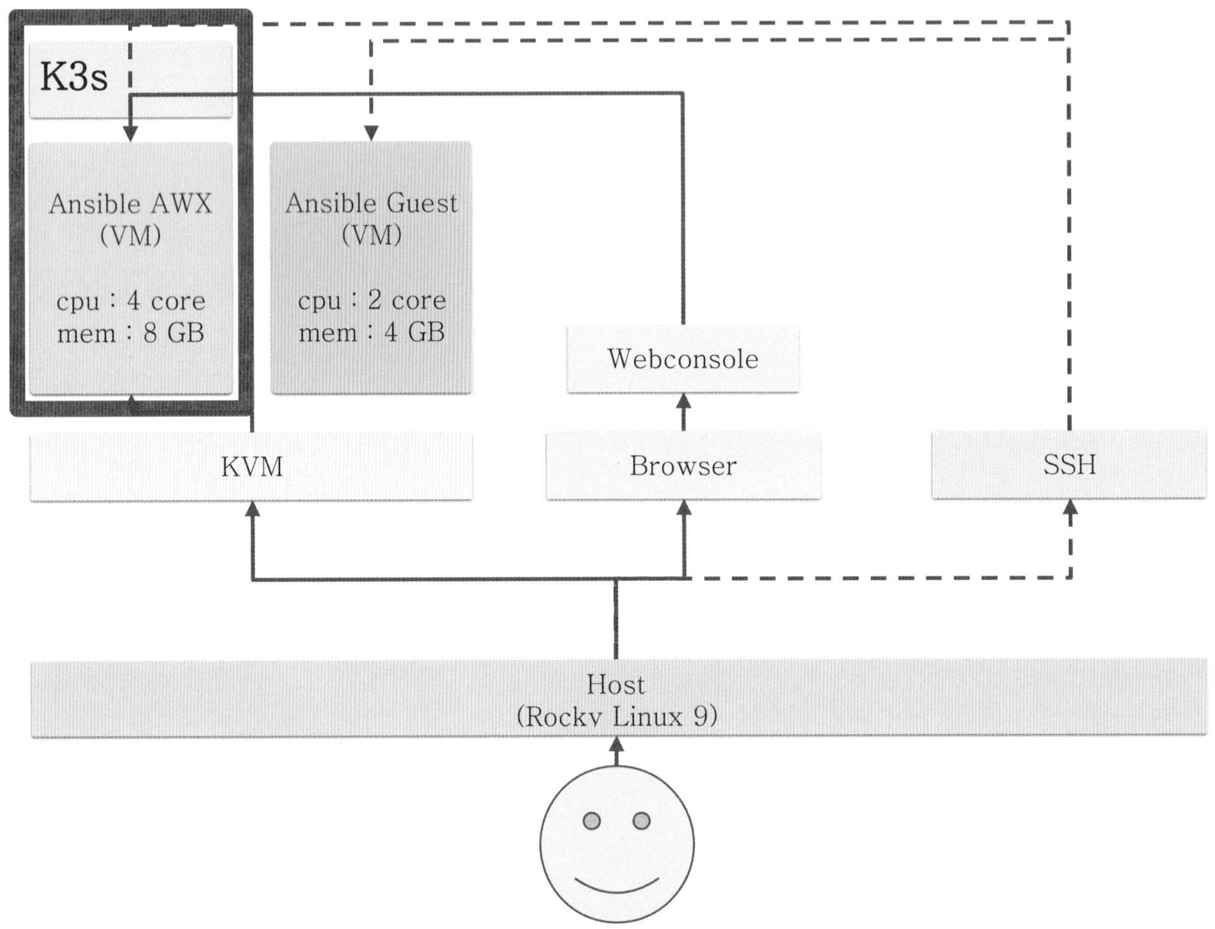

[그림 : Host and KVM Guest WorkFlow]

3.3.1. K3s 설치 – 설치 스크립트

3.3.1.1. K3s 설치 스크립트

K3s는 systemd 또는 openrc 기반 시스템에 서비스로 설치하는 편리한 방법으로 설치 스크립트를 제공합니다. 이 스크립트는 https://get.k3s.io 에서 확인할 수 있습니다. 이 방법으로 K3s를 설치하려면, 간단하게 다음을 실행합니다.

```
curl -sfL https://get.k3s.io | sh -
```

```
[root@awx ~]# curl -sfL https://get.k3s.io | sh -
```

```
[INFO]  Finding release for channel stable
[INFO]  Using v1.28.5+k3s1 as release
[INFO]  Downloading hash https://github.com/k3s-io/k3s/releases/download/v1.28.5+k3s1/
sha256sum-amd64.txt
[INFO]  Downloading binary https://github.com/k3s-io/k3s/releases/download/v1.28.5+k3s1/k3s
[INFO]  Verifying binary download
[INFO]  Installing k3s to /usr/local/bin/k3s
[INFO]  Finding available k3s-selinux versions
Rancher K3s Common (stable)                 946  B/s | 1.2 kB     00:01
Dependencies resolved.
================================================================================
 Package        Arch        Version        Repository                   Size
================================================================================
Installing:
 k3s-selinux    noarch      1.4-1.el9      rancher-k3s-common-stable    21 k

Transaction Summary
================================================================================
Install  1 Package

Total download size: 21 k
Installed size: 96 k
Downloading Packages:
k3s-selinux-1.4-1.el9.noarch.rpm                   23 kB/s |  21 kB     00:00
--------------------------------------------------------------------------------
Total                                  23 kB/s |  21 kB     00:00
Rancher K3s Common (stable)                 4.1 kB/s | 2.4 kB     00:00
Importing GPG key 0xE257814A:
 Userid  : "Rancher (CI) <ci@rancher.com>"
 Fingerprint: C8CF F216 4551 26E9 B9C9 18BE 925E A29A E257 814A
 From     : https://rpm.rancher.io/public.key
Key imported successfully
Running transaction check
Transaction check succeeded.
Running transaction test
Transaction test succeeded.
Running transaction
  Preparing        :                                           1/1
  Running scriptlet: k3s-selinux-1.4-1.el9.noarch                      1/1
  Installing       : k3s-selinux-1.4-1.el9.noarch                      1/1
  Running scriptlet: k3s-selinux-1.4-1.el9.noarch                      1/1
  Verifying        : k3s-selinux-1.4-1.el9.noarch                      1/1

Installed:
  k3s-selinux-1.4-1.el9.noarch

Complete!
[INFO]  Creating /usr/local/bin/kubectl symlink to k3s
[INFO]  Creating /usr/local/bin/crictl symlink to k3s
[INFO]  Creating /usr/local/bin/ctr symlink to k3s
[INFO]  Creating killall script /usr/local/bin/k3s-killall.sh
[INFO]  Creating uninstall script /usr/local/bin/k3s-uninstall.sh
[INFO]  env: Creating environment file /etc/systemd/system/k3s.service.env
```

```
[INFO]  systemd: Creating service file /etc/sys
temd/system/k3s.service
[INFO]  systemd: Enabling k3s unit
Created symlink /etc/systemd/system/multi-user.target.wants/k3s.service → /etc/systemd/system/
k3s.service.
[INFO]  systemd: Starting k3s
[root@awx ~]#
```

K3s 설치 실행시 다음 내용이 설정됩니다.

- Node가 재부팅되거나 프로세스가 충돌 또는 종료된 경우 자동으로 재시작되도록 K3s 서비스가 구성됩니다.
- kubectl, crictl, ctr, k3s-killall.sh 및 k3s-uninstall.sh를 포함한 추가 유틸리티가 설치됩니다.
- /etc/rancher/k3s/k3s.yaml에 kubeconfig 파일을 작성하고, K3s가 설치한 kubectl은 자동으로 이를 사용하게 됩니다.

3.3.1.2. 파일 권한 설정

/etc/rancher/k3s/k3s.yaml에 대한 파일 권한 설정을 합니다.

```
sudo chmod 644 /etc/rancher/k3s/k3s.yaml
```

```
[root@awx ~]# ls -al /etc/rancher/k3s/k3s.yaml
-rw-------. 1 root root 2961 Jan 18 13:40 /etc/rancher/k3s/k3s.yaml
[root@awx ~]# sudo chmod 644 /etc/rancher/k3s/k3s.yaml
[root@awx ~]# ls -al /etc/rancher/k3s/k3s.yaml
-rw-r--r--. 1 root root 2961 Jan 18 13:40 /etc/rancher/k3s/k3s.yaml
[root@awx ~]#
```

3.3.2. K3s 설치 상태 점검

3.3.2.1. K3s 설치 내역 확인

- k3s version 정보를 확인합니다.
  - k3s 명령어를 활용하여 확인합니다.

```
k3s --version
```

```
[root@awx ~]# k3s --version
k3s version v1.28.5+k3s1 (5b2d1271)
go version go1.20.12
[root@awx ~]#
```

kubectl version 정보를 확인합니다.

- kubectl 명령어를 활용하여 확인합니다.

```
kubectl version
```

```
[root@awx ~]# kubectl version
Client Version: v1.28.5+k3s1
Kustomize Version: v5.0.4-0.20230601165947-6ce0bf390ce3
Server Version: v1.28.5+k3s1
[root@awx ~]#
```

3.3.2.2. K3s 서비스 점검

K3s 서비스를 확인하고 서비스를 활성화 합니다.

- systemctl enable 명령어를 사용하여 서비스를 활성화 합니다.
- systemctl status 명령어를 사용하여 서비스 상태를 확인합니다.

```
sudo systemctl start k3s

sudo systemctl enable k3s

sudo systemctl status k3s
```

```
[root@awx ~]# sudo systemctl enable k3s
[root@awx ~]# sudo systemctl status k3s
● k3s.service - Lightweight Kubernetes
     Loaded: loaded (/etc/systemd/system/k3s.service; enabled; preset: disabled)
     Active: active (running) since Thu 2024-01-18 13:40:39 KST; 3h 37min ago
     Docs: https://k3s.io
   Main PID: 11483 (k3s-server)
     Tasks: 93
     Memory: 1.4G
     CPU: 8min 16.269s
     CGroup: /system.slice/k3s.service
             ├─11483 "/usr/local/bin/k3s server"
             ├─11501 "containerd "
             ├─12182 /var/lib/rancher/k3s/data/28f7e87eba734b7f7731dc900e2c84e0>
             ├─12280 /var/lib/rancher/k3s/data/28f7e87eba734b7f7731dc900e2c84e0>
             ├─12351 /var/lib/rancher/k3s/data/28f7e87eba734b7f7731dc900e2c84e0>
             ├─13435 /var/lib/rancher/k3s/data/28f7e87eba734b7f7731dc900e2c84e0>
             └─13540 /var/lib/rancher/k3s/data/28f7e87eba734b7f7731dc900e2c84e0>

Jan 18 16:55:36 awx.example.com k3s[11483]: time="2024-01-18T16:55:36+09:00" le>
Jan 18 16:55:36 awx.example.com k3s[11483]: time="2024-01-18T16:55:36+09:00" le>
Jan 18 17:00:36 awx.example.com k3s[11483]: time="2024-01-18T17:00:36+09:00" le>
Jan 18 17:00:36 awx.example.com k3s[11483]: time="2024-01-18T17:00:36+09:00" le>
Jan 18 17:05:36 awx.example.com k3s[11483]: time="2024-01-18T17:05:36+09:00" le>
Jan 18 17:05:36 awx.example.com k3s[11483]: time="2024-01-18T17:05:36+09:00" le>
[root@awx ~]#
```

3.3.2.3. K3s 상태 점검

- 현재 k3s cluster 확인합니다.
  - kubectl 명령어를 활용하여 확인합니다.
  - default cluster를 확인할 수 있습니다.

```
kubectl config get-clusters
```

```
[root@awx ~]# kubectl config get-clusters
NAME
default
[root@awx ~]#
```

- 현재 k3s cluster 정보를 확인합니다.
  - Kubernetes control plane Endpoint 정보를 확인할 수 있습니다.
  - CoreDNS 및 Metric-server 정보를 확인할 수 있습니다.

```
kubectl cluster-info
```

```
[root@awx ~]# kubectl cluster-info
Kubernetes control plane is running at https://127.0.0.1:6443
CoreDNS is running at https://127.0.0.1:6443/api/v1/namespaces/kube-system/services/kube-dns:dns/proxy
Metrics-server is running at https://127.0.0.1:6443/api/v1/namespaces/kube-system/services/https:metrics-server:https/proxy

To further debug and diagnose cluster problems, use 'kubectl cluster-info dump'.
[root@awx ~]#
```

- k3s의 node 상태를 점검 합니다.
  - kubectl 명령어를 활용하여 확인합니다.
  - 현재 master Node가 Ready 상태로 된것을 확인합니다.

```
kubectl get nodes
```

```
[root@awx ~]# kubectl get nodes
NAME              STATUS   ROLES                  AGE     VERSION
awx.example.com   Ready    control-plane,master   3h38m   v1.28.5+k3s1
[root@awx ~]#
```

- k3s의 namespace 현황을 확인합니다.
  - kubectl 명령어를 활용하여 확인합니다.
  - default namespaces 외 kube-system, kube-public의 namespace 및 kube-node-lease 정보를 확인합니다.

kubectl get namespaces

```
[root@awx ~]# kubectl get namespaces
NAME              STATUS   AGE
kube-system       Active   3h56m
kube-public       Active   3h56m
kube-node-lease   Active   3h56m
default           Active   3h56m
[root@awx ~]#
```

- k3s의 kube-system에 등록된 endpoint 정보를 확인합니다.
  - kubectl 명령어를 활용하여 확인합니다.
  - kube-dns, metric-server 및 traefik endpoint를 확인 가능합니다.

kubectl get endpoints -n kube-system

```
[root@awx ~]# kubectl get endpoints -n kube-system
NAME             ENDPOINTS                                  AGE
kube-dns         10.42.0.3:53,10.42.0.3:53,10.42.0.3:9153   3h56m
metrics-server   10.42.0.5:10250                            3h56m
traefik          10.42.0.8:8000,10.42.0.8:8443              3h56m
[root@awx ~]#
```

- k3s의 pod 동작 현황을 확인합니다.
  - kubectl 명령어를 활용하여 확인합니다.
  - coredns, local-path-provisioner 등 동작 Pod를 확인합니다.

kubectl get pods -n kube-system

```
[root@awx ~]# kubectl get pods -n kube-system
NAME                                     READY   STATUS      RESTARTS   AGE
local-path-provisioner-84db5d44d9-gz7f9  1/1     Running     0          3h57m
coredns-6799fbcd5-wcjhx                  1/1     Running     0          3h57m
helm-install-traefik-crd-7l2rb           0/1     Completed   0          3h57m
helm-install-traefik-rj9qz               0/1     Completed   1          3h57m
svclb-traefik-e3538acf-764lz             2/2     Running     0          3h56m
metrics-server-67c658944b-x4wbq          1/1     Running     0          3h57m
traefik-f4564c4f4-48t4f                  1/1     Running     0          3h56m
[root@awx ~]#
```

- 현재 Node에서 동작하는 Container 정보 확인합니다.
  - crictl 명령어를 활용하여 확인합니다.
  - container와 container name등을 확인합니다.

crictl ps

```
[root@awx ~]# crictl ps
CONTAINER           IMAGE               CREATED             STATE
NAME                ATTEMPT             POD ID              POD
b70f4e7a6adf7    cc365cbb0397b       4 hours ago         Running             traefik
    0                   9527bec9ec2d6       traefik-f4564c4f4-48t4f
e89111503e927       af74bd845c4a8       4 hours ago         Running
lb-tcp-443          0                   a83d3e50dacfa       svclb-traefik-e3538acf-764lz
36cf00ee51a0d    af74bd845c4a8       4 hours ago         Running             lb-tcp-80
    0                   a83d3e50dacfa       svclb-traefik-e3538acf-764lz
9501e32f7ee2f    ead0a4a53df89       4 hours ago         Running             coredns
    0                   624d04bfc9bfa    coredns-6799fbcd5-wcjhx
1f34917c101d0    817bbe3f2e517       4 hours ago         Running             metrics-
server              0                   4626c67687ef1       metrics-server-67c658944b-x4wbq
08bd19778517a       b29384aeb4b13       4 hours ago         Running
    local-path-provisioner  0                   128138ce9c2b6       local-path-provisioner-
84db5d44d9-gz7f9
[root@awx ~]#
```

PART 2

Ansible AWX 구성

PART 2 Ansible AWX 구성

제4장 AWX 구성

해당 장에서는 Ansible AWX 작업 환경에 AWX를 설치 하는 내용입니다.

4.1. AWX 란 무엇인가?

[그림 - Ansible AWX - Ansible 기반의 오픈 소스 웹 플랫폼]

4.1.1. AWX 정의 및 개념

AWX는 Ansible 기반의 오픈 소스 웹 플랫폼입니다. Ansible의 자동화 기능을 강화하고, 웹 기반 UI, 작업 템플릿, 워크플로 관리, 조직 협업 기능 등을 제공하여 IT 인프라 및 애플리케이션 배포를 효율적으로 관리할 수 있도록 합니다.

AWX는 다음과 같은 주요 개념으로 구성됩니다.

1. Ansible: 모듈 기반 구성 관리 도구
   a. Ansible은 다양한 시스템 및 플랫폼에 대한 구성 관리를 자동화하는 데 사용되는 오픈 소스 도구입니다.
   b. 모듈 기반 아키텍처를 사용하여 다양한 작업을 수행하며, SSH를 사용하여 대상 시스템에 연결합니다.
   c. Playbook이라는 YAML 형식의 스크립트를 사용하여 자동화 작업을 정의합니다.
2. AWX: Ansible 기반 플랫폼

   a. AWX는 Ansible을 기반으로 웹 UI, 작업 템플릿, 워크플로 관리, 조직 협업 기능 등을 제공하는 플랫폼입니다.
   b. Ansible의 자동화 기능을 강화하고, 사용하기 쉽고 직관적인 인터페이스를 제공합니다.
   c. 팀 기반 협업 및 권한 관리 기능을 제공하여 여러 사용자가 작업을 효율적으로 관리할 수 있도록 합니다.
3. Playbook: Ansible 작업 정의 스크립트
   a. Playbook은 YAML 형식의 스크립트로, Ansible 작업을 정의합니다.
   b. 여러 작업을 순서대로 수행하도록 정의할 수 있으며, 조건문 및 루프 등을 사용하여 동적 자동화를 구현할 수 있습니다.
   c. 변수를 사용하여 환경에 따라 설정을 동적으로 변경할 수 있습니다.
4. Inventory: 대상 시스템 목록
   a. Inventory는 Ansible에서 관리하는 대상 시스템 목록입니다.
   b. INI, YAML, JSON 등의 파일 형식으로 정의할 수 있으며, 그룹 및 변수를 사용하여 시스템을 분류하고 설정할 수 있습니다.
   c. 동적 인벤토리를 사용하여 스크립트 또는 API를 통해 대상 시스템 목록을 동적으로 생성할 수 있습니다.
5. Job: Ansible playbook 실행 작업
   a. Job은 Ansible playbook을 실행하는 작업입니다.
   b. AWX 웹 UI 또는 API를 통해 Job을 실행할 수 있습니다.
   c. Job 실행 결과는 로그 및 보고서 형식으로 제공됩니다.
6. Workflow: 여러 Job 연결 워크플로
   a. Workflow는 여러 Job을 연결하여 복잡한 자동화를 수행하는 워크플로입니다.
   b. AWX 웹 UI를 통해 Workflow를 만들고 관리할 수 있습니다.
   c. Workflow는 조건문 및 루프 등을 사용하여 동적 자동화를 구현할 수 있습니다.

4.1.2. 주요 기능 요약

AWX는 다음과 같은 주요 기능을 제공하여 Ansible의 자동화 기능을 강화하고 IT 인프라 및 애플리케이션 배포를 효율적으로 관리할 수 있도록 합니다.

1. 웹 기반 UI
   a. Ansible playbook 작성, 실행, 관리를 위한 웹 기반 인터페이스를 제공합니다.
   b. 직관적인 UI를 통해 Ansible playbook을 쉽게 작성하고 관리할 수 있습니다.
   c. 코드 편집기, 실시간 유효성 검사, 작업 실행 기록 등의 기능을 제공합니다.

2. 작업 템플릿
    a. 반복적인 작업을 위한 Ansible playbook 템플릿을 관리하고 활용할 수 있습니다.
    b. 템플릿을 사용하여 작업을 간소화하고 일관성을 유지할 수 있습니다.
    c. 변수를 사용하여 템플릿을 환경에 맞게 동적으로 조정할 수 있습니다.
3. 워크플로 관리
    a. 여러 Job을 연결하여 복잡한 자동화를 수행하는 워크플로를 정의하고 관리할 수 있습니다.
    b. 워크플로를 통해 다양한 작업을 순서대로 또는 조건에 따라 실행할 수 있습니다.
    c. 워크플로 실행 결과를 보고서 형식으로 확인할 수 있습니다.
4. 조직 협업
    a. 사용자 및 팀 관리, 권한 설정, 작업 할당 등을 통한 협업 기능을 제공합니다.
    b. 팀 기반 협업을 통해 여러 사용자가 작업을 효율적으로 관리할 수 있습니다.
    c. RBAC(Role-Based Access Control)을 통해 사용자 역할 및 권한을 세분화하여 접근 제어를 강화합니다.
5. Auditing
    a. 작업 실행 기록 및 로그 분석을 통한 추적 및 문제 해결을 지원합니다.
    b. 작업 실행 결과를 상세하게 확인하고 문제를 진단할 수 있습니다.
    c. 로그 분석을 통해 자동화 프로세스를 개선하고 최적화할 수 있습니다.

4.1.3. 주요 구성 요소 소개

AWX는 다양한 구성 요소로 구성되어 Ansible 자동화 기능을 강화하고 효율적인 사용자 경험을 제공합니다. 각 구성 요소의 역할과 기능을 자세히 설명합니다.

1. Web UI
    a. Ansible playbook 작성, 편집, 실행, 관리
    b. 작업 템플릿 관리 및 활용
    c. 워크플로 정의, 편집, 실행, 관리
    d. 사용자 및 팀 관리, 권한 설정
    e. 작업 실행 기록 및 로그 확인
    f. 설정 관리
    g. 통합 관리 (Jira, Jenkins, Slack 등)
2. API

   a. Ansible playbook 실행
   b. 작업 결과 확인
   c. 인벤토리 관리
   d. 사용자 및 팀 관리
   e. 설정 관리
   f. 통합 관리 (Jira, Jenkins, Slack 등)
3. CLI
   a. Ansible playbook 실행
   b. 작업 결과 확인
   c. 인벤토리 관리
   d. 설정 관리
4. AWX Scheduler
   a. 작업 스케줄링 및 자동 실행
   b. 반복적인 작업 자동화
   c. 정기적인 배포 및 유지 관리 자동화
   d. 시간 기반 또는 이벤트 기반 스케줄링
5. Database
   a. 작업 실행 기록, 로그, 설정 정보 등을 저장
   b. 작업 추적 및 문제 해결
   c. Audit 및 보고 기능 제공
   d. 데이터 기반 자동화 프로세스 개선

4.1.4. AWX 의 장점 및 활용 분야

4.1.4.1. 장점

AWX는 Ansible 기반의 강력한 자동화 플랫폼으로 다양한 장점을 제공합니다.

1. Ansible 기반
   a. Ansible의 강력하고 유연한 자동화 기능을 활용하여 다양한 작업을 자동화할 수 있습니다.
   b. 모듈 기반 아키텍처를 통해 다양한 시스템 및 플랫폼을 지원합니다.
   c. Playbook이라는 YAML 형식의 스크립트를 사용하여 작업을 정의하여 간편하고 일관성 있게 관리할 수 있습니다.

2. 웹 기반 UI
    a. 사용하기 쉽고 직관적인 웹 기반 인터페이스를 제공하여 Ansible을 더욱 편리하게 활용할 수 있습니다.
    b. 코드 편집기, 실시간 유효성 검사, 자동 완성 등의 기능을 제공하여 작업 효율성을 높입니다.
    c. 작업 실행 기록 및 로그를 쉽게 확인하고 관리할 수 있습니다.
3. 작업 템플릿
    a. 반복적인 작업을 위한 Ansible playbook 템플릿을 관리하고 활용하여 시간을 절약하고 일관성을 유지할 수 있습니다.
    b. 변수를 사용하여 템플릿을 환경에 맞게 조정할 수 있습니다.
    c. 팀 내에서 템플릿을 공유하여 협업 효율성을 높일 수 있습니다.
4. 워크플로 관리
    a. 여러 Job을 연결하여 복잡한 자동화 프로세스를 쉽게 정의하고 관리할 수 있습니다.
    b. 조건문 및 루프 등을 사용하여 동적 워크플로를 구현할 수 있습니다.
    c. 워크플로 실행 결과를 보고서 형식으로 확인하여 분석할 수 있습니다.
5. 조직 협업
    a. 팀 기반 작업 및 권한 관리 기능을 제공하여 여러 사용자가 협업하여 작업을 효율적으로 관리할 수 있습니다.
    b. RBAC(Role-Based Access Control)을 통해 사용자 역할 및 권한을 세분화하여 접근 제어를 강화합니다.
    c. 작업 할당 및 알림 기능을 통해 팀워크를 향상시킵니다.
6. 오픈 소스
    a. 무료로 사용 가능하며 활발한 커뮤니티 지원을 제공합니다.
    b. 다양한 커뮤니티 템플릿 및 도구를 활용하여 작업을 더욱 효율적으로 수행할 수 있습니다.
    c. 자체 확장 및 커스터마이징이 가능하여 사용자 요구에 맞게 플랫폼을 조정할 수 있습니다.

4.1.4.2. 활용 분야

AWX는 Ansible 기반의 강력한 자동화 플랫폼으로, 다양한 분야에서 활용되어 IT 운영 및 자동화를 효율적으로 수행할 수 있도록 지원합니다. 각 분야별 활용 사례를 보다 자세히 설명합니다.

1. IT 인프라 관리
    a. 서버 프로비저닝
        i. 운영 체제 설치, 설정, 애플리케이션 설치 자동화
        ii. PXE 부팅 등 다양한 방식 지원

b. 설정 관리
   i . Ansible playbook을 사용하여 서버 설정의 일관된 관리
   ii. 역할 기반 접근 제어(RBAC)를 통해 설정 변경 권한 관리
c. 배포 자동화
   i . 웹 애플리케이션, 마이크로서비스 배포 자동화
   ii. 배포 프로세스 자동화를 통한 시간 절약 및 오류 감소
d. 네트워크 관리
   i . 네트워크 장비 설정 관리, 자동화
   ii. 네트워크 구성 변경 자동화를 통한 안정성 및 보안 강화
e. 재해 복구
   i . 백업, 복구 프로세스 자동화
   ii. 재해 발생 시 빠른 복구를 통한 비즈니스 지속성 확보

2. 애플리케이션 배포
   a. 웹 애플리케이션 배포
      i . 코드 변경 사항 배포 자동화
      ii. Nginx, Apache, HAProxy 등 다양한 웹 서버 지원
      iii. 배포 프로세스 자동화를 통한 배포 시간 단축 및 안정성 향상
   b. 마이크로서비스 배포
      i . CI/CD 파이프라인 구축, 배포 자동화
      ii. Kubernetes, Docker Swarm 등 컨테이너 오케스트레이션 플랫폼 지원
      iii. 마이크로서비스 배포 자동화를 통한 개발 및 배포 효율성 증대

3. CI/CD
   a. 지속적인 통합
      i . 코드 변경 사항 테스트 자동화
      ii. 코드 품질 향상 및 배포 위험 감소
   b. 지속적인 배포
      i . 테스트 통과 코드 자동 배포
      ii. 배포 프로세스 자동화를 통한 배포 시간 단축 및 안정성 향상
   c. CI/CD 파이프라인 구축
      i . Ansible playbook을 사용하여 자동화
      ii. Jenkins, Travis CI, CircleCI 등 CI/CD 도구와 연동 가능
      iii. 지속적인 통합 및 배포 프로세스를 통한 개발 효율성 증대

4. 네트워크 관리
   a. 네트워크 장비 설정 관리
      i. CLI, SNMP, NETCONF 등 다양한 프로토콜 지원
      ii. 네트워크 장비 설정 백업 및 복원 자동화
      iii. 네트워크 구성 변경 자동화를 통한 관리 효율성 향상
   b. 네트워크 자동화
      i. Ansible Network module을 사용하여 네트워크 장비 및 구성 자동화
      ii. VLAN, ACL, routing 등 다양한 네트워크 구성 요소 관리
      iii. 네트워크 관리 작업 자동화를 통한 운영 효율성 증대
5. 보안 및 규정 준수
   a. 보안 패치 적용 자동화
      i. 다양한 운영 체제 및 애플리케이션에 대한 보안 패치 자동 적용
      ii. 패치 적용 전 테스트 및 백업 기능 제공
   b. 규정 준수 검사 자동화
      i. Ansible playbook을 통한 맞춤형 검사 스크립트 작성 가능
      ii. 검사 결과 보고 및 이력 관리 기능 제공

4.1.5. AWX 설치 기술

4.1.5.1. Operator

AWX Operator는 Kubernetes 환경에서 Ansible AWX를 배포, 관리, 자동화하는 데 사용되는 Operator 패턴입니다. Operator는 Kubernetes Custom Resource Definition(CRD)를 사용하여 AWX 인스턴스를 정의하고 관리하며, Ansible Playbook을 통해 배포 및 업데이트를 자동화합니다.

4.1.5.1.1. Operator란 무엇인가?

Operator는 Kubernetes 클러스터 내 애플리케이션의 배포, 관리, 자동화를 수행하는 도구입니다. Operator는 CRD를 통해 원하는 애플리케이션 상태를 정의하고, 실제 상태와 비교하여 필요한 조치를 자동으로 수행합니다.

Operator는 다음과 같은 방식으로 동작합니다.

1. 원하는 애플리케이션 상태를 정의합니다. (예: 실행 중인 Pod 수, 사용할 이미지 버전)
2. Operator는 정의된 상태와 실제 상태를 비교합니다.
3. 필요한 경우 Operator는 자동으로 조치를 취합니다. (예: Pod 시작, 업데이트, 롤백)

4.1.5.1.2. Operator의 주요 기능

- **애플리케이션 배포**: CRD를 통해 원하는 애플리케이션 버전, 구성, 리소스 할당을 지정하여 쉽게 배포합니다.
- **애플리케이션 관리**: Operator는 애플리케이션의 상태를 모니터링하고, 필요에 따라 업데이트, 롤링 업데이트, 롤백 등을 자동으로 수행합니다.
- **자동화**: Ansible Playbook, Helm Chart 등을 통해 배포, 업데이트, 구성 변경 등을 자동화하여 운영 시간을 절약하고 오류를 줄입니다.
- **확장성**: 여러 애플리케이션 인스턴스를 관리하여 수요 증가에 맞춰 쉽게 확장할 수 있습니다.
- **고가용성**: HA(High Availability) 환경을 구축하여 안정적인 운영을 지원합니다.
- **통합**: Prometheus, Grafana 등 Kubernetes 모니터링 도구와 연동하여 애플리케이션의 상태 및 성능을 쉽게 파악할 수 있습니다.

4.1.5.2. Kustomize

Kustomize는 Kubernetes 배포를 간소화하고 확장성을 제공하는 도구입니다. AWX Operator 배포에도 Kustomize를 사용하여 여러 환경에 맞게 배포를 조정하고 자동화할 수 있습니다.

4.1.5.2.1. Kustomize란?

Kustomize는 Kubernetes 배포를 간소화하고 확장성을 제공하는 오픈 소스 도구입니다. Kustomize를 사용하면 여러 환경에 맞게 배포를 조정하고 자동화할 수 있으며, 템플릿, 변수, 패치 등을 활용하여 배포 프로세스를 효율적으로 관리할 수 있습니다.

4.1.5.2.2. Kustomize의 주요 기능

- **환경별 설정**: 각 환경(개발, 테스트, 운영)에 맞는 Kubernetes manifest 파일을 생성하여 배포를 조정할 수 있습니다.
- **템플릿 활용**: 재사용 가능한 템플릿을 만들어 여러 배포를 간편하게 관리할 수 있습니다.
- **변수 사용**: 환경별 변수를 사용하여 배포 설정을 동적으로 조정할 수 있습니다.
- **패치 적용**: 기본 배포에 원하는 패치를 추가하여 기능을 확장하거나 문제를 해결할 수 있습니다.
- **CI/CD 통합**: CI/CD 파이프라인에 Kustomize를 통합하여 자동화된 배포를 구축할 수 있습니다.

4.1.5.2.3. Kustomize의 장점

- **간편성**: 배포 설정을 간소화하고 관리를 용이하게 합니다.
- **확장성**: 여러 환경에 맞게 배포를 조정하고 자동화할 수 있습니다.
- **효율성**: 템플릿, 변수, 패치 등을 활용하여 배포 프로세스를 효율적으로 관리합니다.

- 일관성: 모든 환경에서 일관된 배포 프로세스를 유지할 수 있습니다.
- 보안: 환경별 보안 설정을 적용하여 배포를 안전하게 수행할 수 있습니다.

4.2. AWX 설치 요건

AWX를 성공적으로 설치하고 운영하기 위해서는 서버 하드웨어, 소프트웨어 및 네트워크 환경에 대한 최소 요구 사항을 충족해야 합니다. 각 요구 사항을 자세히 설명하고, 권장 사양 및 추가 고려 사항을 함께 제공하여 설치 계획을 수립하는 데 도움을 드립니다.

4.2.1. 하드웨어

4.2.1.1. CPU

- 최소: 2 vCPU
- 권장: 4 vCPU 이상
- 고려 사항:
  - AWX는 CPU 집중적인 작업을 수행할 수 있으므로 CPU 코어 수가 많을수록 성능이 향상됩니다.
  - 동시에 실행되는 작업 수, 작업 규모 및 사용자 수에 따라 CPU 요구 사항이 달라질 수 있습니다.
  - 가상화 환경에서 사용하는 경우 호스트 시스템의 CPU 리소스를 충분히 확보해야 합니다.

4.2.1.2. 메모리

- 최소: 4GB
- 권장: 8GB 이상
- 고려 사항:
  - AWX는 메모리 집중적인 작업을 수행할 수 있으므로 메모리가 많을수록 성능이 향상됩니다.
  - 작업 규모, 사용자 수 및 동시에 실행되는 작업 수에 따라 메모리 요구 사항이 달라질 수 있습니다.
  - 가상화 환경에서 사용하는 경우 호스트 시스템의 메모리 리소스를 충분히 확보해야 합니다.

4.2.1.3. 디스크 공간

- 최소: 20GB
- 권장: 50GB 이상
- 고려 사항

- AWX는 데이터베이스, 로그 파일, Ansible playbook 및 작업 결과 등을 저장하기 위해 디스크 공간을 사용합니다.
- 사용자 수, 작업 규모 및 로그 설정에 따라 디스크 공간 요구 사항이 달라질 수 있습니다.
- SSD를 사용하면 성능을 향상시킬 수 있습니다.

4.2.2. 소프트웨어

4.2.2.1. 운영 체제

AWX operator 형태로 설치되므로 지원 운영 체제는 고려할 필요 없습니다.

- 지원 운영 체제
  - CentOS 7
  - Red Hat Enterprise Linux (RHEL) 7
  - Ubuntu 16.04 LTS
  - Debian 9
  - SUSE Linux Enterprise Server (SLES) 12
  - Oracle Linux 7
  - Rocky Linux 8
  - AlmaLinux 8

4.2.2.2. Ansible 버전

AWX operator 형태로 설치되므로 Ansible Version은 해당 awx-operator Version 기준으로 설치 됩니다.

- Ansible Version 예시
  - AWX 2.1.0 이상은 Ansible 2.9 이상을 필요로 합니다.
  - AWX 2.0.0 이전 버전은 Ansible 2.8 이전 버전을 지원합니다.

4.2.2.3. Python 버전

AWX operator 형태로 설치되므로 Python Version은 해당 awx-operator Version 기준으로 설치 됩니다.

- Python Version 예시
  - AWX 23.8.1 경우
    - python 2.11 설치 됨
      - https://github.com/ansible/awx/releases/tag/23.8.1
  - Python Life Cycle

- https://devguide.python.org/versions/

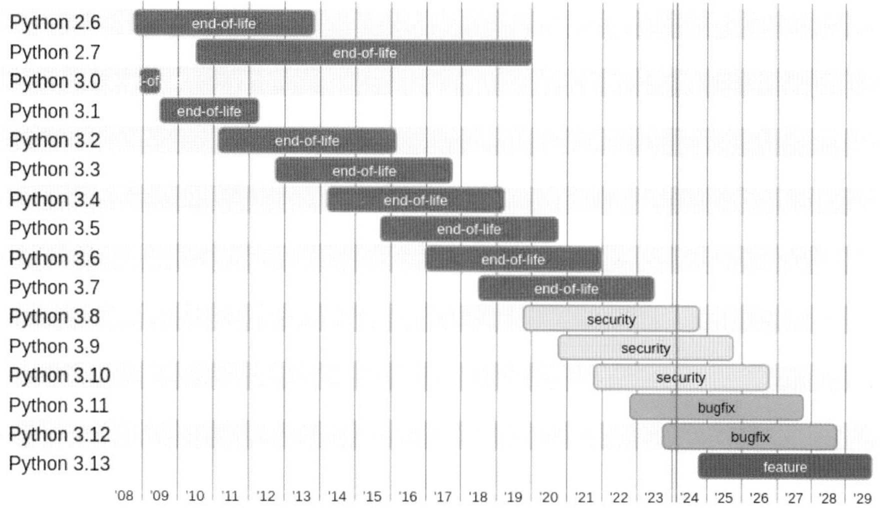

[그림 - AWX 구성 - Python Version]

Branch	Schedule	Status	First release	End of life	Release manager
main	PEP 719	feature	2024-10-01	2029-10	Thomas Wouters
3.12	PEP 693	bugfix	2023-10-02	2028-10	Thomas Wouters
3.11	PEP 664	bugfix	2022-10-24	2027-10	Pablo Galindo Salgado
3.10	PEP 619	security	2021-10-04	2026-10	Pablo Galindo Salgado
3.9	PEP 596	security	2020-10-05	2025-10	Łukasz Langa
3.8	PEP 569	security	2019-10-14	2024-10	Łukasz Langa

[표 - AWX 구성 - Python Support Version]

4.2.3. 네트워크 환경

4.2.3.1. 포트

AWX operator 형태로 설치되므로 AWX 서비스 되는 웹 UI(80)의 nodeport 및 hostport 사용 고려가 필요합니다.

- AWX 웹 UI: 80 (HTTP) 또는 443 (HTTPS)
- AWX API: 8080
- Ansible Engine: 22 (SSH)
- PostgreSQL 데이터베이스: 5432
- Redis: 6379

4.2.3.2. 접근 권한

AWX operator 형태로 설치되므로 AWX가 설치된 서버에서 PostgreSQL 접근은 내부 통신 형태로 이루어 지므로 고려 대상이 아닙니다.

- AWX 서버에 대한 SSH 접근 권한
- PostgreSQL 데이터베이스에 대한 접근 권한
- Ansible Engine을 사용하는 대상 시스템에 대한 SSH 접근 권한

4.2.3.3. 추가 고려 사항

AWX operator 형태로 설치되므로 AWX 설치된 서버 기준한 환경 고려가 필요합니다.

- 방화벽 설정: AWX 및 관련 서비스에 대한 포트 접근 허용
- 네트워크 속도: AWX 성능은 네트워크 속도에 따른 영향
- DNS 설정: AWX 서버 및 대상 시스템의 FQDN(Fully Qualified Domain Name) 설정
- NTP 설정: 시간 동기화를 위한 NTP 서버 설정

4.3. AWX 설치

AWX는 host에 구성된 ansible-awx VM에 설치 진행합니다.

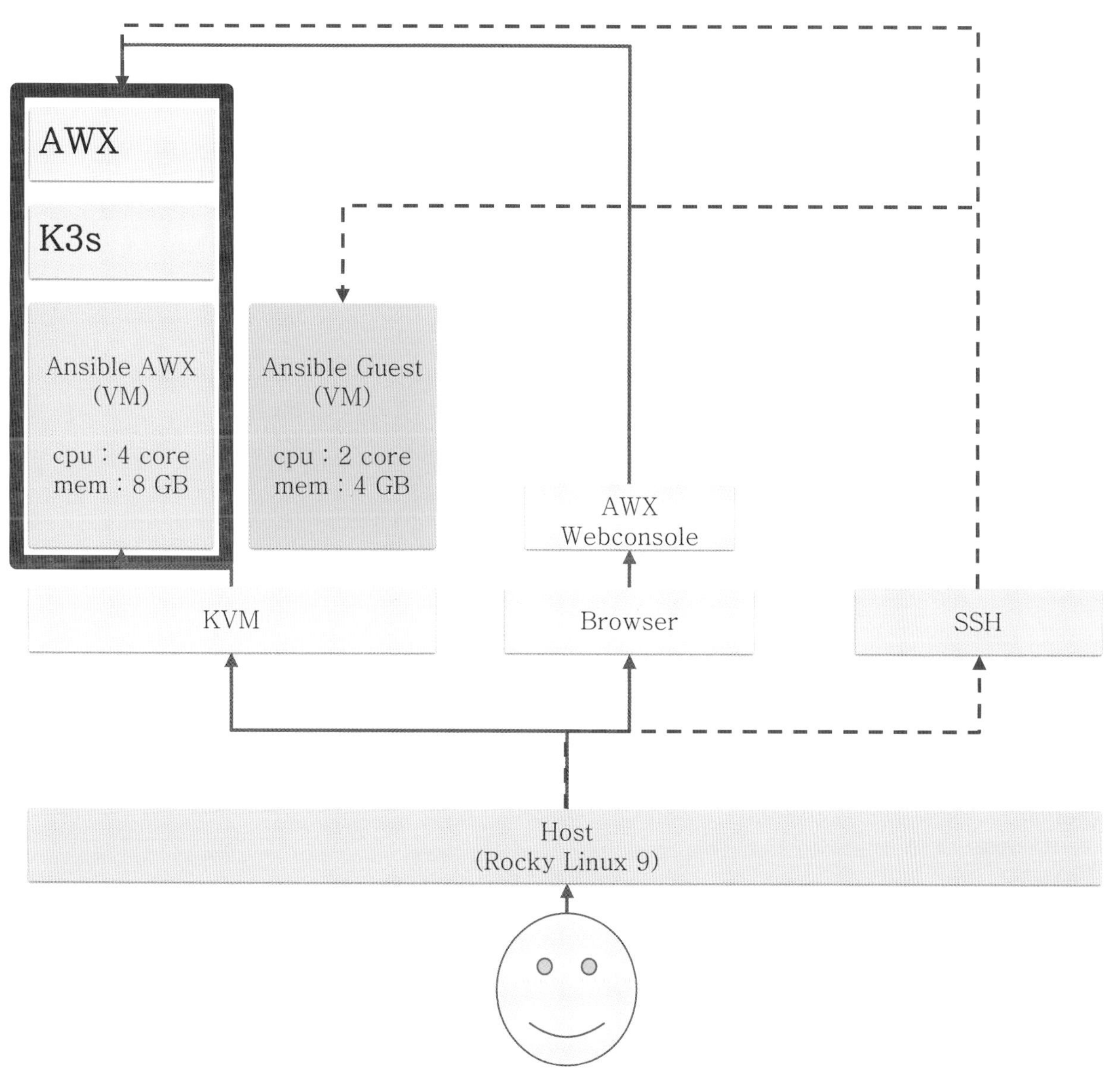

[그림 : Ansible AWX - AWX 설치]

AWX 설치 구성은 awx-operator를 통해 진행합니다.

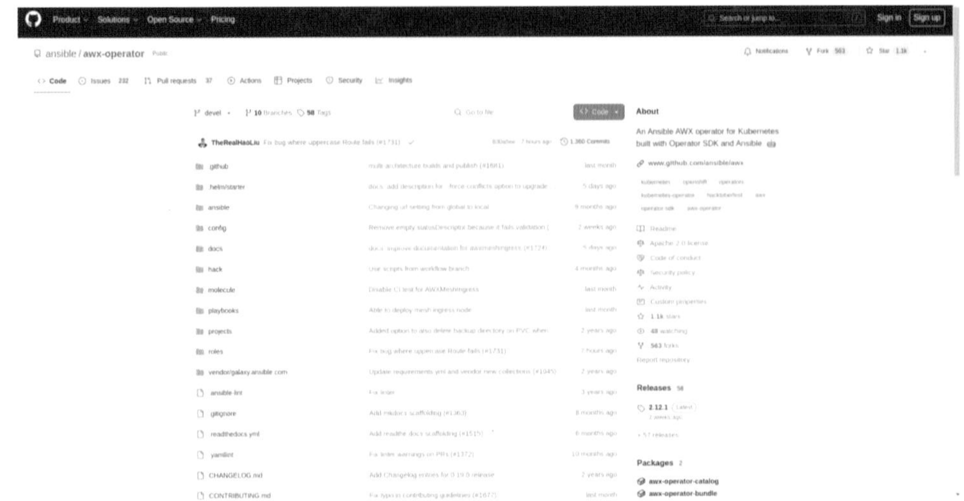

[그림 - AWX 구성 - awx-operator]

4.3.1. Package 설치

다음은 명령어를 실행하여 패키지를 설치 합니다.

```
# dnf -y install git make
```

```
[root@awx ~]# dnf -y install git make
Last metadata expiration check: 0:22:10 ago on Tue 27 Feb 2024 09:55:09 AM KST.
Dependencies resolved.
================================================================================
 Package              Arch        Version              Repository      Size
================================================================================
Installing:
 git                x86_64      2.39.3-1.el9_2         appstream       61 k
 make                  x86_64      1:4.3-7.el9          baseos          530 k
Installing dependencies:
 git-core              x86_64      2.39.3-1.el9_2         appstream     4.2 M
 git-core-doc           noarch      2.39.3-1.el9_2          appstream      2.6 M
 perl-Error            noarch      1:0.17029-7.el9         appstream      41 k
 perl-Git              noarch      2.39.3-1.el9_2         appstream       37 k
 perl-TermReadKey        x86_64      2.38-11.el9              appstream       36 k
 perl-lib             x86_64      0.65-480.el9             appstream       15 k

Transaction Summary
================================================================================
Install  8 Packages

Total download size: 7.5 M
Installed size: 38 M
Downloading Packages:
(1/8): perl-lib-0.65-480.el9.x86_64.rpm        103 kB/s |  15 kB     00:00
(2/8): perl-Error-0.17029-7.el9.noarch.rpm      273 kB/s |  41 kB     00:00
(3/8): make-4.3-7.el9.x86_64.rpm             2.0 MB/s | 530 kB     00:00
```

```
(4/8): perl-TermReadKey-2.38-11.el9.x86_64.rpm  285 kB/s | 36 kB    00:00
(5/8): perl-Git-2.39.3-1.el9_2.noarch.rpm       283 kB/s | 37 kB    00:00
(6/8): git-2.39.3-1.el9_2.x86_64.rpm            1.4 MB/s | 61 kB    00:00
(7/8): git-core-doc-2.39.3-1.el9_2.noarch.rpm   2.2 MB/s | 2.6 MB   00:01
(8/8): git-core-2.39.3-1.el9_2.x86_64.rpm       2.5 MB/s | 4.2 MB   00:01
--------------------------------------------------------------------------------
Total                                 2.5 MB/s | 7.5 MB    00:03
Rocky Linux 9 - BaseOS                          1.7 MB/s | 1.7 kB    00:00
Importing GPG key 0x350D275D:
 Userid     : "Rocky Enterprise Software Foundation - Release key 2022 <releng@rockylinux.org>"
 Fingerprint: 21CB 256A E16F C54C 6E65 2949 702D 426D 350D 275D
 From       : /etc/pki/rpm-gpg/RPM-GPG-KEY-Rocky-9
Key imported successfully
Running transaction check
Transaction check succeeded.
Running transaction test
Transaction test succeeded.

...output omitted...

Installed:
  git-2.39.3-1.el9_2.x86_64                 git-core-2.39.3-1.el9_2.x86_64
  git-core-doc-2.39.3-1.el9_2.noarch        make-1:4.3-7.el9.x86_64
  perl-Error-1:0.17029-7.el9.noarch         perl-Git-2.39.3-1.el9_2.noarch
  perl-TermReadKey-2.38-11.el9.x86_64       perl-lib-0.65-480.el9.x86_64

Complete!
[root@awx ~]#
```

4.3.2. Git Clone

다음 Github 저장소를 clone 한 후 실행할 태그를 선택해야 합니다.

```
git clone https://github.com/ansible/awx-operator.git

cd awx-operator
```

```
[root@awx ~]# git clone https://github.com/ansible/awx-operator.git
Cloning into 'awx-operator'...
remote: Enumerating objects: 9929, done.
remote: Counting objects: 100% (196/196), done.
remote: Compressing objects: 100% (122/122), done.
remote: Total 9929 (delta 90), reused 149 (delta 71), pack-reused 9733
Receiving objects: 100% (9929/9929), 2.97 MiB | 2.42 MiB/s, done.
Resolving deltas: 100% (5680/5680), done.
[root@awx ~]# cd awx-operator
[root@awx awx-operator]#
```

최근 적용된 tag 정보를 확인 하여 VERSION 정보를 정의합니다. 포크에서 작업하고 태그가 발행된 이후 수정한 경우 배포할 **VERSION** 번호를 제공해야 합니다. 그렇지 않으면 Operator가 "ImagePullBackOff" 상태에 갇히게 됩니다.

```
git tag

export VERSION=`curl -s https://api.github.com/repos/ansible/awx-operator/releases/latest | grep
tag_name | cut -d '"' -f 4`

echo $VERSION

git checkout tags/$VERSION
```

```
[root@awx awx-operator]#
...output omitted...
2.11.0
2.12.0
2.12.1
...output omitted...
[root@awx awx-operator]# VERSION=`curl -s https://api.github.com/repos/ansible/awx-operator/
releases/latest | grep tag_name | cut -d '"' -f 4`
[root@awx awx-operator]# echo $VERSION
2.12.1
[root@awx awx-operator]# git checkout tags/$VERSION
Note: switching to 'tags/2.12.1'.

You are in 'detached HEAD' state. You can look around, make experimental
changes and commit them, and you can discard any commits you make in this
state without impacting any branches by switching back to a branch.

If you want to create a new branch to retain commits you create, you may
do so (now or later) by using -c with the switch command. Example:

  git switch -c <new-branch-name>

Or undo this operation with:

  git switch -

Turn off this advice by setting config variable advice.detachedHead to false

HEAD is now at 82756eb Add new doc for AWXMeshIngress (#1706)
[root@awx awx-operator]#
```

4.3.3. awx-operator 배포

실행 중인 Kubernetes 클러스터가 있으면 Kustomize 를 사용하여 AWX Operator를 클러스터에 배포할 수 있습니다. 현재 K3s환경을 기반으로 Kustomize 를 실행합니다. kubectl 버전 1.14 kustomize 기능이 내장되어 있습니다.

kubectl version 정보를 확인합니다.

```
kubectl version
```

```
[root@awx awx-operator]# kubectl version
Client Version: v1.28.5+k3s1
Kustomize Version: v5.0.4-0.20230601165947-6ce0bf390ce3
Server Version: v1.28.5+k3s1
[root@awx awx-operator]#
```

make 명령어로 배포를 실행합니다.

```
make deploy
```

```
[root@awx awx-operator]# make deploy
namespace/awx created
customresourcedefinition.apiextensions.k8s.io/awxbackups.awx.ansible.com created
customresourcedefinition.apiextensions.k8s.io/awxmeshingresses.awx.ansible.com created
customresourcedefinition.apiextensions.k8s.io/awxrestores.awx.ansible.com created
customresourcedefinition.apiextensions.k8s.io/awxs.awx.ansible.com created
serviceaccount/awx-operator-controller-manager created
role.rbac.authorization.k8s.io/awx-operator-awx-manager-role created
role.rbac.authorization.k8s.io/awx-operator-leader-election-role created
clusterrole.rbac.authorization.k8s.io/awx-operator-metrics-reader created
clusterrole.rbac.authorization.k8s.io/awx-operator-proxy-role created
rolebinding.rbac.authorization.k8s.io/awx-operator-awx-manager-rolebinding created
rolebinding.rbac.authorization.k8s.io/awx-operator-leader-election-rolebinding created
clusterrolebinding.rbac.authorization.k8s.io/awx-operator-proxy-rolebinding created
configmap/awx-operator-awx-manager-config created
service/awx-operator-controller-manager-metrics-service created
deployment.apps/awx-operator-controller-manager created
[root@awx awx-operator]#
```

조금 기다리면 awx-operator가 실행됩니다. awx-operator-controller-manager pod 상태를 확인합니다.

```
kubectl get pods -n awx
```

```
[root@awx awx-operator]# kubectl get pods -n awx
NAME                                               READY   STATUS    RESTARTS   AGE
awx-operator-controller-manager-7469875f45-7p8fk   2/2     Running   0          6m51s
[root@awx awx-operator]#
```

"-n awx" 반복 지정의 피하기 위해, kubectl에 현재 namespace를 다음과 같이 지정합니다.

```
kubectl config set-context --current --namespace=awx
```

```
[root@awx awx-operator]# kubectl config set-context --current --namespace=awx
Context "default" modified.
[root@awx awx-operator]#
```

4.3.4. awx 배포

4.3.4.1. awx 배포 파일 생성

다음으로, 아래 내용을 사용하여 동일한 폴더에 이름이 awx-demo.yml 지정된 파일을 만듭니다.

- 제공하는 이름은 metadata.name결과 AWX 배포의 이름이 됩니다.
- spec 내용의 projects_persistence, projects_storage_size 정보로 PersistetVolume을 정의합니다.
- web_resource_requirements 설정을 통해 web 서비스 Memory도 정의 합니다. cpu와 memory 값을 상향 조정하여 재정의 하였습니다.

```
vi awx-demo.yml
```

```
---
apiVersion: awx.ansible.com/v1beta1
kind: AWX
metadata:
  name: awx-demo
spec:
  service_type: nodeport
  projects_persistence: true
  projects_storage_size: 20Gi
  projects_storage_access_mode: ReadWriteOnce
  web_resource_requirements:
    requests:
      cpu: 200m
      memory: 1Gi
    limits:
      cpu: 1000m
      memory: 2Gi
```

kustomization.yaml 파일의 “resources” 목록에 이 새 파일을 추가했는지 확인합니다.

```
vi kustomization.yaml
```

```
resources:
  # Add this extra line:
  - awx-demo.yml
```

4.3.4.2. awx 배포 실행

마지막으로 변경 사항을 적용하여 클러스터에 AWX 인스턴스를 생성합니다.

```
kubectl apply -f awx-demo.yml

kubectl apply -k .
```

```
[root@awx awx-operator]# kubectl apply -k .
awx.awx.ansible.com/awx-demo created
[root@awx awx-operator]#
```

4.3.4.3. awx 배포 검증

몇 분 후에 새 AWX 인스턴스가 배포됩니다. 설치 프로세스가 어디에 있는지 알아보려면 Operator 팟(Pod) 로그를 보면 됩니다.

```
kubectl logs -f deployments/awx-operator-controller-manager -c awx-manager
```

```
[root@awx awx-operator]# kubectl logs -f deployments/awx-operator-controller-manager -c awx-manager --tail 3
task path: /opt/ansible/roles/installer/tasks/cleanup.yml:12

-------------------------------------------------------------------------------
{"level":"info","ts":"2024-02-27T09:01:54Z","logger":"proxy","msg":"Read object from cache","resource":{"IsResourceRequest":true,"Path":"/api/v1/namespaces/awx/secrets/awx-demo-admin-password","Verb":"get","APIPrefix":"api","APIGroup":"","APIVersion":"v1","Namespace":"awx","Resource":"secrets","Subresource":"","Name":"awx-demo-admin-password","Parts":["secrets","awx-demo-admin-password"]}}

--------------------------- Ansible Task StdOut -------------------------------

 TASK [Remove ownerReferences reference] ********************************
ok: [localhost] => (item=None) => {"censored": "the output has been hidden due to the fact that 'no_log: true' was specified for this result", "changed": false}

-------------------------------------------------------------------------------
{"level":"info","ts":"2024-02-27T09:01:54Z","logger":"proxy","msg":"Read object from cache","resource":{"IsResourceRequest":true,"Path":"/api/v1/namespaces/awx/secrets/awx-demo-secret-key","Verb":"get","APIPrefix":"api","APIGroup":"","APIVersion":"v1","Namespace":"awx","Resource":"secrets","Subresource":"","Name":"awx-demo-secret-key","Parts":["secrets","awx-demo-secret-key"]}}

--------------------------- Ansible Task StdOut -------------------------------

 TASK [Remove ownerReferences reference] ********************************
ok: [localhost] => (item=None) => {"censored": "the output has been hidden due to the fact that 'no_log: true' was specified for this result", "changed": false}

-------------------------------------------------------------------------------
{"level":"info","ts":"2024-02-27T09:01:55Z","logger":"proxy","msg":"Read object from cache","resource":{"IsResourceRequest":true,"Path":"/api/v1/namespaces/awx/secrets/awx-demo-postgres-configuration","Verb":"get","APIPrefix":"api","APIGroup":"","APIVersion":"v1","Namespace":"awx","Resource":"secrets","Subresource":"","Name":"awx-demo-postgres-configuration","Parts":["secrets","awx-demo-postgres-configuration"]}}

--------------------------- Ansible Task StdOut -------------------------------

 TASK [Remove ownerReferences reference] ********************************
```

```
ok: [localhost] => (item=None) => {"censored": "the output has been hidden due to the fact that 'no_log: true' was specified for this result", "changed": false}

------------------------------------------------------------------------------
^C
[root@awx awx-operator]#
```

몇 초 후에 Operator가 새 리소스를 생성하기 시작하는 것을 볼 수 있습니다.

```
kubectl get pods -l "app.kubernetes.io/managed-by=awx-operator"

kubectl get svc -l "app.kubernetes.io/managed-by=awx-operator" ㅏ
```

```
[root@awx awx-operator]# kubectl get pods -l "app.kubernetes.io/managed-by=awx-operator"
NAME                            READY   STATUS    RESTARTS   AGE
awx-demo-postgres-13-0          1/1     Running   0          4m45s
awx-demo-task-6cb5959b68-bml2x  4/4     Running   0          4m23s
awx-demo-web-bc8944c95-jbk48    3/3     Running   0          4m11s
[root@awx awx-operator]# kubectl get svc -l "app.kubernetes.io/managed-by=awx-operator"
NAME                  TYPE        CLUSTER-IP     EXTERNAL-IP   PORT(S)        AGE
awx-demo-postgres-13  ClusterIP   None           <none>        5432/TCP       4m58s
awx-demo-service      NodePort    10.43.59.249   <none>        80:31477/TCP   4m38s
[root@awx awx-operator]#
```

awx-demo-web Deployment에 정의된 PersistentVolumeClaim을 확인합니다. localPath 형태로 Mount된 사항을 확인할 수 있습니다.

```
kubectl get pvc

kubectl get pv

kubectl get deployment.apps/awx-demo-web -o yaml

...output omitted...
  spec:
    containers:
...output omitted...
      name: awx-demo-web
      ports:
      - containerPort: 8052
        protocol: TCP
      resources:
        limits:
          cpu: "1"
          memory: 2Gi
        requests:
          cpu: 200m
          memory: 1Gi
...output omitted...
      - mountPath: /var/lib/awx/projects
        name: awx-demo-projects
```

```
...output omitted...
    - name: awx-demo-projects
      persistentVolumeClaim:
        claimName: awx-demo-projects-claim
...output omitted...
[root@awx ~]# kubectl get pvc
NAME                                STATUS   VOLUME                                     CAPACITY   ACCESS MODES
STORAGECLASS   AGE
postgres-13-awx-demo-postgres-13-0  Bound    pvc-eb2e6d6c-a51c-4639-b823-2c352c409fdc
8Gi        RWO            local-path     7d22h
awx-demo-projects-claim             Bound    pvc-f183a2c8-0714-45ed-8055-fd63ac526572   20Gi
RWO            local-path     7d22h
[root@awx ~]#
[root@awx ~]# kubectl get pv
NAME                                       CAPACITY   ACCESS MODES   RECLAIM POLICY   STATUS   CLAIM
STORAGECLASS   REASON   AGE
pvc-eb2e6d6c-a51c-4639-b823-2c352c409fdc   8Gi        RWO            Delete           Bound    awx/
postgres-13-awx-demo-postgres-13-0   local-path              7d22h
pvc-f183a2c8-0714-45ed-8055-fd63ac526572   20Gi       RWO            Delete           Bound    awx/
awx-demo-projects-claim              local-path              7d22h
[root@awx ~]#
[root@awx ~]# kubectl get deployment.apps/awx-demo-web -o yaml

...output omitted...
  spec:
    containers:
...output omitted...
      name: awx-demo-web
      ports:
      - containerPort: 8052
        protocol: TCP
      resources:
        limits:
          cpu: "1"
          memory: 2Gi
        requests:
          cpu: 200m
          memory: 1Gi
...output omitted...
      - mountPath: /var/lib/awx/projects
        name: awx-demo-projects
...output omitted...
    - name: awx-demo-projects
      persistentVolumeClaim:
        claimName: awx-demo-projects-claim
...output omitted...
  observedGeneration: 1
  readyReplicas: 1
  replicas: 1
  updatedReplicas: 1
[root@awx ~]#
```

4.3.5. awx 제거 - [참고]

4.3.5.1. awx 배포 인스턴스 제거

AWX 배포 인스턴스를 제거하려면 기본적으로 해당 인스턴스와 관련된 AWX 종류를 제거해야 합니다. 예를 들어 awx-demo라는 AWX 인스턴스를 삭제하려면 다음을 수행합니다.

```
kubectl delete awx awx-demo
```

```
[root@awx awx-operator]# kubectl delete awx awx-demo
awx.awx.ansible.com "awx-demo" deleted
[root@awx awx-operator]#
```

4.3.5.2. awx 영구 볼륨 확인

AWX 인스턴스를 삭제하면 관련된 모든 배포 및 Statefulset가 제거되지만 영구 볼륨과 Secret는 그대로 유지됩니다. Secret도 제거되도록 하려면 garbage_collect_secrets: true를 사용할 수 있습니다.

참고 : 기존 데이터베이스에서 AWX를 복구하려는 경우 성공적인 복구를 수행하려면 Secret 사본이 필요합니다.

다음과 같이 영구 볼륨 내용을 확인합니다.

```
kubectl get pv

kubectl get pvc
```

```
[root@awx awx-operator]# kubectl get pv
NAME                                       CAPACITY   ACCESS MODES   RECLAIM POLICY   STATUS   CLAIM
STORAGECLASS   REASON   AGE
pvc-bcab99ca-4450-437c-aeef-490d04b87ddd   8Gi        RWO            Delete           Bound    awx/
postgres-13-awx-demo-postgres-13-0   local-path            90m
[root@awx awx-operator]# kubectl get pvc
NAMESPACE   NAME                                 STATUS   VOLUME                                     CAPACITY
ACCESS MODES   STORAGECLASS   AGE
awx         postgres-13-awx-demo-postgres-13-0   Bound    pvc-bcab99ca-4450-437c-aeef-
490d04b87ddd   8Gi        RWO            local-path     91m
[root@awx awx-operator]#
```

4.3.5.3. awx 영구 볼륨 삭제

위에서 확인한 Persistent Volume Claim을 확인하여 아래 명령어에 적용합니다.

```
kubectl delete pvc [Persistent Volume Claim Name]

kubectl get pvc

kubectl get pv
```

```
[root@awx awx-operator]# kubectl delete pvc postgres-13-awx-demo-postgres-13-0
persistentvolumeclaim "postgres-13-awx-demo-postgres-13-0" deleted
[root@awx awx-operator]# kubectl get pvc
No resources found in awx namespace.
[root@awx awx-operator]# kubectl get pv
No resources found
[root@awx awx-operator]#
```

PART 3

Ansible AWX 기본 사용

PART 3 Ansible AWX 기본 사용

제5장 Ansible 기본 사용법

해당 장에서는 Ansible 기본 사용법에 대한 내용을 기반으로 합니다. 기본 설명 및 실습 위주로 되어 있습니다.

5.1. Ansible

5.1.1. Ansible 구성 요소

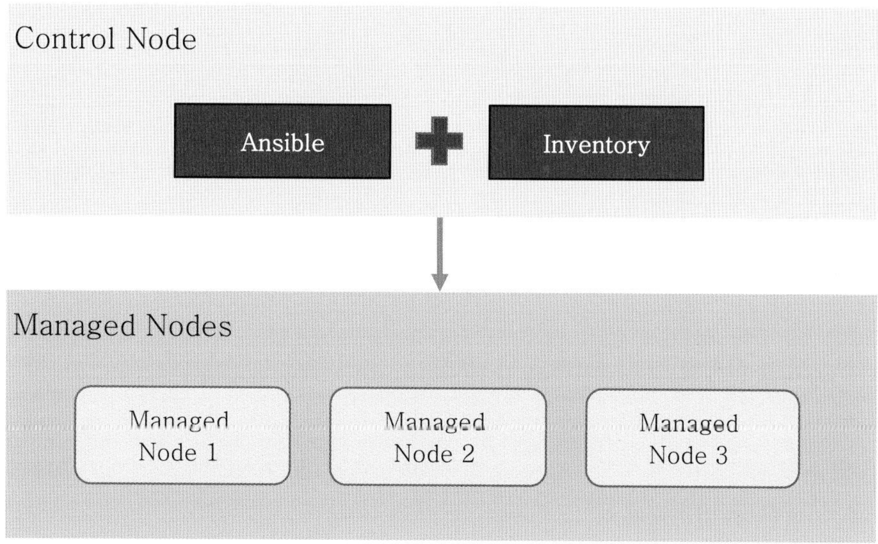

Ansible은 에이전트가 필요하지 않으며 SSH 또는 기타 네트워크 연결을 통해 원격 시스템과 통신합니다. Ansible playbook은 YAML 형식으로 작성된 파일이며 작업을 수행하는 방법과 순서를 정의합니다.

Ansible은 다음 세 가지 주요 구성 요소로 구성됩니다.

1. Control Node:
    a. Ansible이 설치된 시스템입니다.
    b. Ansible 명령 (예: ansible, ansible-playbook)을 실행하여 Managed Node에 작업을 실행하는 호

스트입니다.

2. Inventory:
   a. Ansible 작업을 실행 할 Managed Node의 정보들을 정의하는 파일입니다.
   b. IP 주소와 같은 각 노드에 특정한 정보를 지정할 수 있습니다.
   c. 그룹 속성을 이용하여 논리적으로 Managed Node를 구분할 수 있습니다.
   d. Inventory는 Control Node에 생성하고 관리합니다.
3. Managed Node:
   a. Ansible이 제어하는 원격 시스템 또는 호스트입니다.
   b. Ansible playbook에서 정의된 작업을 수행합니다.
   c. SSH 또는 기타 네트워크 연결을 통해 Control Node와 통신합니다.

5.1.2. Ansible 소개

Ansible은 복잡성을 줄이고 어디에서나 실행되는 오픈 소스 자동화 도구입니다. Ansible을 사용하면 거의 모든 작업을 자동화할 수 있습니다.

Ansible의 주요 기능은 다음과 같습니다.

- 반복 작업 제거 및 작업흐름 단순화: Ansible을 사용하여 수동 작업을 자동화하여 시간을 절약하고 효율성을 높일 수 있습니다.
- 시스템 구성 관리 및 유지: Ansible은 시스템 구성을 일관되게 유지하고 원하는 상태를 유지하도록 돕습니다.
- 복잡한 소프트웨어 지속적 배포: Ansible은 다운타임 없이 애플리케이션을 배포하고 업데이트하는 데 도움이 됩니다.
- 다운타임 없는 롤링 업데이트 수행: Ansible은 서비스 중단 없이 시스템을 업데이트하는 데 필요한 롤링 업데이트를 수행할 수 있습니다.

Ansible 작동 방식은 다음과 같습니다.

Ansible은 Playbook이라는 간단하고 사람이 읽을 수 있는 스크립트를 사용하여 작업을 자동화합니다. Playbook에서 로컬 또는 원격 시스템의 원하는 상태를 선언합니다. Ansible은 시스템이 해당 상태를 유지하도록 보장합니다.

Ansible의 주요 설계 원칙은 다음과 같습니다.

- 에이전트 없는 아키텍처: Ansible은 관리 대상 시스템에 추가 소프트웨어를 설치할 필요가 없으므로 유지 관리 오버헤드가 낮습니다.

- 간단함: Ansible Playbook은 YAML 구문을 사용하여 작성되므로 배우고 사용하기 쉽습니다.
- 확장성 및 유연성: Ansible은 다양한 운영 체제, 클라우드 플랫폼 및 네트워크 장치를 지원합니다.
- 멱등성 및 예측 가능성: Ansible은 시스템 상태를 변경하지 않고 원하는 상태를 유지합니다.

5.1.3. Ansible 개념 정리

- Modules:
  - Modules은 각 Task에 정의된 Task을 수행하기 위해, Ansible이 Module을 각 Managed Node(필요한 경우)에 복사하고 실행합니다. 이때 복사되는 코드 또는 바이너리를 Modules 이라고 합니다.
  - 각 Module은 특정 유형의 데이터베이스에서 사용자를 관리하는 것부터 특정 유형의 네트워크 장치에서 VLAN 인터페이스를 관리하는 것까지 개별 용도로 사용됩니다.
  - Playbook에서 여러 Module을 호출할 수 있습니다. Ansible Module은 Collections으로 그룹화됩니다.
- Plugins:
  - Ansible의 핵심 기능을 확장하는 코드 조각입니다.
  - Managed Node에 연결하는 방법(connection plugins), 데이터를 조작(filter plugins), 콘솔에 표시되는 내용(callback plugins) 등을 제어할 수 있습니다.
- Collections:
  - playbooks, roles, modules 및 plugins을 포함할 수 있는 Ansible 콘텐츠가 배포되는 형식입니다.
  - Ansible Galaxy를 통해 Collections을 설치하고 사용할 수 있습니다.
  - Collections 자원은 서로 독립적이고 개별적으로 사용될 수 있습니다.

5.2. Ansible 시작하기

5.2.1. Ansible 설치

ansible은 host에 구성된 ansible-awx VM에 설치 진행합니다.

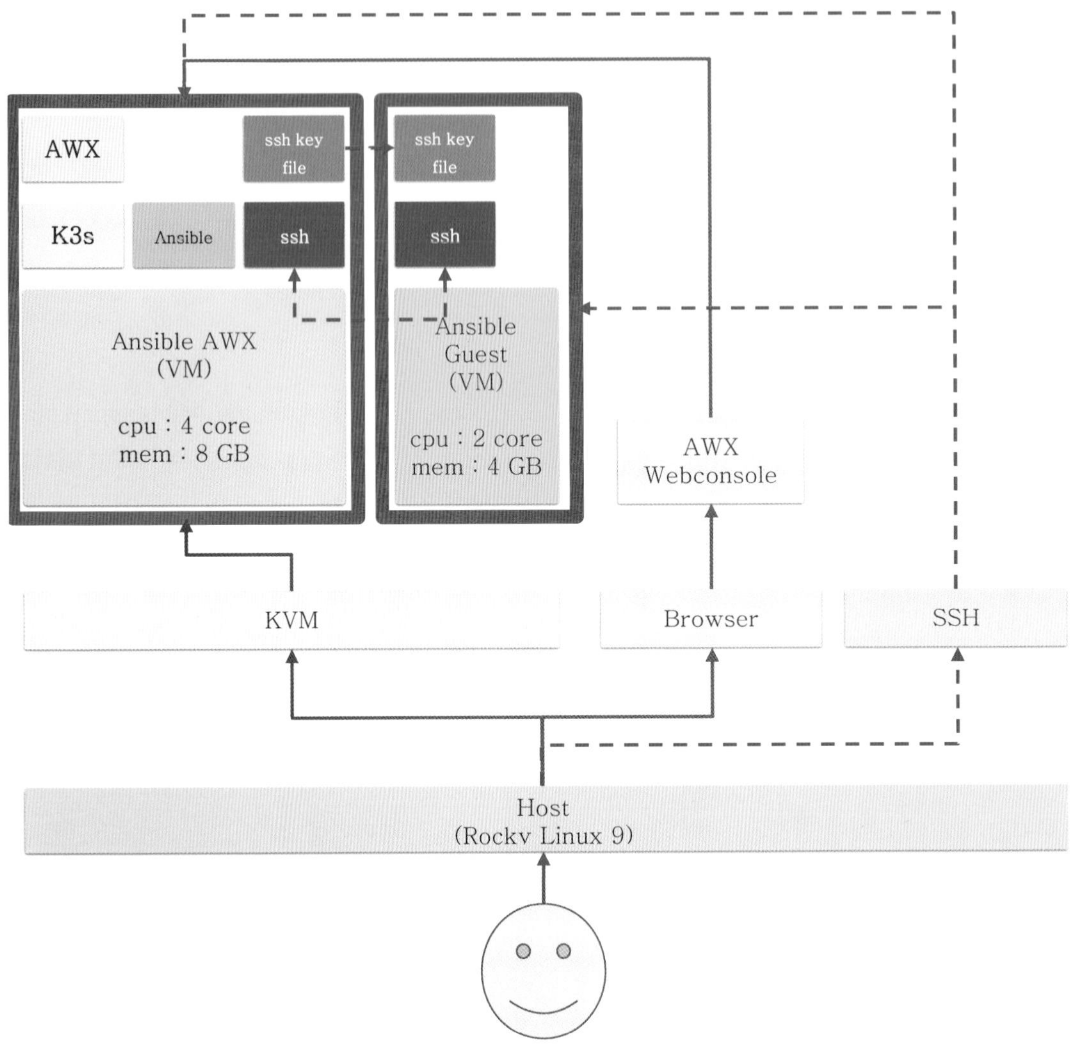

[그림 : Ansible 기본 사용법 - Ansible 시작하기 - Ansible]

Ansible을 처음 사용하는 경우 다음 단계를 따라 간단한 "Hello World" 프로젝트를 만들어 Ansible의 기본 기능을 경험합니다.

Ansible 설치하기전 pip 패키지를 설치 합니다.

```
sudo dnf install python3-pip
```

```
[root@awx ~]# sudo dnf install python3-pip
Last metadata expiration check: 1:14:20 ago on Mon 25 Mar 2024 04:19:49 PM KST.
Dependencies resolved.
================================================================================
 Package          Architecture Version              Repository      Size
================================================================================
Installing:
 python3-pip      noarch       21.2.3-7.el9_3.1      appstream       1.7 M
```

```
Transaction Summary
================================================================================
Install  1 Package

Total download size: 1.7 M
Installed size: 8.7 M
Is this ok [y/N]: y
Downloading Packages:
python3-pip-21.2.3-7.el9_3.1.noarch.rpm        4.3 MB/s | 1.7 MB     00:00
--------------------------------------------------------------------------------
Total                                  1.8 MB/s | 1.7 MB     00:00
Running transaction check
Transaction check succeeded.
Running transaction test
Transaction test succeeded.
Running transaction
  Preparing        :                                                        1/1
  Installing       : python3-pip-21.2.3-7.el9_3.1.noarch                    1/1
  Running scriptlet: python3-pip-21.2.3-7.el9_3.1.noarch                    1/1
  Verifying        : python3-pip-21.2.3-7.el9_3.1.noarch                    1/1

Installed:
  python3-pip-21.2.3-7.el9_3.1.noarch

Complete!
[root@awx ~]#
```

Ansible을 설치합니다.

```
pip install ansible
```

```
[lds@awx ~]$ su -
Password:
[root@awx ~]# whoami
root
[root@awx ~]# pip install ansible
Collecting ansible
  Downloading ansible-8.7.0-py3-none-any.whl (48.4 MB)
     |████████████████████████████████| 48.4 MB 11.7 MB/s
Collecting ansible-core~=2.15.7
  Downloading ansible_core-2.15.9-py3-none-any.whl (2.2 MB)
     |████████████████████████████████| 2.2 MB 58.9 MB/s
Requirement already satisfied: PyYAML>=5.1 in /usr/lib64/python3.9/site-packages (from ansible-core~=2.15.7->ansible) (5.4.1)
Collecting packaging
  Downloading packaging-24.0-py3-none-any.whl (53 kB)
     |████████████████████████████████| 53 kB 2.2 MB/s
Collecting cryptography
  Downloading cryptography-42.0.5-cp39-abi3-manylinux_2_28_x86_64.whl (4.6 MB)
     |████████████████████████████████| 4.6 MB 8.1 MB/s
Collecting jinja2>=3.0.0
```

```
  Downloading Jinja2-3.1.3-py3-none-any.whl (133 kB)
     |████████████████████████████████| 133 kB 7.3 MB/s
Collecting importlib-resources<5.1,>=5.0
  Downloading importlib_resources-5.0.7-py3-none-any.whl (24 kB)
Collecting resolvelib<1.1.0,>=0.5.3
  Downloading resolvelib-1.0.1-py2.py3-none-any.whl (17 kB)
Collecting MarkupSafe>=2.0
  Downloading MarkupSafe-2.1.5-cp39-cp39-manylinux_2_17_x86_64.manylinux2014_x86_64.whl (25
kB)
Collecting cffi>=1.12
  Downloading cffi-1.16.0-cp39-cp39-manylinux_2_17_x86_64.manylinux2014_x86_64.whl (443 kB)
     |████████████████████████████████| 443 kB 6.6 MB/s
Collecting pycparser
  Downloading pycparser-2.21-py2.py3-none-any.whl (118 kB)
     |████████████████████████████████| 118 kB 91.6 MB/s
Installing collected packages: pycparser, MarkupSafe, cffi, resolvelib, packaging, jinja2, importlib-
resources, cryptography, ansible-core, ansible
Successfully installed MarkupSafe-2.1.5 ansible-8.7.0 ansible-core-2.15.9 cffi-1.16.0
cryptography-42.0.5 importlib-resources-5.0.7 jinja2-3.1.3 packaging-24.0 pycparser-2.21
resolvelib-1.0.1
WARNING: Running pip as the 'root' user can result in broken permissions and conflicting behaviour
with the system package manager. It is recommended to use a virtual environment instead: https://
pip.pypa.io/warnings/venv
[root@awx ~]#
```

Ansible lint을 설치 합니다.

```
pip install ansible-lint
```

```
[lds@awx ~]$ su -
Password:
[root@awx ~]# whoami
root
[root@awx ~]# pip install ansible-lint
Collecting ansible-lint
  Downloading ansible_lint-6.22.2-py3-none-any.whl (297 kB)
     |████████████████████████████████| 297 kB 1.1 MB/s
Collecting rich>=12.0.0
  Downloading rich-13.7.1-py3-none-any.whl (240 kB)
     |████████████████████████████████| 240 kB 2.9 MB/s
Collecting filelock>=3.3.0
  Downloading filelock-3.13.3-py3-none-any.whl (11 kB)
Requirement already satisfied: ansible-core>=2.12.0 in /usr/local/lib/python3.9/site-packages (from
ansible-lint) (2.15.9)
Collecting black>=22.8.0
  Downloading black-24.3.0-cp39-cp39-manylinux_2_17_x86_64.manylinux2014_x86_64.whl (1.7 MB)
     |████████████████████████████████| 1.7 MB 71.1 MB/s
Collecting ansible-compat>=4.1.11
  Downloading ansible_compat-4.1.11-py3-none-any.whl (23 kB)
Requirement already satisfied: pyyaml>=5.4.1 in /usr/lib64/python3.9/site-packages (from ansible-lint)
(5.4.1)
Collecting ruamel.yaml>=0.18.5
```

```
  Downloading ruamel.yaml-0.18.6-py3-none-any.whl (117 kB)
     |████████████████████████████████| 117 kB 3.6 MB/s
Collecting pathspec>=0.10.3
  Downloading pathspec-0.12.1-py3-none-any.whl (31 kB)
Requirement already satisfied: packaging>=21.3 in /usr/local/lib/python3.9/site-packages (from ansible-lint) (24.0)
Collecting subprocess-tee>=0.4.1
  Downloading subprocess_tee-0.4.1-py3-none-any.whl (5.1 kB)
Collecting wcmatch>=8.1.2
  Downloading wcmatch-8.5.1-py3-none-any.whl (39 kB)
Collecting yamllint>=1.30.0
  Downloading yamllint-1.35.1-py3-none-any.whl (66 kB)
     |████████████████████████████████| 66 kB 4.2 MB/s
Collecting jsonschema>=4.10.0
  Downloading jsonschema-4.21.1-py3-none-any.whl (85 kB)
     |████████████████████████████████| 85 kB 2.4 MB/s
Collecting typing-extensions>=4.5.0
  Downloading typing_extensions-4.10.0-py3-none-any.whl (33 kB)
Requirement already satisfied: cryptography in /usr/local/lib64/python3.9/site-packages (from ansible-core>=2.12.0->ansible-lint) (42.0.5)
Requirement already satisfied: resolvelib<1.1.0,>=0.5.3 in /usr/local/lib/python3.9/site-packages (from ansible-core>=2.12.0->ansible-lint) (1.0.1)
Requirement already satisfied: importlib-resources<5.1,>=5.0 in /usr/local/lib/python3.9/site-packages (from ansible-core>=2.12.0->ansible-lint) (5.0.7)
Requirement already satisfied: jinja2>=3.0.0 in /usr/local/lib/python3.9/site-packages (from ansible-core>=2.12.0->ansible-lint) (3.1.3)
Collecting click>=8.0.0
  Downloading click-8.1.7-py3-none-any.whl (97 kB)
     |████████████████████████████████| 97 kB 9.9 MB/s
Collecting platformdirs>=2
  Downloading platformdirs-4.2.0-py3-none-any.whl (17 kB)
Collecting tomli>=1.1.0
  Downloading tomli-2.0.1-py3-none-any.whl (12 kB)
Collecting mypy-extensions>=0.4.3
  Downloading mypy_extensions-1.0.0-py3-none-any.whl (4.7 kB)
Requirement already satisfied: MarkupSafe>=2.0 in /usr/local/lib64/python3.9/site-packages (from jinja2>=3.0.0->ansible-core>=2.12.0->ansible-lint) (2.1.5)
Collecting attrs>=22.2.0
  Downloading attrs-23.2.0-py3-none-any.whl (60 kB)
     |████████████████████████████████| 60 kB 6.4 MB/s
Collecting referencing>=0.28.4
  Downloading referencing-0.34.0-py3-none-any.whl (26 kB)
Collecting rpds-py>=0.7.1
  Downloading rpds_py-0.18.0-cp39-cp39-manylinux_2_17_x86_64.manylinux2014_x86_64.whl (1.1 MB)
     |████████████████████████████████| 1.1 MB 6.4 MB/s
Collecting jsonschema-specifications>=2023.03.6
  Downloading jsonschema_specifications-2023.12.1-py3-none-any.whl (18 kB)
Collecting pygments<3.0.0,>=2.13.0
  Downloading pygments-2.17.2-py3-none-any.whl (1.2 MB)
     |████████████████████████████████| 1.2 MB 3.7 MB/s
Collecting markdown-it-py>=2.2.0
```

```
  Downloading markdown_it_py-3.0.0-py3-none-any.whl (87 kB)
     |████████████████████████████████| 87 kB 8.2 MB/s
Collecting mdurl~=0.1
  Downloading mdurl-0.1.2-py3-none-any.whl (10.0 kB)
Collecting ruamel.yaml.clib>=0.2.7
  Downloading ruamel.yaml.clib-0.2.8-cp39-cp39-manylinux_2_5_x86_64.manylinux1_x86_64.whl (562 kB)
     |████████████████████████████████| 562 kB 24.1 MB/s
Collecting bracex>=2.1.1
  Downloading bracex-2.4-py3-none-any.whl (11 kB)
Requirement already satisfied: cffi>=1.12 in /usr/local/lib64/python3.9/site-packages (from cryptography->ansible-core>=2.12.0->ansible-lint) (1.16.0)
Requirement already satisfied: pycparser in /usr/local/lib/python3.9/site-packages (from cffi>=1.12->cryptography->ansible-core>=2.12.0->ansible-lint) (2.21)
Installing collected packages: rpds-py, attrs, referencing, mdurl, jsonschema-specifications, typing-extensions, tomli, subprocess-tee, ruamel.yaml.clib, pygments, platformdirs, pathspec, mypy-extensions, markdown-it-py, jsonschema, click, bracex, yamllint, wcmatch, ruamel.yaml, rich, filelock, black, ansible-compat, ansible-lint
Successfully installed ansible-compat-4.1.11 ansible-lint-6.22.2 attrs-23.2.0 black-24.3.0 bracex-2.4 click-8.1.7 filelock-3.13.3 jsonschema-4.21.1 jsonschema-specifications-2023.12.1 markdown-it-py-3.0.0 mdurl-0.1.2 mypy-extensions-1.0.0 pathspec-0.12.1 platformdirs-4.2.0 pygments-2.17.2 referencing-0.34.0 rich-13.7.1 rpds-py-0.18.0 ruamel.yaml-0.18.6 ruamel.yaml.clib-0.2.8 subprocess-tee-0.4.1 tomli-2.0.1 typing-extensions-4.10.0 wcmatch-8.5.1 yamllint-1.35.1
WARNING: Running pip as the 'root' user can result in broken permissions and conflicting behaviour with the system package manager. It is recommended to use a virtual environment instead: https://pip.pypa.io/warnings/venv
[root@awx ~]#
```

5.2.2. Ansible Inventories 구축

Ansible에서 Inventories는 시스템 정보와 네트워크 위치를 제공하는 중앙 집중식 파일입니다. Ansible은 Inventories 파일을 사용하여 단일 명령으로 여러 호스트를 관리할 수 있습니다.

5.2.2.1. 작업 환경 구성

SSH 키를 생성하고 공개키 정보를 대상 서버에 등록합니다.

파일 시스템에 프로젝트 폴더를 만듭니다.

```
mkdir ansible_quickstart && cd ansible_quickstart
```

```
[root@awx ~]# mkdir ansible_quickstart && cd ansible_quickstart
[root@awx ansible_quickstart]# pwd
/root/ansible_quickstart
[root@awx ansible_quickstart]#
```

SSH 키 생성합니다.

- Ansible 제어 Node에서 아직 SSH 키가 없는 경우 다음 명령을 사용하여 생성합니다.

```
ssh-keygen -t rsa -b 4096
```

```
[root@awx ansible_quickstart]# ssh-keygen -t rsa -b 4096
Generating public/private rsa key pair.
Enter file in which to save the key (/root/.ssh/id_rsa): [Enter]
Enter passphrase (empty for no passphrase): [Enter]
Enter same passphrase again: [Enter]
Your identification has been saved in /root/.ssh/id_rsa
Your public key has been saved in /root/.ssh/id_rsa.pub
The key fingerprint is:
SHA256:Sumys1mCUNNaD+NBKuCiSwefz9LXTsSLkgdO33c7xxI root@awx.example.com
The key's randomart image is:
+---[RSA 4096]----+
|.  .             |
|o  +             |
|oo+ *            |
|ooo=.= ..        |
|o..+.o+ So       |
|.o..*o+.= .  E   |
|. ..oB+= = . .o  |
|   o*+ o . .o.o  |
|    +o  .   .+   |
+----[SHA256]-----+
[root@awx ansible_quickstart]# ls -al ~/.ssh
total 20
drwx------.  2 root root   80 Mar 26 13:29 .
dr-xr-x---. 10 root root 4096 Mar 25 17:39 ..
-rw-------   1 root root 3389 Mar 26 13:29 id_rsa
-rw-r--r--   1 root root  746 Mar 26 13:29 id_rsa.pub
-rw-------.  1 root root  932 Feb 28 15:43 known_hosts
-rw-r--r--.  1 root root  188 Feb 28 15:43 known_hosts.old
[root@awx ansible_quickstart]#
```

공개 키 등록합니다.

- 관리 대상 시스템의 ~/.ssh/authorized_keys 파일에 Ansible 제어 Node의 공개 키를 등록할 수 있습니다.
- 다음 명령을 사용하여 Ansible 제어 Node에서 ssh-copy-id 유틸리티를 실행하여 공개 키를 원격 시스템에 자동으로 등록합니다.
  - user는 관리 대상 시스템의 사용자 이름입니다.
  - host는 관리 대상 시스템의 주소 또는 이름입니다.

awx VM과 guest VM 모두 key를 등록합니다.

```
ssh-copy-id -i ~/.ssh/id_rsa.pub user@host

ssh-copy-id -i ~/.ssh/id_rsa.pub root@192.168.50.110
```

```
ssh-copy-id -i ~/.ssh/id_rsa.pub root@192.168.50.120
[root@awx ansible_quickstart]# ssh-copy-id -i ~/.ssh/id_rsa.pub root@192.168.50.110
/usr/bin/ssh-copy-id: INFO: Source of key(s) to be installed: "/root/.ssh/id_rsa.pub"
/usr/bin/ssh-copy-id: INFO: attempting to log in with the new key(s), to filter out any that are already
installed
/usr/bin/ssh-copy-id: INFO: 1 key(s) remain to be installed -- if you are prompted now it is to install the
new keys
root@192.168.50.110's password:

Number of key(s) added: 1

Now try logging into the machine, with:   "ssh 'root@192.168.50.110'"
and check to make sure that only the key(s) you wanted were added.

[root@awx ansible_quickstart]#
[root@awx ansible_quickstart]# ssh-copy-id -i ~/.ssh/id_rsa.pub root@192.168.50.120
/usr/bin/ssh-copy-id: INFO: Source of key(s) to be installed: "/root/.ssh/id_rsa.pub"
/usr/bin/ssh-copy-id: INFO: attempting to log in with the new key(s), to filter out any that are already
installed
/usr/bin/ssh-copy-id: INFO: 1 key(s) remain to be installed -- if you are prompted now it is to install the
new keys
root@192.168.50.120's password: [INPUT_GUEST_VM_PASSWORD]

Number of key(s) added: 1

Now try logging into the machine, with:   "ssh 'root@192.168.50.120'"
and check to make sure that only the key(s) you wanted were added.

[root@awx ansible_quickstart]#
```

SSH 키 등록 되었는지 확인합니다.

- guest VM의 ~/.ssh/authorized_keys 파일에 awx VM의 공개 SSH 키가 추가되어 있는지 확인합니다.
- ssh command 명령어를 활용하여 대상 VM에 등록된 key 정보를 확인합니다.

```
ssh user@host cat ~/.ssh/authorized_keys

ssh root@192.168.50.120 cat ~/.ssh/authorized_keys
```

```
[root@awx ansible_quickstart]# ssh root@192.168.50.120 cat ~/.ssh/authorized_keys
ssh-rsa AAAAB3NzaC1yc2EAAAADAQABAAACAQDNqUMDY1YSkYjrNBAgKJS8yq9eBmlEdJITlsg/I4tcM
L7+CE+Lrxdk0t271Mawmkob0m5dGaC6uQvEp/qyspzeqtKqyX0nwaVduykb13kkc0489AV1qAHfMhXfxOS
PcQHrByiXkxqmlMxAgDQshPBmo5VTQzvX0OF7o4faRyiwMjvOm1zBIRcimBtq7ybZC54WYPOvj/ZWAlBs
7Px7RjerdeTaLt6x7wB+IwTRuRvjN2RMHRWudNJxUYM7OZimz1jKkt1VhGxHdAxRmx03zo+5zHhNwDOy
CBPrasKf0Un+n+LeX60ir61XsLWErDAqzl88WhdIIRrp4TYaariEpoLB+UhJzMgSuGeHBi/0oaZfvi3gHgmF1T
DGHJBLSA77ibHND0/yYOVwrK7t1jrehwhYFZL1kqFpAnaKXm3t2eNgUJxlg9EUD2ZVuDEecjN2n41i5Zehf
pHsOih7l9LwATilvbjnlqJLdpQogL4907U8TtxFoNCammy6cc9maD0J4SR/Zl5T1fcfoPzC6OishpY7laPLcf9n
FkvYS9VYUemSjkvhZ8hkJ+MD3KzyMMHrkPhpjqb30KFXfNuavNIOlmx2kxfnGqhlITFDboP+YX1ZOP2jrvuN
YpXesooh0hGYp7v57kD1xnYi5LV5BE6txyNVaOhwqbzYCYWk/O8skD9QcQ== root@awx.example.com
[root@awx ansible_quickstart]#
```

5.2.2.2. Ansible Inventories 구축

5.2.2.2.1. Ansible Inventories 구축 - 방법

Ansible Inventories 구축 단계는 다음 단계를 따릅니다.

1. Inventories 파일 생성:
   a. 이전 단계에서 만든 디렉터리에 inventory.ini라는 파일을 만듭니다.
2. 그룹 및 호스트 추가:
   a. [myhosts]라는 새 그룹을 만들고 각 호스트 시스템의 IP 주소 또는 FQDN을 추가합니다.
      i . [myhosts]
      ii . 192.168.50.110
      iii. 192.168.50.120
3. Inventories 확인:
   a. ansible-inventory -i inventory.ini --list 명령을 사용하여 Inventories를 확인합니다.
4. 호스트에 ping 보내기:
   a. ansible myhosts -m ping -i inventory.ini 명령을 사용하여 myhosts 그룹에 있는 모든 호스트에 ping을 보냅니다.

5.2.2.2.2. Ansible Inventories 구축 - 실습

Inventories 파일 생성하여 그룹 및 호스트를 다음과 같이 추가합니다.

```
vim inventory.ini

[myhosts]
192.168.50.110
192.168.50.120
```

```
[root@awx ansible_quickstart]# vim inventory.ini
[root@awx ansible_quickstart]# cat inventory.ini
[myhosts]
192.168.50.110
192.168.50.120
[root@awx ansible_quickstart]#
```

Inventories 내역을 확인하고 각 대상 호스트에 ping 명령어를 실행합니다.

```
ansible-inventory -i inventory.ini --list

ansible myhosts -m ping -i inventory.ini
```

```
[root@awx ansible_quickstart]# ansible-inventory -i inventory.ini --list
{
```

```
    "_meta": {
        "hostvars": {}
    },
    "all": {
        "children": [
            "ungrouped",
            "myhosts"
        ]
    },
    "myhosts": {
        "hosts": [
            "192.168.50.110",
            "192.168.50.120"
        ]
    }
}
[root@awx ansible_quickstart]# ansible myhosts -m ping -i inventory.ini
192.168.50.120 | SUCCESS => {
    "ansible_facts": {
        "discovered_interpreter_python": "/usr/bin/python3"
    },
    "changed": false,
    "ping": "pong"
}
192.168.50.110 | SUCCESS => {
    "ansible_facts": {
        "discovered_interpreter_python": "/usr/bin/python3"
    },
    "changed": false,
    "ping": "pong"
}
[root@awx ansible_quickstart]#
```

5.2.2.3. Ansible Inventories 구축 팁

5.2.2.3.1. Ansible Inventories 구축 팁 - 방법

관리 Node의 수가 많아질 경우 YAML 형식으로 Inventories를 작성하는 것이 더 합리적인 선택이 될 수 있습니다.

- 예를 들어, 이전 단계의 inventory.ini 파일은 비슷한 기능을 하는 YAML 형식의 Inventories입니다. YAML에서는 각 관리 Node에 대해 고유한 이름을 지정하고 ansible_host 필드를 사용하여 호스트의 IP 주소를 설정합니다.
- YAML 형식은 관리 Node가 많아지면서 INI 형식보다 더 복잡한 그룹 구성과 변수 설정을 쉽게 할 수 있어 유용합니다.

Inventories 구축을 위해 그룹 및 메타 그룹을 생성하여 활용 합니다.

- 그룹 이름:

- 의미 있고 고유해야 합니다.
- 대소문자를 구분합니다.
- 공백, 하이픈, 앞에 오는 숫자를 사용하면 안됩니다.

그룹화:

- 다음 기준에 따라 호스트를 논리적으로 그룹화합니다.
  - What: 토폴로지 (예: db, web, 네트워크 기준 leaf 또는 spine 토폴로지)
  - Where: 지리적 위치 (예: 데이터 센터, 지역, 층, 건물)
  - When: 단계 (예: 개발, 테스트, 스테이징, 프로덕션)

5.2.2.3.2. Ansible Inventories 구축 팁 - 실습

그룹화 및 Yaml 파일 형식을 활용하여 다음과 같이 awx 및 guest 그룹을 만들고 대상 groups 기준으로 ping 테스트를 진행합니다.

Inventories 파일 생성하여 그룹 및 호스트를 다음과 같이 추가합니다.

```
vim inventory.yaml

awx_servers:
  hosts:
    awx_vm:
      ansible_host: 192.168.50.110
awx_guests:
  hosts:
    guest_vm:
      ansible_host: 192.168.50.120
awx:
  children:
    awx_servers:
    awx_guests:
```

```
[root@awx ansible_quickstart]# vim inventory.yaml
[root@awx ansible_quickstart]# cat inventory.yaml
awx_servers:
  hosts:
    awx_vm:
      ansible_host: 192.168.50.110
awx_guests:
  hosts:
    guest_vm:
      ansible_host: 192.168.50.120
awx:
  children:
    awx_servers:
    awx_guests:
[root@awx ansible_quickstart]#
```

Inventories 내역을 확인하고 각 대상 호스트에 ping 명령어를 실행합니다.

- ansible-inventory -i inventory.yaml --list
  - Inventories를 확인합니다.
- ansible awx_servers -m ping -i inventory.yaml
  - awx_servers 그룹에 있는 모든 호스트에 ping을 보냅니다.
- ansible awx_guests -m ping -i inventory.yaml
  - awx_guests 그룹에 있는 모든 호스트에 ping을 보냅니다.
- ansible awx -m ping -i inventory.yaml
  - awx 그룹에 있는 모든 호스트에 ping을 보냅니다.

```
ansible-inventory -i inventory.yaml --list

ansible awx_servers -m ping -i inventory.yaml

ansible awx_guests -m ping -i inventory.yaml

ansible awx -m ping -i inventory.yaml
```

```
[root@awx ansible_quickstart]# ansible-inventory -i inventory.yaml --list
{
    "_meta": {
        "hostvars": {
            "awx_vm": {
                "ansible_host": "192.168.50.110"
            },
            "guest_vm": {
                "ansible_host": "192.168.50.120"
            }
        }
    },
    "all": {
        "children": [
            "ungrouped",
            "awx"
        ]
    },
    "awx": {
        "children": [
            "awx_servers",
            "awx_guests"
        ]
    },
    "awx_guests": {
        "hosts": [
            "guest_vm"
        ]
    },
    "awx_servers": {
```

```
        "hosts": [
            "awx_vm"
        ]
    }
}
[root@awx ansible_quickstart]#
[root@awx ansible_quickstart]# ansible awx_servers -m ping -i inventory.yaml
awx_vm | SUCCESS => {
    "ansible_facts": {
        "discovered_interpreter_python": "/usr/bin/python3"
    },
    "changed": false,
    "ping": "pong"
}
[root@awx ansible_quickstart]# ansible awx_guests -m ping -i inventory.yaml
guest_vm | SUCCESS => {
    "ansible_facts": {
        "discovered_interpreter_python": "/usr/bin/python3"
    },
    "changed": false,
    "ping": "pong"
}
[root@awx ansible_quickstart]# ansible awx -m ping -i inventory.yaml
guest_vm | SUCCESS => {
    "ansible_facts": {
        "discovered_interpreter_python": "/usr/bin/python3"
    },
    "changed": false,
    "ping": "pong"
}
awx_vm | SUCCESS => {
    "ansible_facts": {
        "discovered_interpreter_python": "/usr/bin/python3"
    },
    "changed": false,
    "ping": "pong"
}
[root@awx ansible_quickstart]#
```

5.2.3. Ansible playbook 생성

5.2.3.1. Ansible playbook 개요

5.2.3.1.1. Ansible playbook 이란

Ansible playbook은 재사용 가능한 구성 관리 및 다중 머신 배포 시스템입니다. 이는 복잡한 애플리케이션 배포에 매우 적합합니다. Ansible을 사용하여 작업을 두 번 이상 실행해야 하는 경우 playbook을 작성하고 이를 소스 제어에 저장합니다. 그런 다음 저장한 playbook을 사용하여 새 구성을 푸시하거나 원격 시스템의 구성을 확인할 수 있습니다.

playbook은 Ansible이 관리 대상 Node를 배포하고 구성하합니다. YAML 형식으로 작성되며 Ansible이 수행해야 하는 작업을 정의합니다.

5.2.3.1.2. playbook 기능

Playbook은 다음과 같은 기능을 실행 가능합니다.

- 구성 선언: 원하는 시스템 상태를 정의합니다.
- 작업 조율: 정의된 순서에 따라 여러 기계 세트에서 단계를 수행합니다.
- 동기식 또는 비동기식 작업 시작: 작업 실행 방식을 선택합니다.

5.2.3.1.3. playbook 구성 요소

playbook은 YAML 형식으로 표현되며, playbook의 주요 구성 요소는 다음과 같습니다.

- Playbook:
  - Ansible이 위에서 아래로 작업을 수행하는 순서를 정의합니다.
  - 전체적인 목표를 달성하기 위해 수행해야 하는 Task 목록입니다.
- Play:
  - Inventories의 관리 대상 Node에 매핑되는 정렬된 작업 목록입니다.
  - Playbook에는 여러 개의 Play가 포함될 수 있습니다.
- Task:
  - Ansible이 수행하는 Task을 정의하는 단일 Module에 대한 참조입니다.
  - 각 Task은 특정 Module을 실행하여 특정 Task을 수행합니다.
- Module:
  - Ansible이 관리 대상 Node에서 실행되는 코드 또는 바이너리 단위입니다. Ansible이 수행할 실제 Task을 정의하는 단위입니다.
  - Ansible은 다양한 Module을 제공하며, 각 Module은 특정 기능을 수행하도록 설계되었습니다. (예: 파일 복사, 패키지 설치, 서비스 시작 등)
  - Ansible Module은 각 Module에 대한 FQCN(정규화된 컬렉션 이름)을 사용하여 컬렉션으로 그룹화됩니다.

Playbook은 여러 개의 Play로 구성되며, 각 Play는 여러 개의 Task을 포함합니다. Task은 특정 Module을 실행하여 관리 Node에서 작업을 수행합니다. Module은 Ansible이 제공하는 특정 기능을 수행하는 코드 단위입니다.

5.2.3.1.4. Playbook 실행

Playbook 실행은 다음과 같은 기준을 따릅니다.

- 위에서 아래로 순서대로 실행됩니다.
- 각 플레이 내에서 작업은 위에서 아래로 순서대로 실행됩니다.
- 여러 플레이: 다중 시스템 배포를 조율합니다.

Playbook 실행 정보는 다음과 같은 내용을 포함 합니다.

- Ansible은 연결, Task 이름, 성공/실패 여부, 변경 여부 등을 출력합니다.
- Playbook 실행 요약 및 성능 정보도 제공됩니다.
- 실패 및 "접근할 수 없는" 통신 시도는 별도로 표시됩니다.

Playbook과 Modules은 멱등성을 가집니다.

- 대부분의 Ansible Module은 원하는 최종 상태가 이미 달성되었는지 확인하고 해당 상태가 달성된 경우 작업을 수행하지 않고 종료하므로 작업을 반복해도 최종 상태가 변경되지 않습니다.
- Playbook을 한 번 실행하든 여러 번 실행하든 결과는 동일해야 합니다.
  - 모든 Playbook과 모든 Module이 이런 방식으로 작동하는 것은 아닙니다.
  - 확실하지 않은 경우 운영환경에서 여러 번 실행하기 전에 샌드박스 환경에서 Playbook을 테스트가 필요합니다.

5.2.3.1.5. Playbook 실행 - check mode

check mode는 다음과 같은 효과를 가집니다.

- 시스템에 변경 사항을 적용하지 않고 Playbook을 실행합니다.
- 프로덕션 환경에서 Playbook을 구현하기 전에 테스트하는 데 유용합니다.

check mode 실행은 다음과 같이 실행 가능합니다.

```
ansible-playbook --check playbook.yaml
```

5.2.3.2. playbook 생성 - Hello world

5.2.3.2.1. playbook 생성 - Hello world - 방법

호스트에 ping을 보내고 "Hello world" 메시지를 인쇄하는 Playbook을 생성하려면 다음 단계를 따릅니다.

1. 이전에 생성한 ansible_quickstart 디렉터리에 다음 콘텐츠로 playbook.yaml 파일을 생성합니다.

```
- name: My first play
  hosts: myhosts
  tasks:
  - name: Ping my hosts
    ansible.builtin.ping:
```

```
- name: Print message
  ansible.builtin.debug:
    msg: Hello world
```

2. ansible-lint를 실행하여 관련 피드백을 확인합니다.
   a. ansible-lint playbook.yaml
3. playbook을 실행합니다.
   a. ansible-playbook -i inventory.yaml playbook.yaml

5.2.3.2.2. playbook 생성 - Hello world - 실습

실제 실습 결과는 다음과 같습니다.

1. 이전에 생성한 ansible_quickstart 디렉터리에 다음 콘텐츠로 playbook.yaml 파일을 생성합니다.
   a. awx hosts 대상으로 실행되도록 수정합니다.

```
vi playbook.yaml

- name: My first play
  hosts: awx
  tasks:
  - name: Ping my hosts
    ansible.builtin.ping:

  - name: Print message
    ansible.builtin.debug:
      msg: Hello world
```

```
[root@awx ansible_quickstart]# vi playbook.yaml
[root@awx ansible_quickstart]# cat playbook.yaml
- name: My first play
  hosts: awx
  tasks:
  - name: Ping my hosts
    ansible.builtin.ping:

  - name: Print message
    ansible.builtin.debug:
      msg: Hello world

[root@awx ansible_quickstart]# cat inventory.yaml
awx_servers:
  hosts:
    awx_vm:
      ansible_host: 192.168.50.110
awx_guests:
  hosts:
    guest_vm:
```

```
    ansible_host: 192.168.50.120
awx:
  children:
    awx_servers:
    awx_guests:
[root@awx ansible_quickstart]#
```

2. ansible-lint를 실행하여 관련 피드백을 확인합니다.

   a. 피드백 결과를 기준으로 playbook을 수정할수 있습니다.

```
ansible-lint playbook.yaml
```

```
[root@awx ansible_quickstart]# ansible-lint playbook.yaml
WARNING  Listing 2 violation(s) that are fatal
yaml[indentation]: Wrong indentation: expected at least 3
playbook.yaml:4

yaml[empty-lines]: Too many blank lines (1 > 0)
playbook.yaml:10

Read documentation for instructions on how to ignore specific rule violations.

               Rule Violation Summary
 count tag                profile rule associated tags
     1 yaml[empty-lines] basic   formatting, yaml
     1 yaml[indentation] basic   formatting, yaml

Failed: 2 failure(s), 0 warning(s) on 1 files. Last profile that met the validation criteria was 'min'.
A new release of ansible-lint is available: 6.22.2 → 24.2.1
[root@awx ansible_quickstart]#
```

   b. Note

      i. 10번째 행에 불필요한 빈칸 정보를 확인합니다.

- playbook을 실행합니다.

  - inventory.yaml 파일을 활용합니다.

```
ansible-playbook -i inventory.yaml playbook.yaml
```

```
[root@awx ansible_quickstart]# ansible-playbook -i inventory.yaml playbook.yaml

PLAY [My first play] ************************************************************

TASK [Gathering Facts] **********************************************************
ok: [guest_vm]
ok: [awx_vm]

TASK [Ping my hosts] ************************************************************
ok: [awx_vm]
ok: [guest_vm]
```

```
TASK [Print message] ************************************************************
ok: [awx_vm] => {
    "msg": "Hello world"
}
ok: [guest_vm] => {
    "msg": "Hello world"
}

PLAY RECAP ************************************************************************
awx_vm                    : ok=3    changed=0    unreachable=0    failed=0    skipped=0    rescued=0
ignored=0
guest_vm                  : ok=3    changed=0    unreachable=0    failed=0    skipped=0    rescued=0
ignored=0

[root@awx ansible_quickstart]#
```

5.2.3.3. playbook 생성 – Httpd

5.2.3.3.1. playbook 생성 – Httpd – 방법

호스트에 Httpd를 설치 하고 "Install Apache Httpd" 메시지를 인쇄하는 playbook을 생성하려면 다음 단계를 따릅니다.

Httpd를 설치 이후 서비스 활성화가 필요하며, 방화벽을 추가로 오픈하여 서비스 접근이 가능하도록 구성합니다.

1. 이전에 생성한 ansible_quickstart 디렉터리에 다음 콘텐츠로 playbook-httpd.yaml 파일을 생성합니다.

```
---
- name: Update web servers
  hosts: awx_guests
  remote_user: root

  tasks:
  - name: Install the latest version of Apache
    ansible.builtin.dnf:
      name: httpd
      state: present

  - name: Ensure httpd is running and enabled
    ansible.builtin.service:
      name: httpd
      state: started
      enabled: yes

  - name: Open HTTP and HTTPS ports on the firewall
    ansible.builtin.firewalld:
      service: "{{ item }}"
      permanent: true
```

```
    state: enabled
  loop:
    - http
    - https

- name: Reload firewall to apply changes
  ansible.builtin.command: firewall-cmd --reload
- name: Print message
  ansible.builtin.debug:
    msg: Install Apache Httpd
```

2. ansible-lint를 실행하여 관련 피드백을 확인합니다.
   a. ansible-lint playbook-httpd.yaml
3. playbook을 실행합니다.
   a. ansible-playbook -i inventory.yaml playbook-httpd.yaml

5.2.3.3.2. playbook 생성 - Httpd - 실습

실제 실습 결과는 다음과 같습니다.

1. 이전에 생성한 ansible_quickstart 디렉터리에 다음 콘텐츠로 playbook-httpd.yaml 파일을 생성합니다.
   a. awx hosts 대상으로 실행되도록 수정합니다.

```
vi playbook-httpd.yaml

---
- name: Update web servers
  hosts: awx_guests
  remote_user: root

  tasks:
  - name: Install the latest version of Apache
    ansible.builtin.dnf:
      name: httpd
      state: present

  - name: Ensure httpd is running and enabled
    ansible.builtin.service:
      name: httpd
      state: started
      enabled: yes

  - name: Open HTTP and HTTPS ports on the firewall
    ansible.builtin.firewalld:
      service: "{{ item }}"
      permanent: true
      state: enabled
    loop:
      - http
```

```
      - https

  - name: Reload firewall to apply changes
    ansible.builtin.command: firewall-cmd --reload

  - name: Print message
    ansible.builtin.debug:
      msg: Install Apache Httpd

cat inventory.yaml
```

```
[root@awx ansible_quickstart]# vi playbook-httpd.yaml
[root@awx ansible_quickstart]# cat playbook-httpd.yaml
---
- name: Update web servers
  hosts: awx_guests
  remote_user: root

  tasks:
  - name: Install the latest version of Apache
    ansible.builtin.dnf:
      name: httpd
      state: present

  - name: Ensure httpd is running and enabled
    ansible.builtin.service:
      name: httpd
      state: started
      enabled: yes

  - name: Open HTTP and HTTPS ports on the firewall
    ansible.builtin.firewalld:
      service: "{{ item }}"
      permanent: true
      state: enabled
    loop:
      - http
      - https

  - name: Reload firewall to apply changes
    ansible.builtin.command: firewall-cmd --reload

  - name: Print message
    ansible.builtin.debug:
      msg: Install Apache Httpd

[root@awx ansible_quickstart]#
[root@awx ansible_quickstart]# cat inventory.yaml
awx_servers:
  hosts:
    awx_vm:
      ansible_host: 192.168.50.110
awx_guests:
```

```
  hosts:
    guest_vm:
      ansible_host: 192.168.50.120
awx:
  children:
    awx_servers:
    awx_guests:
[root@awx ansible_quickstart]#
```

2. ansible-lint를 실행하여 관련 피드백을 확인합니다.

   a. 피드백 결과를 기준으로 playbook을 수정할수 있습니다.

```
ansible-lint playbook-httpd.yaml
```

```
[root@awx ansible_quickstart]# ansible-lint playbook-httpd.yaml
WARNING  Listing 5 violation(s) that are fatal
yaml[indentation]: Wrong indentation: expected at least 3
playbook-httpd.yaml:7

yaml[truthy]: Truthy value should be one of [false, true]
playbook-httpd.yaml:16

fqcn[canonical]: You should use canonical module name `ansible.posix.firewalld` instead of
`ansible.builtin.firewalld`.
playbook-httpd.yaml:18 Task/Handler: Open HTTP and HTTPS ports on the firewall

no-changed-when: Commands should not change things if nothing needs doing.
playbook-httpd.yaml:27 Task/Handler: Reload firewall to apply changes

yaml[empty-lines]: Too many blank lines (1 > 0)
playbook-httpd.yaml:33

Read documentation for instructions on how to ignore specific rule violations.

                Rule Violation Summary
 count tag              profile    rule associated tags
     1 yaml[empty-lines] basic      formatting, yaml
     1 yaml[indentation] basic      formatting, yaml
     1 yaml[truthy]      basic      formatting, yaml
     1 no-changed-when   shared     command-shell, idempotency
     1 fqcn[canonical]   production formatting

Failed: 5 failure(s), 0 warning(s) on 1 files. Last profile that met the validation criteria was 'min'.
A new release of ansible-lint is available: 6.22.2 → 24.2.1
[root@awx ansible_quickstart]#
```

   b. 5개의 경고 결과를 확인합니다.

3. ansible-playbook check-mode를 실행하여 테스트를 실행합니다.

   a. 다음과 같이 명령어를 수행합니다.

i . Ansible에서 --check 모드는 Playbook의 변경 사항을 실제로 적용하지 않고, 모의 실행하는 기능입니다. 이 경우에 "Could not find the requested service httpd: host" 에러 메시지는 httpd 서비스가 대상 시스템에 실제로 설치되지 않았거나 인식되지 않아서 발생할 수 있습니다.

```
ansible-playbook --check -i inventory.yaml playbook-httpd.yaml
```

```
[root@awx ansible_quickstart]# ansible-playbook --check -i inventory.yaml playbook-httpd.yaml

PLAY [Update web servers] ********************************************************

TASK [Gathering Facts] ***********************************************************
ok: [guest_vm]

TASK [Install the latest version of Apache] **************************************
ok: [guest_vm]

TASK [Ensure httpd is running and enabled] ***************************************
changed: [guest_vm]

TASK [Open HTTP and HTTPS ports on the firewall] *********************************
changed: [guest_vm] => (item=http)
changed: [guest_vm] => (item=https)

TASK [Reload firewall to apply changes] ******************************************
skipping: [guest_vm]

TASK [Print message] *************************************************************
ok: [guest_vm] => {
    "msg": "Install Apache Httpd"
}

PLAY RECAP ***********************************************************************
guest_vm                   : ok=5    changed=2    unreachable=0    failed=0    skipped=1    rescued=0
ignored=0

[root@awx ansible_quickstart]#
```

4. playbook을 실행합니다.

a. inventory.yaml 파일을 활용합니다.

```
ansible-playbook -i inventory.yaml playbook-httpd.yaml
```

```
[root@awx ansible_quickstart]# ansible-playbook -i inventory.yaml playbook-httpd.yaml

PLAY [Update web servers] ********************************************************

TASK [Gathering Facts] ***********************************************************
ok: [guest_vm]

TASK [Install the latest version of Apache] **************************************
ok: [guest_vm]
```

```
TASK [Ensure httpd is running and enabled] *************************************
changed: [guest_vm]

TASK [Open HTTP and HTTPS ports on the firewall] *******************************
changed: [guest_vm] => (item=http)
changed: [guest_vm] => (item=https)

TASK [Reload firewall to apply changes] ****************************************
changed: [guest_vm]

TASK [Print message] ***********************************************************
ok: [guest_vm] => {
    "msg": "Install Apache Httpd"
}

PLAY RECAP *********************************************************************
guest_vm                   : ok=6    changed=3    unreachable=0    failed=0    skipped=0
rescued=0    ignored=0

[root@awx ansible_quickstart]#
```

5.2.3.3.3. playbook 생성 - Httpd - 실습 결과

Host 서버에서 Guest VM의 Apache Httpd 서비스를 다음과 같이 확인합니다.

1. Host 서버에서 웹 브라우저를 실행합니다. (Chrome, Firefox 등)
2. 주소창에 Guest VM의 IP 주소를 입력합니다. (예: http://192.168.50.120/)
3. Enter 키를 누릅니다.

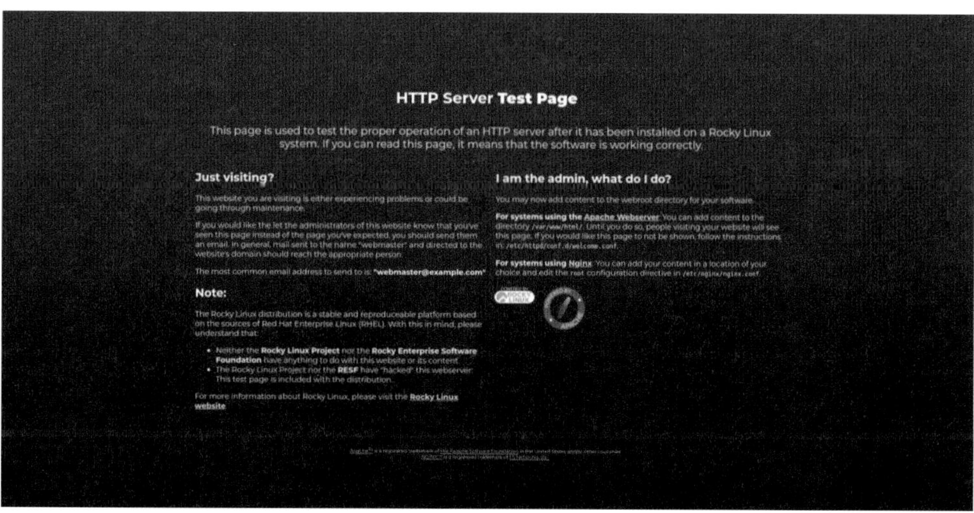

[그림 - Ansible 기본 사용법 - Ansible playbook 생성 - Httpd]

5.2.3.4. Playbook 재사용

앞서 Ansible Playbook을 만드는 방법과 Playbook의 장점에 대해 살펴보았습니다. Ansible의 핵심적인 장점

중 하나는 기존 Playbook을 재활용하여 코드 중복을 줄이고 작업 효율성을 높일 수 있다는 것입니다.

이번 섹션에서는 기존 Playbook을 재사용하는 다양한 방법과 각 방법의 장단점을 살펴보겠습니다.

5.2.3.4.1. Playbook 재사용 실습 - Httpd - 방법

아래 내용은 Playbook 자체를 재사용하는 방법입니다.

1. 이전에 생성한 ansible_quickstart 디렉터리에 다음 콘텐츠로 playbook-main.yaml 파일을 생성합니다.

```
---
- name: Start Playbook
  hosts: awx_guests
  gather_facts: false
  tasks:
    - ansible.builtin.debug:
        msg: play1

- import_playbook: playbook-httpd.yaml
```

2. ansible-lint를 실행하여 관련 피드백을 확인합니다.
    a. ansible-lint playbook-main.yaml
3. playbook을 실행합니다.
    a. inventory.yaml 파일을 활용합니다.

```
ansible-playbook -i inventory.yaml playbook-httpd.yaml
```

```
[root@awx ansible_quickstart]# ansible-playbook -i inventory.yaml playbook-httpd.yaml

PLAY [Start Playbook] *******************************************************

TASK [debug] ****************************************************************
ok: [guest_vm] => {
    "msg": "play1"
}

PLAY [Update web servers] ***************************************************

TASK [Gathering Facts] ******************************************************
ok: [guest_vm]

TASK [Install the latest version of Apache] *********************************
ok: [guest_vm]

TASK [Ensure httpd is running and enabled] **********************************
changed: [guest_vm]

TASK [Open HTTP and HTTPS ports on the firewall] ****************************
changed: [guest_vm] => (item=http)
changed: [guest_vm] => (item=https)
```

```
TASK [Reload firewall to apply changes] ****************************************
changed: [guest_vm]

TASK [Print message] ***********************************************************
ok: [guest_vm] => {
    "msg": "Install Apache Httpd"
}

PLAY RECAP *********************************************************************
guest_vm                   : ok=6    changed=3    unreachable=0    failed=0    skipped=0    rescued=0
ignored=0

[root@awx ansible_quickstart]#
```

5.2.3.4.2. Playbook 재사용 가능 유형

이전 목차에서는 Playbook을 다른 Playbook에 포함하는 import_playbook 모듈에 대해 살펴보았습니다. Ansible은 Playbook뿐만 아니라 Task와 Role도 재사용하여 코드 중복을 줄이고 작업 효율성을 높일 수 있도록 다양한 기능을 제공합니다.

- vars 파일 - 변수가 정의되어있는 파일
- task 파일 - 작업에 대한 내용이 정의되어있는 파일
- Playbook 파일 - 변수 또는 작업 및 기타 내용들이 정의되어 있는 파일
- Role - 관련 작업, 변수, 기본값 및 기타 플러그인의 디렉토리

5.2.3.4.3. Playbook 재사용 타입

Ansible은 플레이북 및 변수 등을 재사용 할 때 2가지의 방법으로 재사용이 가능합니다

- 정적 - import 지시자 사용
- 동적 - include 지시자 사용

import 지시자는 Playbook 실행 시 모든 import 한 파일의 구문 또는 내용을 분석하게 됩니다.

오류 발생 시 처음에 Playbook 실행을 멈추게 됩니다.

include 지시자는 Playbook 실행 후 include 지시자를 실행하는 작업에 도달할 경우 구문 또는 내용을 분석하게 됩니다.

오류 발생 시 include 지시자를 정의한 부분에서 Playbook 실행을 멈추게 됩니다.

	Import_*	Include_*
재사용 유형	정적 방식	동적 방식
오류 처리 방법	첫 Playbook 실행 시	include한 작업 실행 시
tasks 포함 여부	X (Import 방식은 Playbook 방식이므로 하나 이상의 task 입니다.)	O (Include 방식은 모두 하나의 task 입니다.)
작업 옵션	Import 안에 또 다른 재사용 작업이 존재하더라도 사용 가능	Include 된 파일 안에 또 다른 재사용 작업은 존재하면 안됨.
반복문 사용 여부	X	O
tags 목록 확인 여부	O	X
작업 목록 확인 여부	O	X
특정 작업부터 실행 가능 여부	O	X
인벤토리 변수 사용 여부	X	O
Playbook 자체를 재사용 가능 여부	O (import_playbook 지시자가 존재)	X (include_playbook 지시자는 없음)

5.3. Ansible Vault

5.3.1. Ansible Vault 민감한 데이터 보호

Ansible Vault는 변수와 파일을 암호화하여 비밀번호나 키와 같은 민감한 콘텐츠를 Playbook이나 역할에 일반 텍스트로 표시하는 대신 보호할 수 있습니다.

- Ansible Vault 사용 이점:
  - 민감한 데이터 보안을 강화합니다.
  - 비밀번호 및 키를 안전하게 보관합니다.
  - 소스 제어 시스템에서 암호화된 콘텐츠를 관리합니다.
- Ansible Vault 작동 방식:
  - Vault는 AES-256 암호화 알고리즘을 사용하여 데이터를 암호화합니다.
  - 암호화된 데이터는 Vault 파일 형식으로 저장됩니다.
  - Vault 파일은 Ansible Playbook 및 역할에서 사용할 수 있습니다.

- 암호화된 데이터를 해독하려면 Vault 비밀번호가 필요합니다.

Ansible Vault 주의 사항:

- Ansible Vault는 '비사용 데이터'만 보호합니다.
- 데이터가 해독되면 플레이 및 플러그인 작성자가 비밀 공개를 방지해야 합니다.

5.3.2. Ansible Vault 비밀번호 관리 전략

Ansible Vault 비밀번호 관리는 민감한 콘텐츠를 암호화하고 해독하는 데 필수적인 부분입니다. Vault 비밀번호를 효율적으로 관리하면 암호화된 콘텐츠의 관리가 훨씬 쉬워집니다. Vault 비밀번호는 기본적으로 사용자가 선택하는 문자열이며, Ansible Vault로 변수나 파일을 암호화할 때마다 이 비밀번호를 제공해야 합니다. 암호화 및 해독 프로세스에서 동일한 비밀번호를 사용해야 하며, 비밀번호 관리 전략은 보안과 용이성을 모두 고려해야 합니다.

5.3.2.1. 단일 비밀번호와 다중 비밀번호 전략

Vault 비밀번호 관리에 있어 크게 두 가지 접근 방식이 있습니다:

- **단일 비밀번호 사용**: 작은 규모의 팀이나 민감한 정보가 상대적으로 적은 경우, 모든 암호화된 콘텐츠에 대해 단일 비밀번호를 사용할 수 있습니다. 이 방식은 관리가 간단하지만, 보안 수준은 상대적으로 낮을 수 있습니다.
- **다중 비밀번호 사용**: 큰 규모의 팀이나 중요한 정보가 많은 경우, 다양한 비밀번호를 사용하여 보안 수준을 높일 수 있습니다. 사용자나 액세스 수준, 환경(예: 개발, 스테이징, 프로덕션)에 따라 다른 비밀번호를 설정할 수 있습니다. 이 방식은 관리가 복잡하지만, 보안 수준은 더 높습니다.

5.3.2.2. Vault ID와 비밀번호 관리

Vault ID는 여러 비밀번호를 관리할 때 유용한 도구입니다. Vault ID를 사용하면 하나의 비밀번호를 다른 비밀번호와 구별할 수 있으며, 암호화된 콘텐츠에 레이블(별명)을 추가하여 관리를 용이하게 합니다. Vault ID는 암호화, 해독, Playbook 실행 시 지정할 수 있습니다.

5.3.2.3. Vault 비밀번호 저장 및 액세스

Vault 비밀번호는 다음 두 가지 주요 방법으로 관리할 수 있습니다:

- **파일에 저장**: 비밀번호를 파일에 저장하고, 이 파일의 위치를 ansible.cfg 파일이나 명령어 옵션으로 지정할 수 있습니다. 이 방법은 간편하지만, 파일 보안에 주의해야 합니다.
- **타사 도구 사용**: 시스템 키링, 데이터베이스, 비밀 관리자 등 타사 도구를 사용하여 비밀번호를 안전하게 저장할 수 있습니다. 이 방법을 사용하려면 Vault 비밀번호 클라이언트 스크립트가 필요하며, 이 스크립

트는 Ansible 내에서 비밀번호를 검색하는 데 사용됩니다.

5.3.2.4. Vault ID 일치 설정

DEFAULT_VAULT_ID_MATCH 구성 옵션을 사용하여 Vault ID와 일치 되도록 설정할 수 있습니다. 이 옵션을 활성화하면, 특정 Vault ID로 암호화된 콘텐츠는 동일한 Vault ID와 비밀번호로만 해독할 수 있습니다. 이는 더욱 효율적이고 예측 가능한 비밀번호 관리를 가능하게 하며, 다른 비밀번호로 암호화된 값들이 혼란을 일으키는 것을 방지합니다.

5.3.2.5. 실제적인 Vault 비밀번호 관리 방법

Vault 비밀번호를 관리하는 구체적인 방법들은 다음과 같습니다:

- **파일에 저장된 비밀번호 사용**: Vault 비밀번호를 파일에 저장하고, 해당 파일의 경로를 Ansible 명령어나 ansible.cfg 파일에 지정하여 사용할 수 있습니다. 파일에 비밀번호를 저장할 때는 해당 파일의 보안을 확실히 보장해야 하며, 접근 권한을 제한하고 소스 코드 관리 시스템에는 올리지 않도록 주의해야 합니다.
- **타사 도구를 통한 비밀번호 관리**: 보다 고급 비밀번호 관리를 위해서는 타사 도구(예: HashiCorp Vault, AWS Secrets Manager, Keychain 등)를 사용하여 Vault 비밀번호를 관리할 수 있습니다. 이 경우, Ansible은 비밀번호 클라이언트 스크립트를 통해 이러한 도구에서 비밀번호를 검색합니다. 클라이언트 스크립트는 Ansible에게 필요한 비밀번호를 제공하는 역할을 하며, 보통 해당 도구의 API를 호출하여 비밀번호를 안전하게 검색합니다.
- **Vault ID의 활용**: 다양한 환경이나 목적에 따라 다른 Vault 비밀번호를 사용할 때, Vault ID를 활용하여 비밀번호를 구분하고 관리할 수 있습니다. Vault ID를 사용하면 복잡한 프로젝트에서도 각각의 비밀번호가 어떤 목적으로 사용되는지 명확하게 할 수 있습니다. Vault ID를 사용하여 비밀번호를 구분함으로써, 보다 정교한 액세스 제어와 보안 관리를 실현할 수 있습니다.

5.3.3. Ansible Vault 개별 변수 암호화

단일 값 또는 변수를 암호화할 수 있으며, 이는 YAML 파일 내에서 직접 이루어집니다. 암호화된 변수는 !vault 태그와 함께 저장되어 Ansible이 이를 암호화된 값으로 인식하게 합니다.

ansible-vault encrypt_string 명령을 사용하여 YAML 파일 내의 단일 값을 암호화할 수 있습니다.

- 변수 암호화의 장점과 단점
  - 장점:
    - **파일 가독성 향상**: 변수 암호화를 사용하면 민감한 데이터를 숨기면서도 Playbook 및 역할 파일을 쉽게 읽을 수 있습니다.

- **혼합 사용 가능**: 일반 텍스트 변수와 암호화된 변수를 동일한 Playbook 또는 역할 파일에서 혼합하여 사용할 수 있습니다.
- **간편한 사용**: 암호화된 변수를 Playbook 및 역할 파일에 직접 포함하거나 변수 파일에서 참조할 수 있습니다.

- 단점:
  - **비밀번호 교체 어려움**: 암호화된 변수의 비밀번호를 변경하는 것은 파일 수준 암호화에 비해 더 복잡합니다.
  - **키 재입력 불가**: 암호화된 변수는 키를 다시 입력할 수 없으므로 백업 및 복구가 어려울 수 있습니다.
  - **적용 범위 제한**: 변수 암호화는 변수에만 적용되며 작업 또는 기타 유형의 콘텐츠에는 사용할 수 없습니다.

5.3.3.1. 암호화된 변수 생성

ansible-vault encrypt_string 명령은 입력(또는 복사 또는 생성)하는 모든 문자열을 Playbook, 역할 또는 변수 파일에 포함될 수 있는 형식으로 암호화하고 형식을 지정합니다.

패턴은 다음과 같습니다.

```
ansible-vault encrypt_string <password_source> '<string_to_encrypt>' --name '<string_name_of_variable>'
```

- 옵션
  - 〈password_source〉: Vault 비밀번호의 소스 (Vault ID 유무에 관계없이 프롬프트, 파일 또는 스크립트)
  - 〈string_to_encrypt〉: 암호화할 문자열
  - 〈string_name_of_variable〉: 문자열 이름 (변수 이름)

문자열 암호화 예제입니다.

- 예를 들어, 'a_password_file'에 저장된 유일한 비밀번호를 사용하여 'foobar' 문자열을 암호화하고 변수 이름을 'the_secret'로 지정하려면 다음과 같이 실행합니다.

```
echo PASSWORD > a_password_file

cat a_password_file

ansible-vault encrypt_string --vault-password-file a_password_file 'foobar' --name 'the_secret'
```

```
[root@awx ansible_quickstart]# echo PASSWORD > a_password_file
[root@awx ansible_quickstart]# cat a_password_file
PASSWORD
[root@awx ansible_quickstart]# ansible-vault encrypt_string --vault-password-file a_password_file
'foobar' --name 'the_secret'
```

```
Encryption successful
the_secret: !vault |
        $ANSIBLE_VAULT;1.1;AES256
        63313536373361616237393230393231363139386438313433623334373237313138333566346237
37
        64656566343431303631643331346433383964653632343800a35636535363233393030393631313038
38
        66623335663337343536653538393661306564366331633230303836663233663931386663633933
33
        613935313163326231 0a643266646639663235316538636262646630633737663532353039333531
31
        6630
[root@awx ansible_quickstart]#
```

- **라벨 추가**를 포함한 문자열 암호화 예제 입니다.
  - 문자열 'fooodev'를 암호화하려면 'a_password_file'에 저장된 'dev' Vault 비밀번호와 함께 Vault ID **라벨 'dev'**를 추가하고 암호화된 변수 'the_dev_secret'을 호출합니다.
  - **출력된 결과 정보를 파일**에 저장합니다.

```
ansible-vault encrypt_string --vault-id dev@a_password_file 'foooodev' --name 'the_dev_secret'

ansible-vault encrypt_string --vault-id dev@a_password_file 'foooodev' --name 'the_dev_secret' >
vars.yml
```

```
[root@awx ansible_quickstart]# ansible-vault encrypt_string --vault-id dev@a_password_file 'foooodev'
--name 'the_dev_secret'
Encryption successful
the_dev_secret: !vault |
        $ANSIBLE_VAULT;1.2;AES256;dev
        32653537643035346138326637616663356561633666616434313831393734353832383736333834
34
        39356462663333393032663636323364666463396332366300a38626666306664373062393138343838
38
        63333632643564643037313030623439323661376266643631663864626239613639306265336666
66
        663666313738666165 0a633766343139363065653761613531653334313265333963323138653963
63
        3366
[root@awx ansible_quickstart]#
[root@awx ansible_quickstart]# ansible-vault encrypt_string --vault-id dev@a_password_file 'foooodev'
--name 'the_dev_secret' > vars.yml
[root@awx ansible_quickstart]# cat vars.yml
the_dev_secret: !vault |
        $ANSIBLE_VAULT;1.2;AES256;dev

        31663438396364316135396266346533653166656463353237643539623730386137636434366566
66
        626266653165343130666331326266663239343133656137 0a666164316537343135386533393761
61
        33623165646565326363376264633137396662666462633031373332303238343063353132373366
66
```

```
        39666465316163626660a3737343138363333343332376339333738326565313839393137326561
34
        3030
[root@awx ansible_quickstart]#
```

➢ stdin 방식과 라벨 추가를 포함한 문자열 암호화 예제 입니다.

- stdin에서 읽은 문자열 'letmein'을 암호화하려면 a_password_file 에 저장된 'dev' Vault 비밀번호를 사용하여 Vault ID 'dev'를 추가 하고 변수 이름을 'db_password'로 지정합니다.

```
echo -n 'letmein' | ansible-vault encrypt_string --vault-id dev@a_password_file --stdin-name
'db_password'
```

```
[root@awx ansible_quickstart]# echo -n 'letmein' | ansible-vault encrypt_string --vault-id
dev@a_password_file --stdin-name 'db_password'
Reading plaintext input from stdin. (ctrl-d to end input, twice if your content does not already have a
newline)

Encryption successful
db_password: !vault |
        $ANSIBLE_VAULT;1.2;AES256;dev
        61333133663435616530313461313933383661653766343434366266636364373834376566353
64
        62343136363732303438656166633732313761303033323350a6339323761653837363536383438
38
        66623062386462386464616337353838653961306664663539373933666137376364636162303
39
        36616534333539303340a3461316639323264333838336139633636306438636165613331386631
32
        6330
[root@awx ansible_quickstart]#
```

5.3.3.2. 암호화된 변수 보기

디버그 모듈을 사용하여 암호화된 변수의 원래 값을 볼 수 있습니다. 변수를 암호화하는 데 사용된 비밀번호를 전달해야 합니다.

➢ 변수 저장된 파일의 암호해제 예제 입니다.

- 위의 예제에서 생성된 변수를 'vars.yml'이라는 파일에 저장했다고 가정합니다. 다음 명령을 사용하여 해당 변수의 암호화되지 않은 값을 볼 수 있습니다.

```
ansible localhost -m ansible.builtin.debug -a var="the_dev_secret" -e "@vars.yml" --vault-id
dev@a_password_file
```

```
[root@awx ansible_quickstart]# ansible localhost -m ansible.builtin.debug -a var="the_dev_secret" -e
"@vars.yml" --vault-id dev@a_password_file
[WARNING]: No inventory was parsed, only implicit localhost is available
```

```
localhost | SUCCESS => {
    "the_dev_secret": "foooodev"
}
[root@awx ansible_quickstart]#
```

- 설명
  - ansible localhost: Ansible을 사용하여 localhost에 연결합니다.
  - -m ansible.builtin.debug: 디버그 모듈을 실행합니다.
  - -a var="new_user_password": new_user_password 변수의 값을 출력합니다.
  - -e "@vars.yml": vars.yml 파일에서 변수를 가져옵니다.
  - --vault-id dev@a_password_file: dev@a_password_file Vault ID를 사용하여 변수를 암호화 해독합니다.

5.3.4. Ansible Vault 파일 암호화

Ansible Vault(Ansible Vault)로 파일을 암호화하는 것은 Ansible을 사용하여 인프라스트럭처를 관리하고 자동화하는 과정에서 중요한 보안 사항입니다. 이를 통해 인벤토리 파일, 변수 파일, 작업 파일, 핸들러 파일 등을 포함하여 Ansible에서 사용하는 거의 모든 유형의 파일을 암호화할 수 있습니다. 파일 암호화는 민감한 데이터를 안전하게 보호하는 데 필수적이며, Ansible Vault는 이 과정을 간단하게 만들어 줍니다.

파일 암호화의 장점과 단점

- 장점:
  - **사용 편의성**: 파일 수준 암호화는 사용하기 매우 쉽습니다. Ansible Vault 명령을 사용하여 파일을 쉽게 암호화 및 암호 해독할 수 있습니다.
  - **비밀번호 교체 용이성**: ansible-vault rekey 명령을 사용하여 암호화된 파일의 비밀번호를 쉽게 변경할 수 있습니다.
  - **보안 강화**: 파일 암호화는 민감한 데이터를 숨기고 무단 접근을 방지하여 보안을 강화합니다.
  - **변수 이름 숨기기**: 파일을 암호화하면 사용되는 변수의 이름뿐만 아니라 값도 숨길 수 있습니다.
- 단점:
  - **읽기 어려움**: 암호화된 파일은 읽기 어렵습니다. 내용을 확인하려면 암호 해독해야 합니다.
  - **문제 가능성**: 암호화된 작업 파일의 경우 문제 해결이 더 어려울 수 있습니다.
  - **참조 관리**: 변수 파일을 암호화할 때 암호화되지 않은 파일에서 해당 변수에 대한 참조를 유지해야 합니다.
  - **해독 필요성**: Ansible은 파일을 로드하거나 참조할 때 암호화된 파일 전체를 항상 해독해야 합니다. 이는 성능 저하로 이어질 수 있습니다.

5.3.4.1. 암호화된 파일 생성

ansible-vault 명령어를 사용하여 다음과 같이 파일을 암호화 합니다.

- 암호화된 새 데이터 파일을 생성 예제 입니다.
  - 'a_password_file'의 'test' Vault 비밀번호를 사용하여 'foo-00.yml'이라는 암호화된 새 데이터 파일을 생성합니다.

```
ansible-vault create --vault-id test@a_password_file foo-00.yml
```

```
[root@awx ansible_quickstart]# ansible-vault create --vault-id test@a_password_file foo-00.yml
[root@awx ansible_quickstart]# cat foo-00.yml
$ANSIBLE_VAULT;1.2;AES256;test
31393564646661623238383266666435626562383434353933666130333463353239306335623539
31346466306563623163666236323937633335633462363 30a396330653461376134613265336436
34383230333234373361333866643938363334313535623763363234323933333239653066666330
6439373464613335360a613132663564633361343230336563303337376464343934613630636237
3965
[root@awx ansible_quickstart]#
```

- 설명:
  - ansible-vault create: 암호화된 파일을 생성하는 명령입니다.
  - --vault-id test@a_password_file: 'a_password_file'에서 'test' Vault 비밀번호를 사용하도록 지정합니다.
  - foo-00.yml: 생성할 암호화된 파일의 이름입니다.
- 작동 방식:
  - 명령을 실행하면 도구가 편집기(vi)를 시작합니다.
  - 편집기에 암호화하려는 데이터를 입력합니다.
    - Ansible Vault
  - 편집기를 종료하면 파일이 암호화된 데이터로 저장됩니다.
  - 파일 헤더는 파일을 생성하는 데 사용된 Vault ID를 반영합니다.

- Vault ID가 할당된 새 암호화된 데이터 파일을 생성 예제 입니다.
  - Vault ID 'my_new_password'가 할당된 새 암호화된 데이터 파일을 생성하고 비밀번호를 묻는 메시지를 표시하려면 다음 명령을 사용합니다.
    - 다시 편집기에서 파일에 콘텐츠를 추가하고 저장합니다.
    - 프롬프트에서 생성한 새 비밀번호를 저장하여 해당 파일을 해독할 때 찾을 수 있도록 합니다.

```
ansible-vault create --vault-id my_new_password@prompt foo-01.yml
```

```
[root@awx ansible_quickstart]# ansible-vault create --vault-id my_new_password@prompt foo-01.yml
New vault password (my_new_password): [password]
```

```
Confirm new vault password (my_new_password): [password]
[root@awx ansible_quickstart]# cat foo-01.yml
$ANSIBLE_VAULT;1.2;AES256;my_new_password
36316466303438353961343162643863323265393230313762353338376235356633373932663261
6162623833383062326363613166356235353636356663350a373237346130383962643632376462
31666563306165333336323864343135623831633438326632323030666462636537346431666137
3932353036643035660a396661356535363166656134663639326161336165313864616263333236
3139323961633561366536303864373336363465343930323865366562366435646 5
[root@awx ansible_quickstart]#
```

5.3.4.2. 암호화된 파일 보기

암호화된 파일을 편집하지 않고 내용을 보려면 ansible-vault view 명령을 사용하면 됩니다.

- 암호화된 파일을 보는 예제 입니다.
  - 다음 명령은 'foo-00.yml''이라는 암호화된 파일의 내용을 표시합니다.
    - foo-00.yml 파일은 앞서 a_password_file 파일을 활용하여 암호화된 파일입니다.
    - a_password_file 파일의 정보를 입력하여 암호화된 파일을 봅니다.

```
cat a_password_file

ansible-vault view foo-00.yml
```

```
[root@awx ansible_quickstart]# cat a_password_file
PASSWORD

[root@awx ansible_quickstart]# ansible-vault view foo-00.yml
Vault password: [PASSWORD]
Ansible Vault
[root@awx ansible_quickstart]#
```

5.4. Ansible 응용하기

Ansible Vault를 통해 중요한 내용을 안전하게 관리하는 방법을 배웠습니다. 하지만 ansible은 다양한 작업을 효율적으로 처리하고, 개발자 및 시스템 관리자에게 유연하고 강력한 제어 도구를 제공하기 위해서 많은 도구들을 제공해줍니다. 그 중 몇 가지만 살펴보겠습니다.

5.4.1. Ansible-Pull

ansible-pull 명령어는 Ansible의 기본적인 작동 방식을 변형한 것으로, Node들이 중앙 서버로부터 구성을 받아오는 방식 대신, 각 Node가 스스로 구성 정보를 체크아웃하여 적용하는 방식입니다. 이러한 방식은 특히 대규모 환경에서 중앙 서버에 대한 부하를 분산시키는데 유용합니다.

- ansible-pull 이란
  - ansible-pull은 Ansible의 전통적인 Push 방식을 반전 시킨 것입니다. 일반적으로 Ansible은 중앙 서버에서 여러 Node에 대한 구성을 Push 하지만, ansible-pull을 사용하면 각 Node가 직접 중앙 위치(예: Git 저장소)에서 구성 지침을 체크아웃하고, 해당 지침에 따라 자신을 구성합니다.
- 작동 방식
  - 구성 저장소 설정: 먼저, 구성 지침이 포함된 Git 저장소를 준비합니다. 이 저장소에는 Ansible Playbook과 필요한 모든 파일이 포함되어 있어야 합니다.
  - ansible-pull 실행: 각 Node에서 ansible-pull 명령어를 실행합니다. 이 명령어는 저장소의 URL을 인자로 받아, 해당 저장소에서 최신의 구성 정보를 체크아웃합니다.
  - Playbook 실행: 체크아웃된 구성 정보(Playbook)에 따라, ansible-playbook이 자동으로 실행되어 Node가 스스로를 구성합니다.
- 확장성
  - ansible-pull의 가장 큰 장점 중 하나는 확장성입니다. 각 Node가 중앙 서버로부터 구성을 당겨오고 스스로를 구성하기 때문에, 중앙 서버에 대한 부하가 크게 줄어듭니다. 이론적으로는 무한한 수의 Node를 관리할 수 있습니다.
- 유연한 구성
  - 자동화: ansible-pull은 crontab과 같은 스케줄러를 사용하여 주기적으로 실행될 수 있습니다. 이를 통해 Node가 자동으로 최신 구성을 유지할 수 있습니다.
  - 분산된 관리: 각 Node가 스스로를 관리함으로써, 중앙 관리 포인트의 실패가 전체 시스템에 미치는 영향을 줄일 수 있습니다.
- 명령어 형식
  - 여기서 〈repository_url〉은 구성 정보가 저장된 Git 저장소의 URL입니다. 추가 옵션을 통해 더 세밀한 제어가 가능합니다. 자세한 옵션은 ansible-pull --help를 통해 확인할 수 있습니다.

```
ansible-pull -U 〈repository_url〉 [options]
```

5.4.2. Ansible-Lint

Ansible-Lint 명령은 Ansible Playbook을 작성할 때 일반적인 실수와 가장 좋은 사례를 찾아내기 위한 도구입니다. 이 도구는 코드의 품질을 향상시키고, 더 효율적이고 안전한 Ansible 코드를 작성하는 데 도움을 줍니다. Ansible Lint를 사용하면 Playbook을 실행하기 전에 문법적 오류, 스타일 불일치, 잘못된 사용 사례, 개선 가능한 코드 구조 등 다양한 문제를 사전에 발견하고 수정할 수 있습니다.

- Ansible Lint의 작동 방식
  - 코드 검사: Ansible Lint는 Ansible Playbook 파일(.yml 또는 .yaml)을 분석하여 다양한 규칙에 따라 코드를 검사합니다. 이 규칙들은 Ansible의 모범 사례와 권장되는 구현 방식을 기반으로 합니다.
  - 피드백 제공: 분석 과정에서 발견된 문제에 대해 상세한 피드백을 제공합니다. 이 피드백에는 문제의 유형, 발생 위치, 그리고 가능하다면 수정 방법에 대한 조언이 포함됩니다.
  - 코드 개선: 제공된 피드백을 바탕으로 코드를 수정하고 개선함으로써, 더 높은 품질의 Ansible 코드를 작성할 수 있습니다.
- 사용 예제
  - 예를 들어, verify-apache.yml라는 Ansible Playbook 파일이 있다고 가정해봅시다. 이 Playbook을 실행하기 전에 Ansible린트를 사용하여 분석하려면 다음과 같은 명령어를 사용합니다:

```
ansible-lint verify-apache.yml
```

  - 이 명령어는 verify-apache.yml 파일을 분석하고, 발견된 모든 문제에 대해 상세한 피드백을 출력합니다. 예를 들어, 비효율적인 작업 사용, 불필요한 작업 실행, 잘못된 변수 사용 등 다양한 문제를 지적할 수 있습니다.

제6장 Ansible AWX 기본 사용법

해당 장에서는 Ansible AWX 기본 사용법에 대한 내용을 기반으로 합니다. 기본 설명 및 실습 위주로 되어 있습니다.

6.1. 로그인

6.1.1. 웹 UI 정보 확인

현재 서버의 Network 정보를 확인합니다. enp1s0 인터페이스에 192.168.50.110 IP 정보를 확인할수 있습니다.

```
ip -br addr
```

```
[root@awx ~]# ip -br addr
lo             UNKNOWN        127.0.0.1/8 ::1/128
enp1s0         UP             192.168.50.110/24 fe80::5054:ff:fe35:c243/64
flannel.1      UNKNOWN        10.42.0.0/32 fe80::c71:acff:fe21:9e7d/64
cni0           UP             10.42.0.1/24 fe80::38cf:f6ff:fec8:5dae/64
vethc0b4f1f7@if2 UP           fe80::a046:49ff:fe70:4f61/64
veth07903dbc@if2 UP           fe80::e803:3aff:fee4:7cd9/64
veth62d0c317@if2 UP           fe80::4f0:afff:fe4a:725e/64
veth3a61e4ff@if2 UP           fe80::fcd8:6ff:fe74:8bed/64
veth0e07edd5@if2 UP           fe80::38f6:60ff:fe55:b2e5/64
vethde07a557@if2 UP           fe80::d439:54ff:fea8:162a/64
vethc709f1b2@if2 UP           fe80::f45f:4dff:fef8:2cfd/64
veth56ae352a@if2 UP           fe80::381f:9bff:fead:42ea/64
vethb878a1cd@if2 UP           fe80::308a:6ff:feed:30e/64
[root@awx ~]#
```

awx 배포된 nodeport 정보를 확인합니다. awx-operator 기준으로 배포된 svc 정보를 확인하면 다음과 같이 31477 Port를 사용중으로 확인됩니다. NodePort는 서비스 배포 마다 다를수 있습니다.

```
kubectl get svc -l "app.kubernetes.io/managed-by=awx-operator"
```

```
[root@awx ~]# kubectl get svc -l "app.kubernetes.io/managed-by=awx-operator"
NAME                  TYPE        CLUSTER-IP     EXTERNAL-IP   PORT(S)        AGE
awx-demo-postgres-13  ClusterIP   None           <none>        5432/TCP       16h
awx-demo-service      NodePort    10.43.59.249   <none>        80:31477/TCP   16h
[root@awx ~]#
```

6.1.2. admin 비밀번호 확인

기본적으로 admin 사용자는 이며 admin비밀번호는 〈resourcename〉-admin-password비밀에서 사용할 수 있습니다. 관리자 비밀번호를 검색하려면 다음을 실행합니다. 비밀번호 정보는 배포된 awx 마다 다릅니다.

```
kubectl get secret awx-demo-admin-password -o jsonpath="{.data.password}" | base64 --decode ;
echo
```

```
[root@awx ~]# kubectl get secret awx-demo-admin-password -o jsonpath="{.data.password}" | base64
--decode ; echo
UYAv3BpGiHtt3MWz02yYWNBpgeOSCkdk
[root@awx ~]#
```

6.1.3. AWX UI 로그인

확인된 awx UI 정보를 기준으로 Login 합니다. URL 정보와 Password는 환경 마다 다릅니다.

- URL : http://192.168.50.110:31477/
- Username : admin
- Password : UYAv3BpGiHtt3MWz02yYWNBpgeOSCkdk

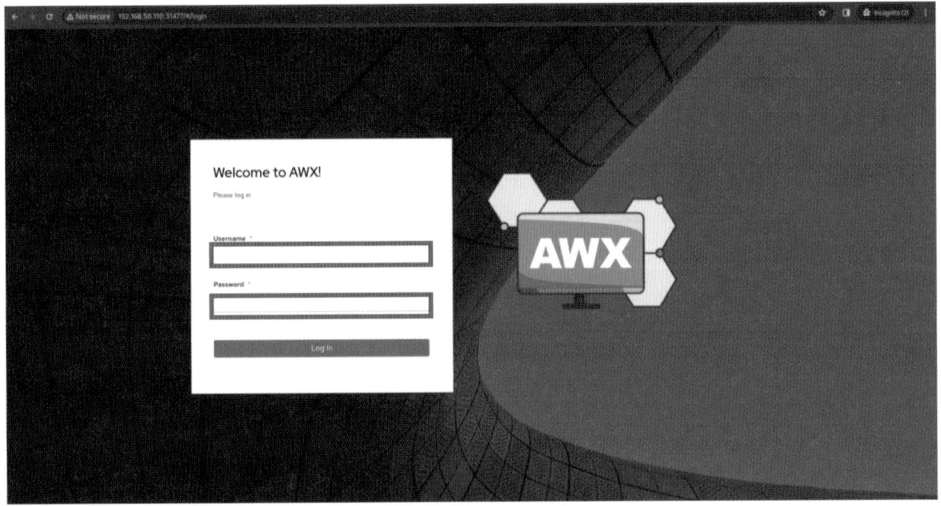

[그림 : Ansible AWX - Login]

로그인 후 화면은 다음과 같습니다.

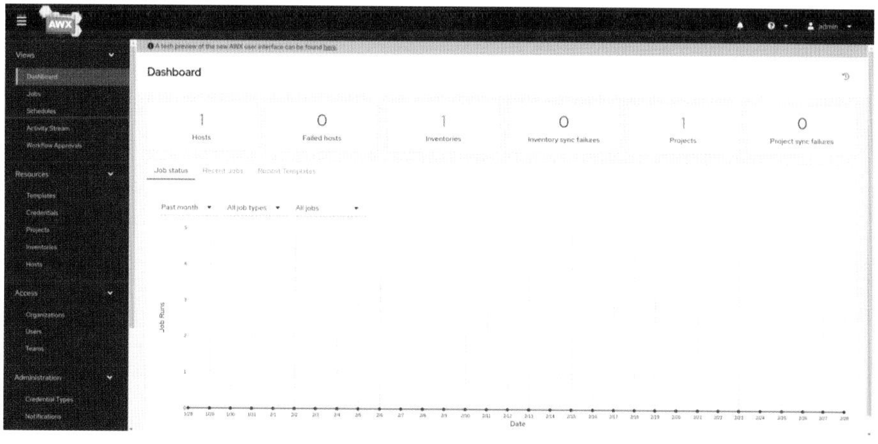

[그림 : Ansible AWX - Main]

6.2. 사용자 인터페이스

IT 조정 요구에 맞게 설계된 익숙한 그래픽 프레임워크를 통해 사용자는 작업을 쉽게 수행할 수 있습니다. 왼쪽 탐색 모음은 Projects, Inventories, Job Templates 및 Jobs과 같은 주요 리소스에 대한 빠른 액세스를 제공하여 작업 효율성을 높입니다.

- **직관적인 디자인**: 익숙한 그래픽 요소를 사용하여 누구나 쉽게 사용할 수 있습니다.
- **편리한 탐색**: 왼쪽 탐색 모음을 통해 주요 리소스에 빠르게 액세스할 수 있습니다.
- **효율적인 작업**: Projects, Inventories, Job Templates 및 Jobs을 한 곳에서 관리하여 작업 효율성을 높입니다.

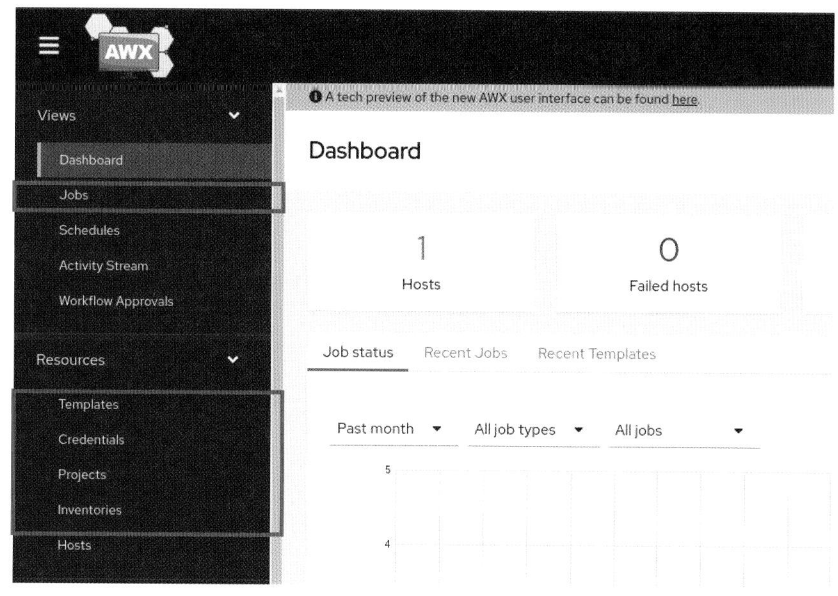

[그림 : Ansible AWX - Main]

6.2.1. Views

사용자 인터페이스는 정보를 보기 위한 여러 옵션을 제공합니다.

6.2.1.1. Dashboard

Dashboard view는 hosts, inventories 및 projects 요약으로 시작하여 현재 상태를 한눈에 파악할 수 있도록 구성되었습니다. 각 요약은 해당 개체에 연결되어 있어 쉽게 액세스하고 자세한 정보를 확인할 수 있습니다.

- **간편한 요약**: hosts, inventories 및 projects의 주요 정보를 간략하게 보여줍니다.
- **직접적인 연결**: 각 요약에서 해당 개체로 바로 이동하여 자세한 정보를 확인할 수 있습니다.
- **빠른 파악**: 대시보드를 통해 현재 진행 상황을 쉽게 파악하고 필요한 정보에 빠르게 접근할 수 있습니다.

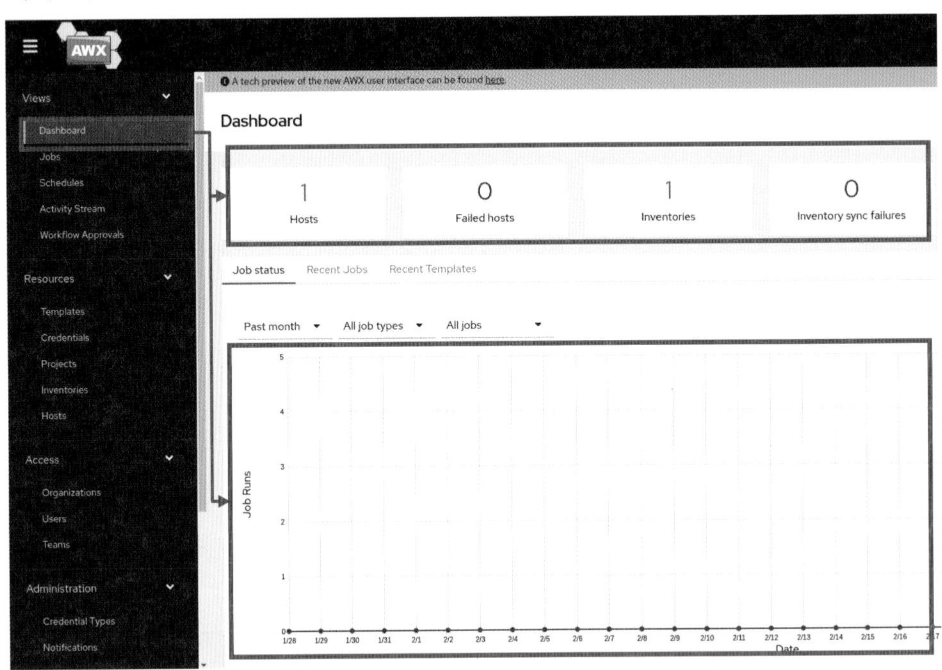

[그림 : Ansible AWX - Views - Dashboard]

기본 대시보드 화면에는 현재 Job 상태를 나열하는 요약이 나타납니다 . 작업 상태 그래프는 지정된 기간 동안 성공한 Job 및 실패한 Job 수를 표시합니다. 표시되는 작업 유형을 제한하고 그래프의 기간을 변경하도록 선택할 수 있습니다. 또한 각 탭에서 최근 작업 및 최근 템플릿 요약을 볼 수 있습니다 .

6.2.1.1.1. Recent Jobs

최근 Job 섹션에는 가장 최근에 실행된 작업, 해당 작업의 상태, 실행된 시간도 표시됩니다. 최근 작업 섹션에서는 가장 최근에 실행된 작업을 빠르게 파악할 수 있습니다.

현재 화면에서는 실행한 Job 정보가 없기에 내역이 없습니다.

- **작업 목록**: 최근 실행된 작업 목록 확인

- **작업 상태**: 각 작업의 진행 상황 (진행 중, 성공, 실패) 확인
- **실행 시간**: 각 작업이 실행된 시간 확인

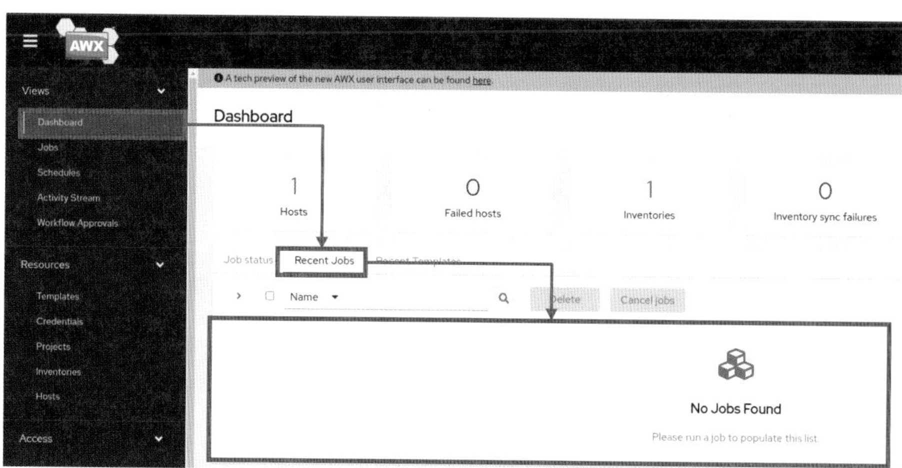

[그림 : Ansible AWX - Views - Dashboard - Recent Jobs]

6.2.1.1.2. Recent Templates

이 화면 최근 Templates 섹션에는 가장 최근에 사용한 Templates의 요약이 표시됩니다. 왼쪽 탐색 모음에서 Templates을 클릭하여 이 요약에 액세스할 수도 있습니다 . 가장 최근에 사용한 템플릿을 빠르게 파악하고 액세스할 수 있습니다.

- **템플릿 목록**: 최근 사용된 템플릿 순서대로 표시
- **템플릿 정보**: 각 템플릿의 이름, 설명, 생성 날짜 등을 확인

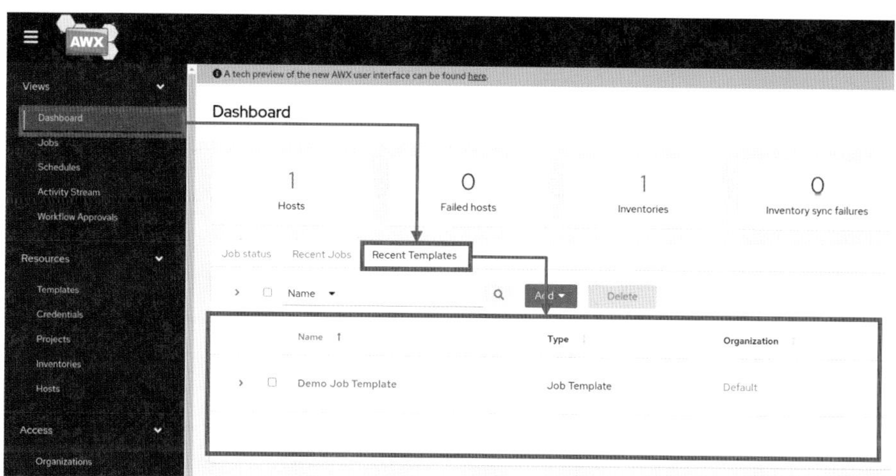

[그림 : Ansible AWX - Views - Dashboard - Recent Templates]

6.2.1.2. Jobs

왼쪽 탐색 모음에서 Jobs을 클릭하여 작업 보기 에 액세스합니다. Jobs 보기는 프로젝트, 템플릿, 관리 작업, SCM 업데이트, Playbook 실행 등 실행된 모든 Jobs을 한눈에 확인할 수 있는 공간입니다.

- Jobs 목록: 실행된 모든 Jobs 목록 확인
- Jobs 유형: 프로젝트, 템플릿, 관리 Jobs, SCM 업데이트, Playbook 실행 등
- **필터링**: 특정 유형의 작업만 표시하거나 검색어를 사용하여 특정 Jobs 찾기

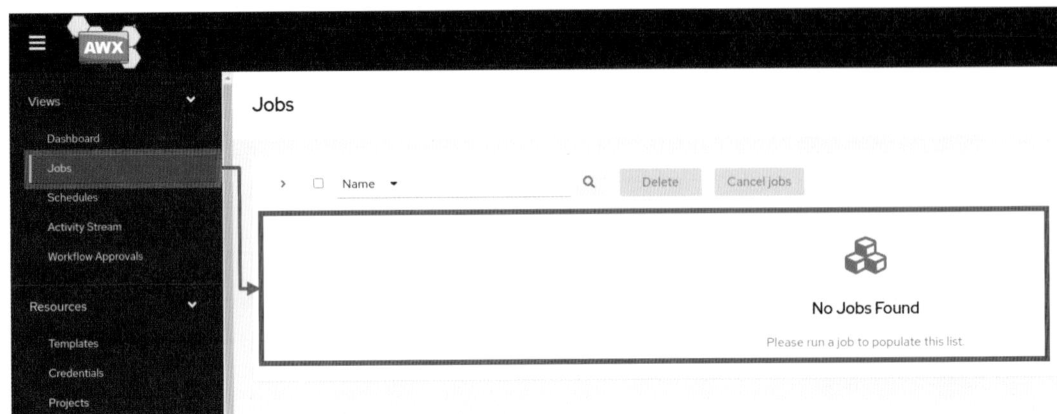

[그림 : Ansible AWX - Views - Jobs]

6.2.1.3. Schedules

왼쪽 탐색 모음에서 **Schedules**을 클릭하여 **Schedules** 보기에 액세스합니다. Schedules 보기는 미리 설정된 모든 예약된 작업을 한눈에 확인할 수 있는 공간입니다.

- **예약된 작업 목록**: 미리 설정된 모든 작업 목록 확인
- **작업 정보**: 작업 이름, 실행 시간, 반복 빈도 등을 확인
- **필터링**: 특정 날짜 또는 작업 유형만 표시

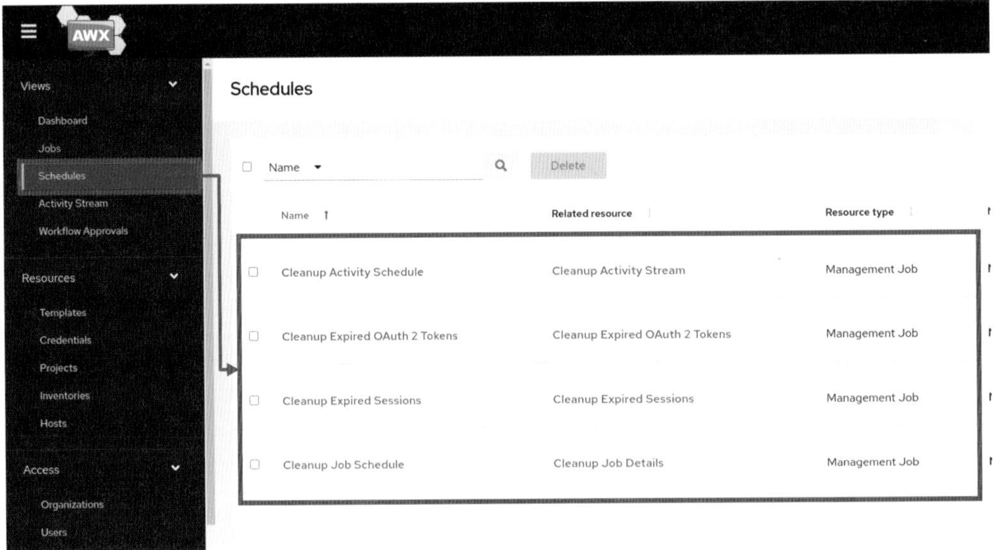

[그림 : Ansible AWX - Views - Schedules]

6.2.1.4. Activity Stream

대부분의 화면에는 Activity Stream 버튼(↻)이 있습니다. 이 버튼을 클릭하면 해당 개체와 관련된 모든 Activity Stream 내역을 확인할 수 있습니다.

- **최근 활동**: 특정 개체에 대한 최근 활동 목록 확인
- **작업 진행 상황**: 작업 진행 상황 및 변경 사항 파악

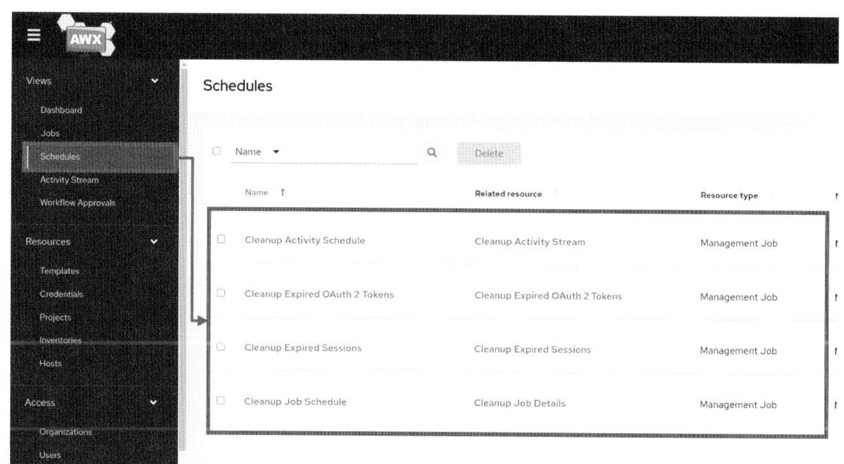

[그림 : Ansible AWX – Views – Activity Stream]

Activity Stream은 특정 개체에 대한 모든 변경 사항을 표시합니다. 각 변경 사항에 대해 Activity Stream에는 이벤트 시간, 이벤트를 시작한 사용자 및 작업이 표시됩니다.

- **이벤트 시간**: 변경 사항이 발생한 시간
- **사용자**: 변경 사항을 적용한 사용자
- **작업**: 수행된 작업

표시되는 정보는 이벤트 유형에 따라 다릅니다. 검사(🔍) 버튼을 클릭하면 변경 사항에 대한 이벤트 로그가 표시됩니다.

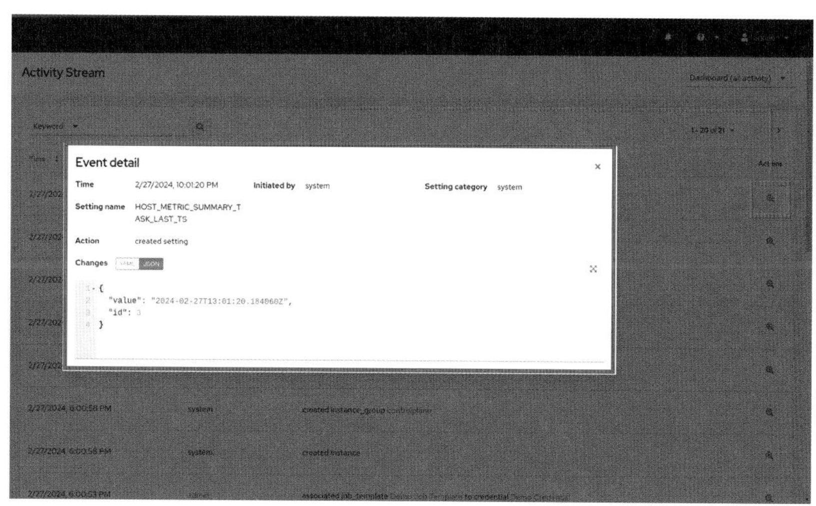

[그림 : Ansible AWX – Views – Activity Stream – Event detail]

6.2.1.5. Workflow Approvals

Workflow Approvals은 진행하기 전에 승인 또는 거부해야 하는 작업 목록을 확인할 수 있는 공간입니다.

- 승인 대기 작업 복록: 진행을 위해 승인 또는 거부가 필요한 작업 목록
- 작업 정보: 작업 이름, 설명, 요청자, 요청 시간 등 확인
- 빠른 처리: 목록에서 바로 승인 또는 거부 가능

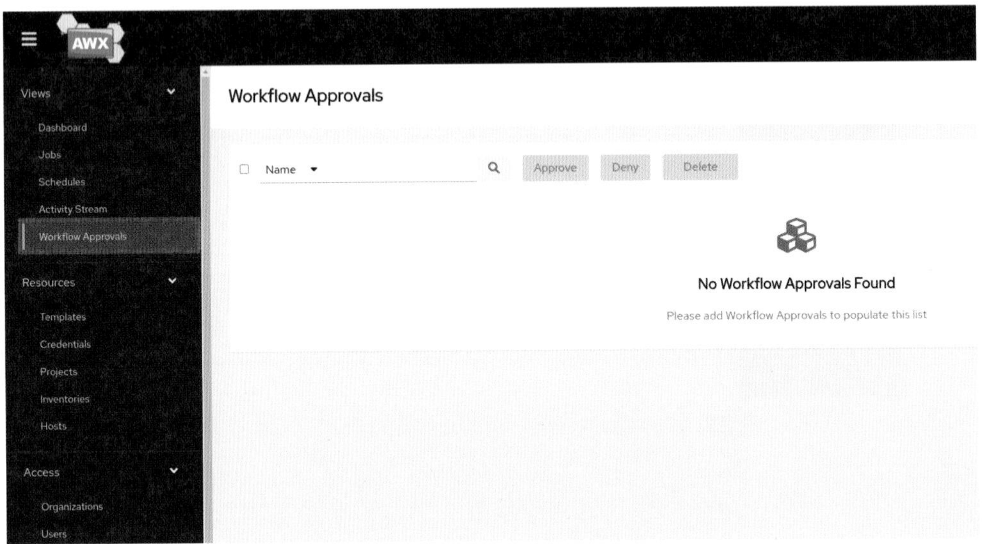

[그림 : Ansible AWX – Views – Workflow Approvals]

6.2.2. Resources

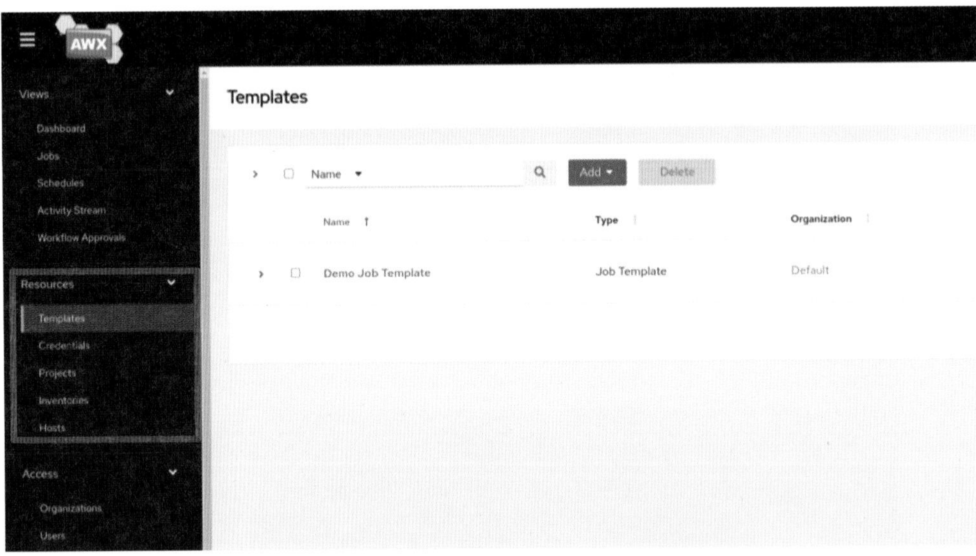

[그림 : Ansible AWX – Resources – Templates]

Ansible AWX **Resources** 화면은 자동화 작업을 구성하고 관리하는 데 사용되는 다양한 요소들을 보여줍니다. 각 요소에 대한 간략한 설명은 다음과 같습니다.

1. Templates:
   a. Job Templates: Ansible Playbook을 기반으로 자동화 작업을 정의
      i. 여러 서버에 동일한 작업 수행
      ii. 배포, 구성, 관리 등 다양한 작업 자동화
   b. Workflow Job Templates: 여러 작업 템플릿을 연결하여 복잡한 자동화 프로세스 정의
      i. 순차적 또는 병렬 실행
      ii. **조건부 실행 및 의사 결정**
2. Credentials:
   a. 서버, 네트워크 장치 등에 대한 연결 정보 저장
      i. **SSH** 등 다양한 인증 방식 지원
      ii. 암호화된 방식으로 안전하게 보관
   b. 개인 키: SSH 키를 포함하여 자격 증명에 추가 가능
3. Projects:
   a. 작업 **Templates**, **Credentials**, **Inventories** 등을 그룹화하여 관리
      i. 관련 리소스를 한 곳에 정리
      ii. 팀 협업 및 권한 관리
4. Inventories:
   a. 자동화 대상 서버 목록 관리
      i. IP 주소, 호스트 이름, 그룹 등으로 구성
      ii. Ansible Playbook에서 대상 지정
5. Hosts:
   a. 인벤토리에 포함된 개별 서버 정보
      i. IP 주소, 운영 체제, 사용자 이름 등을 포함
      ii. Ansible Playbook에서 특정 서버 지정

6.2.3. Access

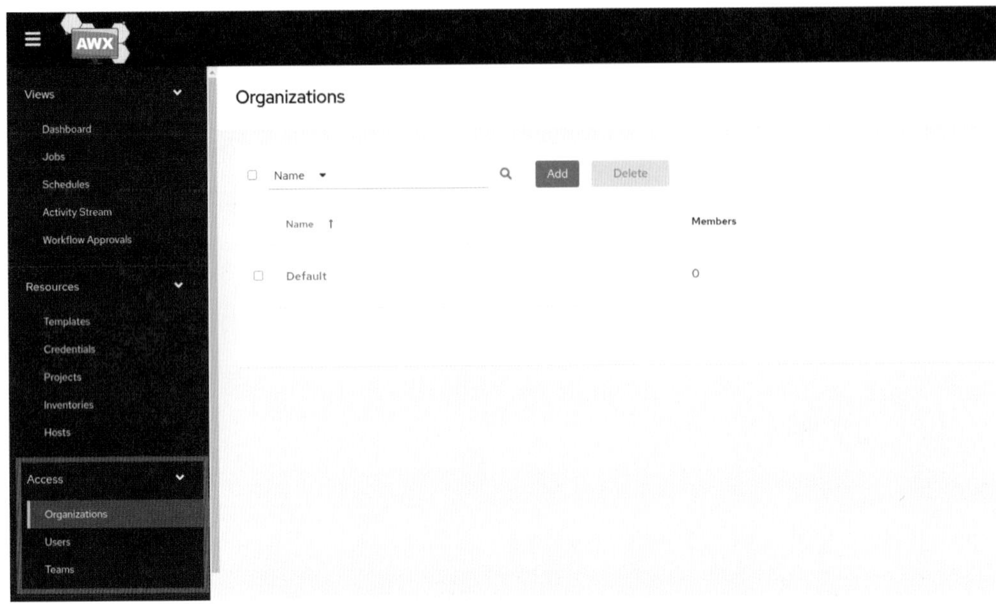

[그림 : Ansible AWX – Access – Organizations]

Ansible AWX **Access**은 User, Team 및 Organization을 관리하는 공간입니다. 각 요소에 대한 간략한 설명은 다음과 같습니다.

1. Organizations:
   a. Ansible AWX 인스턴스에 대한 액세스를 제어하는 최상위 그룹
   b. 여러 Team 및 User를 포함
   c. Organization 별 권한 및 설정 설정
2. Users:
   a. Ansible AWX 인스턴스에 로그인할 수 있는 개인 계정
   b. 특정 Organization 또는 팀에 속할 수 있음
   c. User 별 권한 및 설정 설정
3. Teams:
   a. 공통 목표를 가진 User 그룹
   b. 특정 템플릿, 프로젝트 또는 인벤토리에 대한 액세스 권한 부여
   c. Team 별 권한 및 설정 설정

6.2.4. Administration

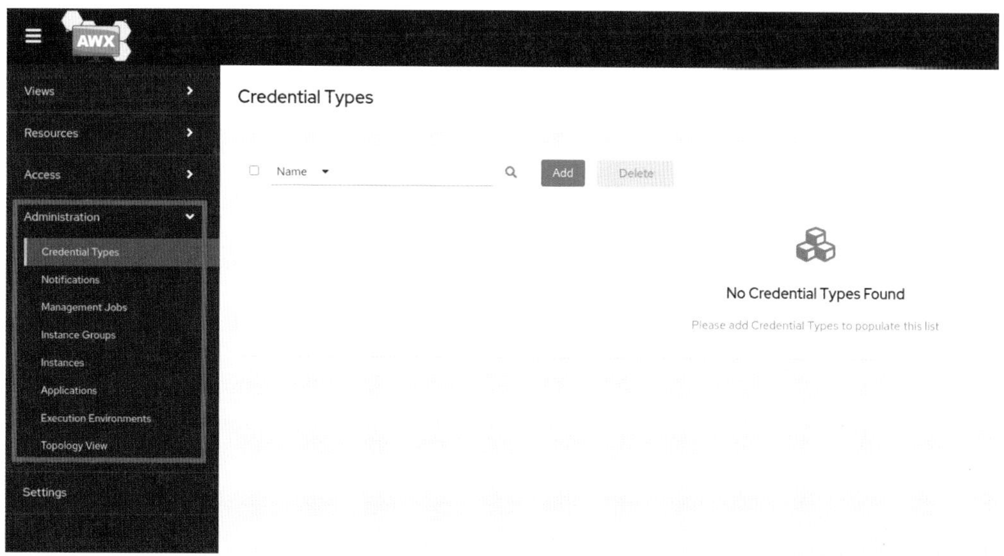

[그림 : Ansible AWX - Administration - Credential Types]

Ansible AWX **Administration**은 시스템 관리 및 설정을 위한 다양한 기능을 제공합니다. 각 기능에 대한 간략한 설명은 다음과 같습니다.

1. Credential Types:
    a. 기본 제공 자격 증명 외에 사용자 정의 자격 증명 유형 생성
    b. 특정 API 또는 시스템과의 통합을 위한 자격 증명 관리
2. Notifications:
    a. 작업 실행 결과, 오류 등에 대한 알림 설정
    b. 이메일, Slack, Webhook 등 다양한 채널 지원
3. Management Jobs:
    a. Ansible AWX 인스턴스 자체를 관리하는 작업 실행
    b. 백업, 복원, 업데이트 등 다양한 관리 작업 수행
4. Instance Groups:
    a. Ansible AWX 인스턴스 그룹화 및 관리
    b. 서로 다른 환경 (개발, 운영 등)에 대한 인스턴스 그룹 구성
5. Instances:
    a. Ansible AWX 인스턴스 생성 및 관리
    b. 개별 인스턴스 설정 및 권한 관리
6. Applications:
    a. Ansible AWX를 설치한 서버

b. 여러 인스턴스를 하나의 그룹으로 관리

7. Execution Environments:

a. Ansible 실행 환경 구성 및 관리

b. Ansible 버전, Python 버전 등 설정

8. Topology Viewer:

a. Ansible 인벤토리에 포함된 서버 및 그룹 시각화

b. 서버 간 연결 및 관계 파악

6.2.5. Settings

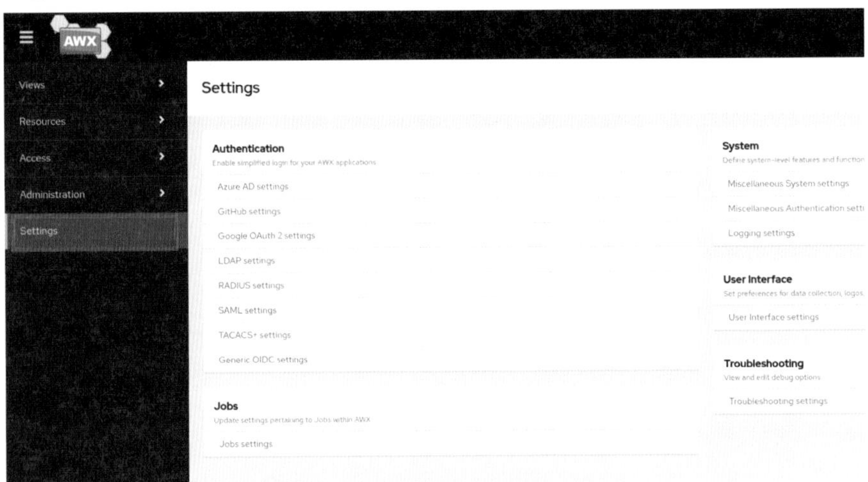

[그림 : Ansible AWX - Settings]

Settings는 Ansible AWX의 전역 및 시스템 수준 설정을 구성하는 공간입니다.

1. Authentication:

a. 간편 로그인: GitHub, Google, LDAP, RADIUS, SAML 등 다양한 인증 방식 지원

2. Jobs:

a. 예약 가능한 작업 수 제한 설정

b. 출력 크기 정의

c. 작업 관련 세부 정보 설정

3. System:

a. AWX 호스트 기본 URL 정의

b. 알림 구성

c. 활동 캡처 활성화

d. 사용자 가시성 제어

e. 로깅 집계 옵션 구성

4. User Interface:

a. 사용자 정의 로고 업로드

b. 로그인 메시지 설정

6.3. Access

Ansible AWX Access은 User, Team 및 Organization을 관리하는 공간입니다. User, Team 및 Organization을 만들어 보도록 하겠습니다.

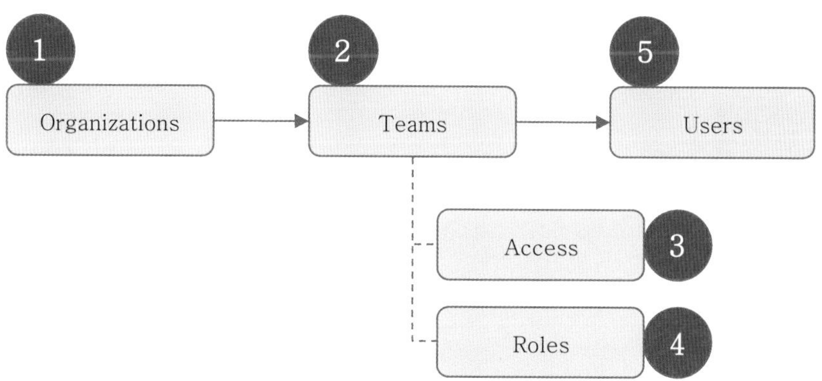

[그림 : Ansible AWX - Access - 작업 흐름]

6.3.1. Organizations

Organizations은 Ansible AWX에서 사용자, 팀, 프로젝트, 인벤토리를 논리적으로 그룹화하는 최상위 단위입니다. 마치 회사의 조직 구조처럼 AWX 내 리소스를 체계적으로 관리할 수 있게 해줍니다.

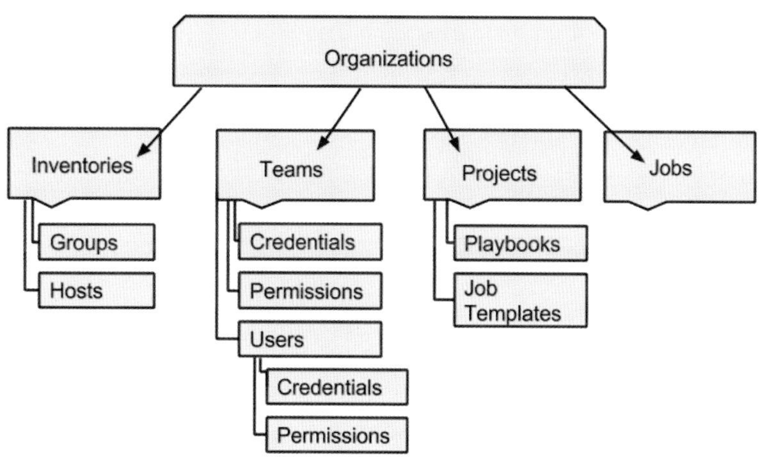

[그림 : Ansible AWX - Organizations - 구조]

6.3.1.1. 목록

Organizations 페이지에는 설치에 대한 기존 **Organizations**이 모두 표시됩니다. **Organizations**은 이름 또는 설명 으로 검색할 수 있습니다 . 편집 및 삭제 버튼을 사용하여 Organization을 수정하고 제거합니다.

Ansible AWX에서 **Organization**을 목록을 확인 하려면 다음 단계를 따릅니다.

1. 조직 생성 페이지로 이동:
   a. 왼쪽 메뉴에서 **Access**을 선택합니다.
   b. "**Organization**" 탭을 선택합니다.

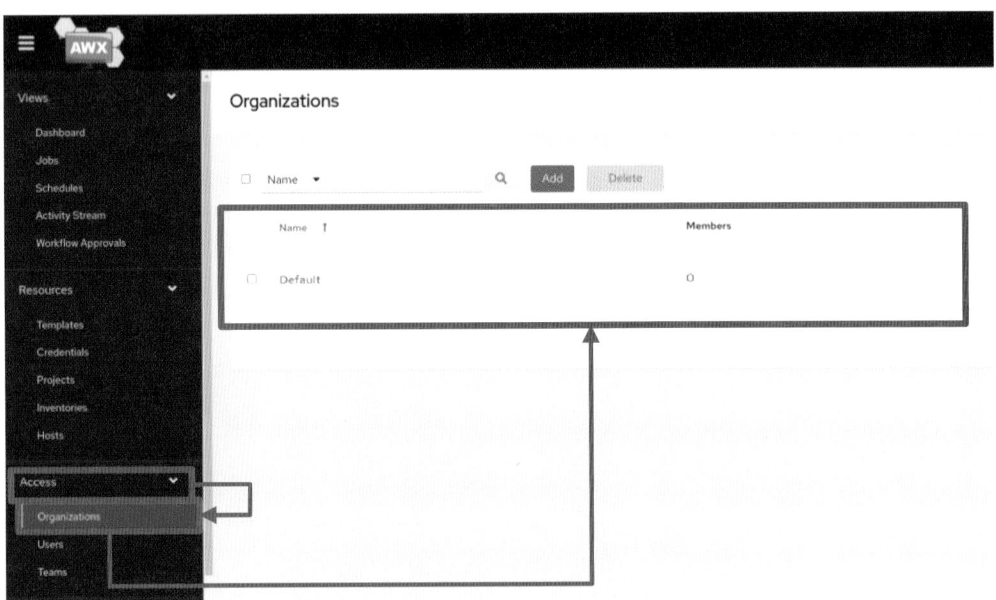

[그림 : Ansible AWX – Access – Organizations – 목록]

6.3.1.2. 생성

6.3.1.2.1. Organization 생성 – 방법

Ansible AWX에서 **Organization**을 생성하려면 다음 단계를 따릅니다.

1. **Organization** 생성 페이지로 이동:
   a. 왼쪽 메뉴에서 **Access**을 선택합니다.
   b. "**Organization**" 탭을 선택합니다.
   c. "**Add**" 버튼을 클릭합니다.
2. **Organization** 정보 입력:
   a. Name: Organization 이름을 입력합니다 (필수).
   b. Description: Organization에 대한 간단한 설명을 입력합니다 (선택 사항).
   c. Instance Groups: Organization에서 사용할 인스턴스 그룹을 선택합니다.

d. Execution Environment: Organization에서 사용할 실행 환경을 선택하거나 이름을 입력하여 새 환경을 생성합니다.

e. Galaxy Credentials: Galaxy를 사용할 경우, 자격 증명을 입력하거나 기존 목록에서 선택합니다 (선택 사항).

3. **Organization** 생성 완료:

   a. "**Save**" 버튼을 클릭합니다.

   b. Organization이 생성되면 Organization 목록에 나타납니다.

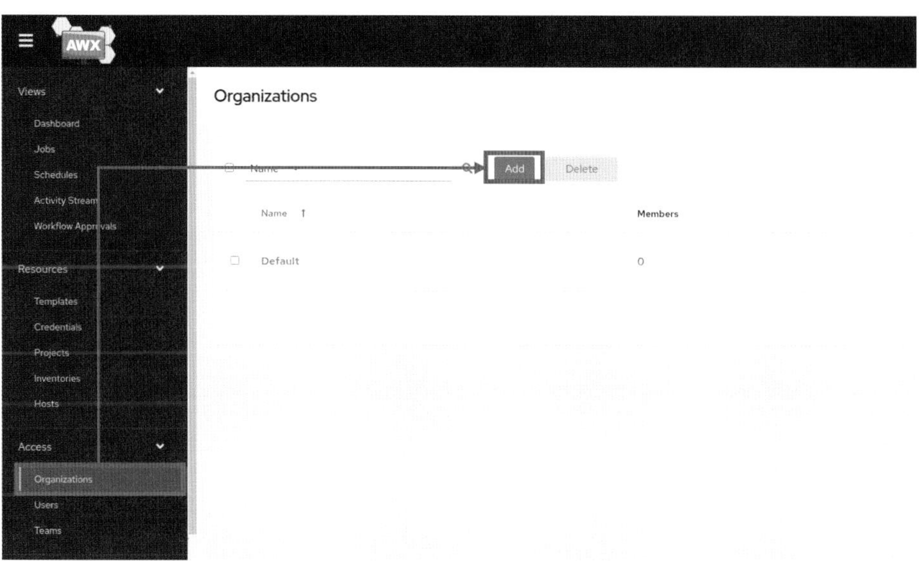

[그림 : Ansible AWX - Access - Organizations - Add]

6.3.1.2.2. Organization 생성 - 실습

Ansible AWX 구성 기준 실습 내용을 도식화 한 사항입니다.

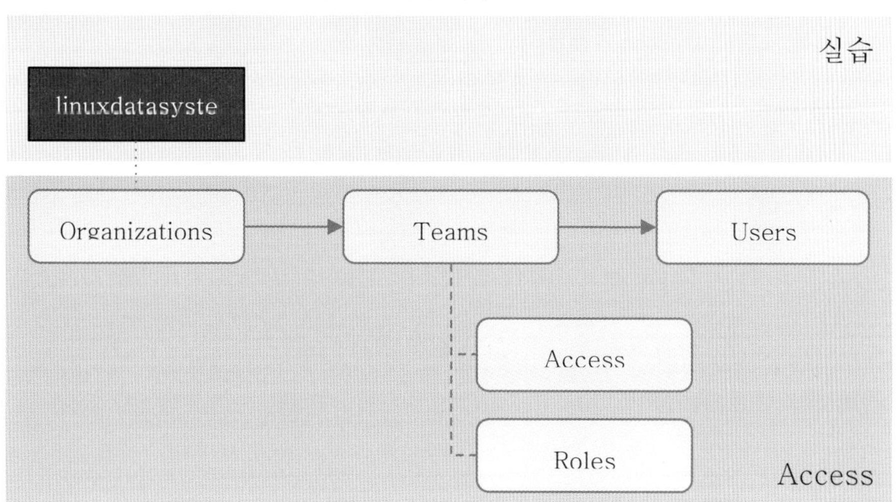

[그림 : Ansible AWX - Access - Organizations - 실습]

다음 예시 기준으로 Organization 정보를 입력하여 생성합니다.

1. Name: **linuxdatasystem**

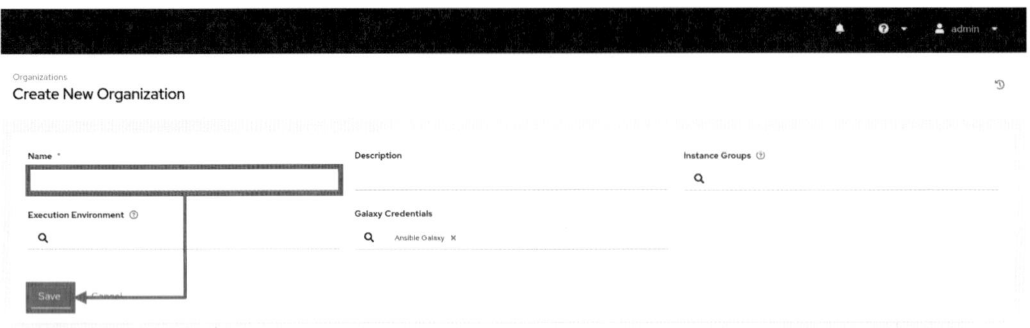

[그림 : Ansible AWX - Access - Organizations - Create New Organization]

Organization이 생성되면 **Organization** 목록에 나타납니다.

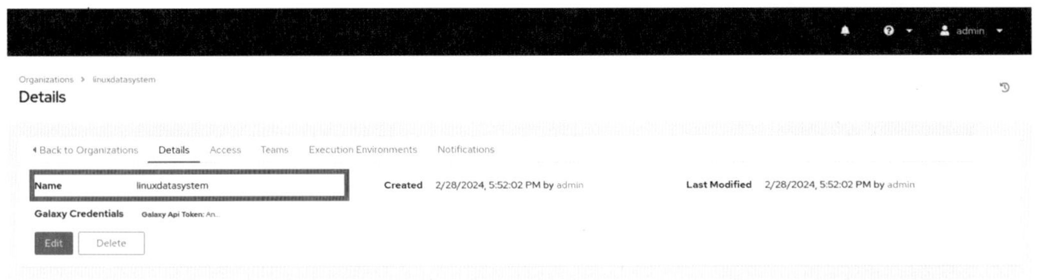

[그림 : Ansible AWX - Access - Organizations - Details]

세부정보 탭 에서 **Organization**을 편집하거나 삭제할 수 있습니다.

6.3.2. Users

Users는 Ansible AWX에 로그인하여 작업을 수행할 수 있는 개인 계정입니다. 각 **User**는 권한과 자격 증명을 통해 시스템에서 수행할 수 있는 작업이 제한됩니다.

6.3.2.1. 목록

왼쪽 메뉴에서 **Users**를 선택하여 **Users** 페이지에 액세스합니다.**User** 목록 내용은 다음과 같은 내용을 제공합니다.

- **User**는 Username, 성, 이름 등을 기준으로 정렬 및 검색 가능
- 헤더를 클릭하여 정렬 기준 변경 가능

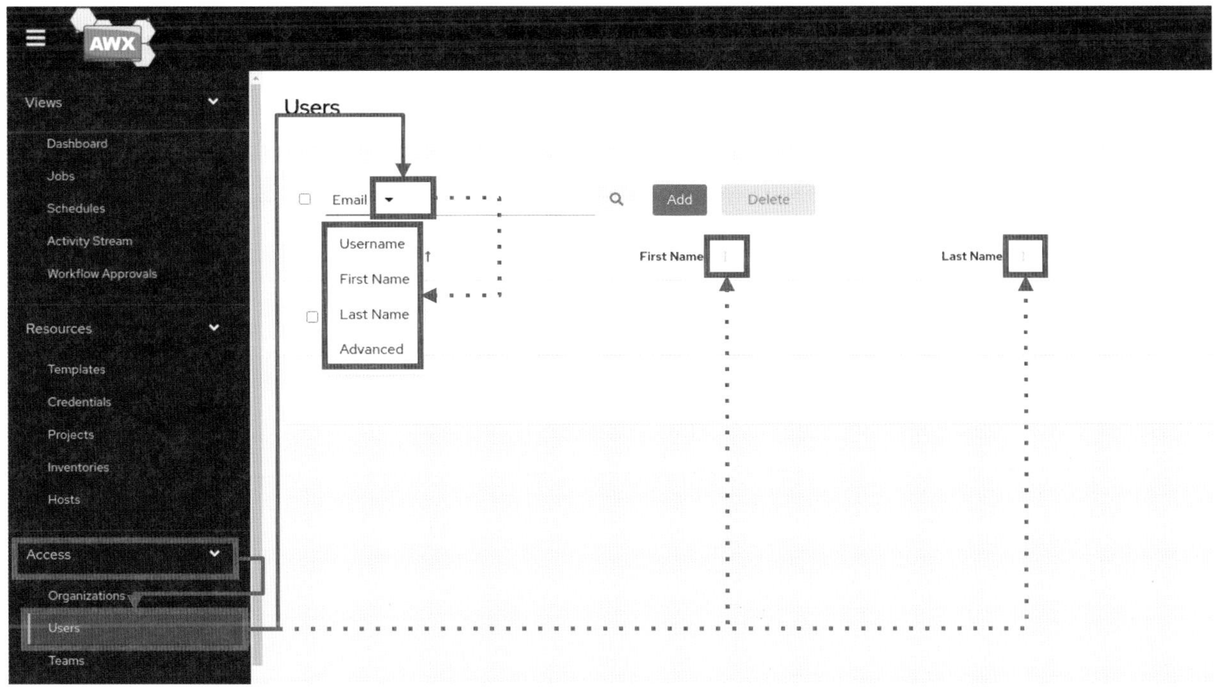

[그림 : Ansible AWX - Access - Users - List]

6.3.2.2. 생성

6.3.2.2.1. User 권한

Ansible AWX는 사용자에게 다음과 같은 3가지 유형을 할당하여 권한을 관리합니다.

유형	설명	권한	주의
Normal User	특정 리소스(인벤토리, 프로젝트, 작업 템플릿 등)에 대한 제한된 액세스	읽기, 쓰기 (제한적)	-
System Auditor	모든 리소스에 대한 읽기 권한	읽기	-
System Administrator	전체 시스템 관리 권한	읽기, 쓰기, 관리	신중하게 할당해야 함

[표 : Ansible AWX - Access - Users - 권한 관리]

6.3.2.2.2. User 생성 - 방법

Ansible AWX에서 **User**를 생성하려면 다음 단계를 따릅니다.

1. **User** 생성 페이지로 이동:
   a. 왼쪽 메뉴에서 "**User**"를 선택합니다.
   b. "추가" 버튼을 클릭합니다.
2. **User** 정보 입력:

a. **First Name**: User의 실제 이름(First Name) 입력(선택 사항)

b. **Last Name**: User의 성(Last Name) 입력(선택 사항)

c. **Email**: User에게 연락할 이메일 주소 (선택 사항)

d. **Username**: 로그인에 사용할 이름 (필수)

e. **Password**: 로그인에 사용할 비밀번호 (필수)

f. **Confirm Password**: 로그인에 사용할 비밀번호 (필수)

g. **User Type**: User에게 부여할 권한 선택 (필수)

h. **Organization**: User를 추가할 Organization 선택 (필수)

3. **User** 생성 완료:

a. "**Save**" 버튼을 클릭합니다.

b. **User**가 생성되면 **User** 목록에 나타납니다.

6.3.2.2.3. User 생성 - 실습

Ansible AWX 구성 기준 실습 내용을 도식화 한 사항입니다.

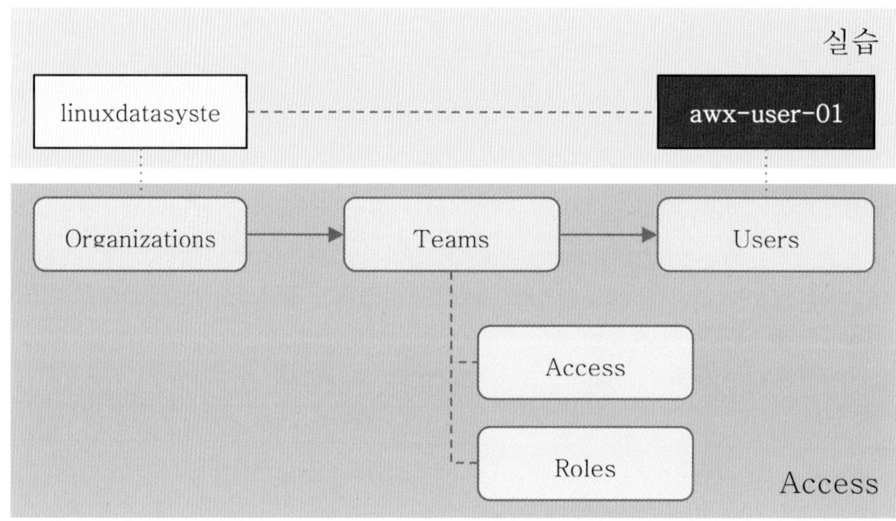

[그림 : Ansible AWX - Access - Users - 실습]

다음 예시 기준으로 **User** 정보를 입력하여 생성합니다. Normal User 권한으로 앞서 생성한 Organization에 속하도록 지정합니다.

1. Create New User

a. Username: **awx-user-01**

b. Password: **awx-user-01!!**

c. Confirm Password: **awx-user-01!!**

d. User Type: **Normal User**

e. Organization: **linuxdatasystem**

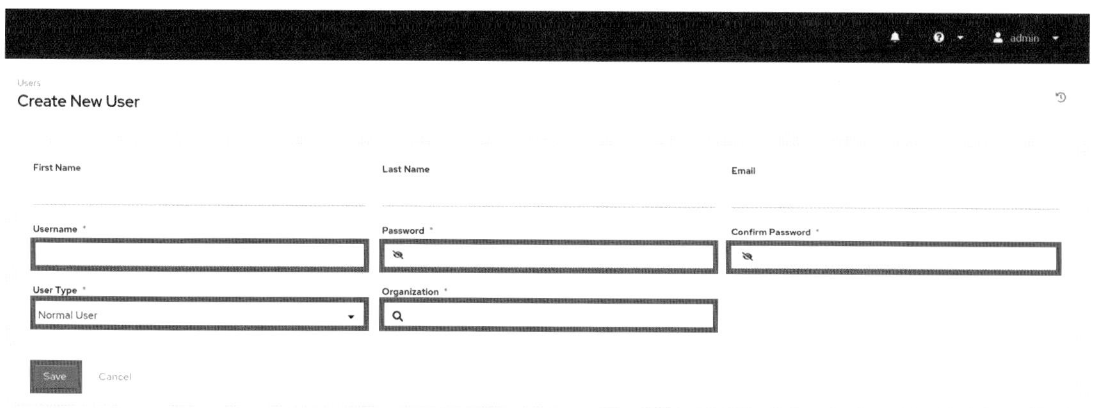

[그림 : Ansible AWX - Access - Users - Create New User]

User가 성공적으로 생성되면 새로 생성된 User에 대한 User 대화 상자가 열립니다.

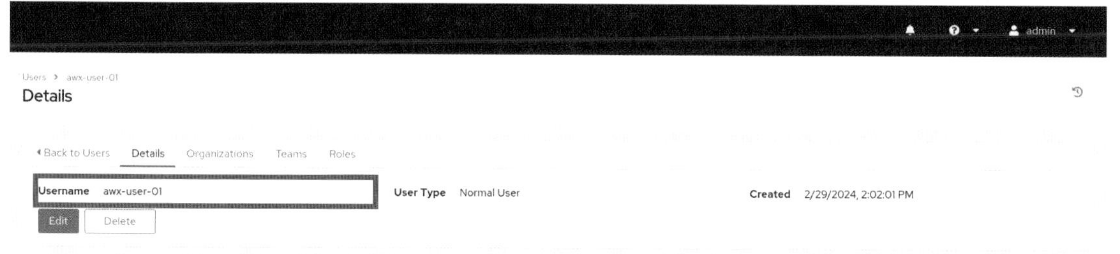

[그림 : Ansible AWX - Access - Users - Create New User - 완료]

6.3.2.3. 삭제

6.3.2.3.1. 삭제 – 방법

Ansible AWX에서 **User**를 삭제하려면 다음 단계를 따릅니다.

1. **User**를 삭제하기 전에:
   a. **User**를 삭제할 권한이 있어야 합니다.
   b. **User** 계정을 삭제하면 사용자의 이름과 이메일 주소가 AWX에서 영구적으로 제거됩니다.
2. User 삭제 단계:
   a. 왼쪽 메뉴에서 "**Access**"을 선택합니다.
   b. "**Users**"를 클릭합니다.
   c. 삭제하려는 **User**의 확인란을 선택합니다.
   d. "**Delete**" 버튼을 클릭합니다.
   e. 확인 메시지에서 "**Delete**"를 클릭하여 삭제를 완료합니다.

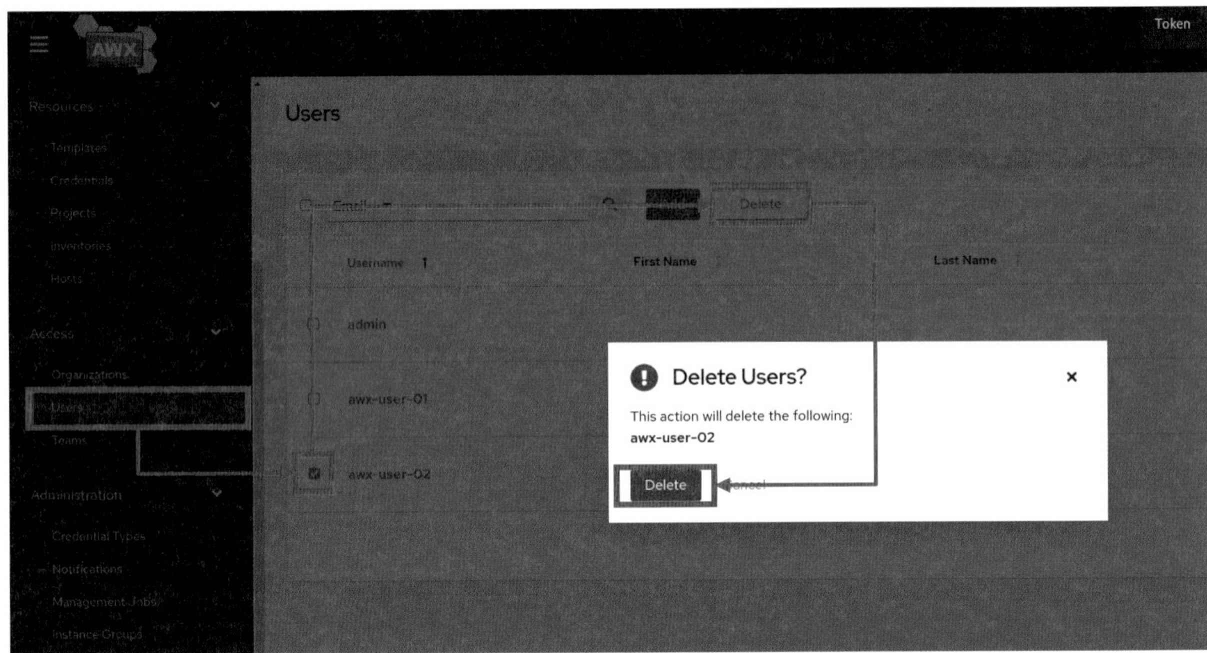

[그림 : Ansible AWX - Access - Users - Delete]

6.3.2.4. Organizations 소속

해당 User가 소속된 Organizations의 목록이 표시됩니다. 이 목록은 Organization 이름으로 검색할 수 있습니다. 이 표시 패널에서는 Organization 멤버십을 수정할 수 없습니다.

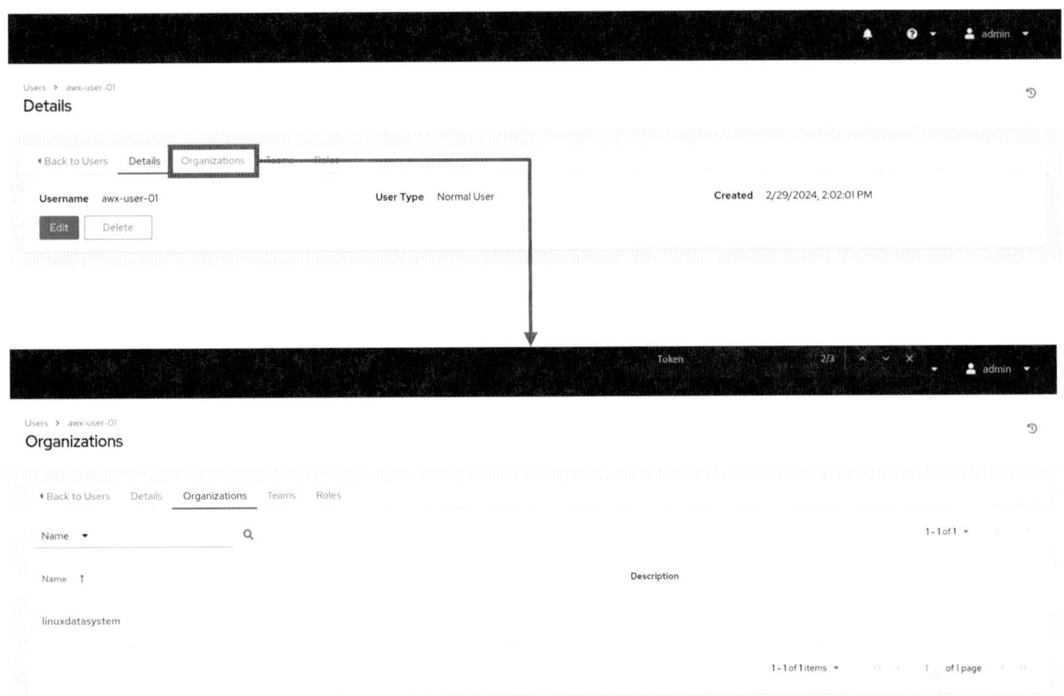

[그림 : Ansible AWX - Access - Users - Organizations]

6.3.2.5. Teams 소속

해당 **User**가 속한 팀 목록이 표시됩니다. 이 목록은 **Team** 이름으로 검색할 수 있습니다 .

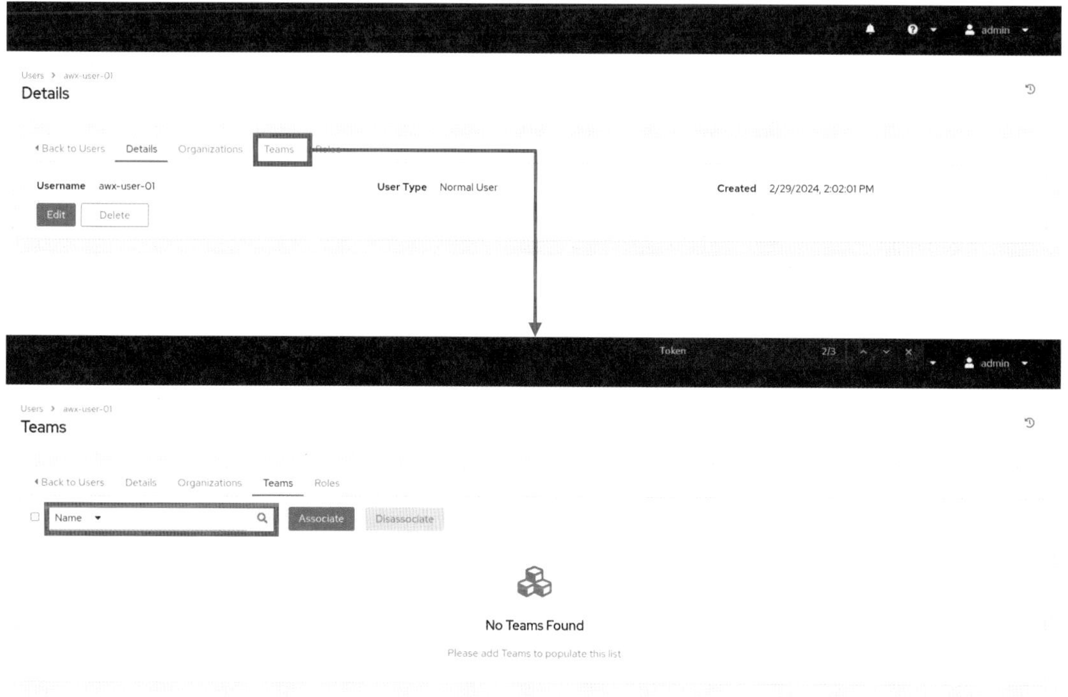

[그림 : Ansible AWX - Access - Users - Teams]

6.3.2.6. Roles 정보

Role은 Ansible AWX에서 **User**에게 부여할 수 있는 Role 모음입니다. **Role**을 통해 **User**는 프로젝트, 인벤토리, 작업 템플릿 및 기타 AWX 요소에 대한 액세스 Role을 얻습니다.

6.3.2.6.1. Roles 목록

이 화면에는 선택한 **User**에게 현재 할당되어 있는 **Role** 목록이 표시되며 이름 , 유형 또는 역할 별로 정렬 및 검색할 수 있습니다.

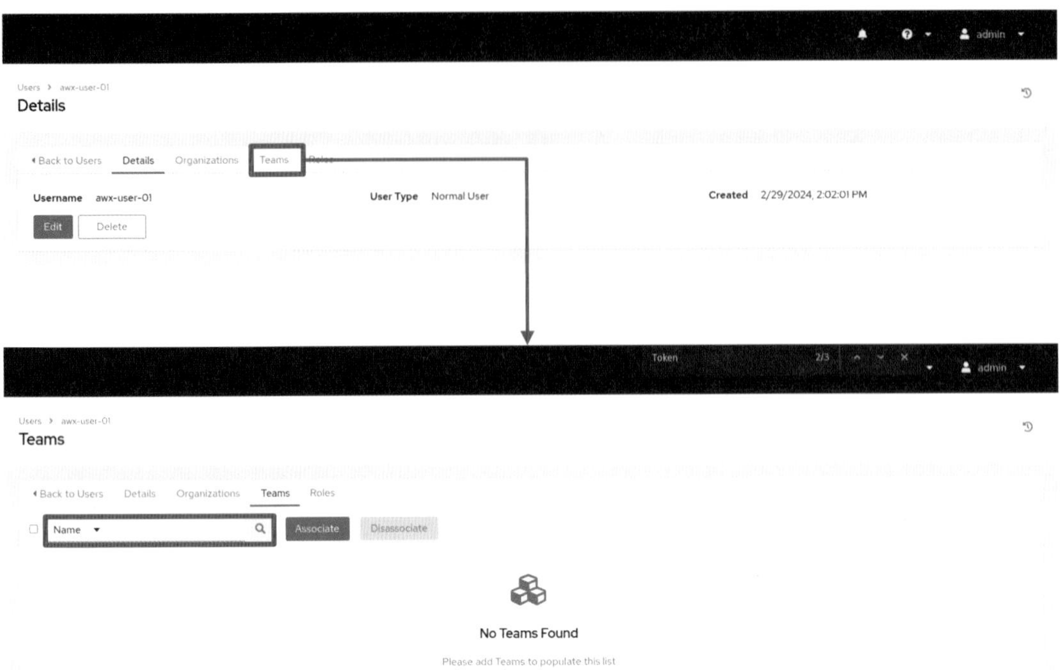

[그림 : Ansible AWX - Access - Users - Roles - List]

6.3.2.6.2. Roles 추가 - 방법

Ansible AWX에서 대상 User에 Role을 추가하려면 다음 단계를 따릅니다.

1. User의 Role 설정 페이지로 이동:
    a. 왼쪽 메뉴에서 Access을 선택합니다.
    b. "User" 탭을 선택합니다.
    c. "Role" 탭을 선택합니다.
    d. "Add" 버튼을 클릭합니다.
2. Add user permissions 마법사에서 다음 단계를 수행:
    a. Add Resource Type: Resource 유형을 선택합니다. (예: 프로젝트, 인벤토리, 팀)
        i . Job templates:
            1. 설명: Ansible 작업 템플릿을 실행할 권한을 부여합니다.
            2. 관련 작업:
                a. 작업 템플릿 생성, 편집, 삭제
                b. 작업 템플릿 실행, 예약, 취소
                c. 작업 템플릿 배포
            3. 예시:
                a. 운영자: 모든 작업 템플릿 실행 권한
                b. 개발자: 특정 프로젝트에 대한 작업 템플릿 실행 권한

ii. Workflow job templates:

1. 설명: Ansible Workflow 작업 템플릿을 실행할 권한을 부여합니다.
2. 관련 작업:
    a. Workflow 작업 템플릿 생성, 편집, 삭제
    b. Workflow 작업 템플릿 실행, 예약, 취소
    c. Workflow 작업 템플릿 배포
3. 예시:
    a. 워크플로 관리자: 모든 Workflow 작업 템플릿 실행 권한
    b. 팀원: 특정 Workflow에 대한 Workflow 작업 템플릿 실행 권한

iii. Credentials:

1. 설명: Ansible 자격 증명을 사용할 권한을 부여합니다.
2. 관련 작업:
    a. 자격 증명 생성, 편집, 삭제
    b. 자격 증명 사용
3. 예시:
    a. 운영자: 모든 자격 증명 사용 권한
    b. 개발자: 특정 프로젝트에 필요한 자격 증명 사용 권한

iv. Inventories:

1. 설명: Ansible 인벤토리를 사용할 권한을 부여합니다.
2. 관련 작업:
    a. 인벤토리 생성, 편집, 삭제
    b. 인벤토리 그룹 관리
    c. 인벤토리 호스트 관리
3. 예시:
    a. 시스템 관리자: 모든 인벤토리 관리 권한
    b. 네트워크 관리자: 네트워크 장비를 포함하는 인벤토리 관리 권한

v. Projects:

1. 설명: Ansible 프로젝트를 관리할 권한을 부여합니다.
2. 관련 작업:
    a. 프로젝트 생성, 편집, 삭제
    b. 작업 템플릿 및 Workflow 작업 템플릿 관리
    c. 인벤토리 및 자격 증명 연결
    d. 프로젝트 배포
3. 예시:
    a. 프로젝트 관리자: 프로젝트 생성, 편집, 삭제 및 배포 권한

b. 팀원: 프로젝트 내 작업 템플릿 실행 및 Workflow 작업 템플릿 실행 권한

vi. Organizations:

1. 설명: Ansible Organization을 관리할 권한을 부여합니다.
2. 관련 작업:
   a. Organization 생성, 편집, 삭제
   b. User 및 Team 관리
   c. 권한 및 역할 관리
3. 예시:
   a. Organization 관리자: Organization 생성, 편집, 삭제 및 User 관리 권한
   b. Team 리더: Team 구성원 관리 및 권한 설정 권한

vii. Instance Groups:

1. 설명: Ansible Instance Group을 관리할 권한을 부여합니다.
2. 관련 작업:
   a. Instance Group 생성, 편집, 삭제
   b. Instance Group에 호스트 추가 및 제거
   c. Instance Group 배포
3. 예시:
   a. 운영자: 모든 Instance Group 관리 권한
   b. 개발자: 특정 프로젝트에 대한 Instance Group 관리 권한

b. **Select items from list**: 목록에서 특정 Resource를 선택합니다. (예: 특정 프로젝트 이름, 특정 인벤토리 이름)

i. 새 역할을 만들 때 다음 단계에서 적용할 역할을 받을 리소스를 선택해야 합니다.

ii. 여기에서 선택한 리소스만 다음 단계에서 선택한 역할을 받게 됩니다.

iii. 여러 리소스를 선택할 수 있습니다.

iv. 특정 리소스 유형에 대한 사용 가능한 역할은 다를 수 있습니다.

c. **Select roles to apply**: 사용 가능한 Role 목록에서 하나 또는 여러 개의 역할을 선택합니다. (예: 관리자, 운영자, 사용자)

i. 여기에서 선택한 역할은 이전 단계에서 선택한 모든 리소스에 적용됩니다.

ii. 특정 리소스 유형에 대한 사용 가능한 역할은 다를 수 있습니다.

3. 모든 설정을 완료했으면 "Save" 버튼을 클릭:
   a. 권한 추가 마법사가 닫힙니다.
   b. 선택한 각 리소스에 할당된 역할이 있는 사용자의 업데이트된 프로필이 표시됩니다.

6.3.2.6.3. Roles 추가 - 실습

Ansible AWX 구성 기준 실습 내용을 도식화 한 사항입니다.

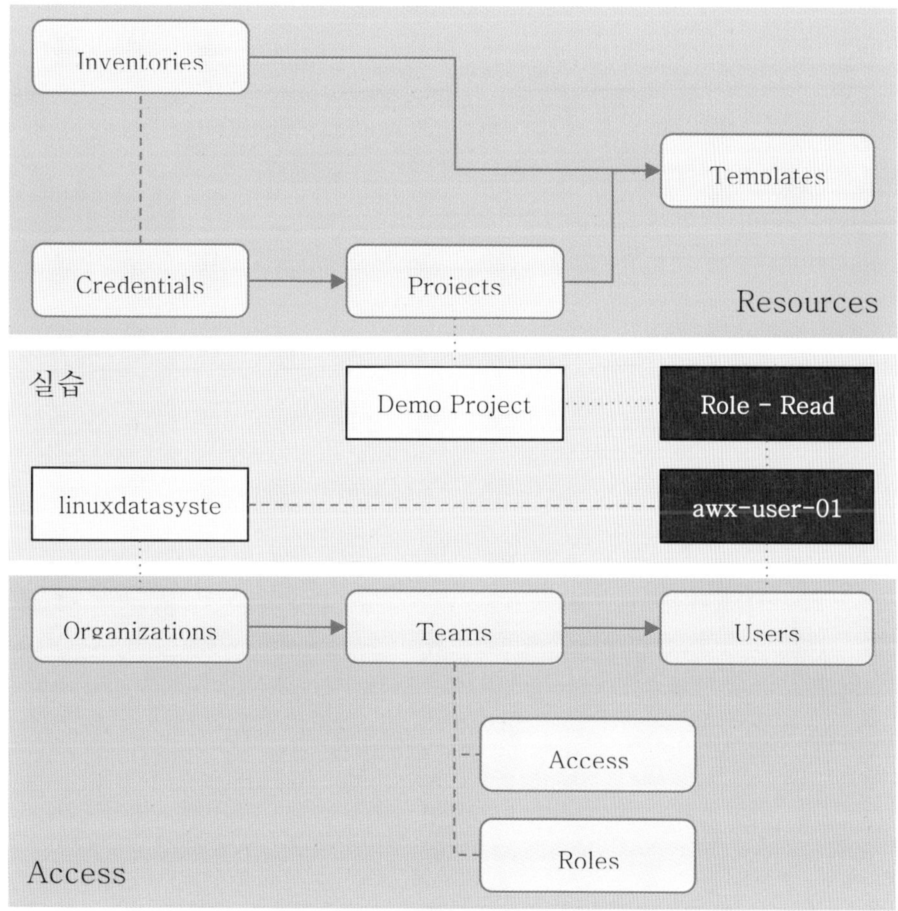

[그림 : Ansible AWX - Access - Users - Role - 실습]

앞서 생성한 **awx-user-01** 계정 permissions 추가 내용 실습니다. **Demo Project**에 **Read** permissions을 추가하는 내역을 다음과 같이 적용합니다.

User의 Role 설정 페이지로 이동:

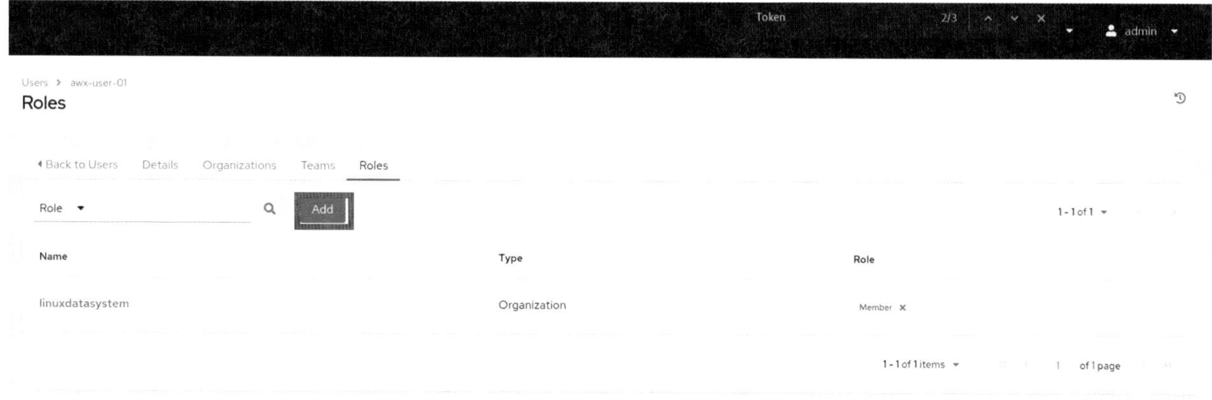

[그림 : Ansible AWX - Access - Users - Roles - Add]

Add user permissions 마법사에서 다음 단계를 수행:

- Add resource type: **Projects**
  - Next

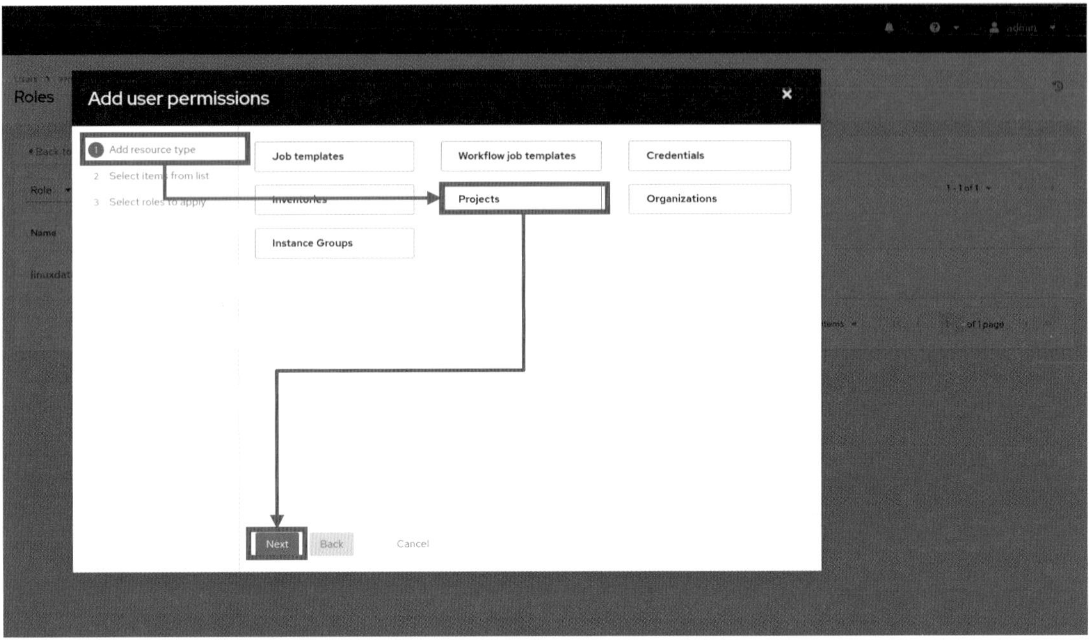

[그림 : Ansible AWX – Access – Users – Roles – Add user permissions – Add resource type]

- Select item from list: **Demo Project [Checked]**
  - Next

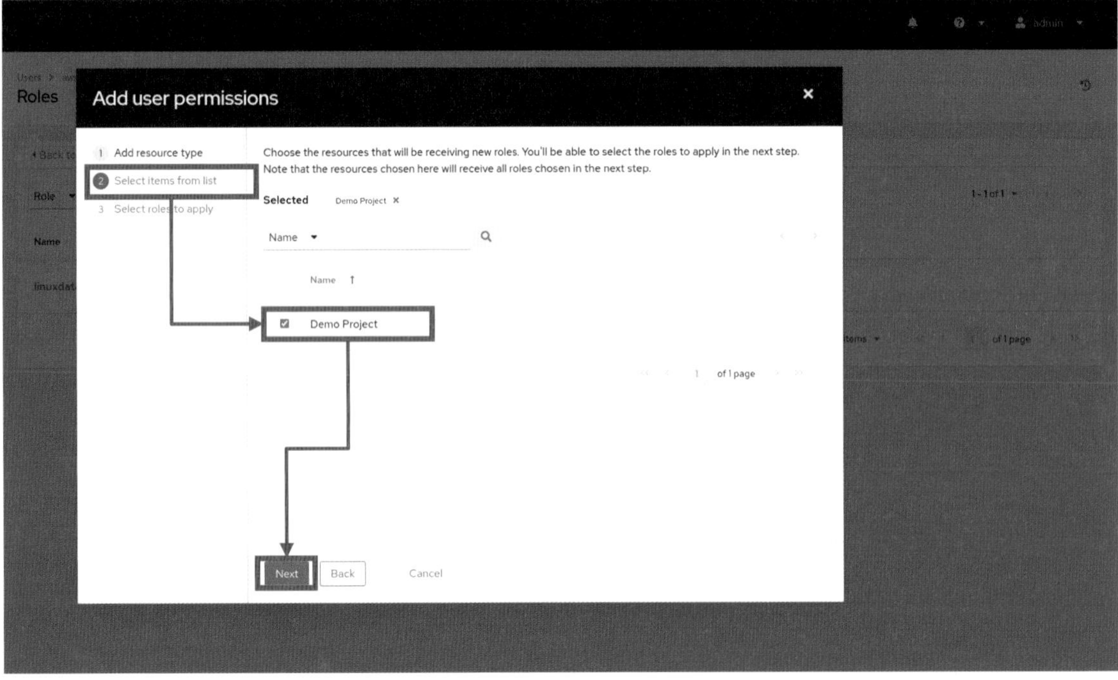

[그림 : Ansible AWX – Access – Users – Roles – Add user permissions – Select item from list]

- Select roles to apply: **Read [Checked]**
- Save

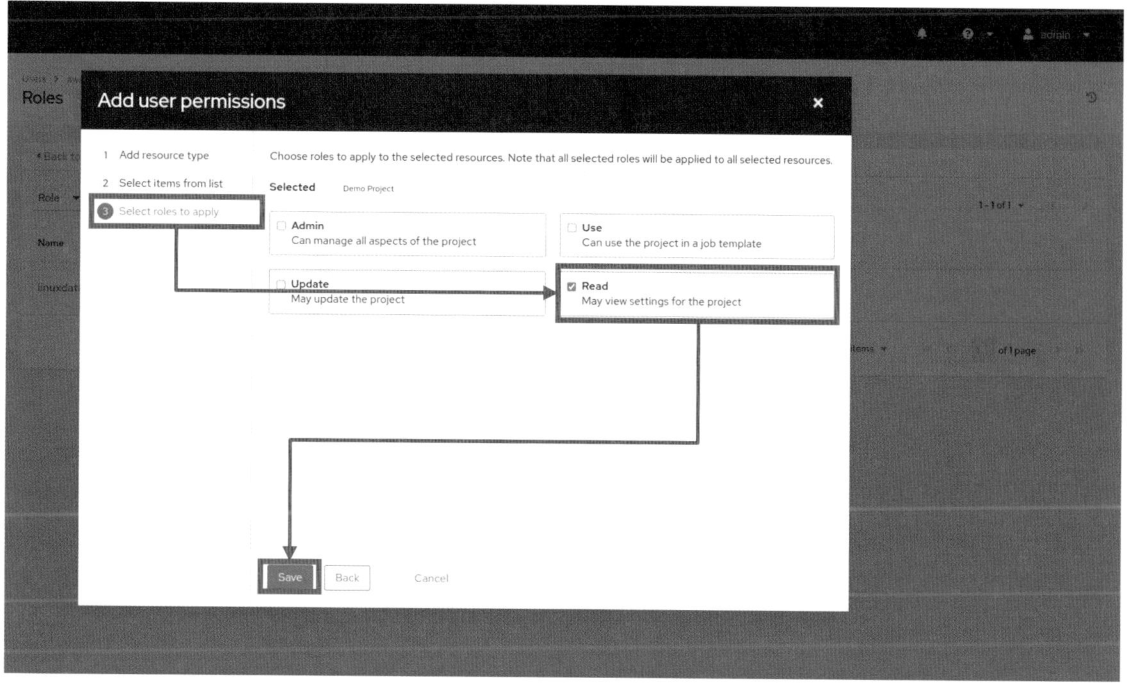

[그림 : Ansible AWX - Access - Users - Roles - Add user permissions - Select roles to apply]

awx-user-01 계정의 Roles 내역에 추가된 Role 정보를 확인 할 수 있습니다.

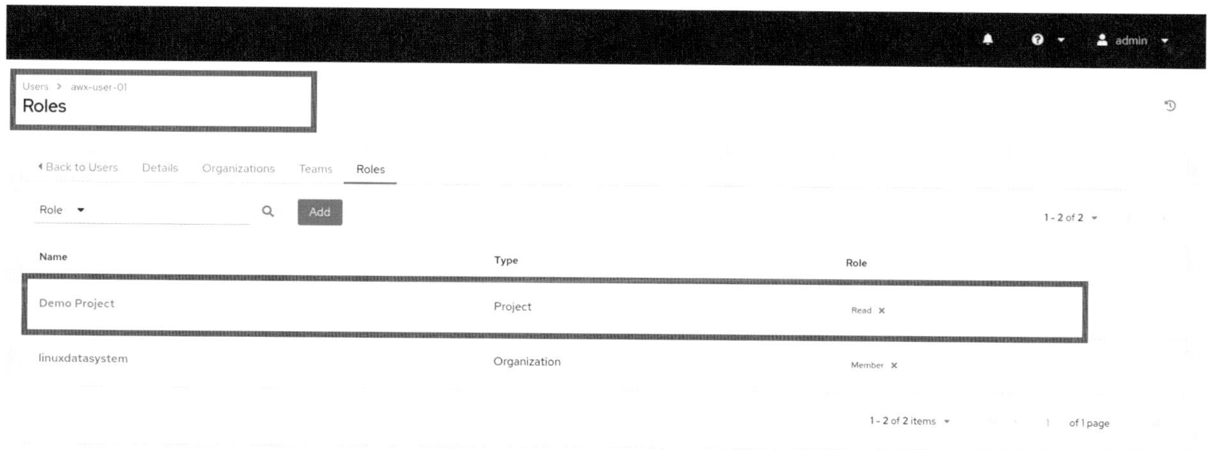

[그림 : Ansible AWX - Access - Users - Roles - Add user permissions - Results]

6.3.2.7. Tokens 정보

토큰 탭 은 User의 본인에게만 표시됩니다. 개인용 액세스 토큰(PAT) 은 다음과 같은 특징 및 유의 사항을 가집니다.

- PAT는 API를 통해 Ansible AWX와 상호 작용하는 데 사용됩니다.

- PAT는 안전하게 보관해야 합니다.
- PAT는 만료될 수 있습니다. 만료된 PAT는 다시 생성해야 합니다.

6.3.2.7.1. Tokens 목록

Ansible AWX에서 토큰 정보를 확인하려면 다음 두 가지 조건을 충족해야 합니다.

- 로그인 사용자: 현재 로그인한 사용자는 토큰 정보를 확인하려는 사용자와 동일해야 합니다.
- Access 〉 User 항목: 왼쪽 메뉴에서 "Access" 〉 "User" 항목을 선택했을 때 표시되는 사용자 정보는 토큰 정보를 확인하려는 사용자와 동일해야 합니다.

개인용 액세스 토큰(PAT)을 확인하려면 다음 단계를 따릅니다.

1. User의 Tokens 설정 페이지로 이동:
   a. 왼쪽 메뉴에서 Access을 선택합니다.
   b. "User" 탭을 선택합니다.
   c. "Tokens" 탭을 선택합니다.

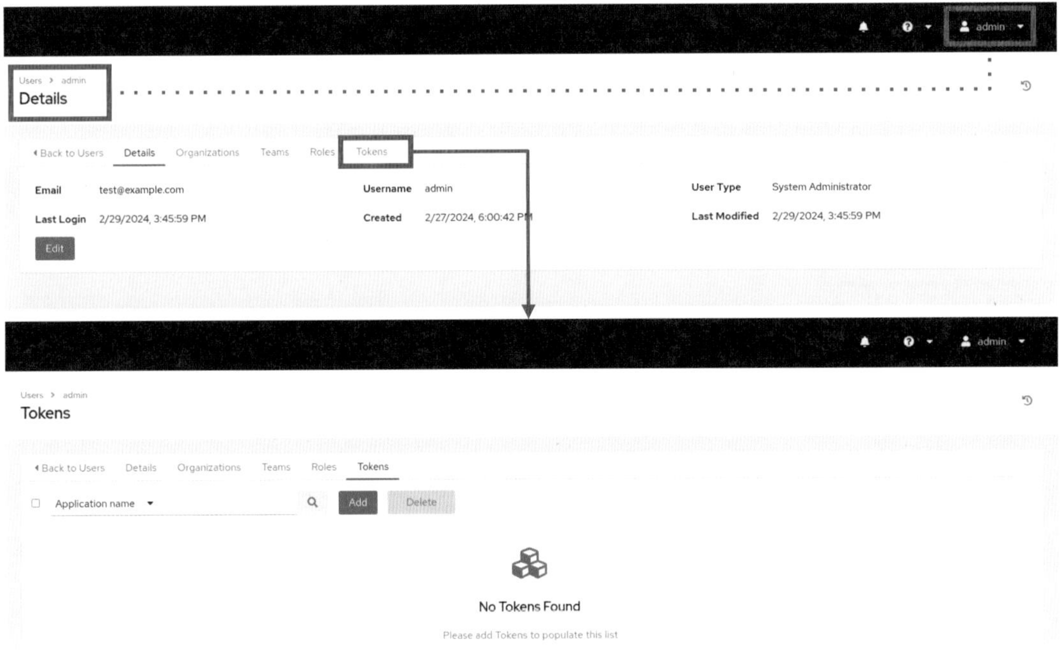

[그림 : Ansible AWX – Access – Users – Tokens – List]

6.3.2.7.2. Tokens 추가 – 방법

Ansible AWX에서 대상 User에 Token을 추가하려면 다음 단계를 따릅니다.

1. User의 Role 설정 페이지로 이동:

a. 왼쪽 메뉴에서 **Access**을 선택합니다.

b. "**User**" 탭을 선택합니다.

c. "**Tokens**" 탭을 선택합니다.

d. "**Add**" 버튼을 클릭합니다.

2. **Token** 생성 창에 다음 정보를 입력:

a. Application: **Token**을 연결하려는 애플리케이션 이름 (선택 사항)

i. 검색 버튼을 클릭하여 사용 가능한 애플리케이션 목록에서 선택

ii. 목록이 길 경우 검색 표시줄을 사용하여 필터링

iii. 개인 액세스 **Token**(PAT) 생성 시 비움

b. Description: **Token**에 대한 간단한 설명 (선택 사항)

c. Scope: 이 **Token**에 부여하려는 액세스 수준을 지정 (필수)

i. Read

ii. Write

3. "**Save**" 버튼을 클릭하여 **Token** 생성

6.3.2.7.3. Tokens 추가 - 실습

Ansible AWX 구성 기준 실습 내용을 도식화 한 사항입니다.

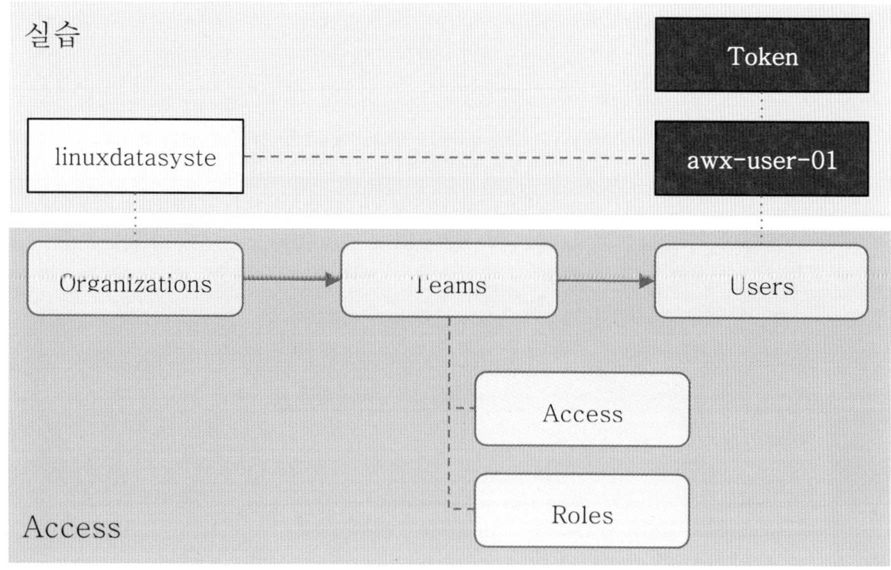

[그림 : Ansible AWX - Access - Users - Token - 실습]

현재 로그인된 **admin** 계정에 Token을 추가하는 내용 실습니다.

User의 Token 설정 페이지로 이동:

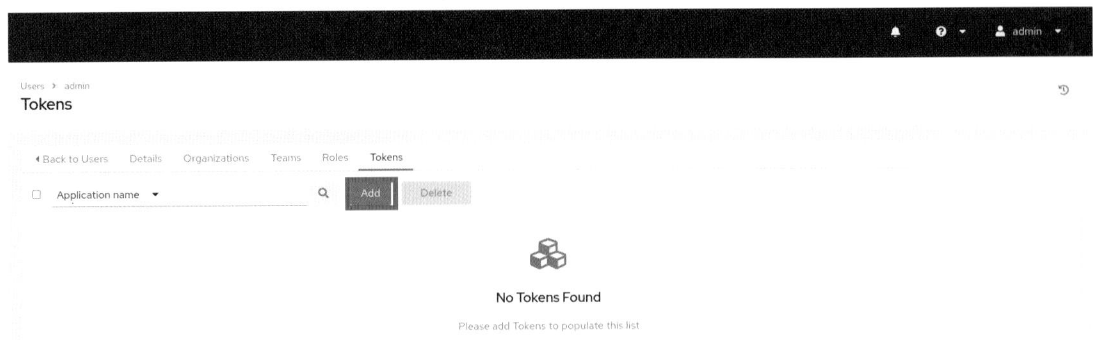

[그림 : Ansible AWX - Access - Users - Tokens - Add]

User의 Token 생성:

1. 토큰 생성 창에 다음 정보를 입력:
   a. Scope: **Write**
2. "**Save**" 버튼을 클릭

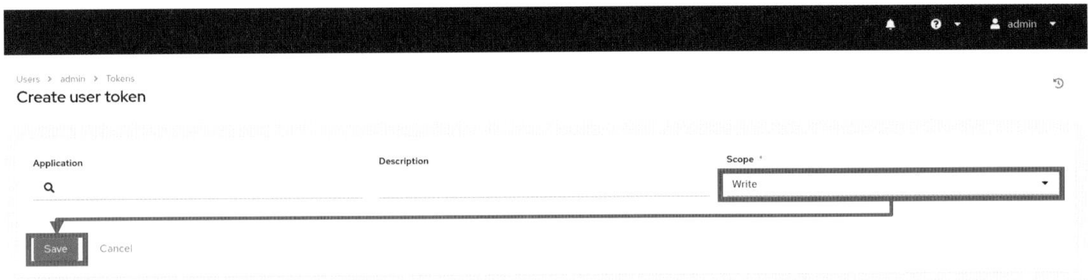

[그림 : Ansible AWX - Access - Users - Tokens - Create user token]

User의 Token 생성 완료 후 화면에서 제공되는 별도로 저장하여 보관이 필요합니다.

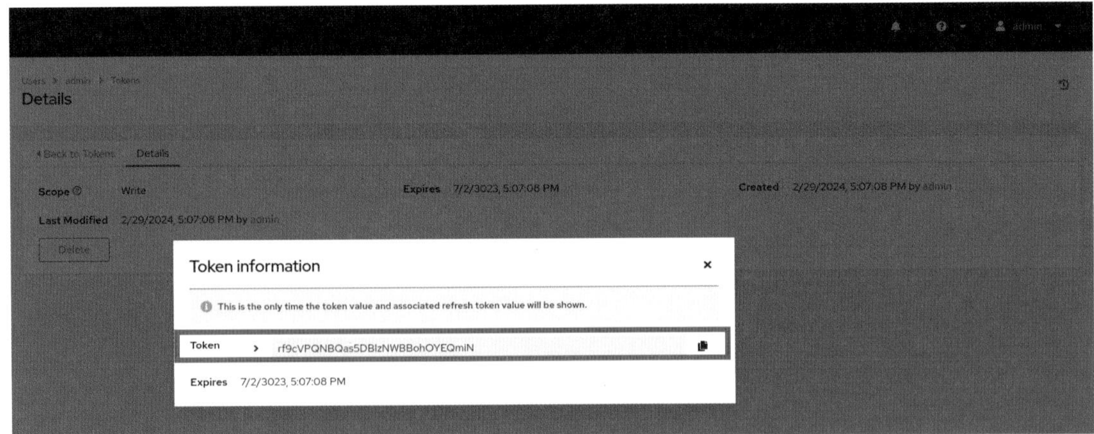

[그림 : Ansible AWX - Access - Users - Tokens - Tokens Information]

Teams은 Ansible AWX에서 Users, Projects, Credentials 및 권한 관리를 단순화하고 Organization 내 책임 분담을 돕는 강력한 기능입니다.

Team의 주요 기능:

- 역할 기반 액세스 제어 구현: **Team** 전체에 권한을 부여하여 Organization 내 책임 위임
- 사용자 그룹 관리: Project 또는 Credentials에 대한 권한을 쉽게 관리하기 위해 사용자 그룹화
- 자격 증명 소유권 할당: **Team**에 Credentials 소유권 할당하여 여러 인터페이스에서 동일한 자격 증명 할당 반복 방지

Teams 활용 예시:

- 개발 팀: 개발 프로젝트에 참여하는 모든 사용자를 포함하는 팀 생성
- 운영 팀: 운영 작업 수행에 필요한 권한을 가진 팀 생성

6.3.3.1. 목록

Teams 목록을 확인하려면 다음 단계를 따릅니다.

1. **Teams** 페이지로 이동:
   a. 왼쪽 메뉴에서 **Access**을 선택합니다.
   b. "**Teams**" 탭을 선택합니다.

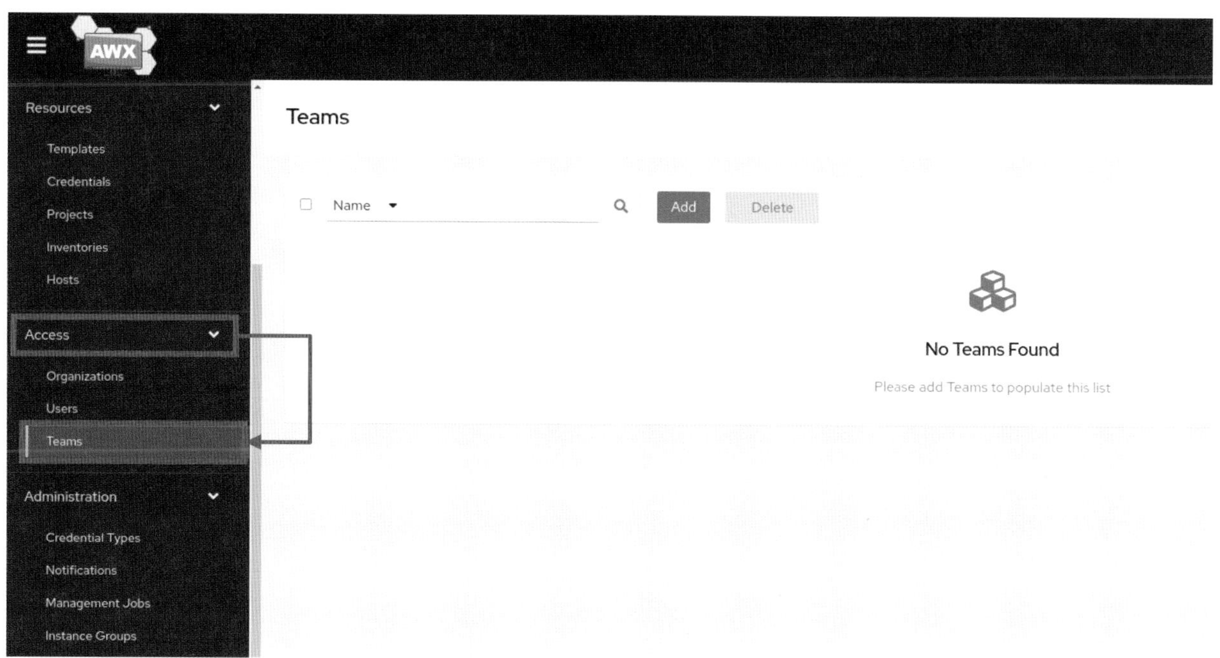

[그림 : Ansible AWX - Access - Teams - List]

6.3.3.2. 생성

6.3.3.2.1. Team 생성 – 방법

Ansible AWX에서 대상 **Team**을 추가하려면 다음 단계를 따릅니다.

1. **Teams** 페이지로 이동:
   a. 왼쪽 메뉴에서 **Access**을 선택합니다.
   b. "**Teams**" 탭을 선택합니다.
   c. "**Add**" 버튼을 클릭합니다.
2. Create New Team: 새 Team 양식에 다음 정보를 입력:
   a. Name: Team 이름 (필수)
   b. Description: Team에 대한 간단한 설명 (선택 사항)
   c. Organization: Team을 속한 Organization (기존 Organization에서 선택, 필수)
3. "Save" 버튼을 클릭하여 Team 생성

6.3.3.2.2. Team 생성 – 실습

Ansible AWX 구성 기준 실습 내용을 도식화 한 사항입니다.

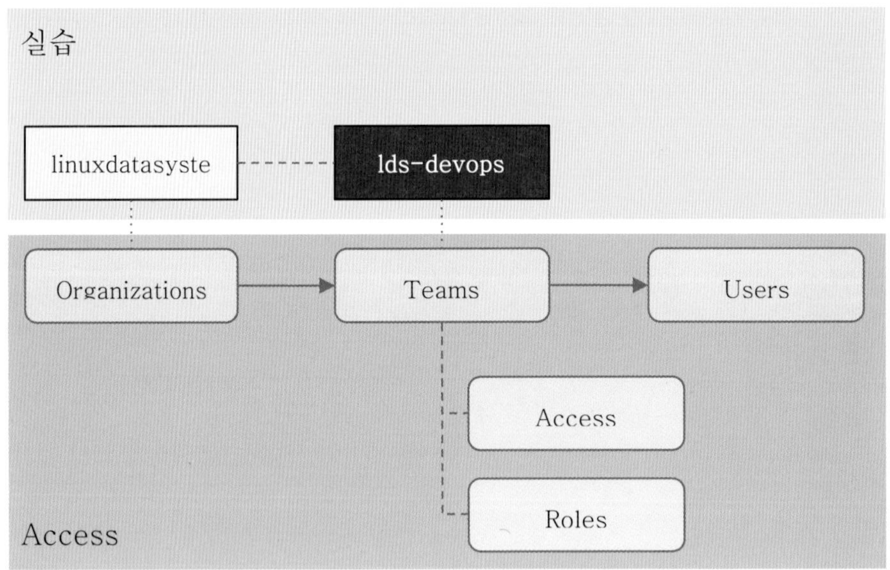

[그림 : Ansible AWX – Access – Teams – 실습]

다음은 linuxdatasystem Organization에 소속된 lds-devops Team을 생성하는 실습입니다.

1. Create New Team:
   a. Name: **lds-devops**
   b. Organization: **linuxdatasystem**

실습 결과는 다음과 같습니다.

Team 페이지에서 Add 버튼을 클릭하여 필요한 정보를 입력합니다.

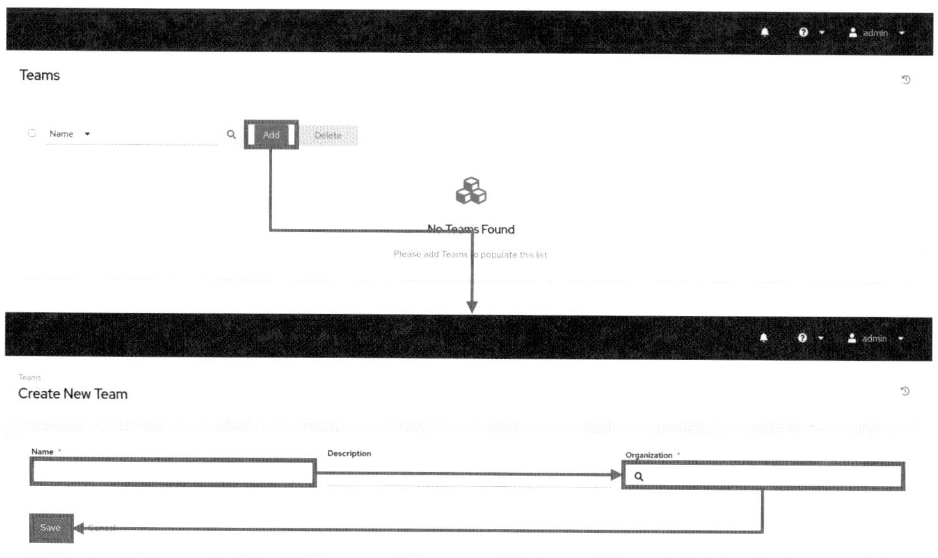

[그림 : Ansible AWX – Access – Teams – Add]

Team을 생성하면 아래와 같이 Team 상세 화면을 확인 가능합니다.

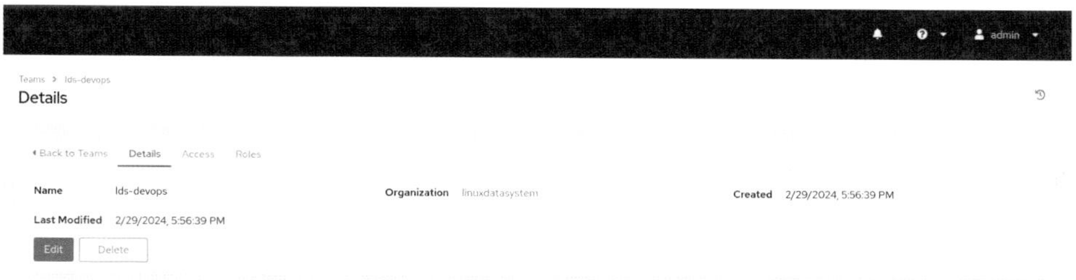

[그림 : Ansible AWX – Access – Teams – Add – Result]

6.3.3.3. 설정 – Access

이 탭에는 **Team**에 속한 **User** 목록이 표시됩니다. 목록은 Username, 이름 또는 성으로 검색 가능합니다.

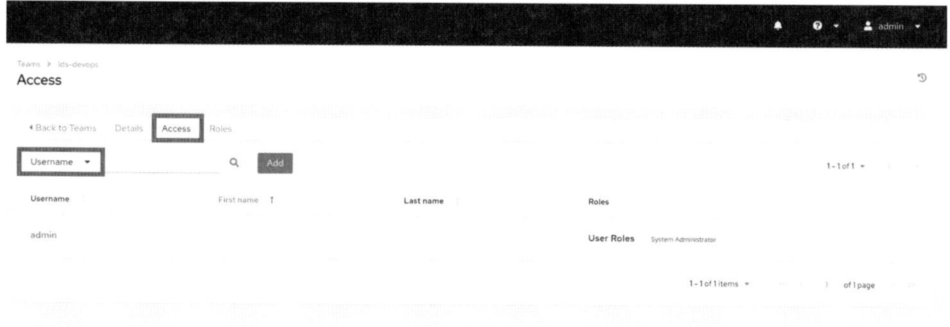

[그림 : Ansible AWX – Access – Teams – lds–devops – Access – Info]

6.3.3.3.1. Team Access – User Access 설정 – 방법

Ansible AWX에서 대상 **Team**에 **User**에게 접근 Access을 추가하려면 다음 단계를 따릅니다.

1. 대상 **Teams** 페이지로 이동:
   a. 왼쪽 메뉴에서 **Access**을 선택합니다.
   b. "**Teams**" 탭을 선택합니다.
   c. 변경 대상 "**Team**"을 선택합니다.
2. 기존 **User**를 **Team**에 추가:
   a. "**Access**" 탭에서 "**Add**" 버튼을 클릭합니다.
   b. Add Roles: 프롬프트에 따라 **User**를 추가하고 Access을 할당합니다.
      i. Select a Resource Type: **User** 집합에 새 **Role**을 추가하려면 "**User**"를 선택합니다.
      ii. Select Items from List: **User**를 선택한 경우 특정 사용자를 선택합니다.
      iii. Select Roles to Apply: 선택한 **Resource**에 적용할 **Role**을 선택합니다.
3. "**Save**" 버튼을 클릭합니다.

6.3.3.3.2. Team Access – User Access 설정 – 실습

Ansible AWX 구성 기준 실습 내용을 도식화 한 사항입니다.

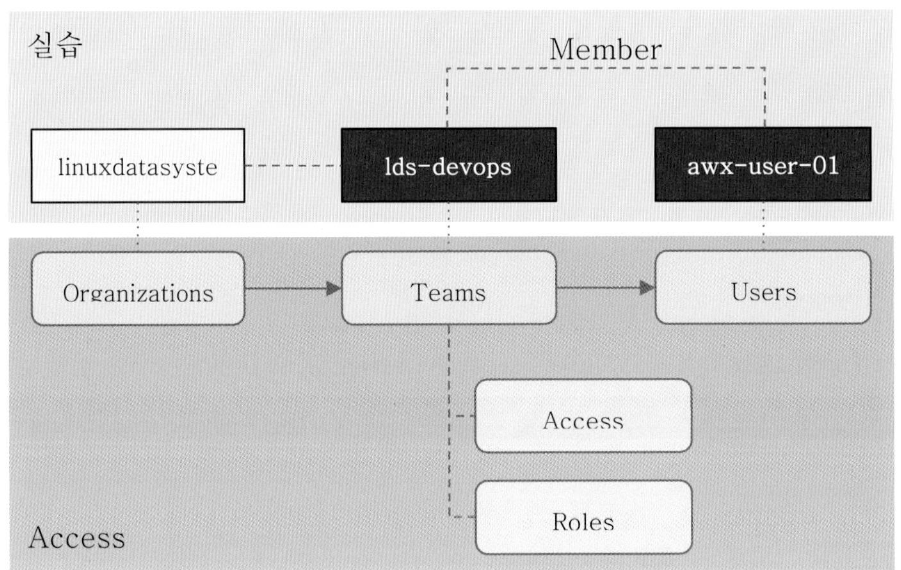

[그림 : Ansible AWX – Access – Teams – Access – 실습]

다음은 **lds-devops Team**에 **awx-user-01 User**의 **Member** Access을 추가하는 실습입니다.

1. Add Roles:
   a. Select a Resource Type: **User**
   b. Select Items from List: **awx-user-01**

c. Select Roles to Apply: **Member**

실습 결과는 다음과 같습니다.

대상 **Teams** 페이지로 이동하여 **lds-devops Teams** 상세 화면으로 이동합니다.

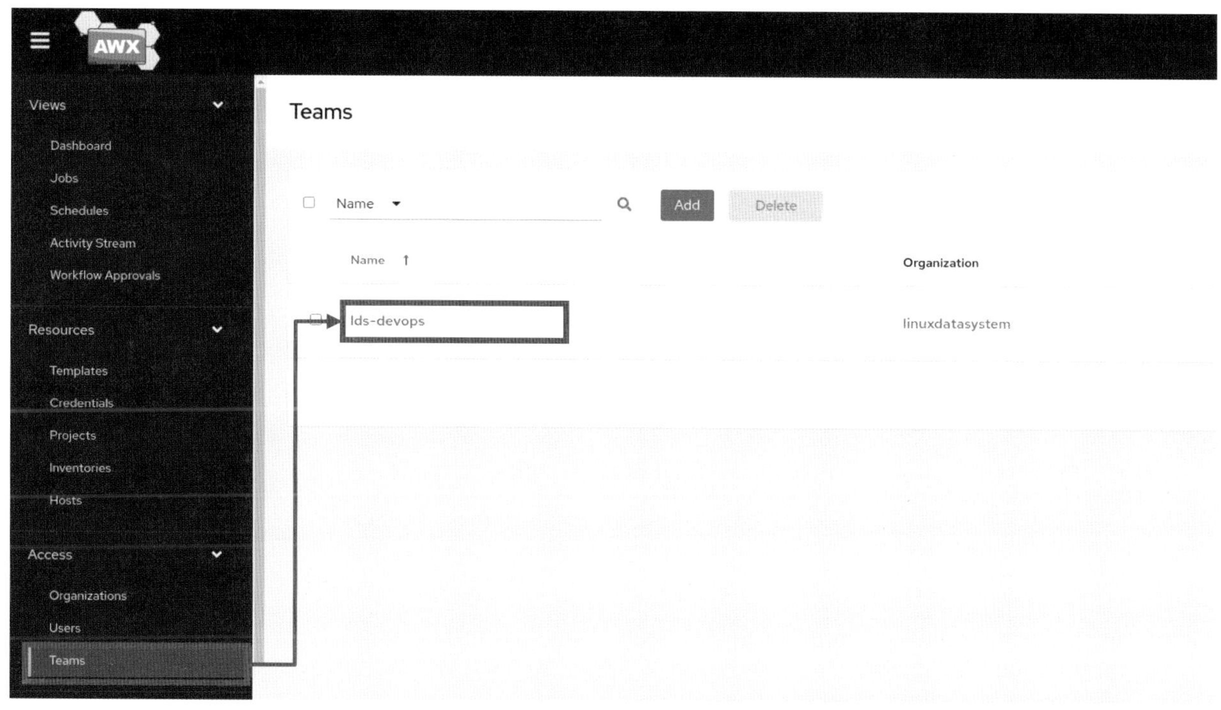

[그림 : Ansible AWX - Access - Teams - lds-devops]

lds-devops Teams의 Access 탭을 선택후 Add 버튼을 클릭합니다.

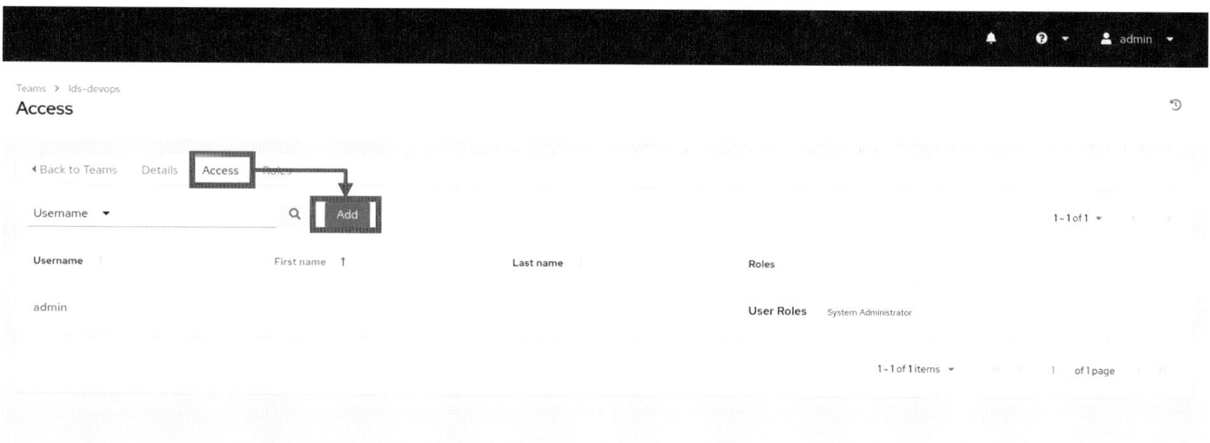

[그림 : Ansible AWX - Access - Teams - lds-devops - Access - Add]

Select a Resource Type 내용중 Users를 선택합니다.

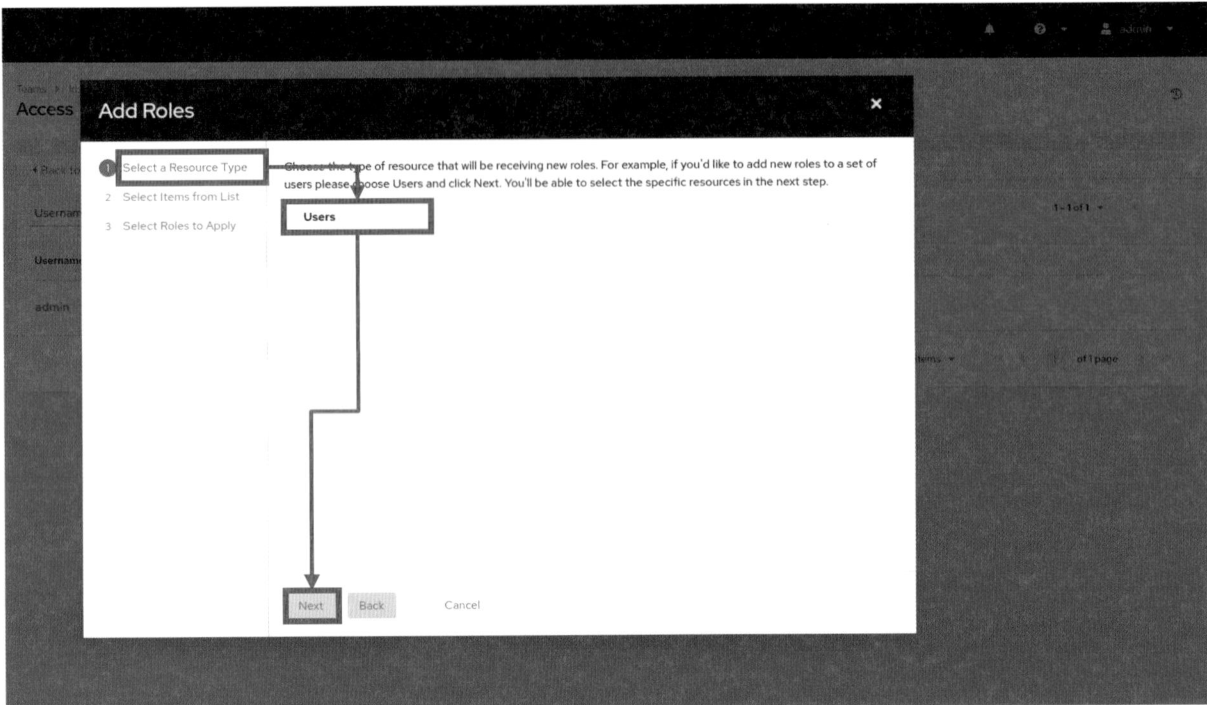

[그림 : Ansible AWX - Access - Teams - lds-devops - Access - Add Roles - Resource]

Select Items from List 내용중 awx-user-01를 선택합니다.

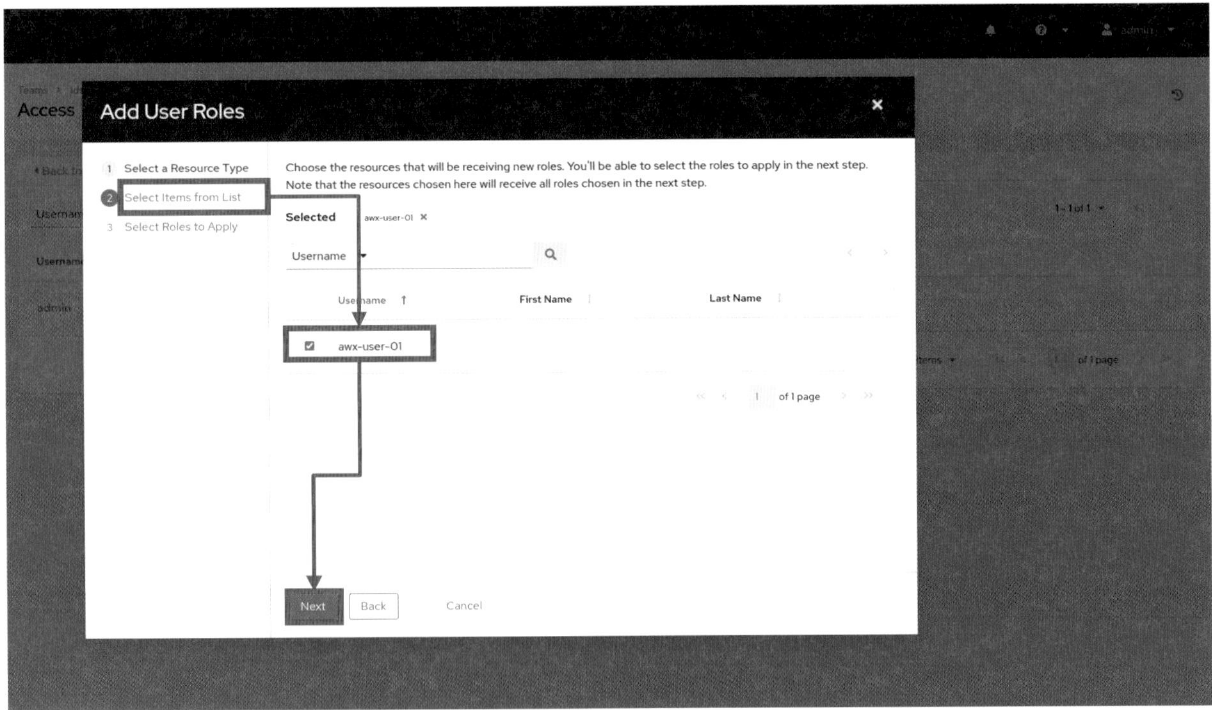

[그림 : Ansible AWX - Access - Teams - lds-devops - Access - Add Roles - Items]

Select Roles to Apply 내용중 Member 를 선택후 Save 버튼을 누릅니다.

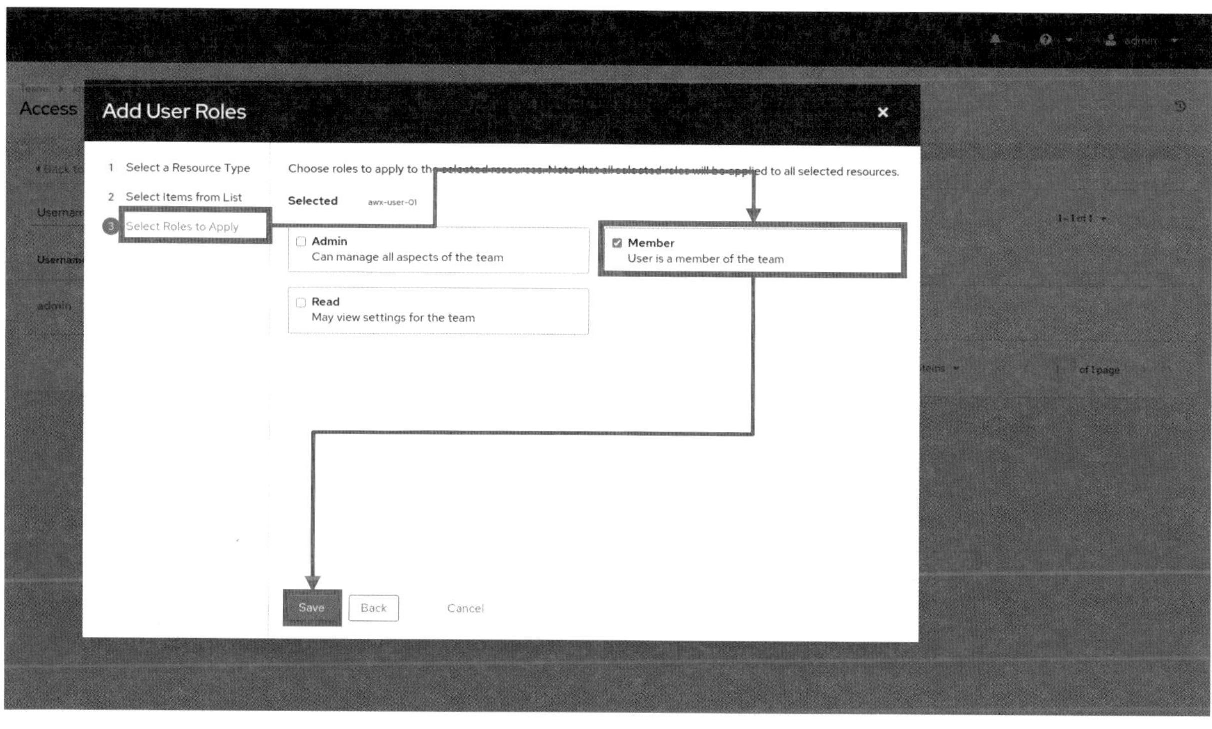

[그림 : Ansible AWX - Access - Teams - lds-devops - Access - Add Roles - Roles]

Access 목록 화면에서 결과를 확인합니다.

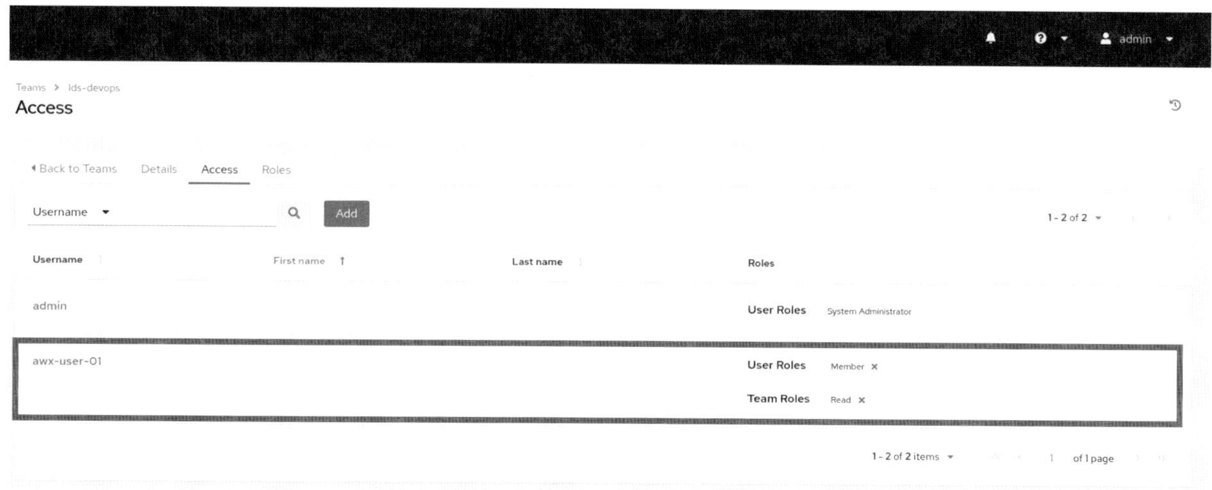

[그림 : Ansible AWX - Access - Teams - lds-devops - Access - Add Roles - Result]

6.3.3.4. 설정 - Roles

"Roles" 탭을 선택하면 현재 Team에서 사용할 수 있는 Roles 목록이 표시됩니다. 목록은 Resource 이름으로 검색 가능하며, Resource 유형 또는 Role 별로 정렬이 가능합니다.

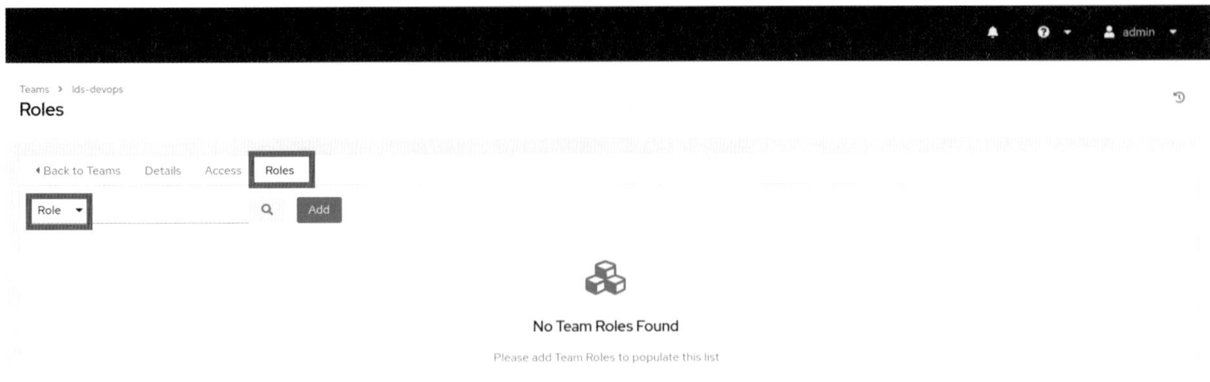

[그림 : Ansible AWX - Access - Teams - lds-devops - Roles]

6.3.3.4.1. Team Roles - Team Permissions 설정 - 방법

Ansible AWX에서 대상 Team에 Permissions을 추가하려면 다음 단계를 따릅니다.

1. 대상 Teams 페이지로 이동:
   a. 왼쪽 메뉴에서 Access을 선택합니다.
   b. "Teams" 탭을 선택합니다.
   c. 변경 대상 "Team"을 선택합니다.
2. 기존 Team에 Permissions 추가:
   a. "Roles" 탭에서 "Add" 버튼을 클릭합니다.
   b. Add team permissions: 프롬프트에 따라 User를 추가하고 역할을 할당합니다.
      i. Add resource type: Team이 액세스할 개체(프로젝트, 인벤토리 등)을 선택합니다.
      ii. Select items from list: Team Roles을 할당할 Resource(특정 프로젝트, 인벤토리 등)를 선택합니다.
      iii. Select roles to apply: Role 옆에 있는 확인란을 선택하여 Resource에 적용할 Role을 선택합니다. Resource마다 사용 가능한 Role은 다릅니다.
3. "Save" 버튼을 클릭합니다.

6.3.3.4.2. Team Roles - Team Permissions 설정 - 실습 - 준비

Ansible AWX 구성 기준 실습 내용을 도식화 한 사항입니다.

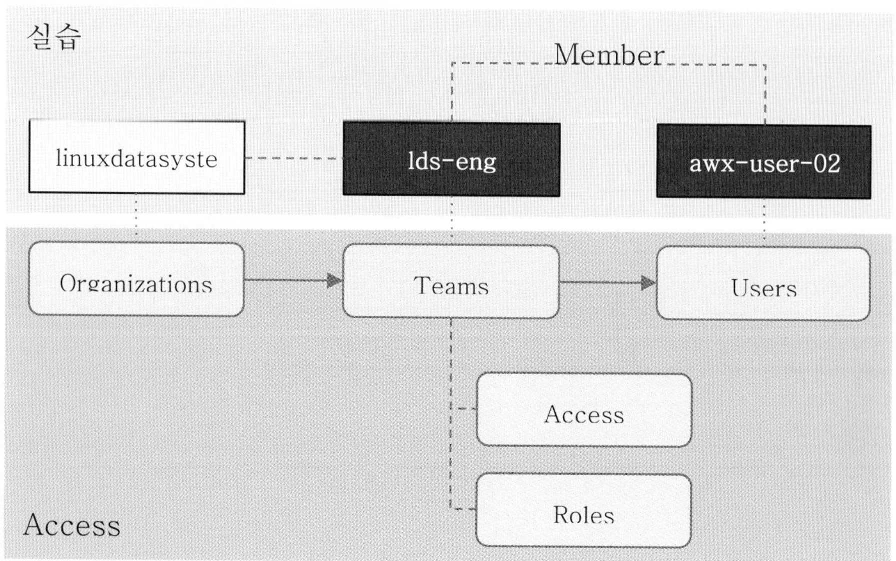

[그림 : Ansible AWX - Access - Teams - Roles - 실습 - 준비]

Team Permissions 설정에 앞서 추가 User와 Team을 생성하도록 하겠습니다. **awx-user-02 User**와 **lds-eng Team**을 생성합니다. **lds-eng Team**에 **awx-user-02 User**의 **Member** Role을 추가 합니다.

1. Create New User
   a. Username: **awx-user-02**
   b. Password: **awx-user-02!!**
   c. Confirm Password: **awx-user-02!!**
   d. User Type: **Normal User**
   e. Organization: **linuxdatasystem**
2. Create New Team:
   a. Name: **lds-eng**
   b. Organization: **linuxdatasystem**
3. lds-eng Team:
   a. Add Roles:
      i. Select a Resource Type: **User**
      ii. Select Items from List: **awx-user-02**
      iii. Select Roles to Apply: **Member**

실습 결과는 다음과 같습니다.

Create New User 항목에서 필요 항목을 입력하여 User를 생성합니다.

실습 결과는 다음과 같습니다.

Create New User 항목에서 필요 항목을 입력하여 User를 생성합니다.

[그림 : Ansible AWX - Access - Users - awx-user-02]

Create New Team 항목에서 필요 항목을 입력하여 Team을 생성합니다.

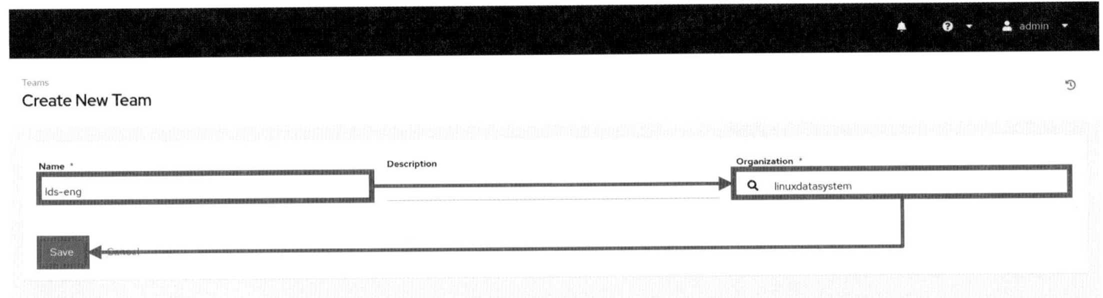

[그림 : Ansible AWX - Access - Teams - lds-eng]

Team 항목에 추가 Access을 설정합니다.

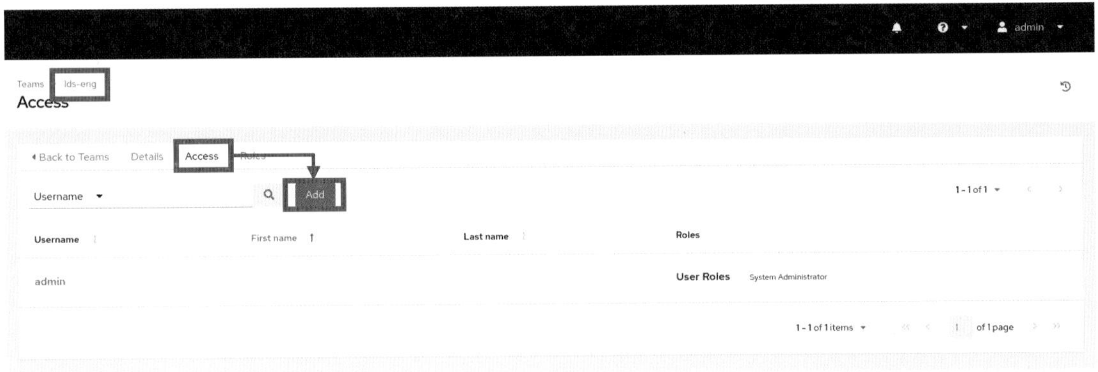

[그림 : Ansible AWX - Access - Teams - lds-eng - Access - Add]

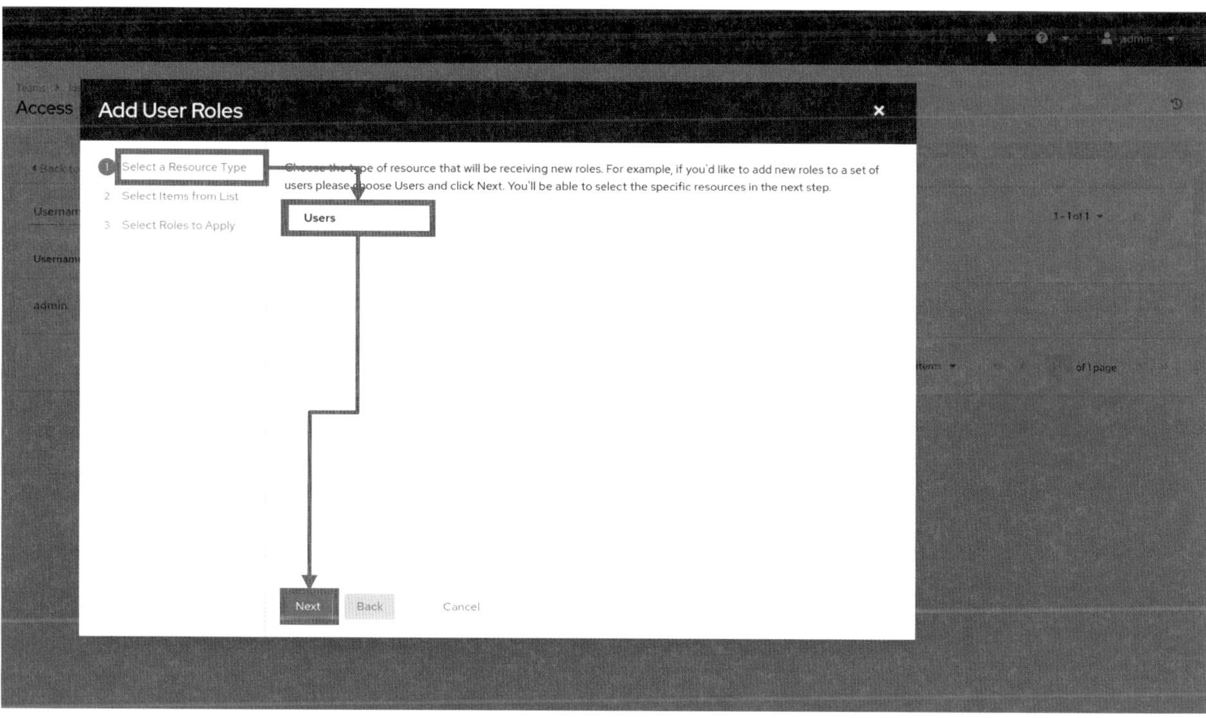

[그림 : Ansible AWX – Access – Teams – lds-eng – Access – Add Roles – Resource]

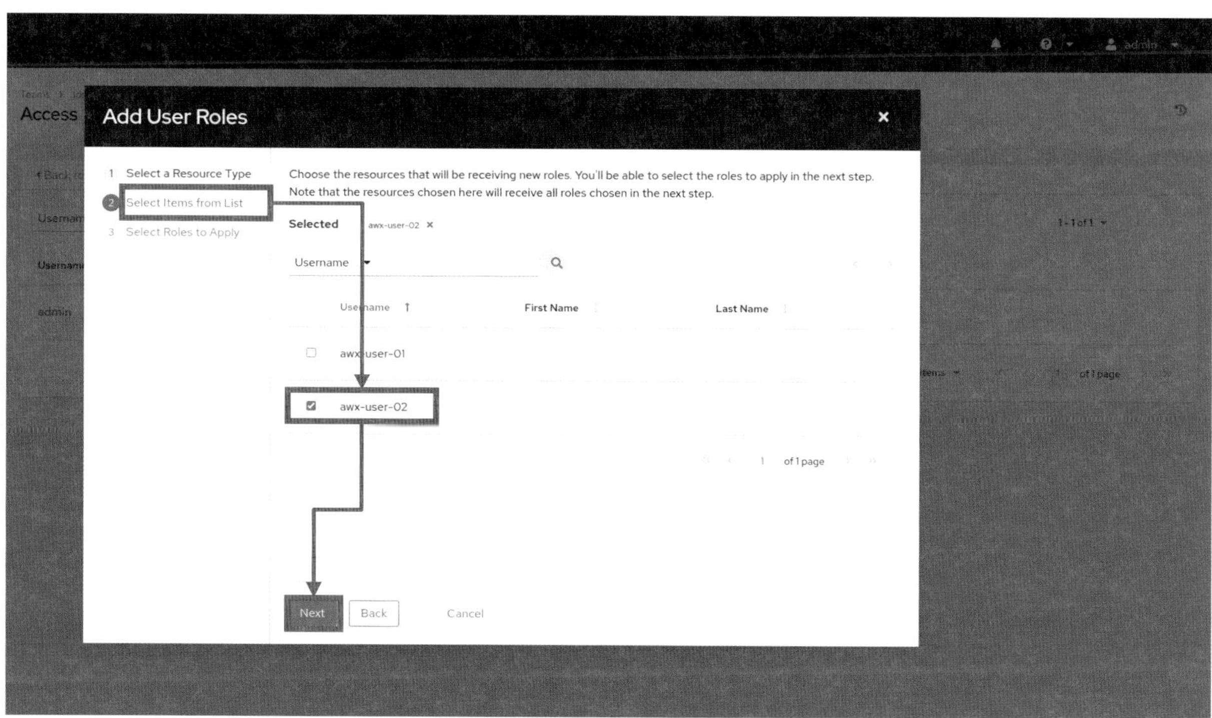

[그림 : Ansible AWX – Access – Teams – lds-eng – Access – Add Roles – Items]

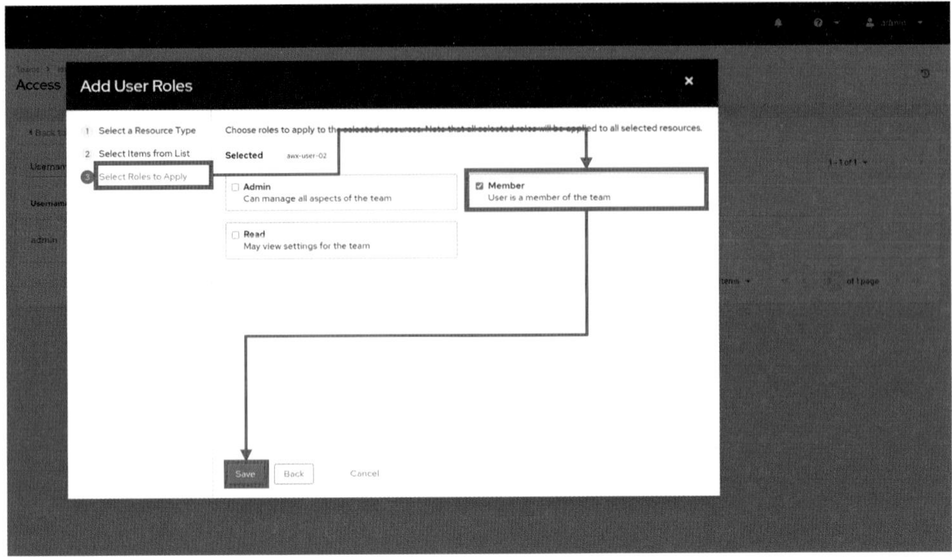

[그림 : Ansible AWX – Access – Teams – lds–eng – Access – Add Roles – Roles]

6.3.3.4.3. Team Roles – Team Permissions 설정 – 실습

Ansible AWX 구성 기준 실습 내용을 도식화 한 사항입니다.

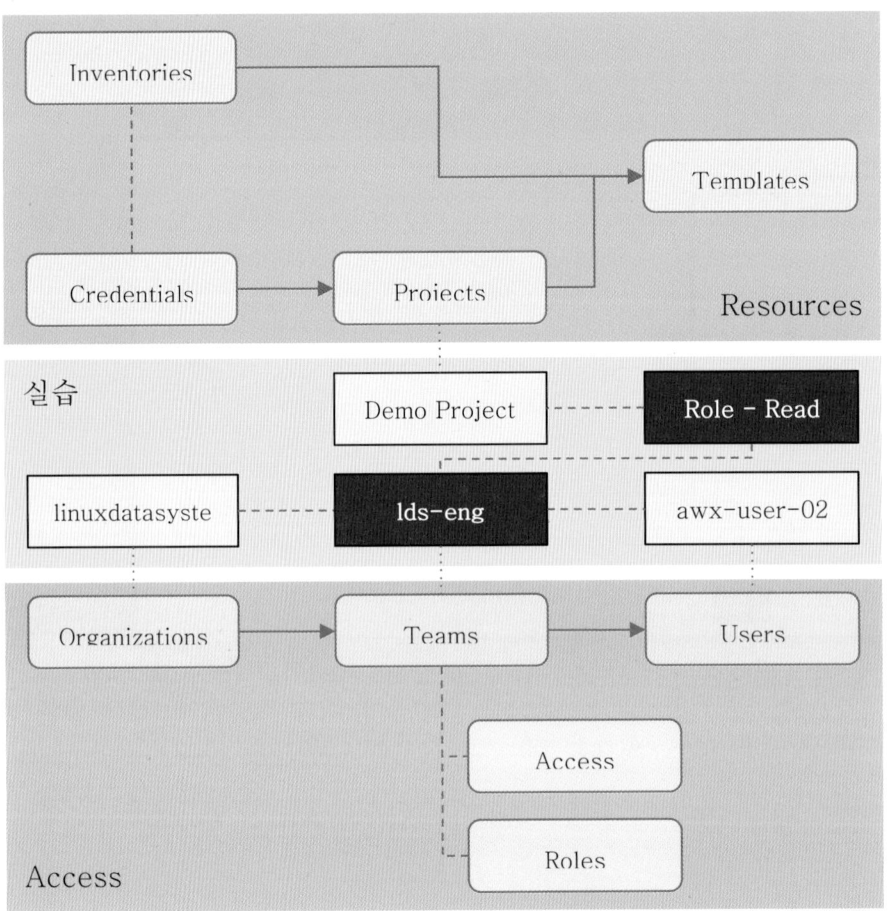

[그림 : Ansible AWX – Access – Teams – Role – 실습]

다음은 lds-eng Team에 Permissions을 추가하는 실습입니다.

1. Add team permissions:
   a. Add resource type: **Projects**
   b. Select items from list: **Demo Project**
   c. Select roles to apply: **Read**

실습 결과는 다음과 같습니다.

대상 Teams 페이지로 이동하여 lds-eng Teams 상세 화면으로 이동합니다. Roles 탭에서 Add 버튼을 선택합니다.

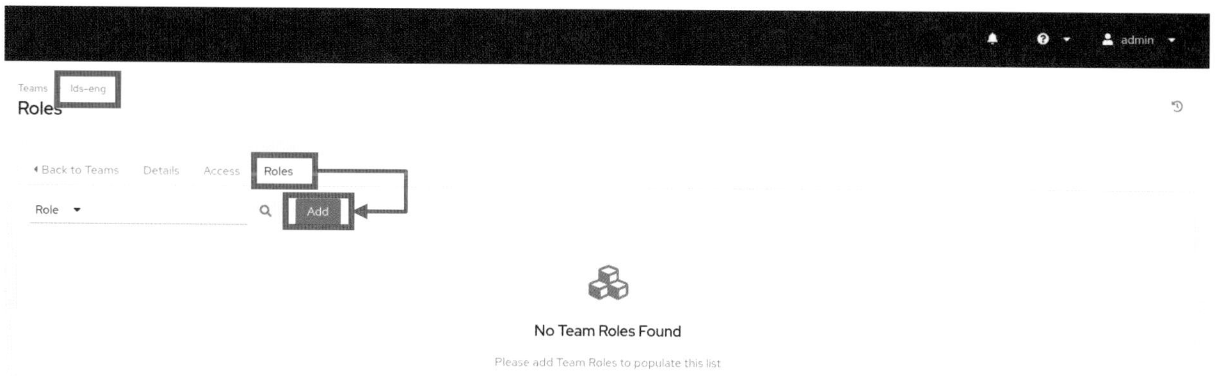

[그림 : Ansible AWX – Access – Teams – lds-eng – Roles – Add]

Select a Resource Type 내용중 Projects를 선택합니다.

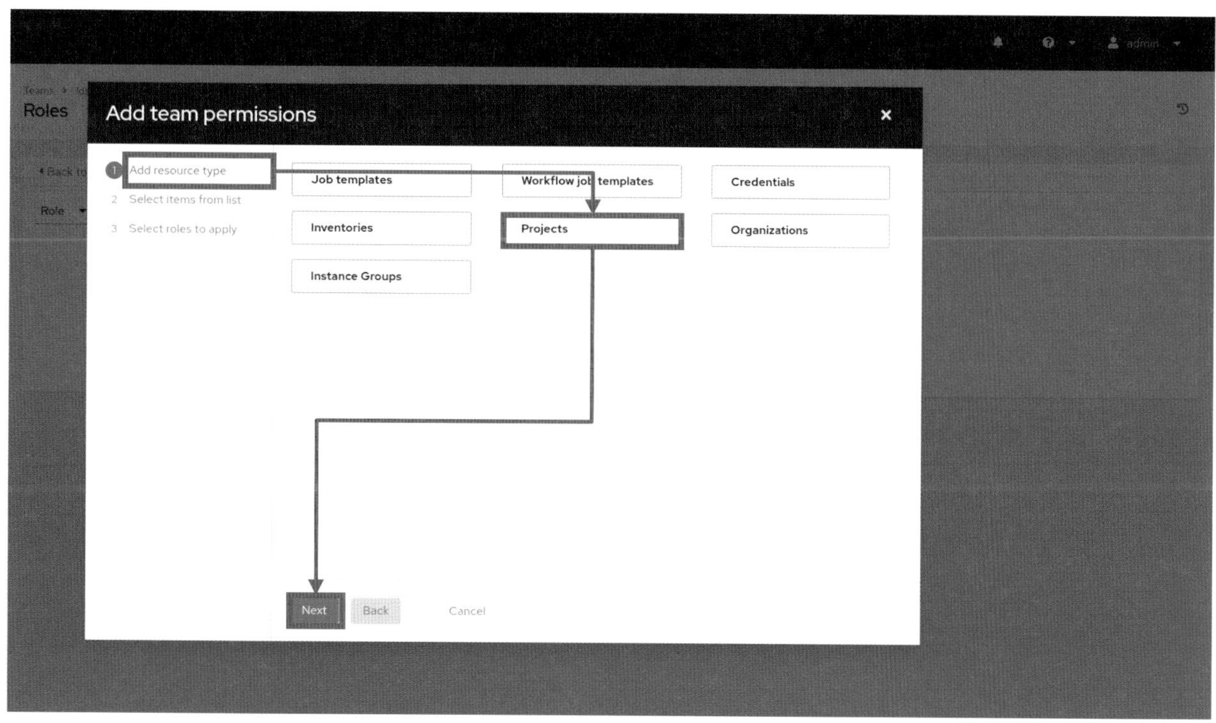

[그림 : Ansible AWX – Access – Teams – lds-eng – Roles – Add team permission – resource]

Select items from list 내용중 Demo Project를 선택합니다.

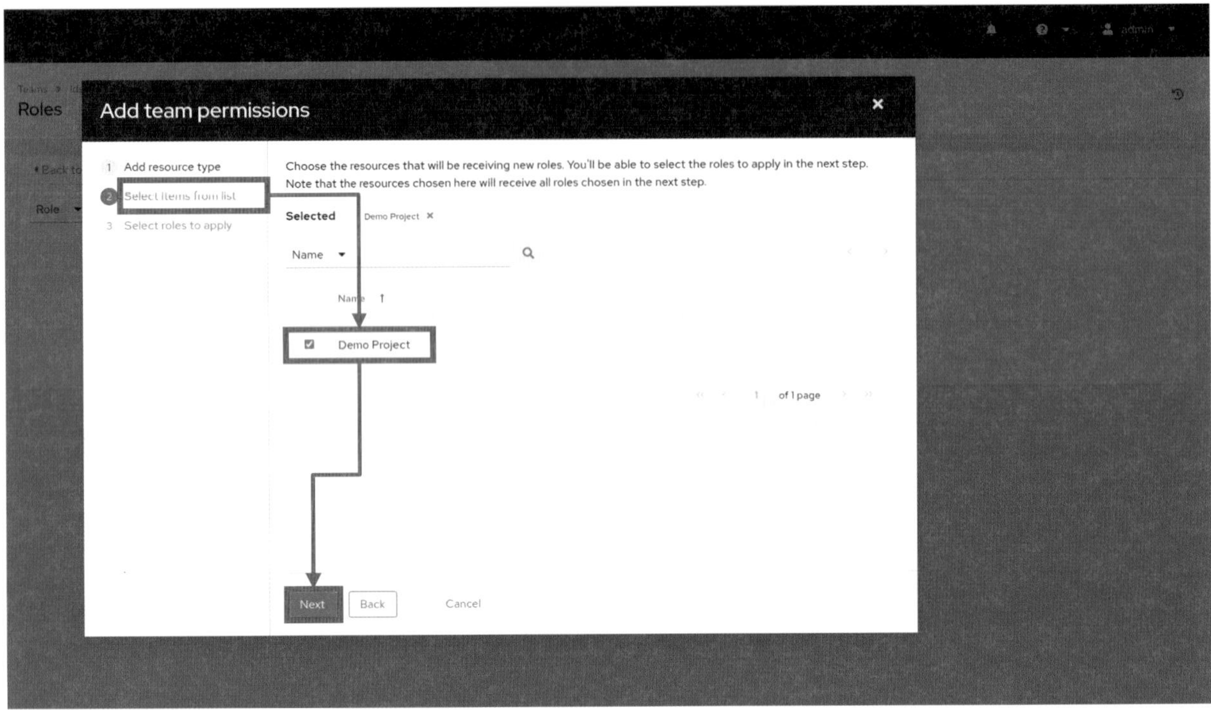

[그림 : Ansible AWX - Access - Teams - lds-eng - Roles - Add team permission - items]

Select roles to apply 내용중 Read를 선택합니다.

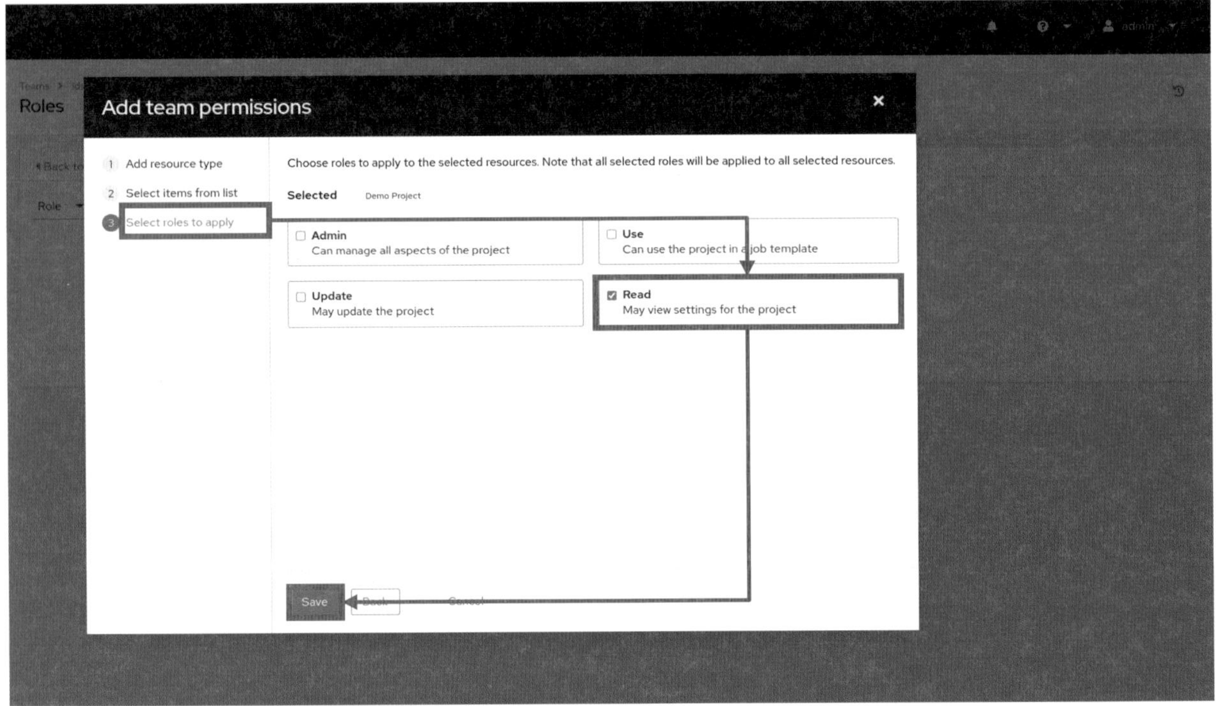

[그림 : Ansible AWX - Access - Teams - lds-eng - Roles - Add team permission - roles]

Roles 목록 화면에서 결과를 확인합니다.

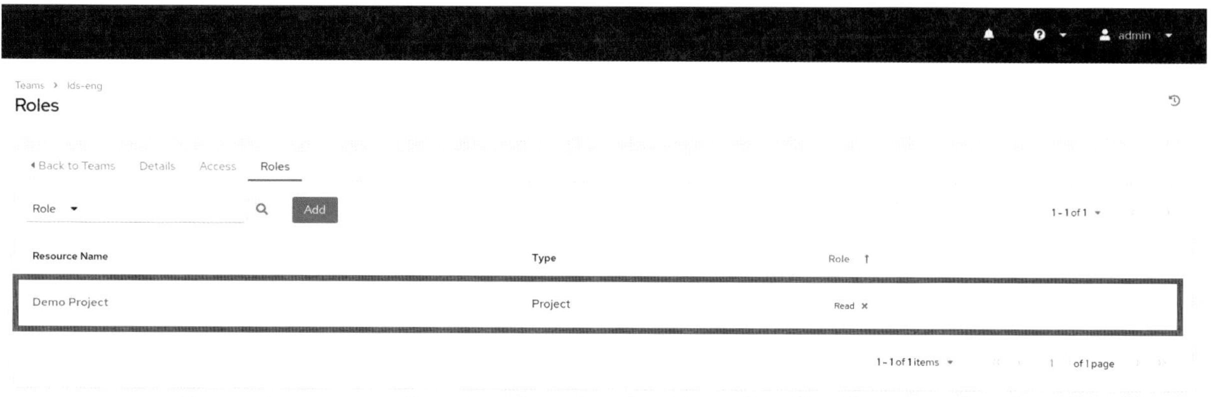

[그림 : Ansible AWX - Access - Teams - lds-eng - Roles - Add team permission - Result]

6.4. Resources

Ansible AWX Resources는 자동화 작업을 구성하고 실행하는 데 필요한 모든 요소를 포함하는 핵심 구성 요소입니다. Access 구성 이후 Resources 항목들을 구성하여 사용해 보도록 하겠습니다.

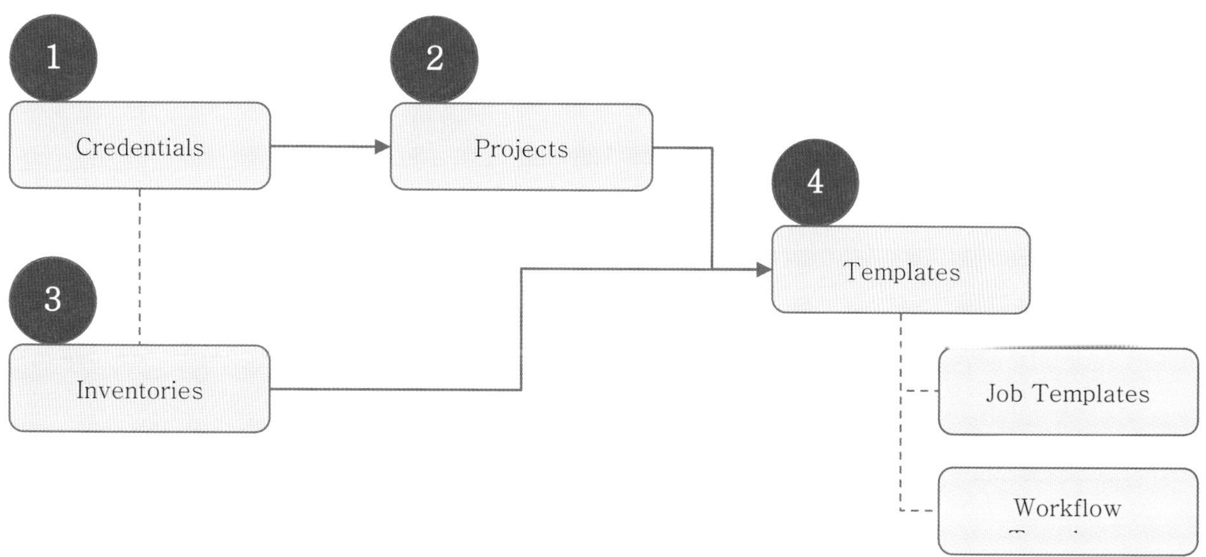

[그림 : Ansible AWX - Resources - 작업 흐름]

6.4.1. Credentials

Credentials은 SSH 키, 비밀번호 등 Ansible이 대상 호스트에 연결하는 데 필요한 정보를 저장합니다.

Credentials은 Ansible AWX에서 다음과 같은 작업에 사용됩니다.

- Ansible 대상 호스트 서버 연결
- Inventory 소스 동기화
- 버전 제어 시스템에서 프로젝트 정보 가져오기

AWX는 사용자에게 직접 Credentials을 노출하지 않고도 이를 사용할 수 있도록 권한을 부여할 수 있습니다. 이렇게 하면 다음과 같은 이점이 있습니다.

- 보안 향상: 사용자가 자격 증명을 직접 알지 못하기 때문에 악용 가능성이 낮아집니다.
- 관리 편의성: 사용자가 다른 Team으로 이동하거나 Organization을 떠나더라도 자격 증명을 다시 설정할 필요가 없습니다.

6.4.1.1. 작동 방식 이해

AWX는 SSH를 사용하여 원격 호스트에 연결하고 Credentials을 전달합니다. 이 과정에서 AWX는 다음과 같이 작동합니다.

- SSH 키: AWX는 키를 해독하고 명명된 pipe에 써서 SSH로 전달합니다. 이 과정에서 Key는 디스크에 기록되지 않습니다.
- 비밀번호: AWX는 비밀번호를 암호화 해제하고 프롬프트에 직접 입력하여 로그인합니다.

6.4.1.2. 목록

Credentials 목록을 확인하려면 다음 단계를 따릅니다.

1. **Credentials** 페이지로 이동:
   a. 왼쪽 메뉴에서 **Resources**을 선택합니다.
   b. "**Credentials**" 탭을 선택합니다.

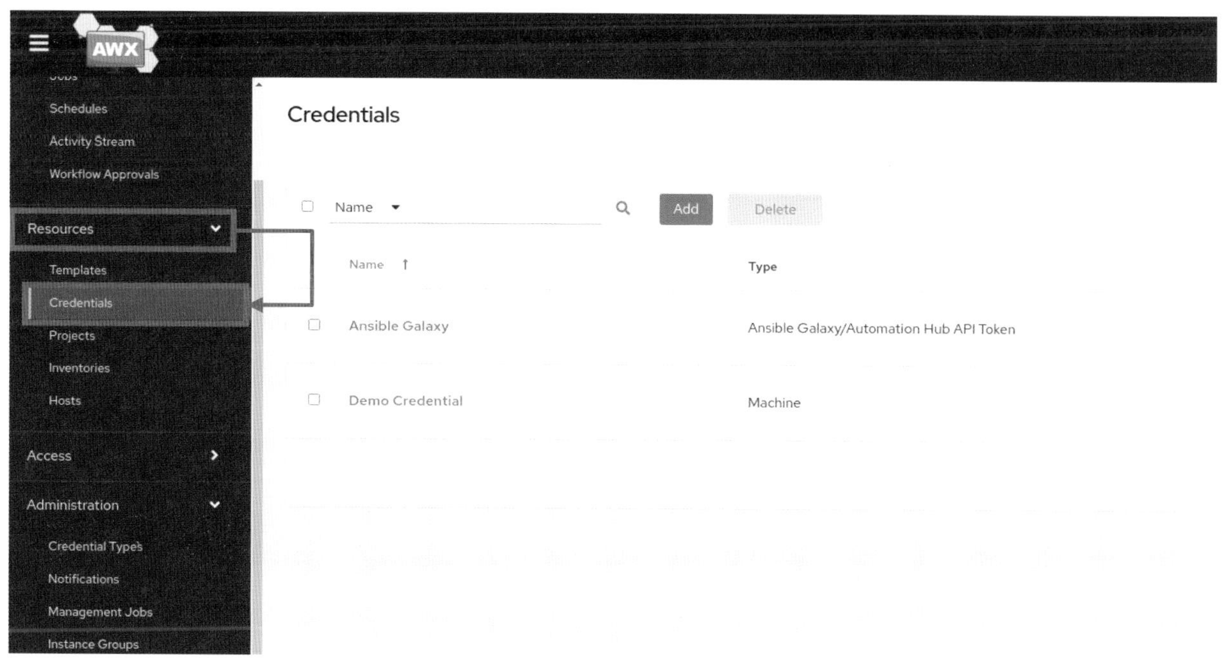

[그림 : Ansible AWX – Resources – Credentials – List]

6.4.1.3. 상세

6.4.1.3.1. 상세 – Details

Credential 링크를 클릭하면 다음과 같은 세부 정보를 확인할 수 있습니다.

- **Name**: Credential의 이름
- **Credential Type**: SSH 키 또는 기타 유형
- **Description**: Credential의 용도에 대한 설명
- **Created**: Credential이 생성된 날짜
- **Last Modified**: Credential이 마지막으로 수정된 날짜

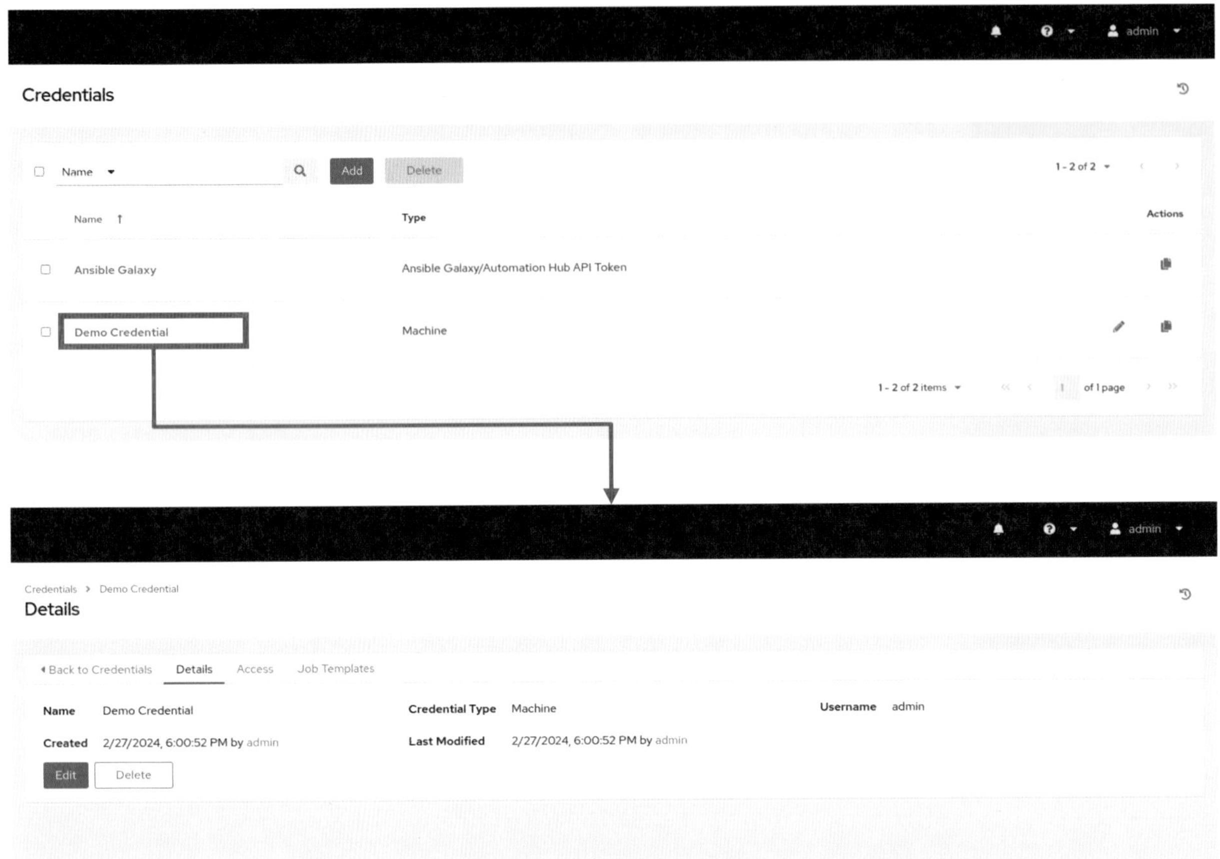

[그림 : Ansible AWX – Resources – Credentials – Details]

6.4.1.3.2. 상세 – Access

Access 탭을 클릭하면 다음과 같은 정보가 표시됩니다.

- User: 해당 자격 증명에 대한 Access을 가진 사용자 목록
- Roles: 각 사용자 또는 팀에 부여된 Role 내역(Admin, User, Read 등)

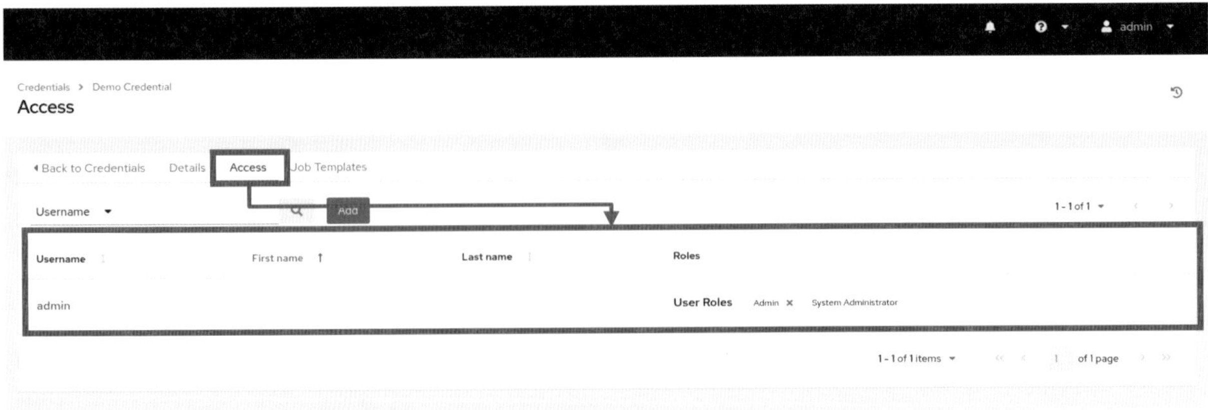

[그림 : Ansible AWX – Resources – Credentials – Access]

6.4.1.3.3. 상세 – Job Templates

Job Templates 탭을 클릭하면 다음과 같은 정보를 확인할 수 있습니다.

- Job Templates: 이 Credentials을 사용하는 작업 템플릿 목록
- 최근 실행된 Job: 이 Credentials을 사용하여 최근에 실행된 작업 목록

Add 버튼 클릭 시 이 Credentials을 사용하여 Job Templates을 추가 할 수 있습니다.

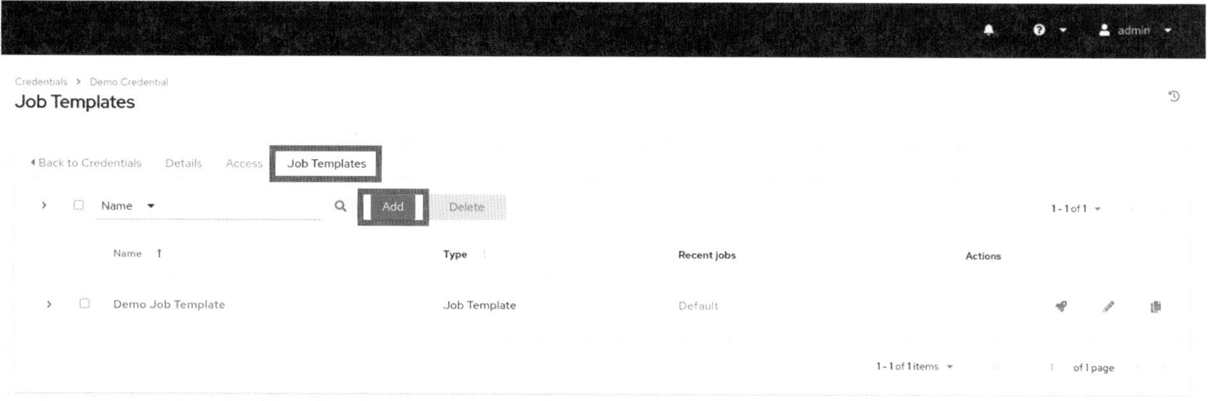

[그림 : Ansible AWX – Resources – Credentials – Job Templates]

6.4.1.4. 생성

6.4.1.4.1. Credentials 생성 – 방법

Ansible AWX에서 대상 **Credentials**을 추가하려면 다음 단계를 따릅니다.

1. **Credentials** 페이지로 이동:
   a. 왼쪽 메뉴에서 **Resources**을 선택합니다.
   b. "**Credentials**" 탭을 선택합니다.
   c. "**Add**" 버튼을 클릭합니다.
2. Create New Credential: 새 Credential 양식에 다음 정보를 입력
   a. **Name**: 새 Credential 이름 (필수)
   b. **Description**: Credential에 대한 간단한 설명 (선택 사항)
   c. **Organization**: Credential이 속한 Organization (기존 Organization에서 선택, 선택 사항)
   d. **Credential Type**: 생성하려는 Credential Type을 선택합니다. 선택한 Credential Type에 따라 적절한 세부 정보를 입력합니다.
3. "Save" 버튼을 클릭하여 Credential 생성

6.4.1.4.2. Credentials 생성 – 실습

Ansible AWX 구성 기준 실습 내용을 도식화 한 사항입니다.

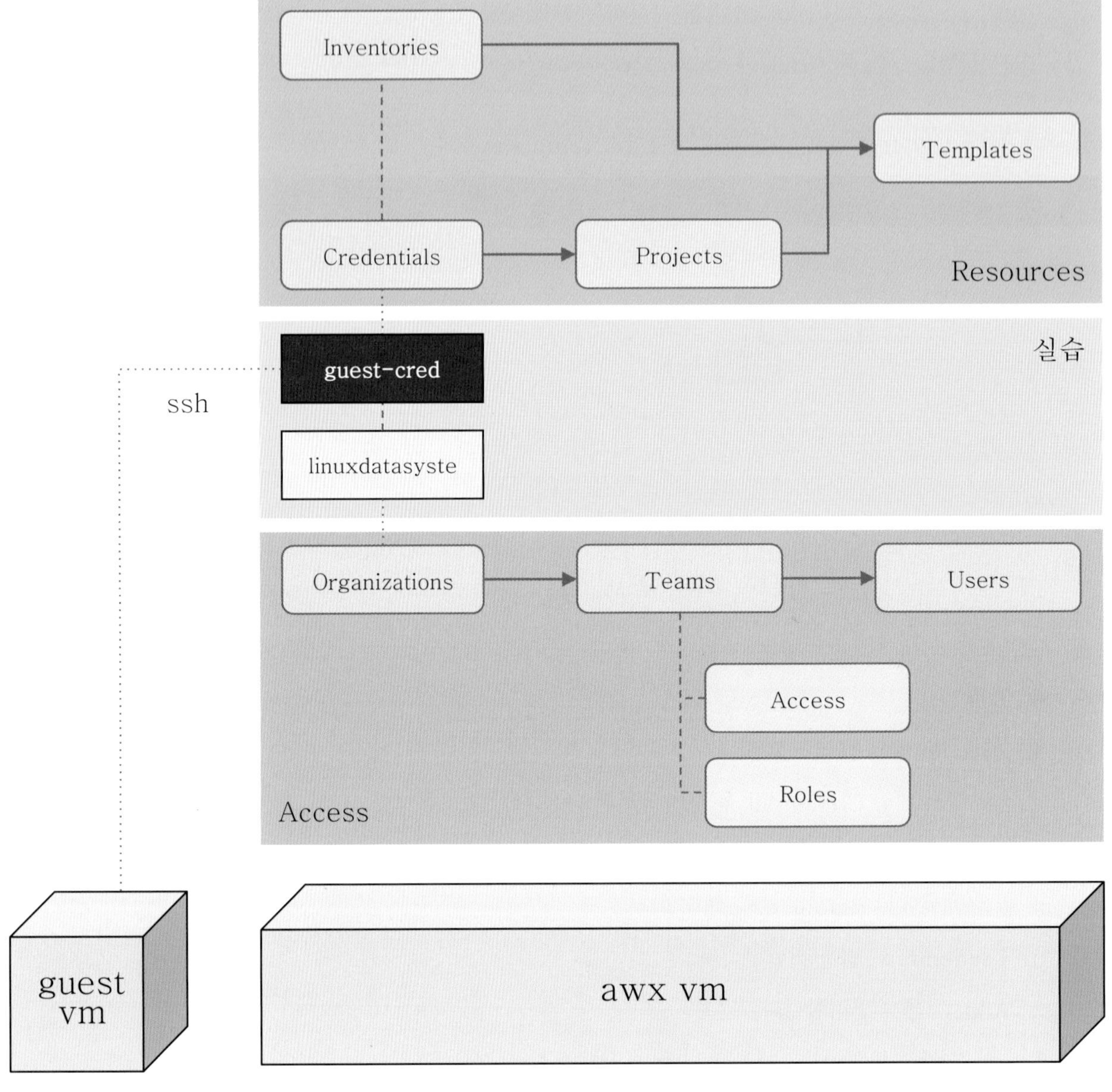

[그림 : Ansible AWX – Resources – Credentials – 실습]

Ansible AWX 준비 부분에서 생성한 guest 서버의 계정정보를 기준으로 진행합니다.

다음은 **linuxdatasystem Organization**에 소속된 **guest-cred Credential**을 생성하는 실습입니다.

1. Create New Credential:
    a. **Name**: guest-cred
    b. **Organization**: linuxdatasystem
    c. **Credential Type**: Machine
        i . Username: lds

ii. Password: [guest 서버의 Password 입력]

실습 결과는 다음과 같습니다.

Credential 페이지에서 Add 버튼을 클릭하여 필요한 정보를 입력합니다. Credential Type이 Machine인 경우 Username 및 Password를 사용하여 입력 할 수 있습니다.

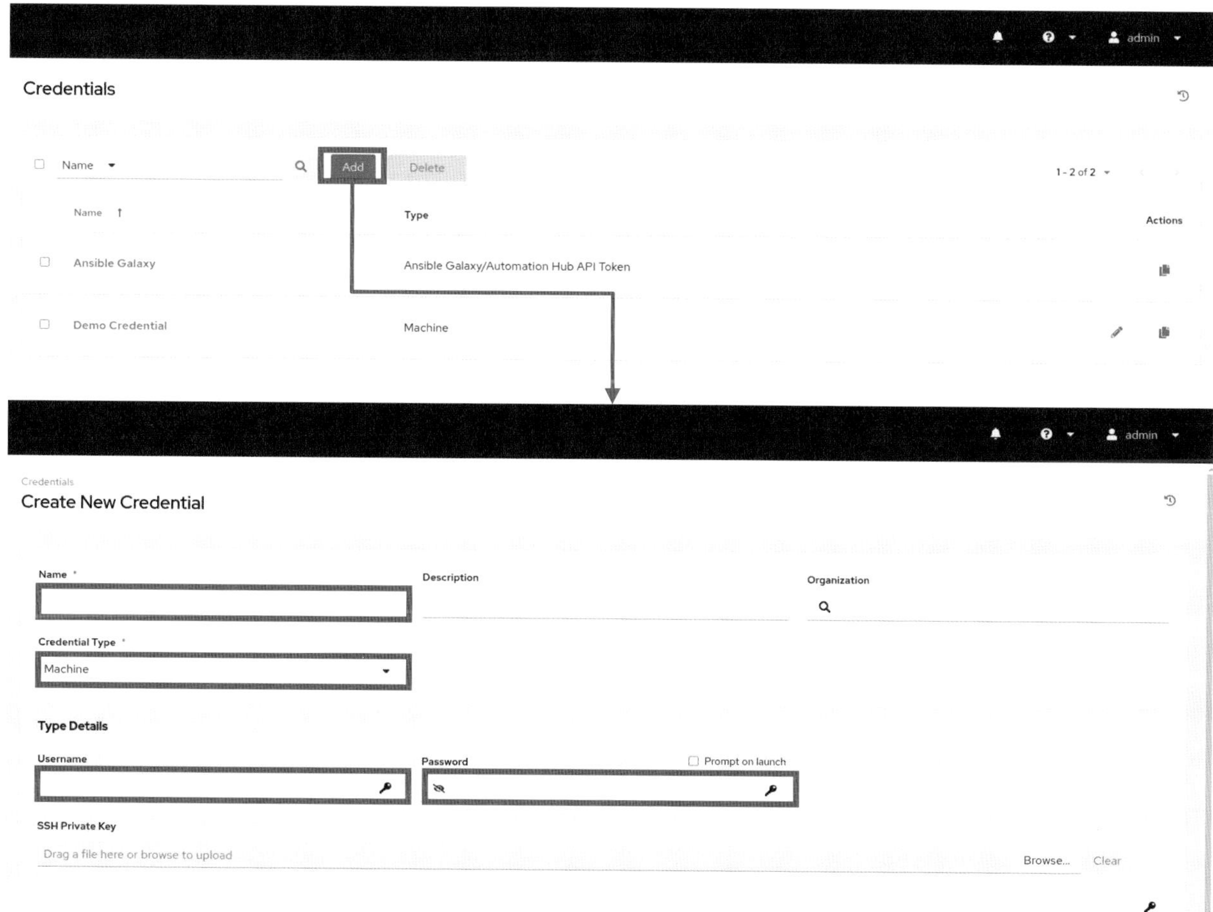

[그림 : Ansible AWX - Resources - Credentials - Add]

필요한 정보를 입력 후 하단에 Save 버튼을 클릭합니다.

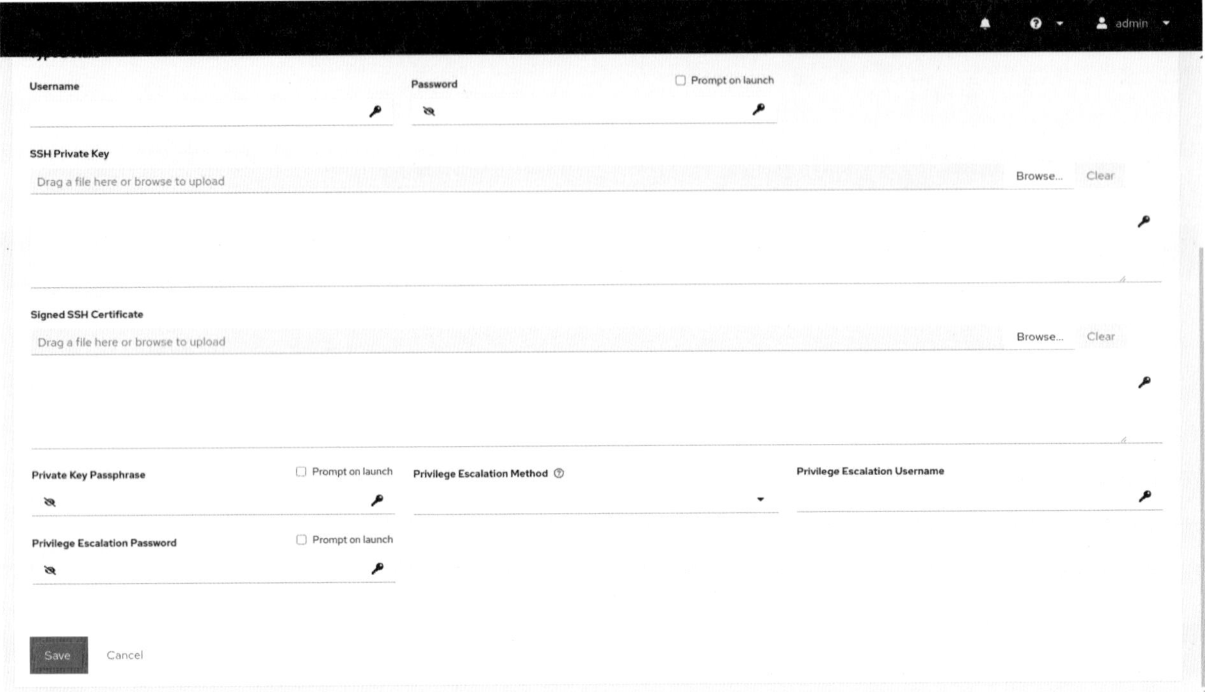

[그림 : Ansible AWX - Resources - Credentials - Add - Save]

Team을 생성하면 아래와 같이 Team 상세 화면을 확인 가능합니다.

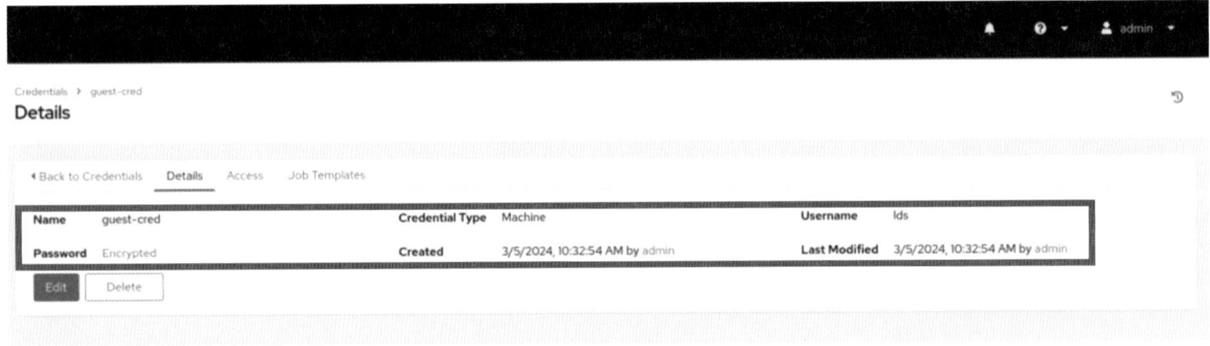

[그림 : Ansible AWX - Resources - Credentials - Add - Result]

6.4.2. Projects

Ansible AWX에서 Project는 Ansible Playbook의 논리적 모음입니다. Project를 사용하면 다음과 같은 이점을 얻을 수 있습니다.

- Playbook 구성: Project는 관련 Playbook을 하나의 그룹으로 정리하여 관리를 간소화합니다.
- 버전 관리: Project는 Git, Subversion, Red Hat Insights와 같은 소스 코드 관리(SCM) 시스템을 사용

하여 Playbook 버전을 관리할 수 있습니다.

6.4.2.1. 목록

Projects 목록을 확인하려면 다음 단계를 따릅니다.

Projects 페이지로 이동:

- 왼쪽 메뉴에서 Resources을 선택합니다.
- "Projects" 탭을 선택합니다.

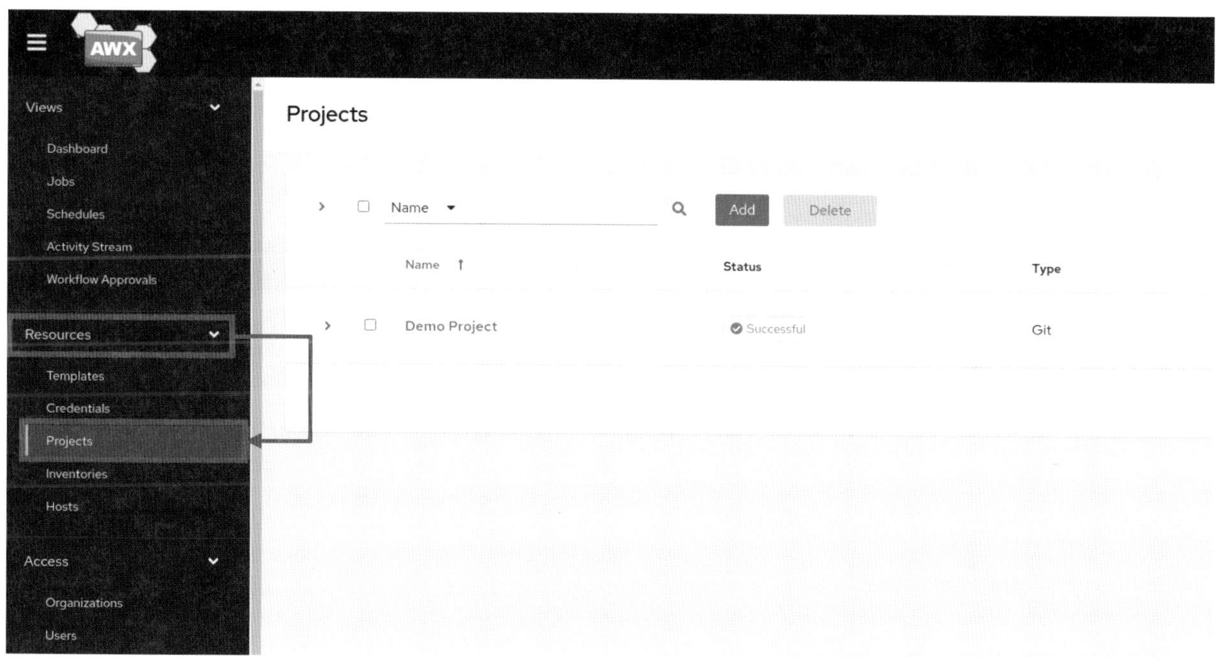

[그림 : Ansible AWX - Resources - Projects]

기본 보기는 Project 이름과 해당 상태가 포함된 축소된 상태이지만 각 항목 옆에 있는 화살표를 사용하여 확장하여 자세한 내용을 볼 수 있습니다.

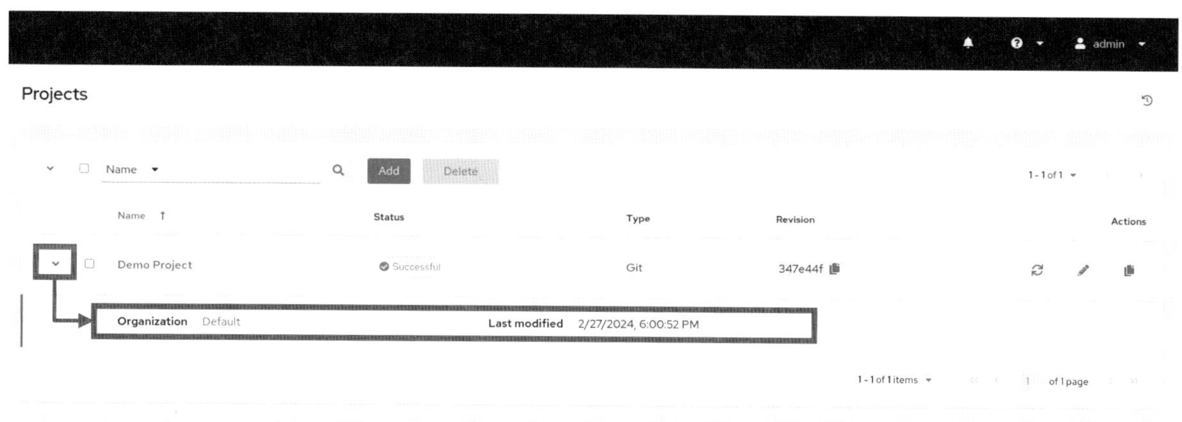

[그림 : Ansible AWX - Resources - Projects]

Project의 Status 정보의 설명은 다음과 같습니다.

- Pending: 소스 제어 업데이트가 생성되었지만 아직 시작되지 않았습니다.
- Waiting: 소스 제어 업데이트가 실행 대기 중입니다.
- Running: 소스 제어 업데이트가 진행 중입니다.
- Successful: 마지막 소스 제어 업데이트가 성공했습니다.
- Failed: 마지막 소스 제어 업데이트가 실패했습니다.
- Error: 마지막 소스 제어 업데이트 작업이 실행되지 않았습니다.
- Canceled: 마지막 소스 제어 업데이트가 취소되었습니다.
- Never updated: Project는 소스 제어를 사용하도록 설정되어 있지만 아직 업데이트된 적이 없습니다.
- OK: Project는 소스 제어를 사용하도록 설정되어 있지 않지만 올바르게 설정되어 있습니다.
- Missing: Project가 프로젝트 기본 경로에 없습니다.

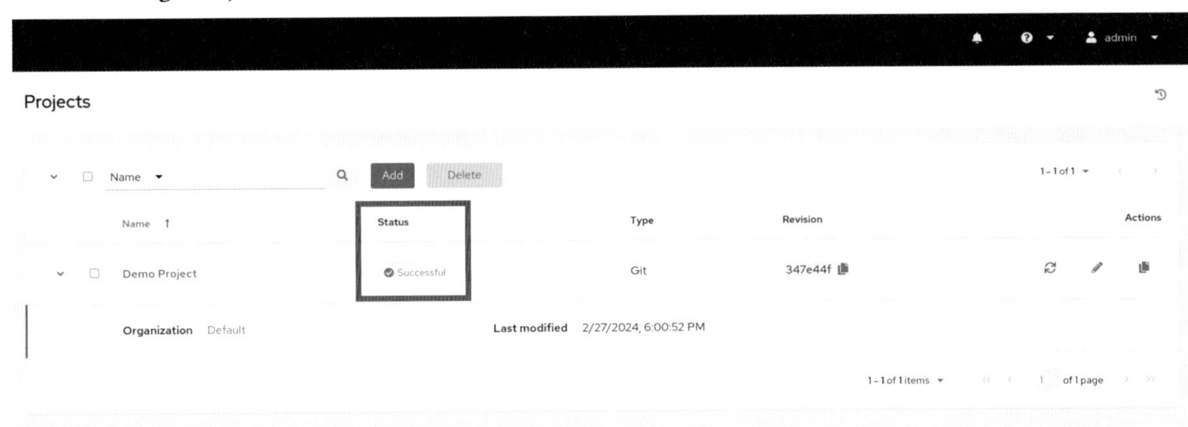

[그림 : Ansible AWX – Resources – Projects – Status]

6.4.2.2. 생성

6.4.2.2.1. Project 생성 – 방법

Ansible AWX에서 **Project**를 생성하는 방법은 두 가지입니다.

- 수동 배포: Playbook과 Playbook 디렉터리를 서버의 **Project** 기본 경로 아래에 수동으로 배치합니다.
- SCM 통합: AWX에서 지원하는 SCM 시스템에 Playbook을 배치합니다.

Ansible AWX에서 Manual 시스템 유형의 대상 **Project**을 추가하려면 다음 단계를 따릅니다.

1. **Projects** 페이지로 이동:
   a. 왼쪽 메뉴에서 **Resources**을 선택합니다.
   b. "**Projects**" 탭을 선택합니다.
   c. "**Add**" 버튼을 클릭합니다.

2. Create New Project: 새 **Project** 양식에 다음 정보를 입력
   a. **Name**: **Project**를 쉽게 식별할 수 있는 고유한 이름을 입력합니다.
   b. **Description**: **Project**에 대한 간략한 설명을 입력합니다. (선택 사항)
   c. **Organization**: **Project**에 대한 Organization을 선택합니다. 프로젝트에는 하나 이상의 Organization이 속할 수 있습니다.
   d. **Execution Environment**: **Project**를 실행할 환경을 선택합니다. (선택 사항)
   e. **Source Control Type**: **Project**에 사용할 **Manual** 시스템 유형을 선택합니다.
   f. **Content Signature Validation Credential**: 콘텐츠 검증을 활성화하려면 GPG 키를 입력합니다. (선택 사항)
   g. **Playbook Directory**: Project 기본 경로에서 Playbook을 생성할 Directory를 선택합니다.
3. "Save" 버튼을 클릭하여 **Project** 생성

6.4.2.2.2. Project 생성 - 실습 - 준비

Project 생성에 앞서 awx-demo-web에서 사용중인 Pod에 Mount 되어 있는 Persistent Volume에 Directory 생성이 필요합니다.

Ansible AWX 구성 기준 실습 내용을 도식화 한 사항입니다.

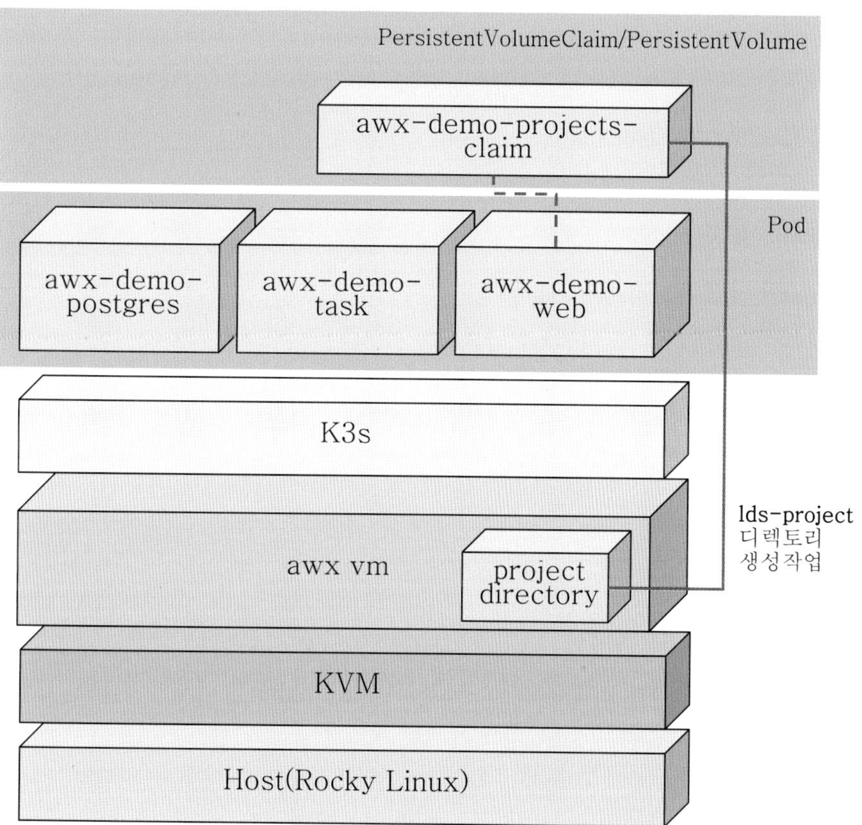

[그림 : Ansible AWX - Resources - Projects - 실습 - 준비]

6.4.2.2.2.1. Persistent Volume에 디렉토리 생성

PersistentVolume의 권한 설정을 위해 Pod와 연계된 PersistentVolumeClaim 정보를 확인 합니다. awx-demo-web Deployment에 정의된 PersistentVolumeClaim을 확인합니다. localPath 형태로 Mount된 사항을 확인할 수 있습니다.

```
kubectl get deployment.apps/awx-demo-web -o yaml

kubectl get pvc

kubectl get pv
```

```
[root@awx ~]# kubectl get deployment.apps/awx-demo-web -o yaml

...output omitted...
  spec:
    containers:
...output omitted...
      name: awx-demo-web
      ports:
      - containerPort: 8052
        protocol: TCP
      resources:
        limits:
          cpu: "1"
          memory: 2Gi
        requests:
          cpu: 200m
          memory: 1Gi
...output omitted...
      - mountPath: /var/lib/awx/projects
        name: awx-demo-projects
...output omitted...
      - name: awx-demo-projects
        persistentVolumeClaim:
          claimName: awx-demo-projects-claim
...output omitted...
  observedGeneration: 1
  readyReplicas: 1
  replicas: 1
  updatedReplicas: 1
[root@awx ~]#
[root@awx ~]# kubectl get pvc
NAME                          STATUS   VOLUME                                     CAPACITY   ACCESS MODES
STORAGECLASS   AGE
postgres-13-awx-demo-postgres-13-0   Bound    pvc-eb2e6d6c-a51c-4639-b823-2c352c409fdc
8Gi        RWO            local-path     7d22h
awx-demo-projects-claim              Bound    pvc-f183a2c8-0714-45ed-8055-fd63ac526572   20Gi
RWO            local-path     7d22h
[root@awx ~]#
[root@awx ~]# kubectl get pv
NAME                                       CAPACITY   ACCESS MODES   RECLAIM POLICY   STATUS   CLAIM
STORAGECLASS   REASON   AGE
```

```
pvc-eb2e6d6c-a51c-4639-b823-2c352c409fdc   8Gi      RWO        Delete        Bound    awx/
postgres-13-awx-demo-postgres-13-0   local-path          7d22h
pvc-f183a2c8-0714-45ed-8055-fd63ac526572   20Gi     RWO        Delete        Bound    awx/
awx-demo-projects-claim              local-path          7d22h
[root@awx ~]#
```

pvc-f183a2c8-0714-45ed-8055-fd63ac526572 PersistentVolume의 local-path 정보를 확인합니다.

```
kubectl get pv [PERSISTENT_VOLUME_NAME] -o yaml
```

```
[root@awx ~]# kubectl get pv pvc-f183a2c8-0714-45ed-8055-fd63ac526572 -o yaml
apiVersion: v1
kind: PersistentVolume
metadata:
  annotations:
    pv.kubernetes.io/provisioned-by: rancher.io/local-path
  creationTimestamp: "2024-02-27T08:58:05Z"
  finalizers:
  - kubernetes.io/pv-protection
  name: pvc-f183a2c8-0714-45ed-8055-fd63ac526572
  resourceVersion: "1067372"
  uid: c134d682-5977-4498-b75f-f4e0857e5e53
spec:
  accessModes:
  - ReadWriteOnce
  capacity:
    storage: 20Gi
  claimRef:
    apiVersion: v1
    kind: PersistentVolumeClaim
    name: awx-demo-projects-claim
    namespace: awx
    resourceVersion: "1067351"
    uid: f183a2c8-0714-45ed-8055-fd63ac526572
  hostPath:
    path: /var/lib/rancher/k3s/storage/pvc-f183a2c8-0714-45ed-8055-fd63ac526572_awx_awx-demo-
projects-claim
    type: DirectoryOrCreate
  nodeAffinity:
    required:
      nodeSelectorTerms:
      - matchExpressions:
        - key: kubernetes.io/hostname
          operator: In
          values:
          - awx.example.com
  persistentVolumeReclaimPolicy: Delete
  storageClassName: local-path
  volumeMode: Filesystem
status:
  phase: Bound
[root@awx ~]#
```

hostPath의 경로 정보를 확인 후 Project에 사용할 디렉토리 생성 합니다. (/var/lib/rancher/k3s/storage/pvc-f183a2c8-0714-45ed-8055-fd63ac526572_awx_awx-demo-projects-claim)

```
cd [PERSISTENT_VOLUME_HOST_PATH]

mkdir lds-project

chmod -R 777 lds-project
```

```
[root@awx ~]# cd /var/lib/rancher/k3s/storage/pvc-f183a2c8-0714-45ed-8055-
fd63ac526572_awx_awx-demo-projects-claim
[root@awx pvc-f183a2c8-0714-45ed-8055-fd63ac526572_awx_awx-demo-projects-claim]# ls
[root@awx pvc-f183a2c8-0714-45ed-8055-fd63ac526572_awx_awx-demo-projects-claim]# ls -al
total 0
drwxrwxr-x. 2 root lds    6 Feb 27 17:58 .
drwx------. 4 root root 169 Feb 27 17:58 ..
[root@awx pvc-f183a2c8-0714-45ed-8055-fd63ac526572_awx_awx-demo-projects-claim]# pwd
/var/lib/rancher/k3s/storage/pvc-f183a2c8-0714-45ed-8055-fd63ac526572_awx_awx-demo-
projects-claim
[root@awx pvc-f183a2c8-0714-45ed-8055-fd63ac526572_awx_awx-demo-projects-claim]#
[root@awx pvc-f183a2c8-0714-45ed-8055-fd63ac526572_awx_awx-demo-projects-claim]# mkdir
lds-project
[root@awx pvc-f183a2c8-0714-45ed-8055-fd63ac526572_awx_awx-demo-projects-claim]# chmod
-R 777 lds-project
[root@awx pvc-f183a2c8-0714-45ed-8055-fd63ac526572_awx_awx-demo-projects-claim]#
```

6.4.2.2.2.2. Pod에 Project 디렉토리 확인

현재 동작중인 awx Namespace의 awx-demo-web Pod에 Project 디렉토리가 생성되어 있는지 정보를 확인합니다.

```
kubectl exec -it [POD_NAME] /bin/bash

cd /var/lib/awx/projects

ls
```

```
[root@awx ~]# kubectl exec -it awx-demo-web-bc8944c95-jbk48 /bin/bash
kubectl exec [POD] [COMMAND] is DEPRECATED and will be removed in a future version. Use kubectl
exec [POD] -- [COMMAND] instead.
bash-5.1$ cd /var/lib/awx/projects
bash-5.1$ ls
lds-project
bash-5.1$ ls -al
total 0
drwxrwxr-x. 3 root 1000 25 Mar  6 08:54 .
drwxrwxr-x. 1 root root 58 Feb 28 00:57 ..
drwxrwxrwx. 2 root root  6 Mar  6 08:54 lds-project
bash-5.1$ pwd
/var/lib/awx/projects
bash-5.1$ id
```

```
uid=1000(awx) gid=0(root) groups=0(root)
bash-5.1$ exit
exit
[root@awx ~]#
```

6.4.2.2.3. Project 생성 - 실습

Ansible AWX 구성 기준 실습 내용을 도식화 한 사항입니다.

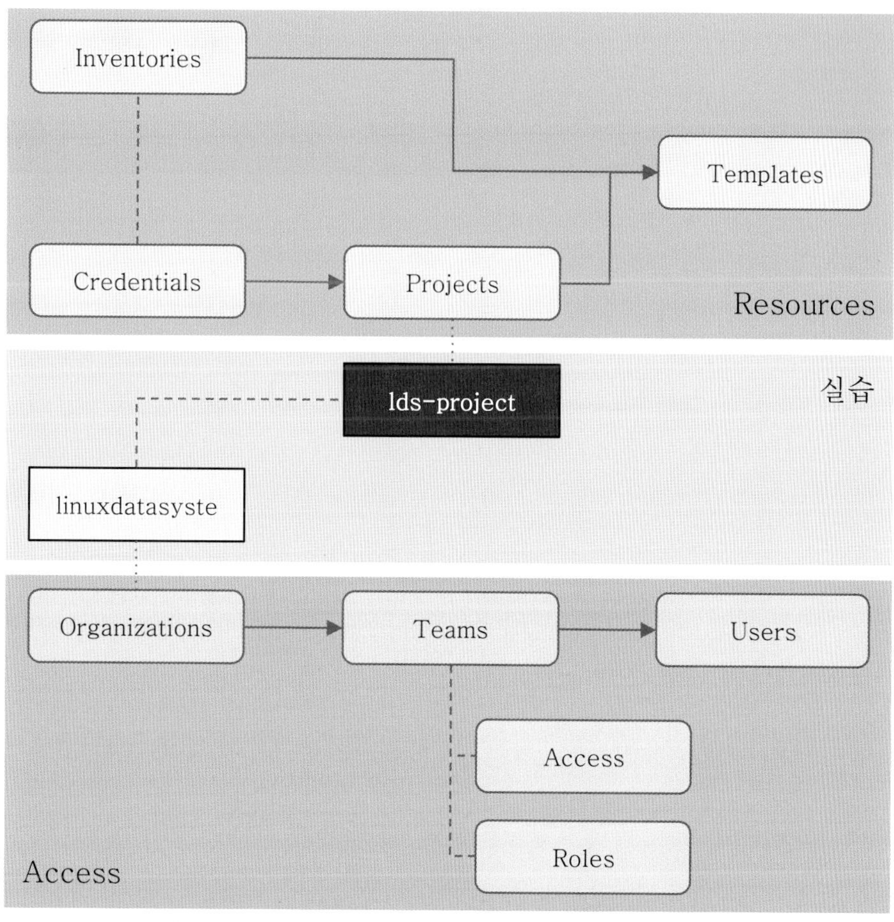

[그림 : Ansible AWX - Resources - Projects - 실습]

다음은 linuxdatasystem Organization에 속하는 **lds-project Project**를 추가하는 실습입니다. Source Control Type은 awx-demo-web Pod 내의 PersistentVolume에 저장하는 형태로 진행합니다.

1. Create New Project: 새 **Project** 양식에 다음 정보를 입력
   a. **Name**: lds-project
   b. **Organization**: linuxdatasystem
   c. **Source Control Type**: Manual
   d. **Playbook Directory**: lds-project

[그림 : Ansible AWX – Resources – Projects – Create New Project]

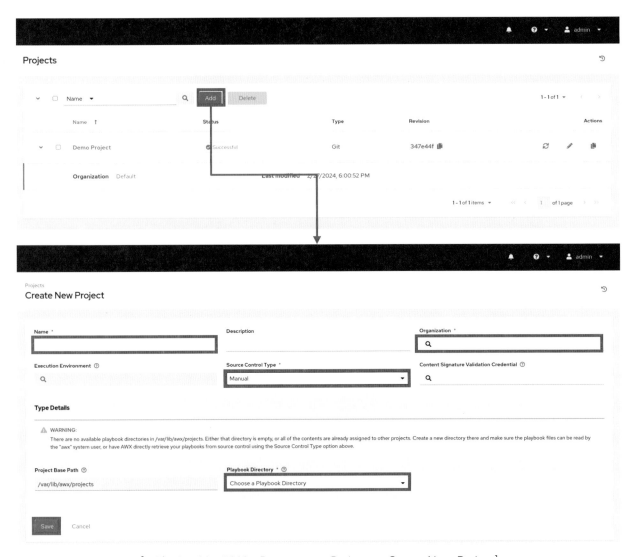

Project을 생성하면 아래와 같이 Project 상세 화면을 확인 가능합니다.

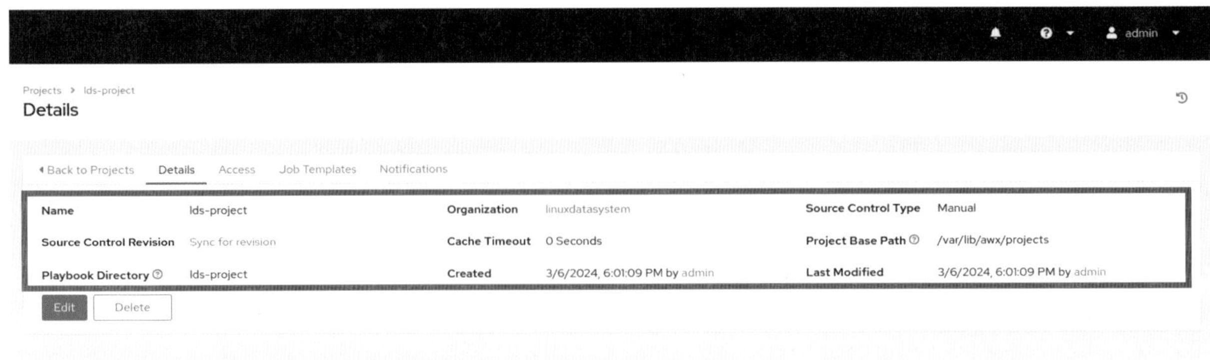

[그림 : Ansible AWX – Resources – Projects – Create New Project – Result]

6.4.2.3. 설정 - Access

이 탭에는 **Project**에 속한 **User** 및 **Team** 목록이 표시됩니다. 목록은 Username, 이름 또는 성으로 검색 가능합니다.

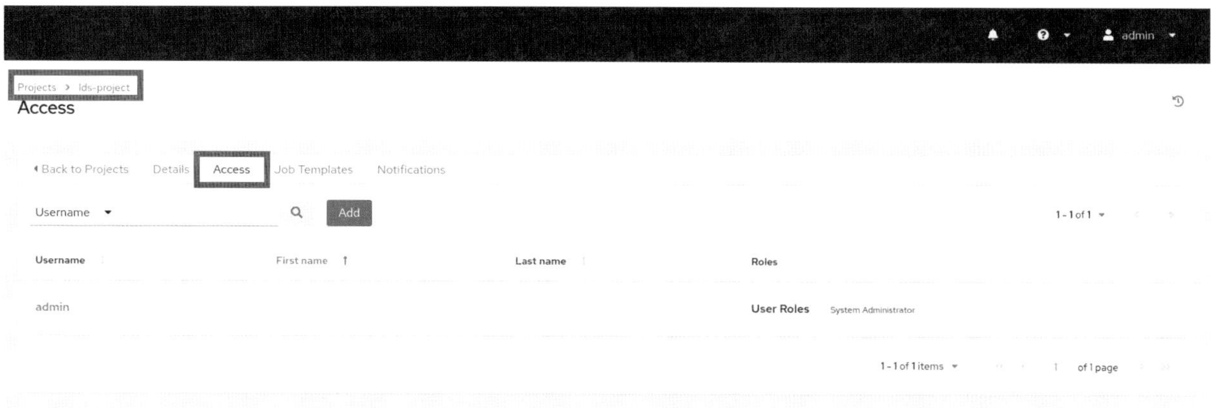

[그림 : Ansible AWX - Resources - Projects - lds-project - Access - Info]

6.4.2.3.1. Project Access - Access 설정 - 방법

Ansible AWX에서 대상 **Project**에 **User** 또는 **Team**에게 역할을 추가하려면 다음 단계를 따릅니다.

1. 대상 **Projects** 페이지로 이동:
   a. 왼쪽 메뉴에서 **Resources**을 선택합니다.
   b. "**Projects**" 탭을 선택합니다.
   c. 변경 대상 "**Project**"을 선택합니다.
2. Add Roles: **User** 또는 **Team**에게 역할을 추가
   a. "**Access**" 탭에서 "**Add**" 버튼을 클릭합니다.
   b. Add Roles: 프롬프트에 따라 대상 Resource에 역할을 추가합니다.
      i. Select a Resource Type:
         a. Users: **User** 집합에 새 역할을 추가하려면 **User**를 선택합니다.
         b. Teams: **Team**에 새 역할을 추가하려면 **Team**을 선택합니다.
      ii. Select Items from List:
         a. Users: 특정 **User**를 선택하거나 모든 **User**를 선택할 수 있습니다.
         b. Teams: 특정 Team을 선택하거나 모든 **Team**을 선택할 수 있습니다.
      iii. Select Roles to Apply:
         a. 선택한 **Resource**에 적용할 **Role**을 선택합니다.
         b. 여러 **Role**을 선택할 수 있습니다.
   c. "**Save**" 버튼을 클릭합니다.

6.4.2.3.2. Project Access - Access 설정 - 실습

Ansible AWX 구성 기준 실습 내용을 도식화 한 사항입니다.

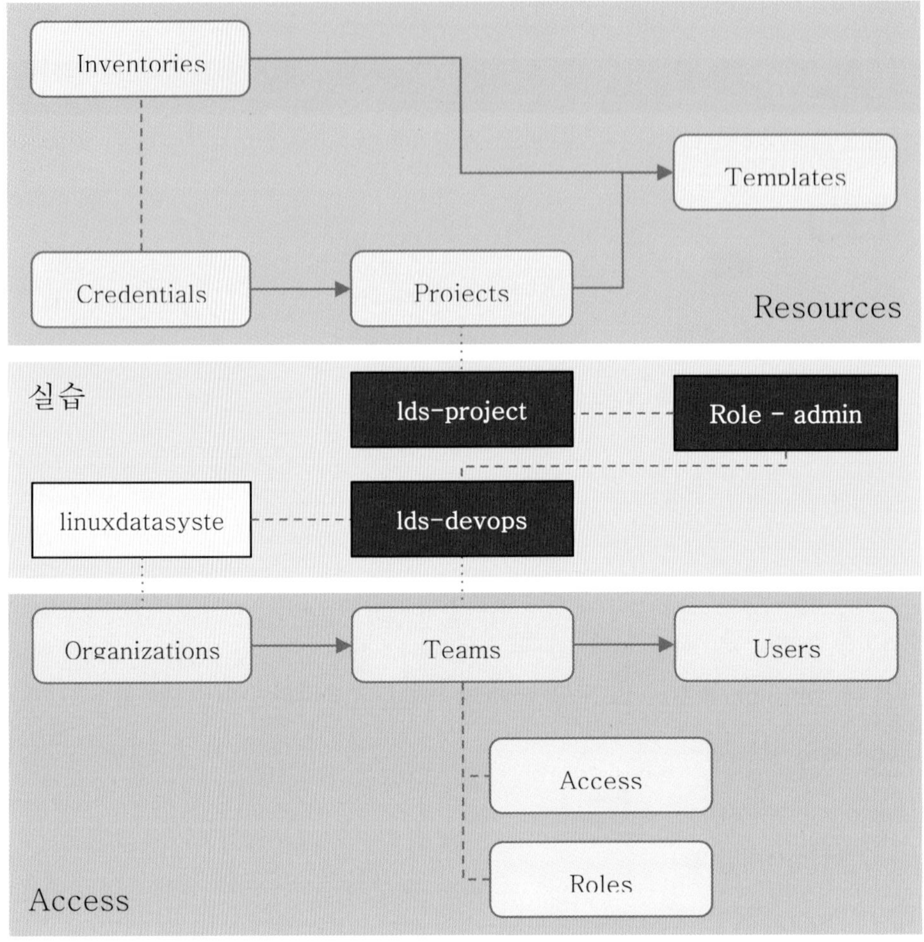

[그림 : Ansible AWX - Resources - Projects - Access - 실습]

다음은 **lds-project Project**에 **lds-devops Team**에 **admin** Access 설정을 추가하는 실습입니다.

1. Select Projects: **lds-project**
2. Add Roles:
   a. Add Roles:
      i. Select a Resource Type: **Teams**
      ii. Select Items from List: **lds-devops**
      iii. Select Roles to Apply: **Admin**

실습 결과는 다음과 같습니다.

대상 **Projects** 페이지로 이동하여 **lds-project Projects** 상세 화면으로 이동합니다.

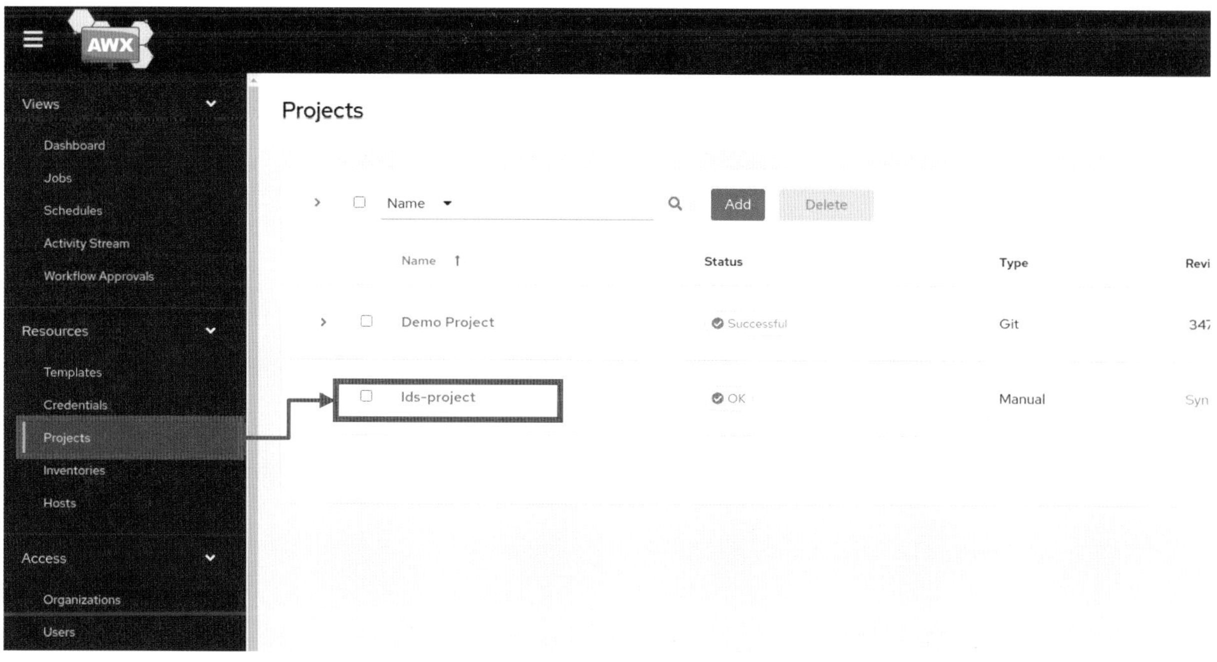

[그림 : Ansible AWX - Resources - Projects - lds-project]

lds-project Project의 Access 탭을 선택후 Add 버튼을 클릭합니다.

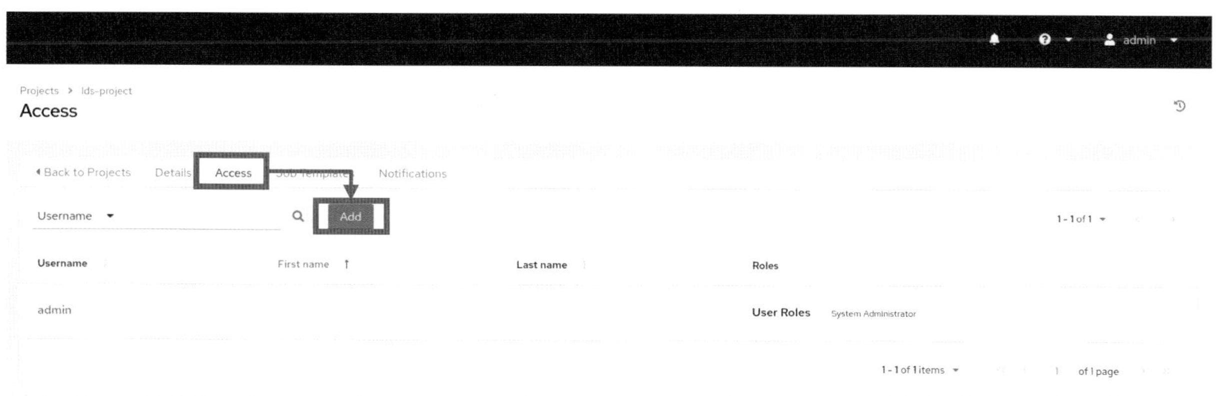

[그림 : Ansible AWX - Resources - Projects - lds-project - Access - Add]

Select a Resource Type 내용중 Teams를 선택합니다.

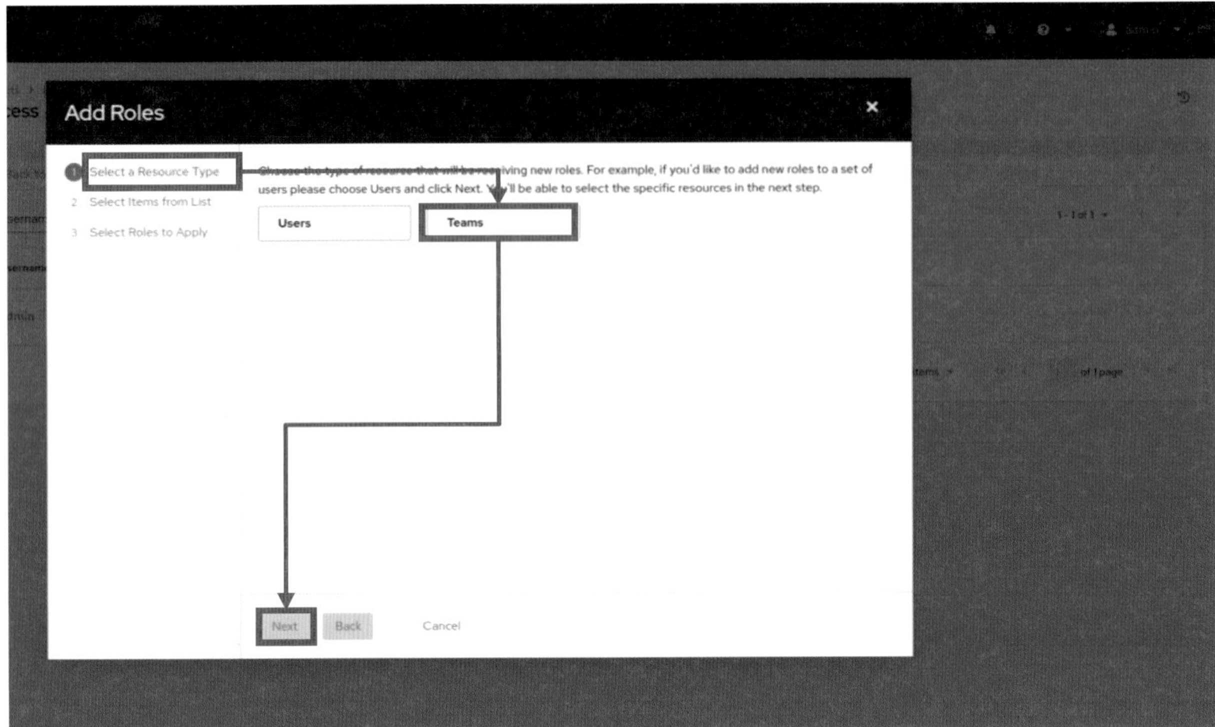

[그림 : Ansible AWX - Resources - Projects - lds-project - Access - Add Roles - Resource]

Select Items from List 내용중 **lds-devops**를 선택합니다.

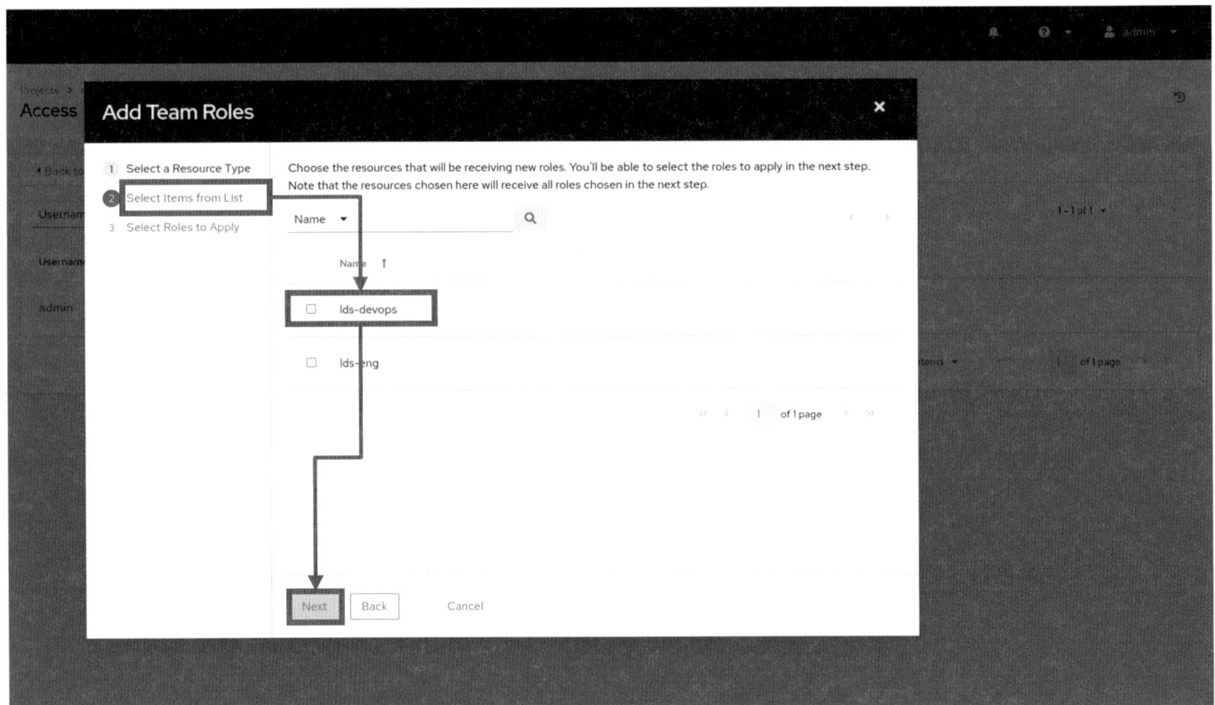

[그림 : Ansible AWX - Resources - Projects - lds-project - Access - Add Roles - Items]

Select Roles to Apply 내용중 Admin 을 선택후 Save 버튼을 누릅니다.

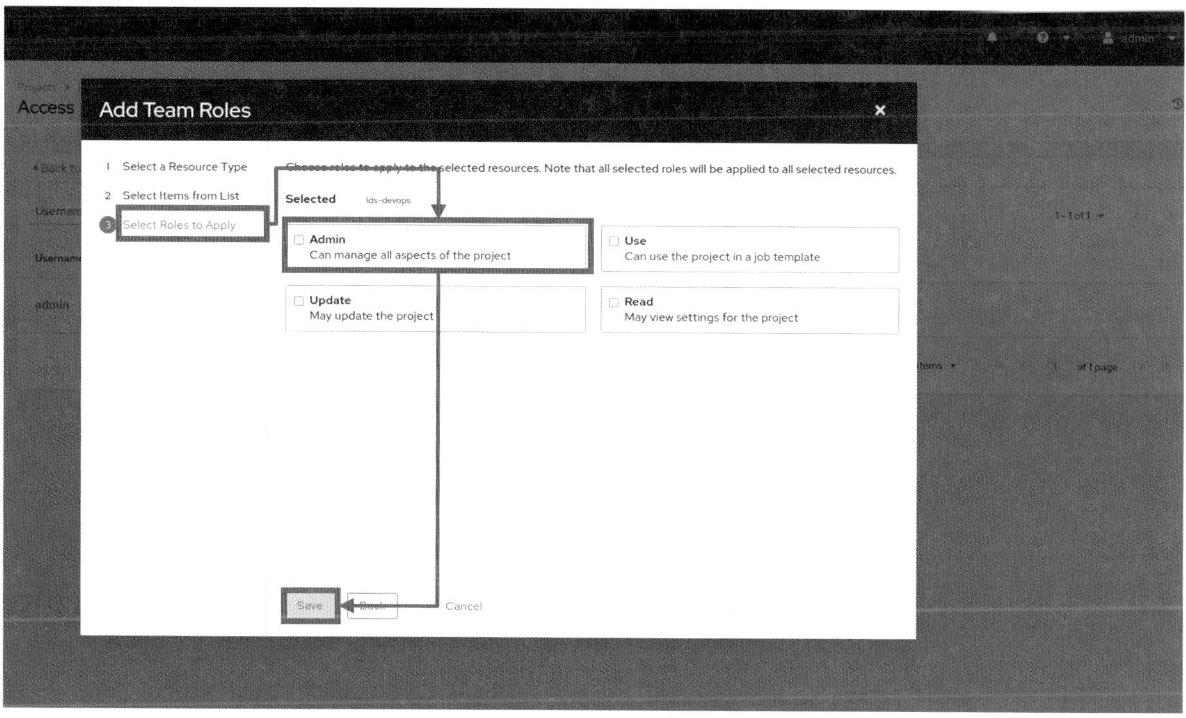

[그림 : Ansible AWX - Resources - Projects - lds-project - Access - Add Roles - Roles]

Access 목록 화면에서 결과를 확인합니다.

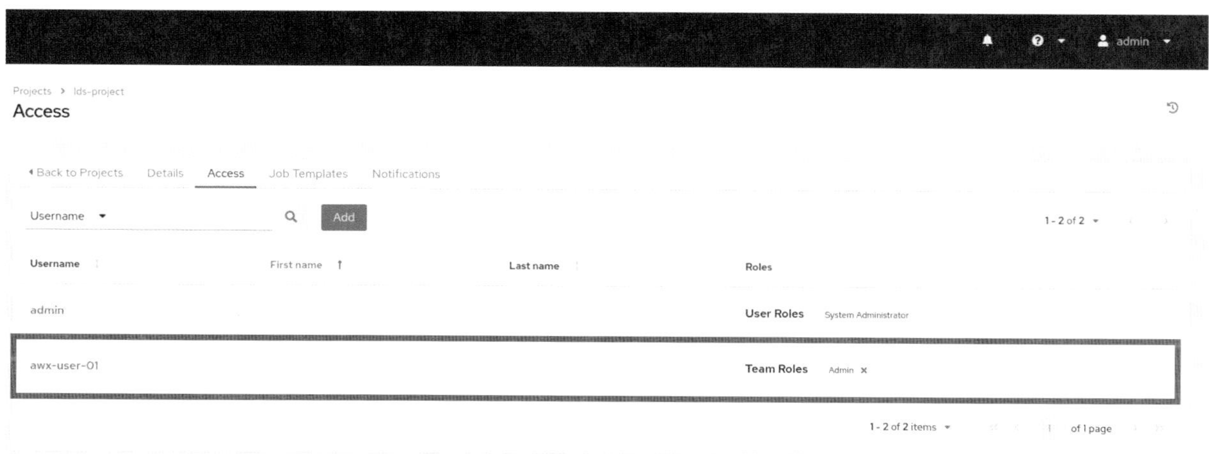

[그림 : Ansible AWX - Resources - Projects - lds-project - Access - Add Roles - Result]

6.4.3. Inventories

Inventories는 Ansible AWX에서 작업을 실행할 수 있는 Hosts 모음입니다. 이는 Ansible **Inventories** 파일과 유사하지만 AWX는 추가 기능을 제공하여 Hosts를 관리하고 그룹화하는 데 도움을 줍니다.

Hosts 그룹화: **Inventories**는 그룹으로 구성되어 있으며 각 그룹에는 실제 **Hosts**가 포함됩니다. 이를 통해 특정 조건을 충족하는 **Hosts** 하위 집합에 작업을 쉽게 실행할 수 있습니다.

- Hosts 소싱: AWX는 **Hosts** 이름을 수동으로 입력하거나 지원되는 클라우드 제공업체 중 하나를 통해 자동으로 가져올 수 있습니다.
- 사용자 정의 동적 인벤토리: 사용자 정의 동적 인벤토리 스크립트를 사용하여 AWX에서 기본적으로 지원되지 않는 클라우드 제공업체 또는 특정 요구 사항을 충족하는 **Hosts**를 가져올 수 있습니다.

6.4.3.1. 목록

Inventories 목록을 확인하려면 다음 단계를 따릅니다.

1. **Inventories** 페이지로 이동:
   a. 왼쪽 메뉴에서 **Resources**을 선택합니다.
   b. "**Inventories**" 탭을 선택합니다.

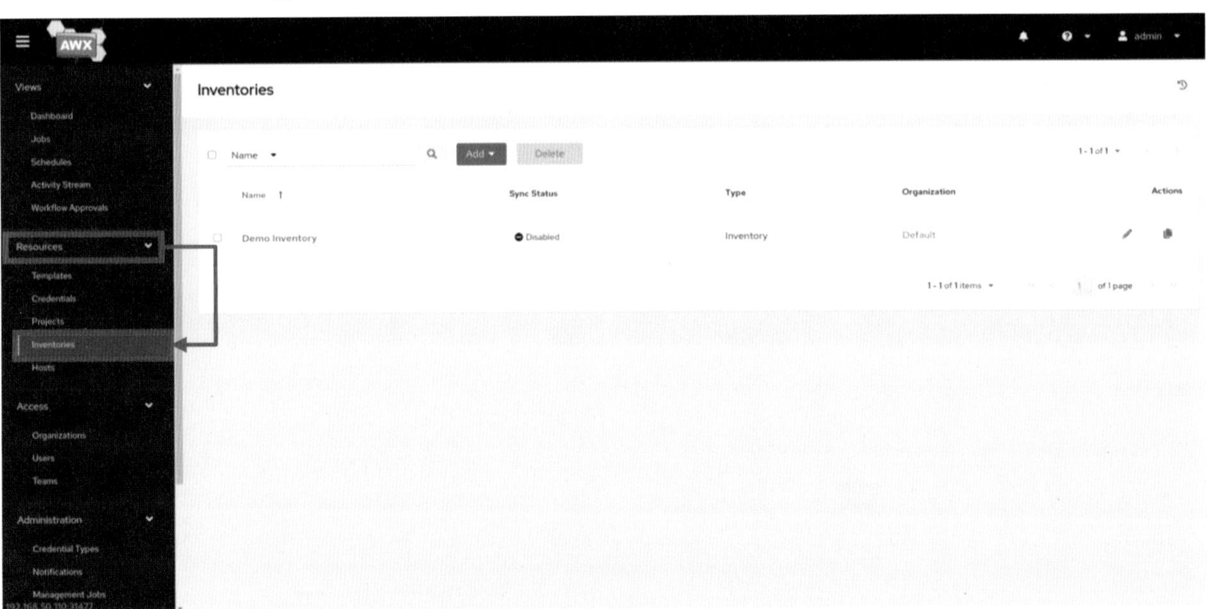

[그림 : Ansible AWX - Resources - Inventories]

Inventories 목록에는 다음 내용이 포함됩니다.

1. **Name**: **Inventories**의 이름입니다.
   a. **Inventories** 이름을 클릭하면 선택한 **Inventories**의 속성 화면으로 이동합니다.
   b. 속성 화면에는 **Inventories**의 Groups과 Hosts가 표시됩니다.
   c. 아이콘을 통해서도 속성 화면에 액세스할 수 있습니다.
2. **Status**: **Inventories**의 현재 상태를 나타냅니다.
   a. **Success**: 인벤토리 소스 동기화가 성공적으로 완료된 경우
   b. **Disabled**: 인벤토리에 추가된 인벤토리 소스가 없는 경우

c. Error: 오류로 인해 인벤토리 소스 동기화가 완료되지 않은 경우

3. **Type**: Inventories의 형태에 대한 내용입니다. (Inventory, smart inventory, constructed inventory 가 있습니다.)
4. **Organization**: 인벤토리가 속한 조직입니다.

6.4.3.2. 추가

6.4.3.2.1. Inventory 추가 - 방법

6.4.3.2.1.1. Inventory 추가 - 방법 - inventory

Ansible AWX에서 대상 **inventory**을 추가하려면 다음 단계를 따릅니다.

1. **Inventory** 페이지로 이동:
   a. 왼쪽 메뉴에서 **Resources**을 선택합니다.
   b. "**Inventories**" 탭을 선택합니다.
   c. "**Add**" 버튼을 클릭합니다.
      i . "Add inventory"를 선택합니다.
2. Create new inventory: 새 Inventory 양식에 다음 정보를 입력
   a. **Name**: Inventory를 쉽게 구분할 수 있는 이름을 입력합니다. (필수)
   b. **Description**: Inventory에 대한 간단한 설명을 입력합니다. (선택 사항)
   c. **Organization**: Inventory가 속한 조직을 선택합니다. (필수)
   d. **Instance Groups**: 인벤토리를 실행할 서버 그룹을 선택합니다.
      i . 여러 개의 **Instance Group**을 선택할 수 있습니다.
      ii. 선택 순서는 작업 실행 순서에 영향을 미칩니다.
   e. **Labels**:
      i . 여러 개의 Labels을 추가할 수 있습니다.
      ii. Labels을 사용하여 Inventory를 필터링하고 그룹화할 수 있습니다.
   f. Variables: inventory 정보를 입력합니다.
3. "Save" 버튼을 클릭하여 Inventory 생성

6.4.3.2.1.2. Inventory 추가 - 방법 - Group

Ansible AWX에서 대상 **inventory**에 **Group**을 추가하려면 다음 단계를 따릅니다.

1. **Inventory** 페이지로 이동:
   a. 왼쪽 메뉴에서 **Resources**을 선택합니다.
   b. "**Inventories**" 탭을 선택합니다.

2. 대상 **Inventory** 페이지로 이동:
   a. **Inventory** 항목에서 Groups을 추가할 대상 Inventory를 선택합니다.
      i. **“Group”** 탭을 선택합니다.
         1. **“Add”** 버튼을 클릭합니다.
3. Create new group: 새 Group 양식에 다음 정보를 입력
   a. Name: **Group** 이름을 입력합니다.(필수)
   b. Description: **Group** 설명을 입력합니다. (선택 사항)
   c. Variables: Group의 모든 Host에 적용할 정의와 값을 입력합니다. JSON 또는 YAML 구문을 사용하여 변수를 입력합니다.
4. “Save” 버튼을 클릭하여 Group 생성

6.4.3.2.1.3. Inventory 추가 – 방법 – Related Group

Ansible AWX에서 대상 **inventory**에 **Related Group**을 추가하려면 다음 단계를 따릅니다.

1. **Inventory** 페이지로 이동:
   a. 왼쪽 메뉴에서 **Resources**을 선택합니다.
   b. **“Inventories”** 탭을 선택합니다.
2. 대상 **Inventory** 페이지로 이동:
   a. **Inventory** 항목에서 Groups을 추가할 대상 Inventory를 선택합니다.
      ♓📫 “Group” 탭을 선택합니다.
3. 대상 Group 페이지로 이동:
   a. **Group** 항목에서 **Related Groups**을 추가할 대상 Group를 선택합니다.
      i. **“Related Group”** 탭을 선택합니다.
         1. **“Add”** 버튼을 클릭합니다.
         2. 기존 Group 또는 새 Group 을 선택합니다.
4. Create Related group: 새 Group 양식에 다음 정보를 입력
   a. Name: **Group** 이름을 입력합니다.(필수)
   b. Description: **Group** 설명을 입력합니다. (선택 사항)
   c. Variables: **Group**의 모든 **Host**에 적용할 정의와 값을 입력합니다. JSON 또는 YAML 구문을 사용하여 변수를 입력합니다.
5. “Save” 버튼을 클릭하여 Group 생성

6.4.3.2.1.4. Inventory 추가 – 방법 – Hosts

Ansible AWX에서 대상 **Related Group**에 **Host**를 추가하려면 다음 단계를 따릅니다.

1. Inventory 페이지로 이동:
    a. 왼쪽 메뉴에서 Resources을 선택합니다.
    b. "Inventories" 탭을 선택합니다.
2. 대상 Inventory 페이지로 이동:
    a. Inventory 항목에서 Host를 추가할 대상 Inventory를 선택합니다.
        i. "Group" 탭을 선택합니다.
3. 대상 Group 페이지로 이동:
    a. Group 항목에서 Host를 추가할 대상 Group를 선택합니다.
        i. "Host" 탭을 선택합니다.
            1. "Add" 버튼을 클릭합니다.
            2. 기존 Host 또는 새 Host 를 선택합니다.
4. Create new host: 새 Host 양식에 다음 정보를 입력
    a. Name: Host 이름을 입력합니다.(필수)
    b. Description: Host 설명을 입력합니다. (선택 사항)
    c. Variables: Host에 적용할 정의와 값을 입력합니다. JSON 또는 YAML 구문을 사용하여 변수를 입력합니다.

6.4.3.2.2. Inventory 추가 – 실습

Ansible AWX 구성 기준 실습 내용을 도식화 한 사항입니다.

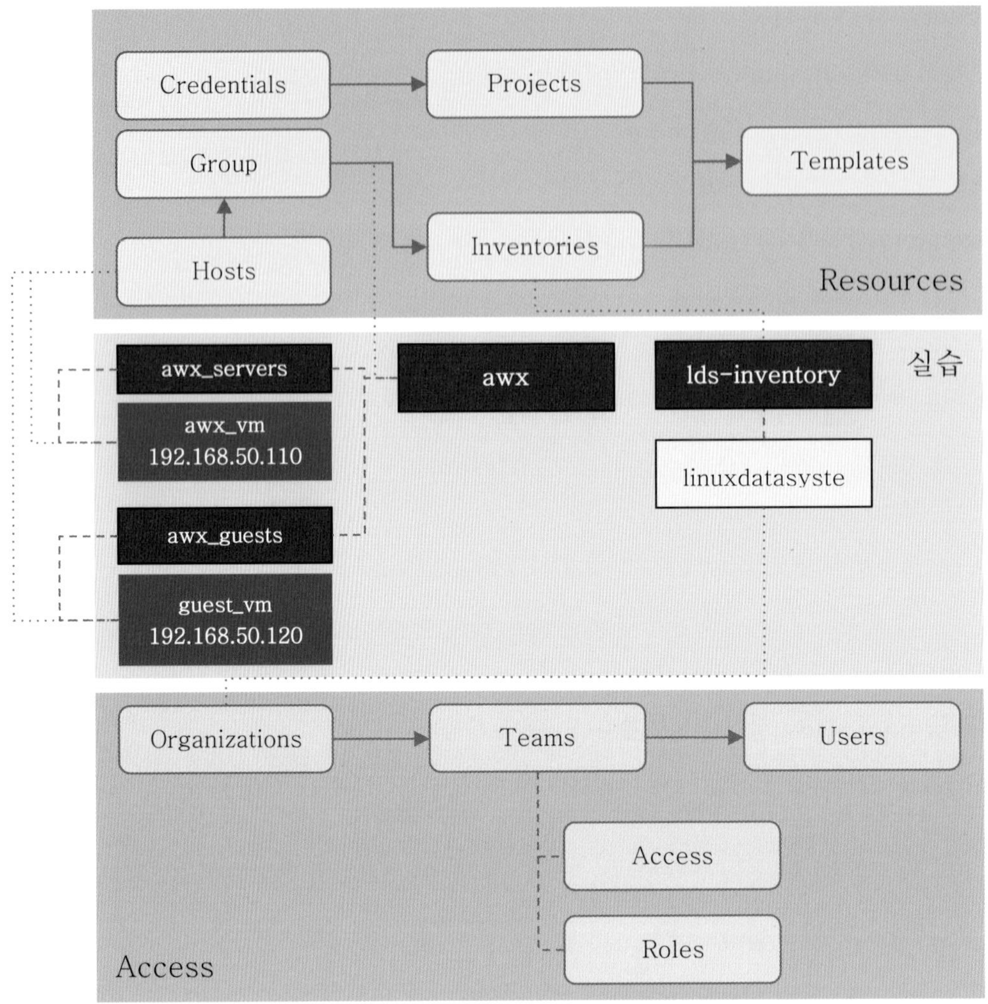

[그림 : Ansible AWX - Resources - Inventory - 실습]

inventory 정보는 앞서 사용한 ansible에서 사용한 자료를 활용합니다.

```
---
awx_servers:
  hosts:
    awx_vm:
      ansible_host: 192.168.50.110
awx_guests:
  hosts:
    guest_vm:
      ansible_host: 192.168.50.120
awx:
  children:
    awx_servers:
    awx_guests:
```

6.4.3.2.2.1. Inventory 추가 - 실습 - Inventory

다음은 linuxdatasystem Organization에 속하는 **lds-inventory Inventory**를 추가하는 실습입니다.

1. Create new inventory: 새 Inventory 양식에 다음 정보를 입력
    a. **Name**: lds-inventory
    b. **Organization**: linuxdatasystem
    c. Variables: inventory 정보를 입력합니다.
        i. inventory 사용할 Groups 및 Hosts는 아래에서 추가 등록 합니다.

```
---
```

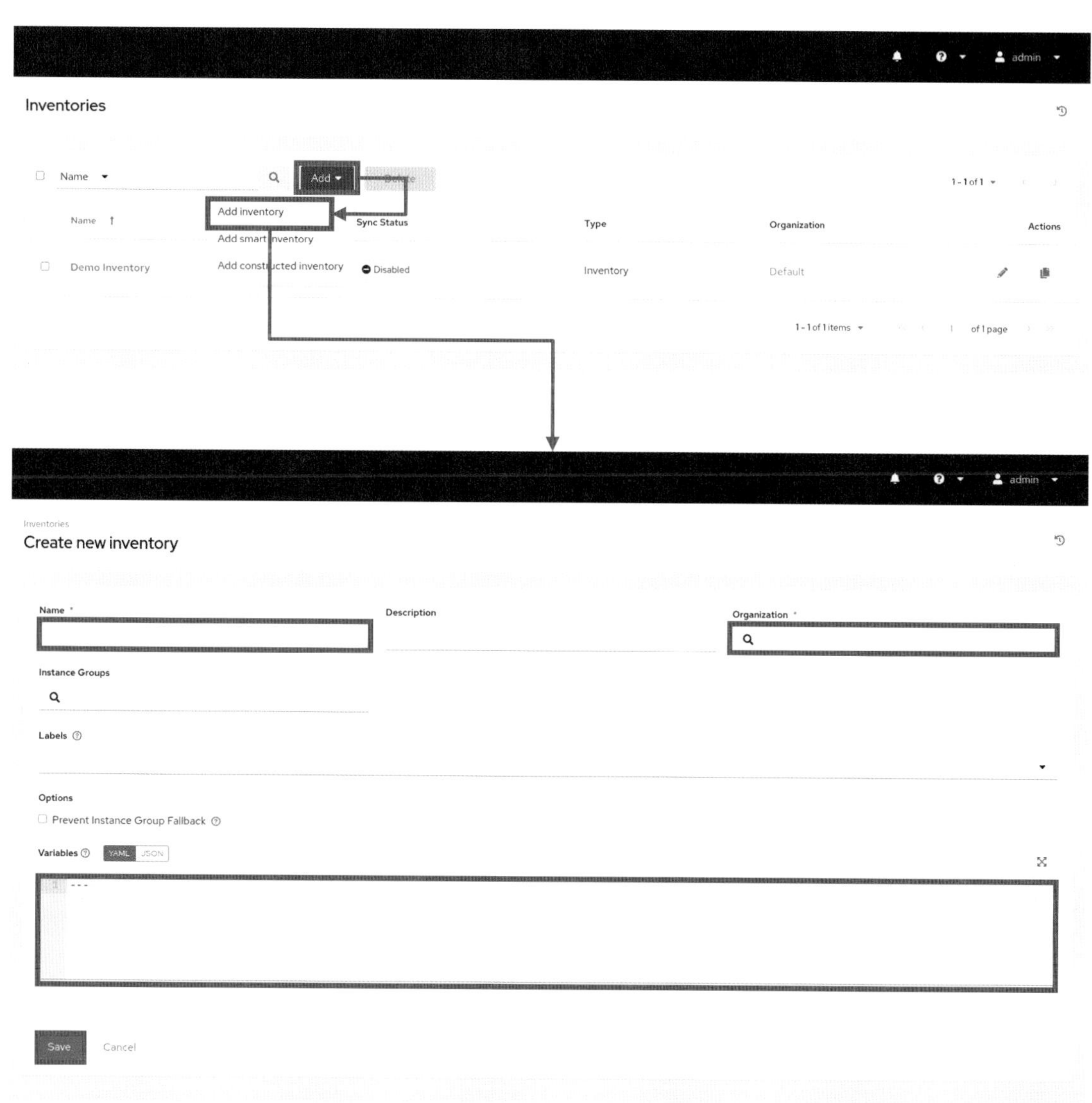

[그림 : Ansible AWX - Resources - Inventories - Create New inventory]

Inventory를 생성하면 아래와 같이 Inventory 상세 화면을 확인 가능합니다.

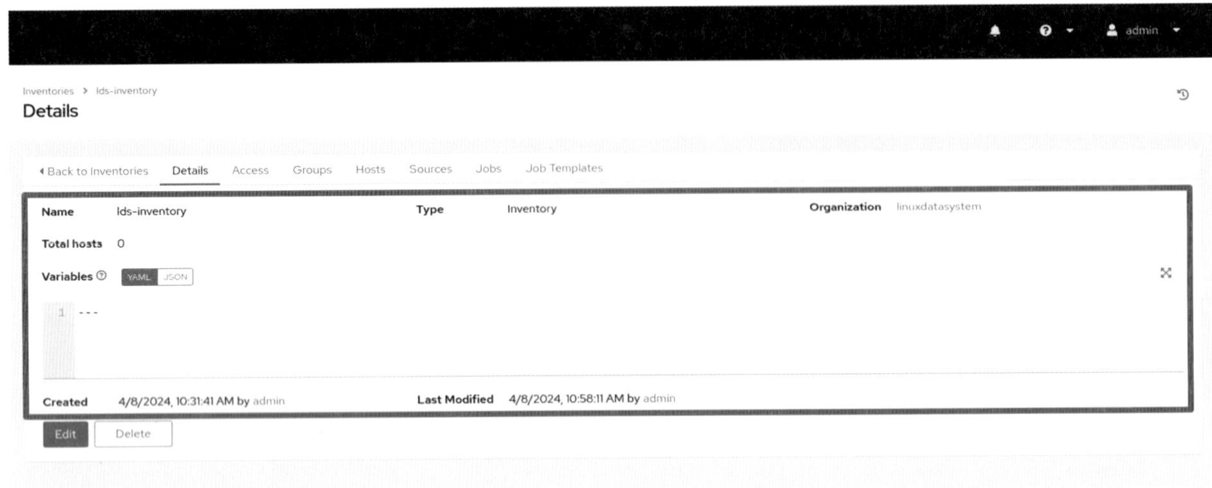

[그림 : Ansible AWX – Resources – Inventories – Create New inventory – Result]

6.4.3.2.2.2. Inventory 추가 – 실습 – Group

다음은 lds-inventory inventory에 속하는 awx **Group**을 추가하는 실습입니다.

1. Create new group: 새 Group 양식에 다음 정보를 입력
   a. **Name**: awx
   b. Variables: Group 정보를 입력합니다.

```
---
```

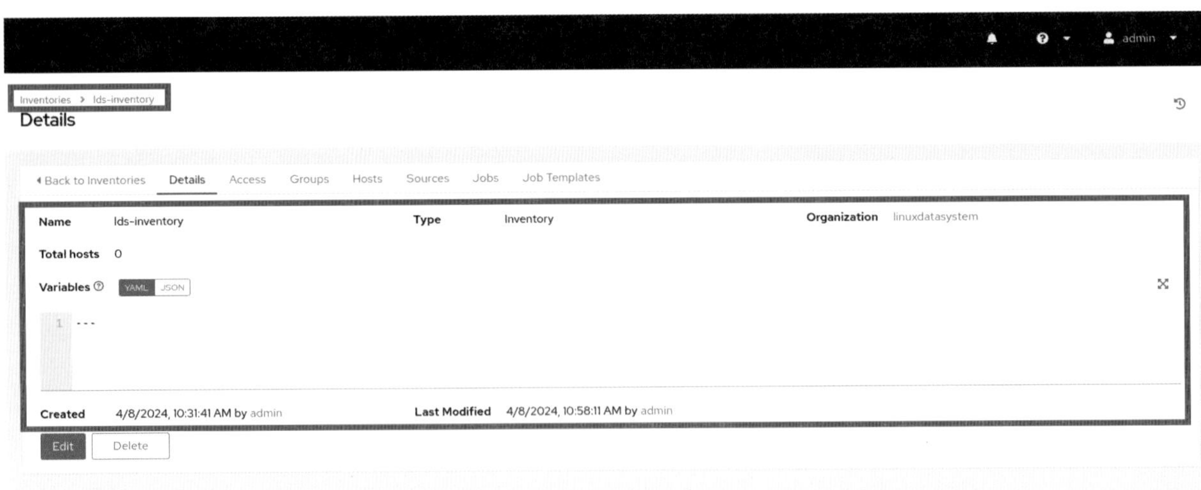

[그림 : Ansible AWX – Resources – Inventories – lds-inventory]

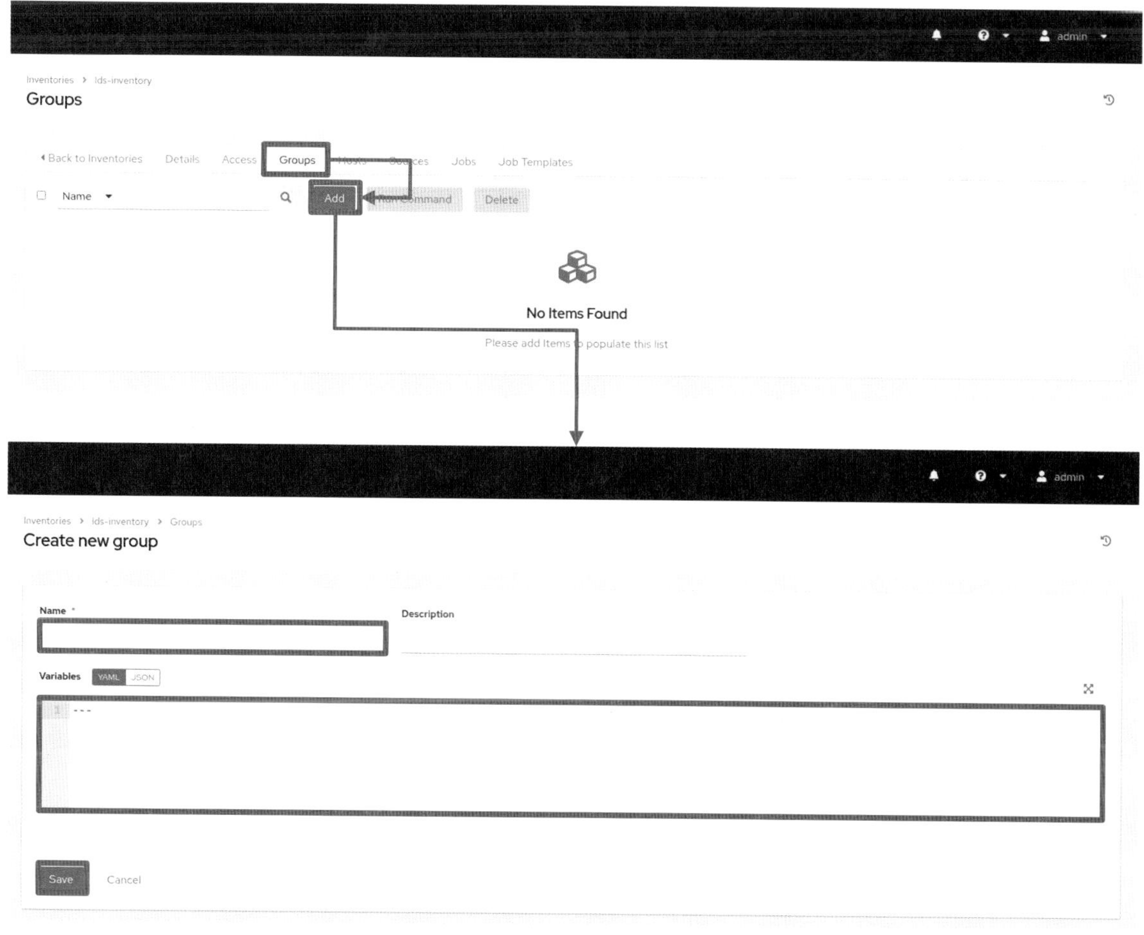

[그림 : Ansible AWX - Resources - Inventories - lds-inventory - Create new group]

Group을 생성하면 아래와 같이 Group 상세 화면을 확인 가능합니다.

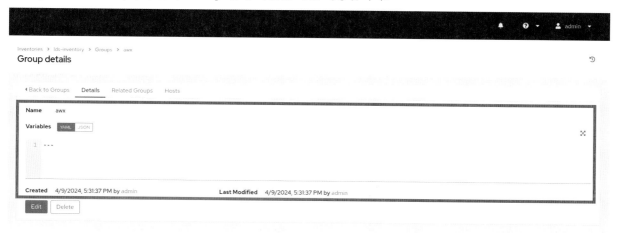

[그림 : Ansible AWX - Resources - Inventories - lds-inventory - Create new group - Result]

6.4.3.2.2.3. Inventory 추가 - 실습 - Related Group

다음은 lds-inventory inventory의 awx Group에 awx **Related Groups**을 추가하는 실습입니다.

1. 대상 Group 페이지로 이동:
   a. **Group** 항목에서 Related Groups을 추가할 대상 Group를 선택합니다.
      i . "**Related Group**" 탭을 선택합니다.
         1. "**Add**" 버튼을 클릭합니다.
            a. "**Add new group**"을 선택합니다.
2. Create Related group: 새 Related Group 양식에 다음 정보를 입력 - awx_servers
   a. **Name**: **awx_servers**
   b. Variables: Related Group 정보를 입력합니다.

```
---
```

3. Create Related group: 새 Related Group 양식에 다음 정보를 입력 - awx_guests
   a. **Name**: **awx_guests**
   b. Variables: Related Group 정보를 입력합니다.

```
---
```

4. Create Related group: 새 Group 양식에 다음 정보를 입력
   a. Name: **Group** 이름을 입력합니다.(필수)
   b. Description: **Group** 설명을 입력합니다. (선택 사항)
   c. Variables: **Group**에 속한 모든 Host에 적용할 변수를 정의합니다. (선택 사항)

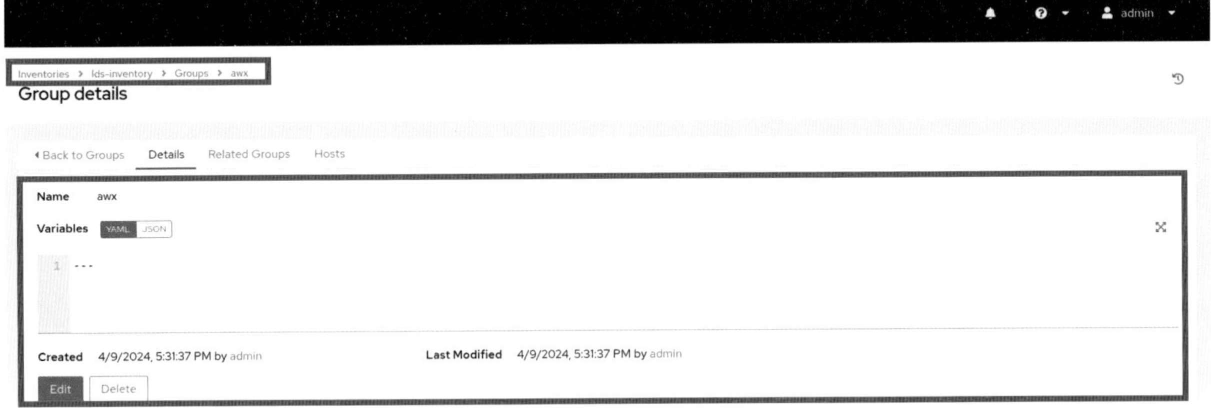

[그림 : Ansible AWX - Resources - Inventories - lds-inventory - Groups - awx]

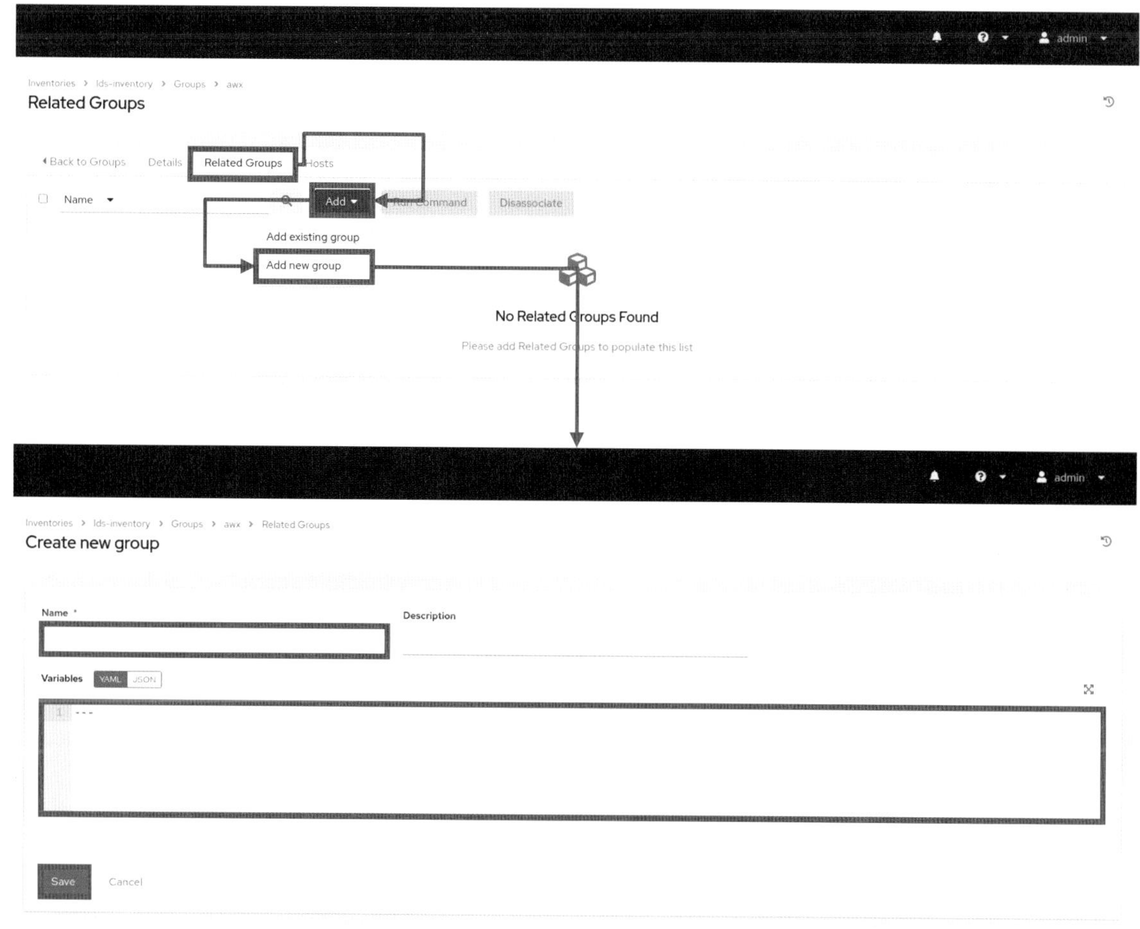

[그림 : Ansible AWX - Resources - Inventories - lds-inventory - Groups - awx - Related Groups]

Group을 생성하면 아래와 같이 Related Group 상세 화면을 확인 가능합니다.

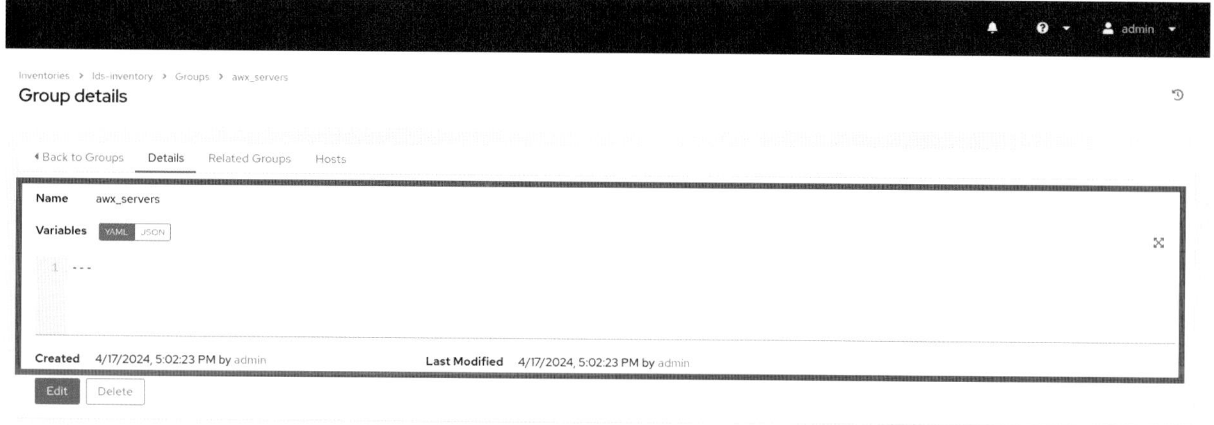

[그림 : Ansible AWX - Resources - Inventories - lds-inventory - Groups - awx - Related Groups - awx_servers - Result]

[그림 : Ansible AWX - Resources - Inventories - lds-inventory - Groups - awx - Related Groups - awx_guests - Result]

위와 같이 두개의 Related Groups을 생성후 awx Groups 내에서 Related Groups 내역을 확인 가능합니다.

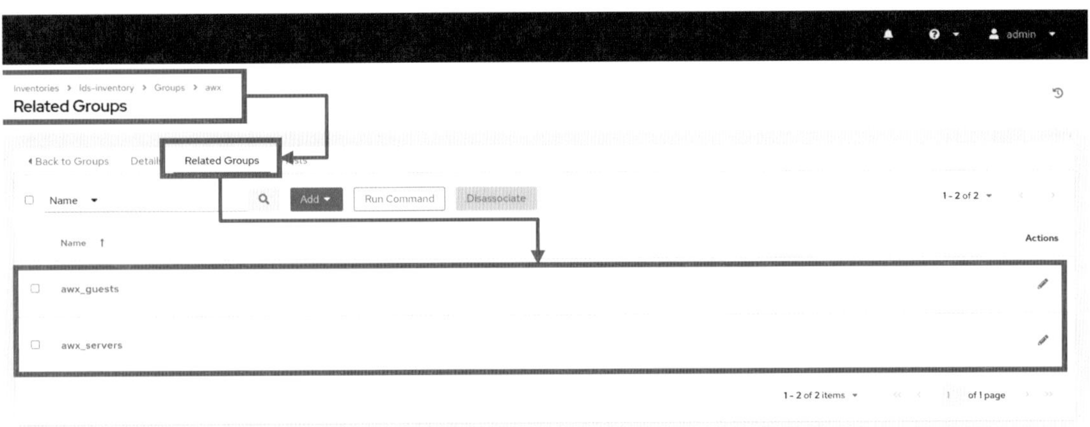

[그림 : Ansible AWX - Resources - Inventories - lds-inventory - Groups - awx - Related Group]

6.4.3.2.2.4. Inventory 추가 - 실습 - Hosts - awx_vm

다음은 lds-inventory inventory의 awx_servers Group에 awx_vm **Host**를 추가하는 실습입니다.

1. 대상 Group 페이지로 이동: **awx_servers**
   a. **Group** 항목에서 Host를 추가할 대상 Group를 선택합니다.
      i . "Host" 탭을 선택합니다.
         1. "**Add**" 버튼을 클릭합니다.
            a. "**Add new host**"을 선택합니다.
2. Create new host: 새 Host 양식에 다음 정보를 입력
   a. **Name**: **awx_vm**
   b. Variables: Host 정보를 입력합니다.

```
---
ansible_host: 192.168.50.110
```

[그림 : Ansible AWX – Resources – Inventories – lds–inventory – Groups – awx_servers]

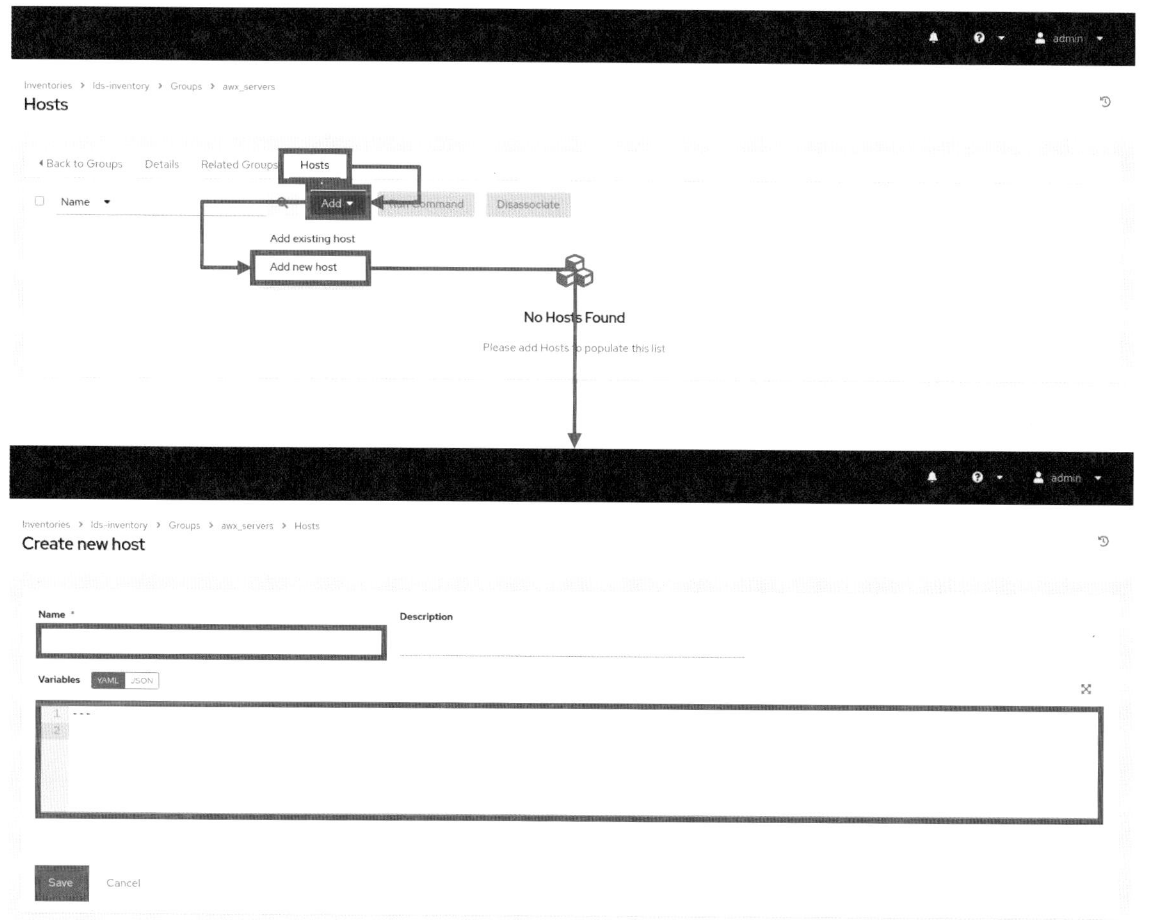

[그림 : Ansible AWX – Resources – Inventories – lds–inventory – Groups – awx_servers – Host]

Host를 생성하면 아래와 같이 Host 상세 화면을 확인 가능합니다.

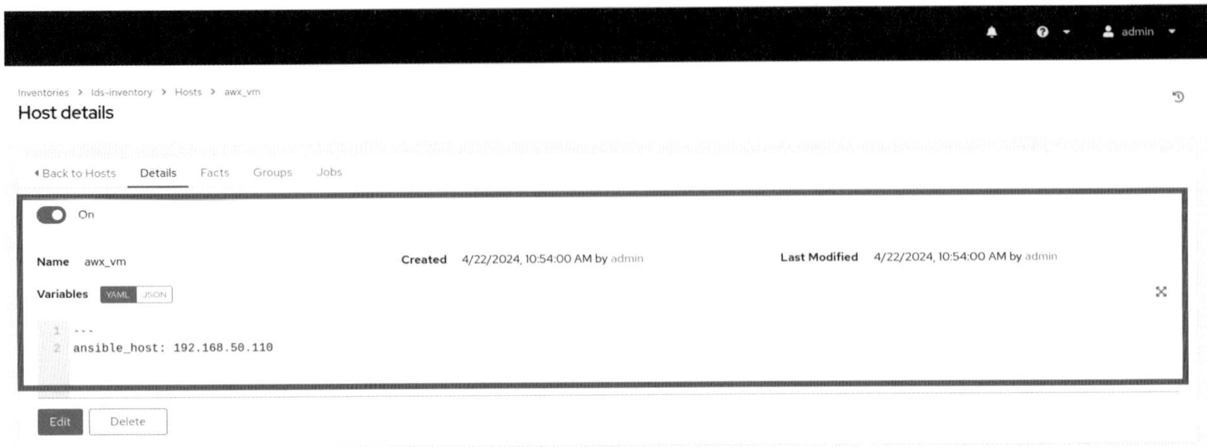

[그림 : Ansible AWX - Resources - Inventories - lds-inventory - Groups - awx_servers - Host - awx_vm - Result]

6.4.3.2.2.5. Inventory 추가 - 실습 - Hosts - guest_vm

다음은 lds-inventory inventory의 awx_guests Group에 guest_vm **Host**를 추가하는 실습입니다.

1. 대상 Group 페이지로 이동: **awx_guests**
   a. **Group** 항목에서 **Host**를 추가할 대상 Group를 선택합니다.
      i . "**Host**" 탭을 선택합니다.
         1. "**Add**" 버튼을 클릭합니다.
            a. "**Add new host**"을 선택합니다.
2. Create new host: 새 Host 양식에 다음 정보를 입력
   a. **Name**: **guest_vm**
   b. Variables: Host 정보를 입력합니다.

```
---
ansible_host: 192.168.50.120
```

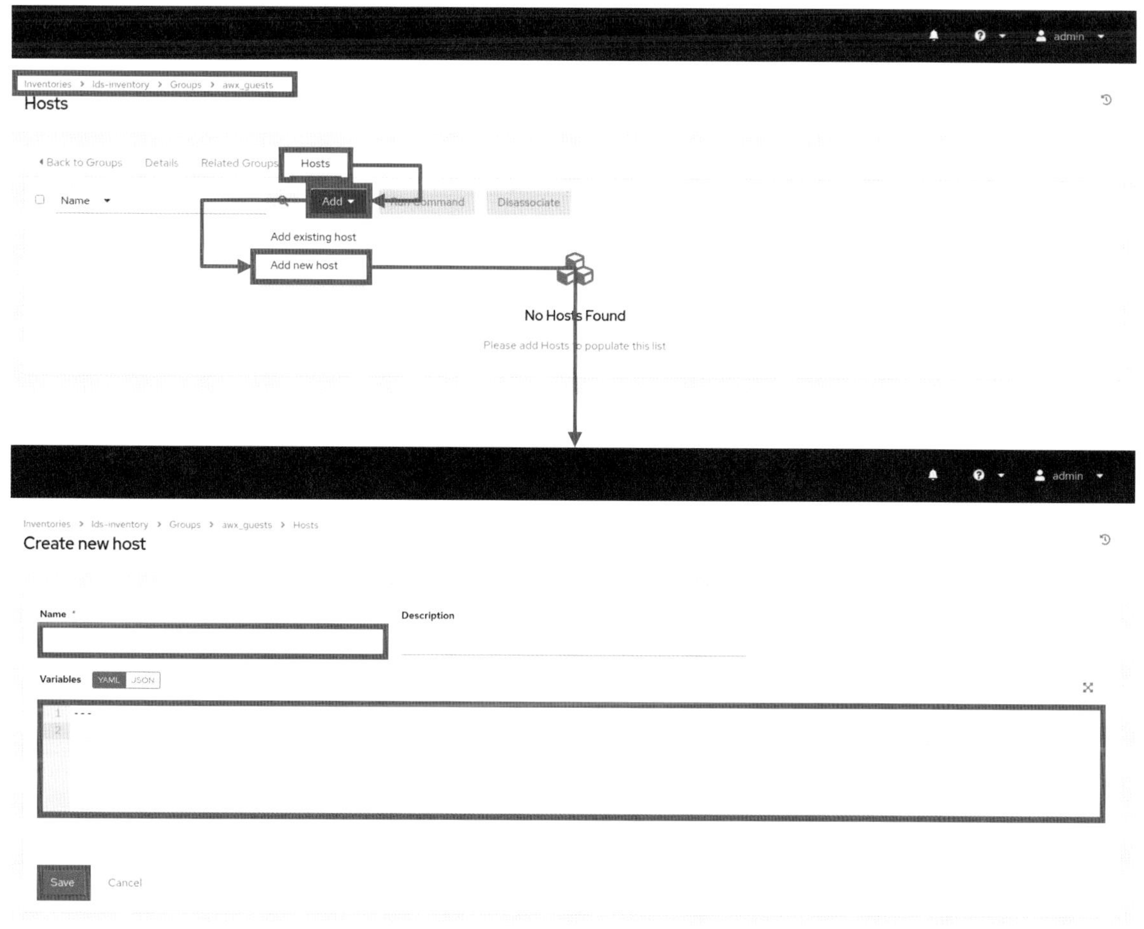

[그림 : Ansible AWX - Resources - Inventories - lds-inventory - Groups - awx_guests - Host]

Host를 생성하면 아래와 같이 Host 상세 화면을 확인 가능합니다.

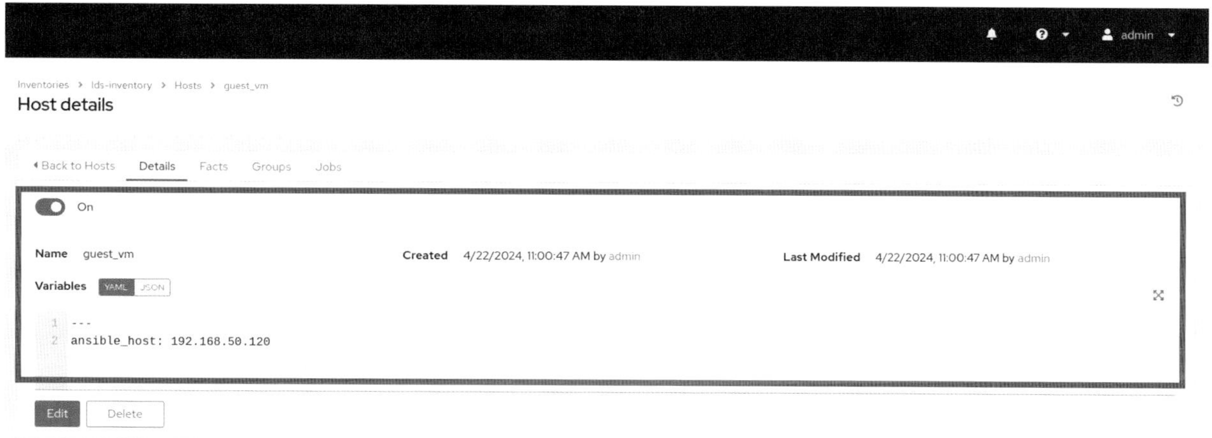

[그림 : Ansible AWX - Resources - Inventories - lds-inventory - Groups - awx_guests - Host - guest_vm - Result]

6.4.3.3. 실행 – Ad Hoc Commands

6.4.3.3.1. 실행 – Ad Hoc Commands – 방법

Ansible AWX에서 대상 inventory 정보를 활용하여 임시 명령 실행(Ad Hoc Commands)을 실행하려면 다음 단계를 따릅니다.

대상 정보는 Host 또는 Group 목록에서 Inventories 소스를 선택합니다. Inventories 소스는 단일 Group이나 Hosts, 여러 Host 선택, 여러 Group 선택이 될 수 있습니다. 여기서는 Host 기준으로 실행하는 것을 기준을 방법을 설명합니다.

1. **Inventory** 페이지로 이동:
   a. 왼쪽 메뉴에서 **Resources**을 선택합니다.
   b. "**Inventories**" 탭을 선택합니다.
2. 대상 **Inventory** 페이지로 이동:
   a. **Inventory** 항목에서 Ad Hoc Command를 실행할 대상 Inventory를 선택합니다.
      i . "**Hosts**" 탭을 선택합니다.
   b. Host 또는 Group 목록에서 Inventories 소스를 선택:
      i . Inventories 소스는 단일 Group이나 Hosts, 여러 Host 선택, 여러 Group 선택이 될 수 있습니다.
3. 대상 Host 페이지로 이동:
   a. 항목에서 Ad Hoc Command를 실행할 대상 Host를 선택합니다.
      i . "**Run Command**" 버튼을 선택합니다.
      ii. Details: 명령 상세 정보 입력
         1. **Module**: 실행할 명령과 관련된 모듈을 선택합니다.
         2. **Arguments**: 선택한 모듈에 사용할 인자를 입력합니다.
         3. **Limit**: 특정 호스트를 대상으로 하려면 여기에 제한을 설정합니다. 모든 호스트를 대상으로 하려면 'all', '*'를 입력하거나 필드를 비워둡니다.
         4. **Machine Credential**: 원격 호스트에 접속할 때 사용할 자격 증명을 선택합니다. 이는 원격 호스트에 로그인할 때 필요한 사용자 이름과 SSH 키 또는 패스워드를 포함합니다.
         5. **Verbosity**: 명령의 표준 출력에 대한 자세한 정도를 선택합니다.
         6. **Forks**: 필요한 경우, 명령을 실행할 때 사용할 동시 프로세스의 수를 선택합니다.
         7. **Show Changes**: 표준 출력에서 앤서블의 변경 사항을 표시하려면 이 옵션을 활성화합니다. 기본 설정은 꺼짐(OFF)입니다.
         8. **Enable Privilege Escalation**: 이 옵션을 활성화하면, 관리자 권한으로 플레이북을 실행할 수 있습니다. 이는 앤서블 명령에 '--become' 옵션을 전달하는 것과 동일합니다.
         9. **Extra Variables**: 실행할 때 적용할 추가 명령줄 변수를 제공합니다. JSON 또는 YAML 구문을 사용하여 변수를 입력하고, 두 구문 사이를 전환할 수 있는 라디오 버튼을 사용합니다.

i. Execution environment: 실행 환경 선택

1. 'Next' 버튼을 클릭하여 임시 명령을 실행할 실행 환경을 선택합니다.

ii. Machine credential: 자격 증명 선택 및 명령 실행

1. 'Next'를 클릭하여 사용할 자격 증명을 선택한 후 'Launch' 버튼을 클릭합니다.

4. Output: 결과 확인

a. 명령의 실행 결과는 모듈의 작업 창 'Output' 탭에 표시됩니다.

6.4.3.3.2. 실행 – Ad Hoc Commands – 실습

다음은 **guest_vm** Host의 임시 명령 실행(Ad Hoc Commands) Ping을 실행하는 실습입니다.

1. 대상 **Inventory** 페이지로 이동:
   a. **Inventory** 항목에서 Ad Hoc Command를 실행할 대상 Inventory를 선택합니다.
      i . "Hosts" 탭을 선택합니다.
2. 대상 Host 페이지로 이동:
   a. 항목에서 Ad Hoc Command를 실행할 대상 Host를 선택합니다.
      i . "**guest_vm**" 을 선택합니다.
      ii . "**Run Command**" 버튼을 선택합니다.
      iii . **Details**: 명령 상세 정보 입력
         1. **Module: ping**
         2. **Limit**: guest_vm
            a. 위에서 선택되어 있음
      i. **Execution environment**: 실행 환경 선택
         1. **"AWX EE"** 선택
      ii. **Machine credential**: 자격 증명 선택 및 명령 실행
         1. "**guest-cred**" 선택
3. Output: 결과 확인

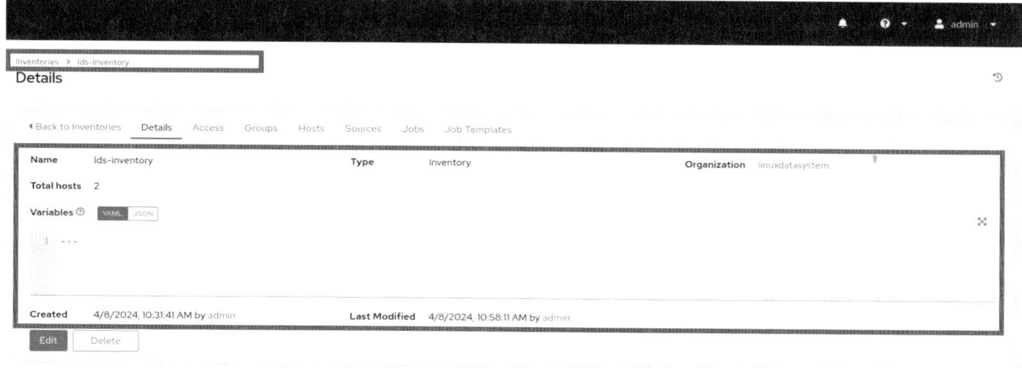

[그림 : Ansible AWX – Resources – Inventories – lds-inventory]

Host를 선택 후 "Run Command"를 버튼을 클릭합니다.

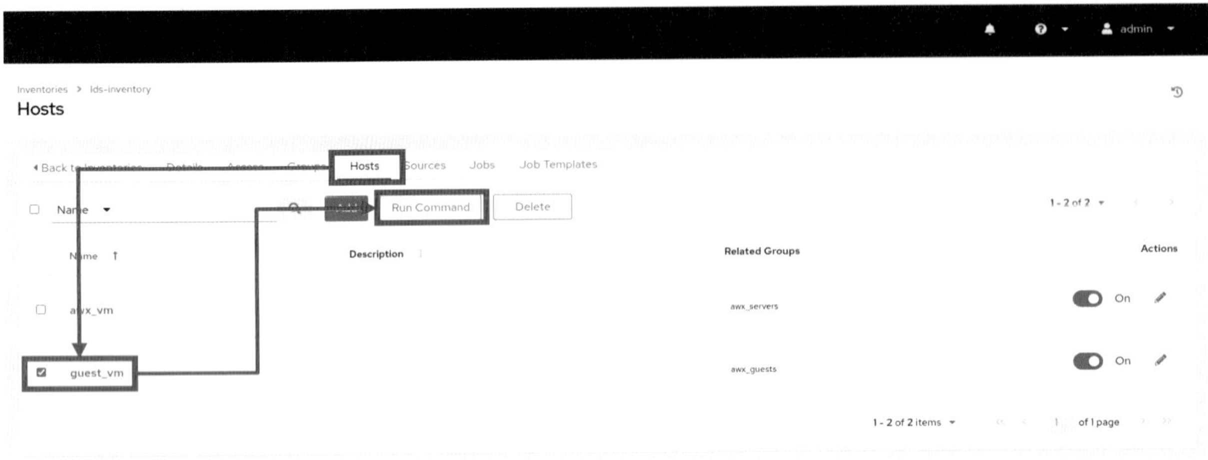

[그림 : Ansible AWX - Resources - Inventories - lds-inventory - Hosts - guest_vm - Run command]

Host를 선택 후 "Run Command"를 버튼을 클릭합니다.

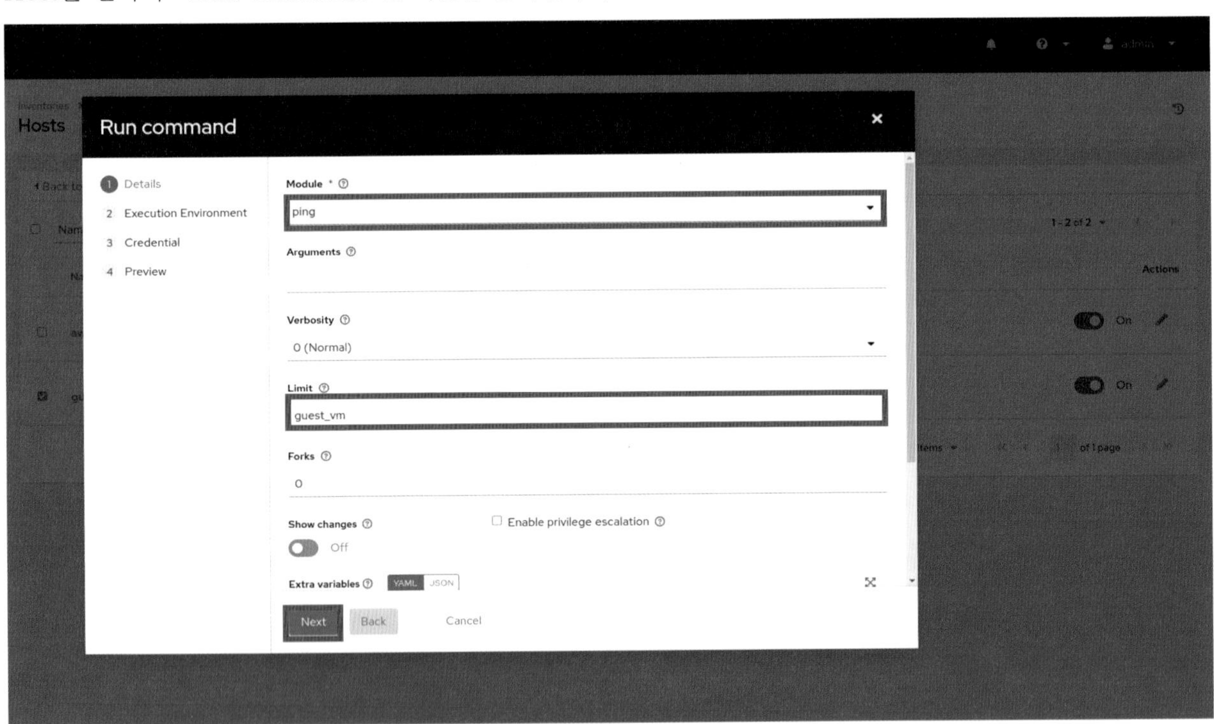

[그림 : Ansible AWX - Resources - Inventories - lds-inventory - Hosts - guest_vm - Run command - Details]

"AWX EE"를 선택 후 Next를 클릭합니다.

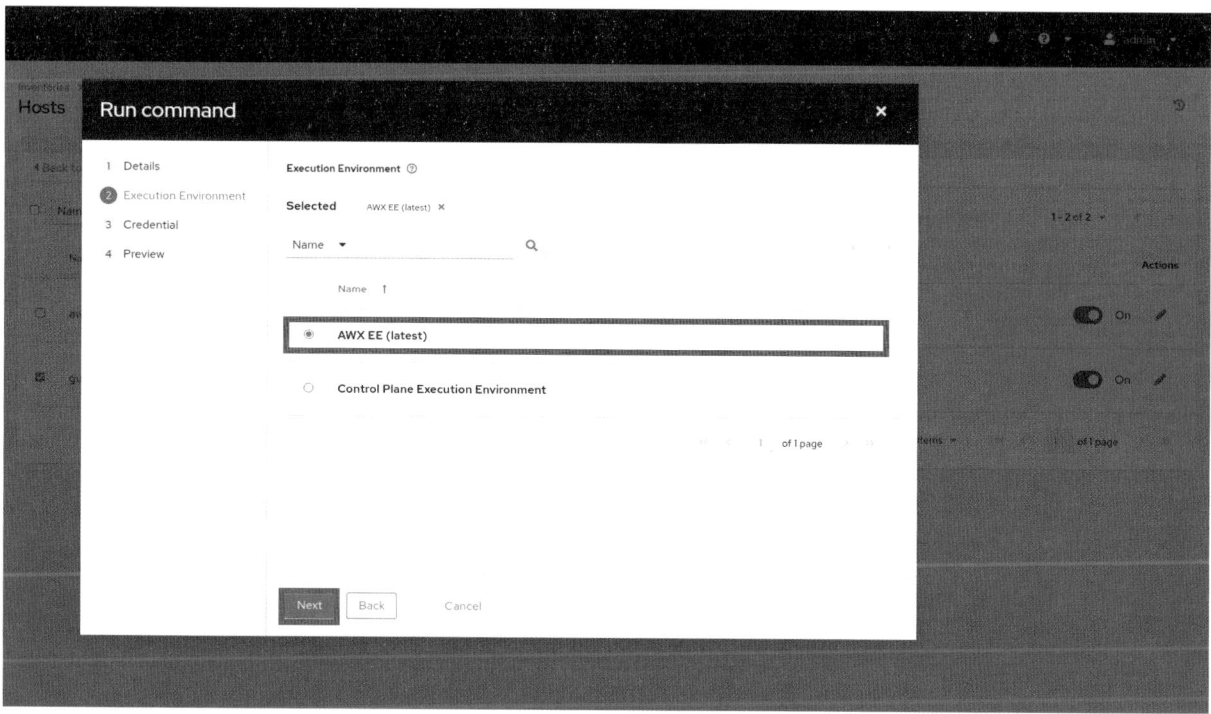

[그림 : Ansible AWX - Resources - Inventories - lds-inventory - Hosts - guest_vm - Run command - Execution environment]

"guest-cred"를 선택 후 Next를 클릭합니다.

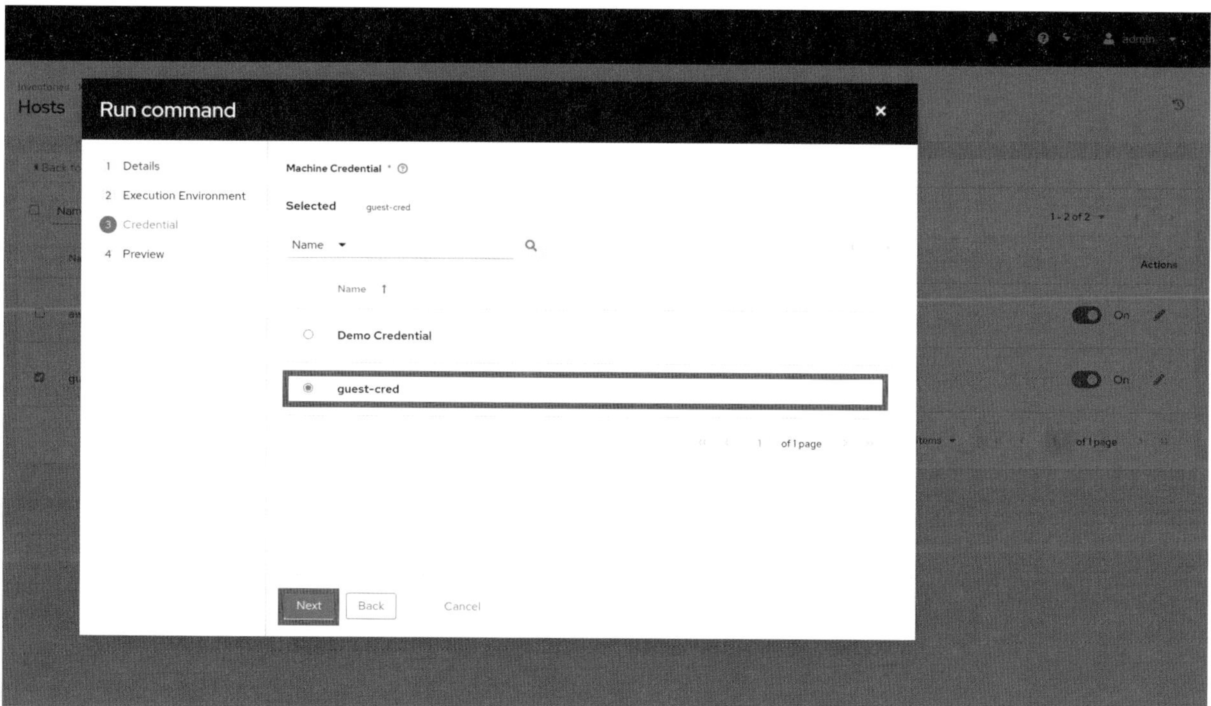

[그림 : Ansible AWX - Resources - Inventories - lds-inventory - Hosts - guest_vm - Run command - Credential]

Next를 클릭합니다.

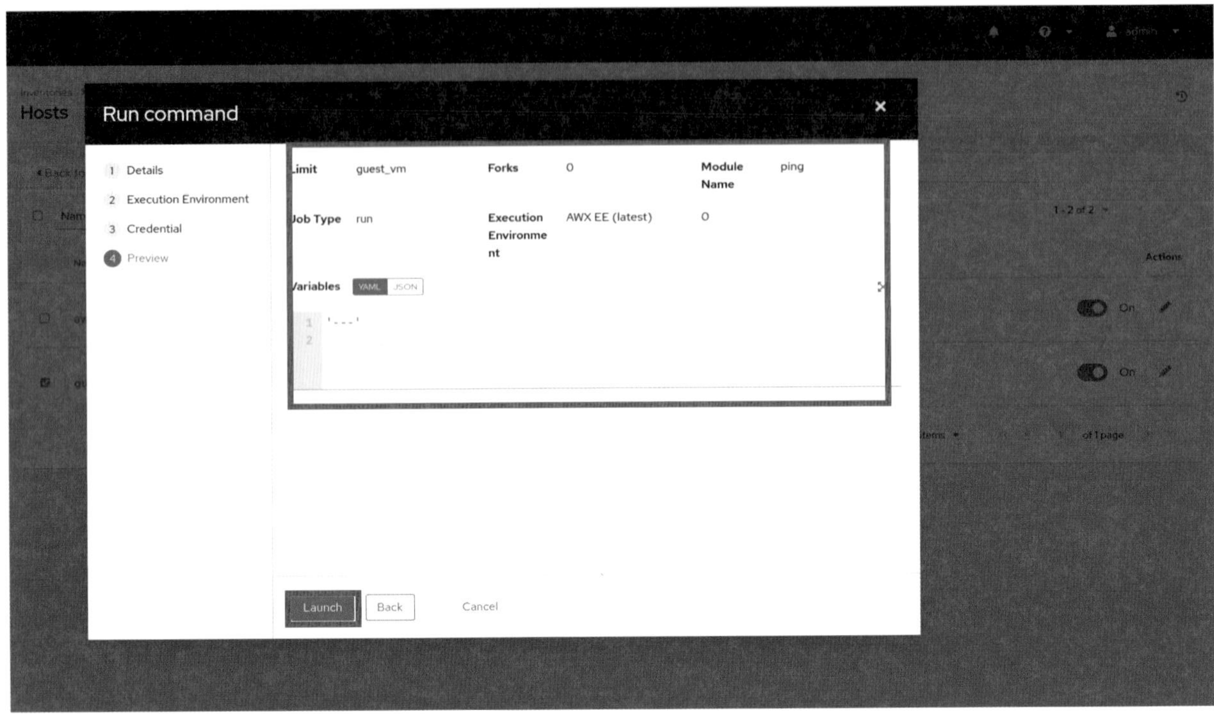

[그림 : Ansible AWX – Resources – Inventories – lds–inventory – Hosts – guest_vm – Run command – Preview]

Output 결과를 대기중입니다.

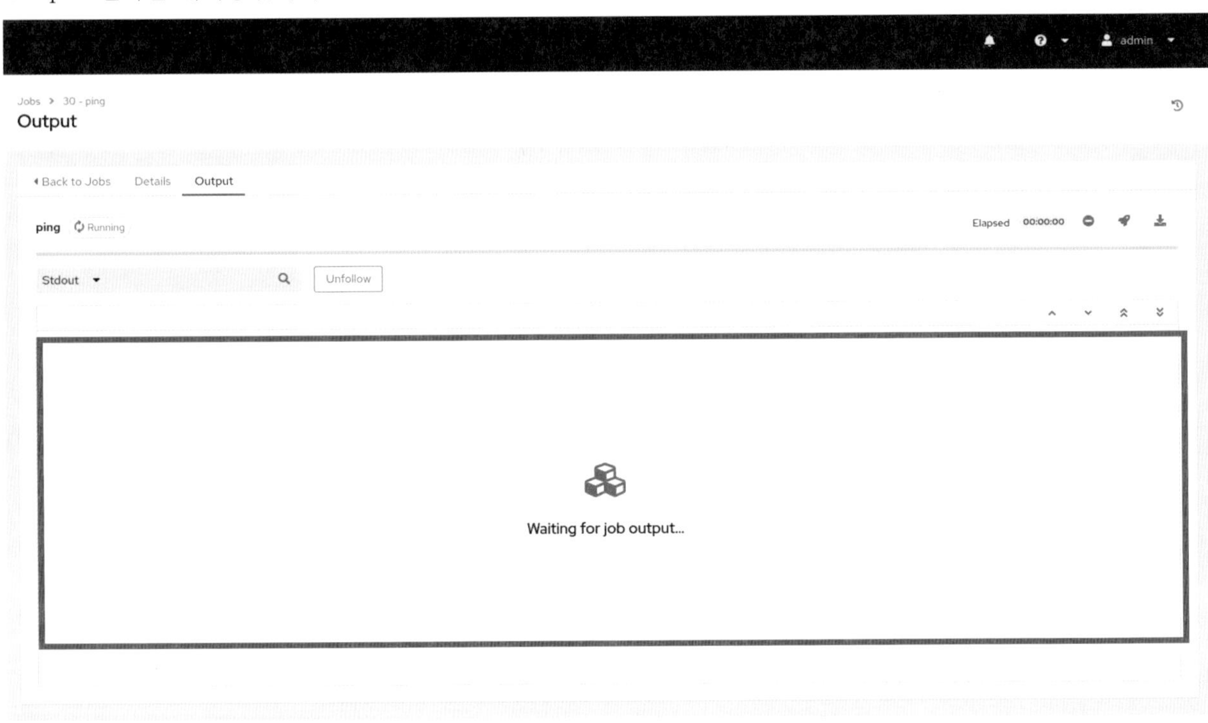

[그림 : Ansible AWX – Resources – Inventories – lds–inventory – Hosts – guest_vm – Run command – Output – Waiting]

Output 결과를 확인 가능합니다.

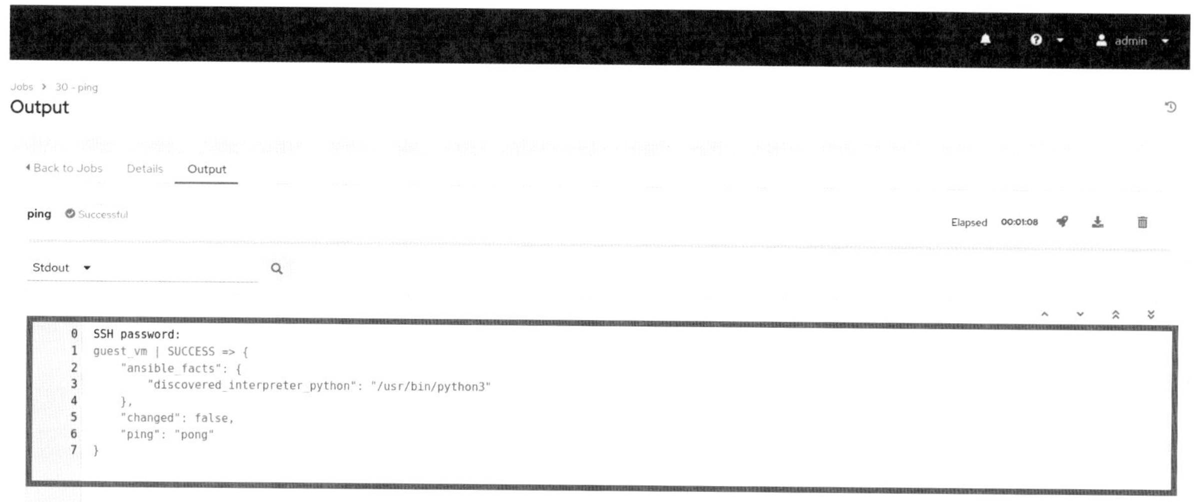

[그림 : Ansible AWX – Resources – Inventories – lds–inventory – Hosts – guest_vm – Run command – Output]

6.4.4. Templates

작업 템플릿은 Ansible 작업을 실행하기 위한 정의와 매개변수를 모아놓은 것입니다. 여러 번 반복되는 작업을 쉽게 수행하고, 플레이북 콘텐츠 재사용 및 팀 간 협업을 촉진하기 위해 사용됩니다.

- 템플릿 목록: 현재 사용 가능한 모든 작업 템플릿 목록을 확인할 수 있습니다.
- 기본 보기: 템플릿 이름, 유형, 마지막 실행 시간이 표시됩니다.
- 확장된 보기: 각 템플릿에 대한 자세한 정보를 확인할 수 있습니다.

6.4.4.1. 목록

Job Templates 목록을 확인하려면 다음 단계를 따릅니다

1. Templates 페이지로 이동:
   a. 왼쪽 메뉴에서 Resources을 선택합니다.
   b. "Templates" 탭을 선택합니다.

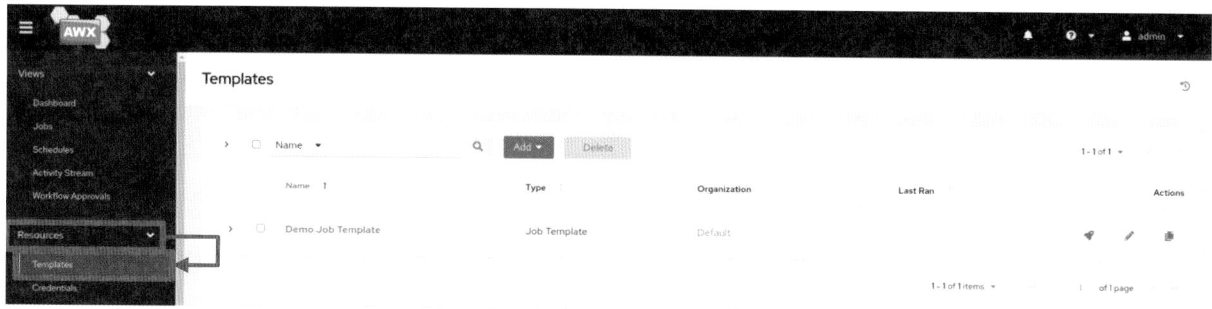

[그림 : Ansible AWX – Resources – Templates]

Templates 목록에는 다음 내용이 포함됩니다.

1. **Name**: **Job Templates**의 이름입니다.
2. **Organization**: **Job Templates**이 속해 있는 Organization 이름입니다.
3. **Last Ran**: 마지막에 실행된 Job의 타임스탬프를 표시합니다.
4. Actions:
   a. **Launch Template** : 선택한 작업 템플릿을 실행합니다.
   b. **Edit Template** : 선택한 작업 템플릿을 편집합니다.
   c. **Copy Template** : 선택한 작업 템플릿을 복사합니다.

6.4.4.2. 추가 – Job Template

6.4.4.2.1. 추가 – Job Template – 방법

Ansible AWX에서 대상 **Job Template**을 추가하려면 다음 단계를 따릅니다.

1. **Template** 페이지로 이동:
   a. 왼쪽 메뉴에서 **Resources**을 선택합니다.
   b. "**Template**" 탭을 선택합니다.
   c. "**Add**" 버튼을 클릭합니다.
      i . "**Add job template**"를 선택합니다.
2. Create New Job Template: 새 **job template** 양식에 다음 정보를 입력
   a. **Name**: **job template** 이름을 입력합니다. (필수)
   b. **Description**: **job template**에 대한 간단한 설명을 입력합니다. (선택 사항)
   c. **Job Type**: Job Type을 선택합니다. (필수)
      i . **Run**: 시작 시 **Playbook**을 실행하고 선택한 호스트에서 Ansible **Job**을 실행합니다.
      ii. **Check**: **Playbook**의 "모의 실행"을 수행하고 실제로 변경하지 않고 변경될 내용을 보고합니다.
   d. **Inventory**: 현재 로그인한 사용자가 사용할 수 있는 **Inventory**에서 이 **Job Template**과 함께 사용할 **Inventory**를 선택합니다. (필수)
   e. **Project**: 현재 로그인한 사용자가 사용할 수 있는 프로젝트 중에서 이 **Job Template**과 함께 사용할 **Project**를 선택합니다. (필수)
   f. **Execution Environment**: 이 Job을 실행하는 데 사용할 컨테이너 이미지를 선택합니다.
   g. **Playbook**: 사용 가능한 **Playbook**에서 이 **Job Template**으로 시작할 **Playbook**을 선택합니다. 이 필드는 선택한 **Project**의 **Project** 기본 경로에 있는 **Playbook** 이름으로 자동으로 채워집니다. (필수)
   h. **Credentials**: 이 **Job Template**에 사용할 수 있는 옵션 중에서 자격 증명을 선택합니다. (선택 사항)
   i. **Labels**: 선택적으로 "dev" 또는 "test"와 같이 이 **Job Template**을 설명하는 레이블을 제공합니다. (선

택 사항)

j. **Variables**: 추가 명령줄 변수를 플레이북에 전달합니다. ansible-playbook에 대한 "-e" 또는 "-extra-vars" 명령줄 매개변수입니다. (선택 사항)

k. **Forks**: Playbook을 실행하는 동안 사용할 병렬 또는 동시 프로세스 수입니다. 0 값은 Ansible 기본 설정을 사용합니다.

l. **Limit**: Playbook에 의해 관리되거나 영향을 받는 호스트 목록을 추가로 제한하는 **Host** 패턴입니다.

m. **Verbosity**: Playbook이 실행될 때 Ansible이 생성하는 출력 수준을 제어합니다.

n. **Job Slicing**: 이 **Job Template**에서 실행할 **slices** 수를 지정합니다.

o. **Timeout**: **Job**이 취소되기 전까지 실행될 수 있는 시간(초)을 지정할 수 있습니다.

p. **Show Changes**: Ansible **Job**으로 인한 변경 사항을 볼 수 있습니다.

q. **Instance Groups**: 이 **Job Template**과 연결할 인스턴스 그룹을 선택합니다 .

r. **Job Tags**: 입력을 시작하고 Create x 드롭다운을 선택하여 실행해야 할 **Playbook** 부분을 지정합니다.

s. **Skip Tags**: 건너뛸 **Playbook** 의 특정 작업이나 부분을 지정하려면 Create x 드롭다운을 입력하고 선택합니다.

t. **Options** : 필요한 경우 이 **Template**을 시작하기 위한 옵션을 지정

   i . **Privilege Escalation**: 선택하면 이 **Playbook**을 관리자로 실행할 수 있습니다.

   ii. **Provisioning Callbacks**: 이 옵션을 선택하면 호스트가 REST API를 통해 AWX로 콜백하고 이 **Job Template**에서 작업 실행을 호출할 수 있습니다.

   iii. **Enable Webhook**: **Job Template**을 시작하는 데 사용되는 사전 정의된 SCM 시스템 웹 서비스와 인터페이스하는 기능을 켭니다.

3. "Save" 버튼을 클릭하여 **Job Template** 생성

6.4.4.2.2. 추가 - Job Template - 실습 - 준비

Job Template 생성에 앞서 awx-demo-web에서 사용중인 Pod에 Mount 되어 있는 Persistent Volume에 Directory 안에 Playbook 파일 생성이 필요합니다.

Ansible AWX 구성 기준 실습 내용을 도식화 한 사항입니다.

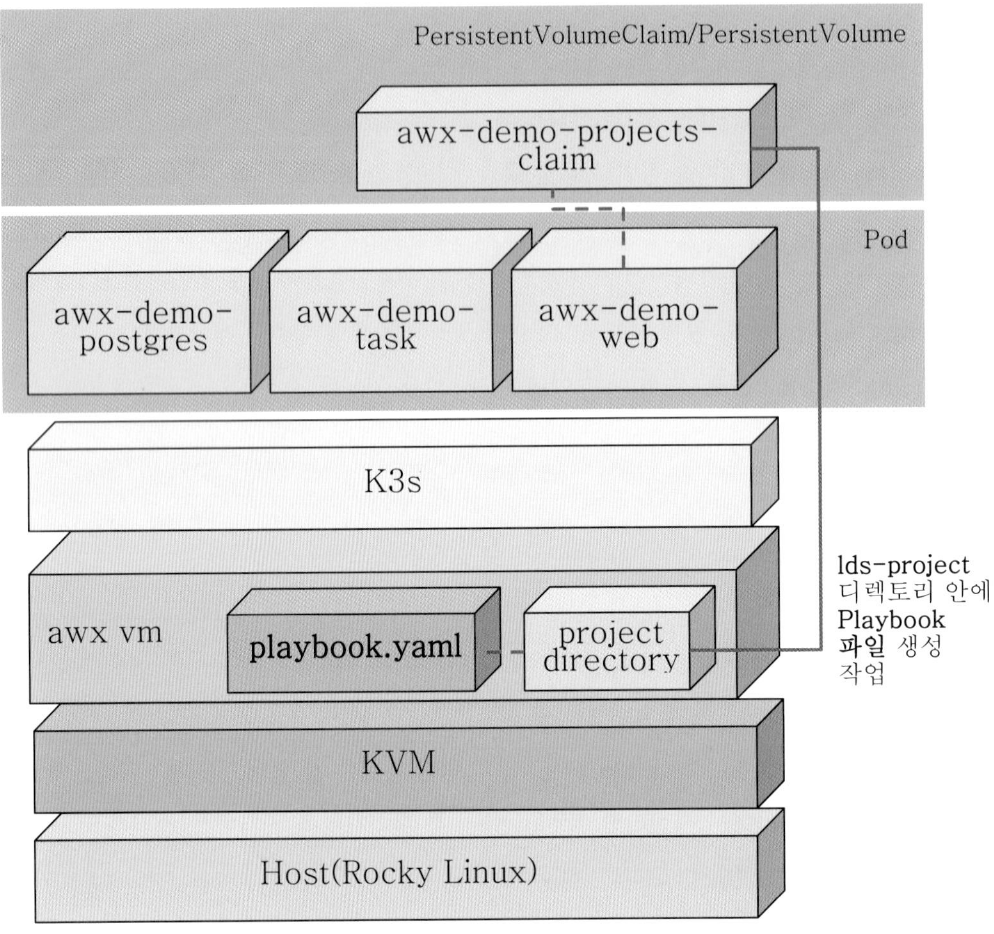

[그림 : Ansible AWX - Resources - Templates - 실습 - 준비]

6.4.4.2.2.1. Project directory에 Playbook 파일 생성

앞서 설명한 [Persistent Volume에 디렉토리 생성] 부분과 [Pod에 Project 디렉토리 확인] 부분 내용에서 다음과 같은 내용을 확인가능합니다.

PersistentVolume의 권한 설정을 위해 Pod와 연계된 PersistentVolumeClaim 정보를 확인 합니다. awx-demo-web Deployment에 정의된 PersistentVolumeClaim을 확인합니다. localPath 형태로 Mount된 사항을 확인할 수 있습니다.

pvc-f183a2c8-0714-45ed-8055-fd63ac526572 PersistentVolume의 local-path 정보를 확인합니다.

hostPath의 경로 정보를 확인 후 Project에 사용된 디렉토리 내용을 추가로 확인합니다. **(/var/lib/rancher/k3s/storage/pvc-f183a2c8-0714-45ed-8055-fd63ac526572_awx_awx-demo-projects-claim)**

대상 디렉토리로 이동후 다음과 같이 playbook.yaml 파일을 생성합니다.

- 이전에 생성한 [PERSISTENT_VOLUME_HOST_PATH]/lds-project 디렉터리에 다음 콘텐츠로

playbook.yaml 파일을 생성합니다.

```
cd [PERSISTENT_VOLUME_HOST_PATH]

cd lds-project

vi playbook.yaml

---
- name: My first play
  hosts: localhost
  tasks:
  - name: Ping my hosts
    ansible.builtin.ping:

  - name: Print message
    ansible.builtin.debug:
      msg: Hello world
```

```
[root@awx ~]# cd /var/lib/rancher/k3s/storage/pvc-f183a2c8-0714-45ed-8055-fd63ac526572_awx_awx-demo-projects-claim
[root@awx pvc-f183a2c8-0714-45ed-8055-fd63ac526572_awx_awx-demo-projects-claim]# cd lds-project
[root@awx lds-project]# pwd
/var/lib/rancher/k3s/storage/pvc-f183a2c8-0714-45ed-8055-fd63ac526572_awx_awx-demo-projects-claim/lds-project
[root@awx lds-project]# vi playbook.yaml
[root@awx lds-project]# cat playbook.yaml
[root@awx lds-project]# cat playbook.yaml
---
- name: My first play
  hosts: localhost
  tasks:
  - name: Ping my hosts
    ansible.builtin.ping:

  - name: Print message
    ansible.builtin.debug:
      msg: Hello world

[root@awx lds-project]#
```

6.4.4.2.3. 추가 - Job Template - 실습

다음은 lds-project에 lds-template Template을 생성하는 실습입니다.

1. Templates 페이지로 이동:
   a. 왼쪽 메뉴에서 Resources을 선택합니다.
   b. “Templates” 탭을 선택합니다.
2. Create New Job Template: 새 job template 양식에 다음 정보를 입력

a. **Name**: lds-template
b. **Job Type**: **Run**
c. **Inventory**: lds-inventory
d. **Project**: lds-project
e. **Playbook**: playbook.yaml
f. **Credentials**: guest-cred

3. "Save" 버튼을 클릭하여 **Job Template** 생성

Templates 내역에서 Add Job Templates을 선택하여 Job Template 생성 화면으로 이동합니다.

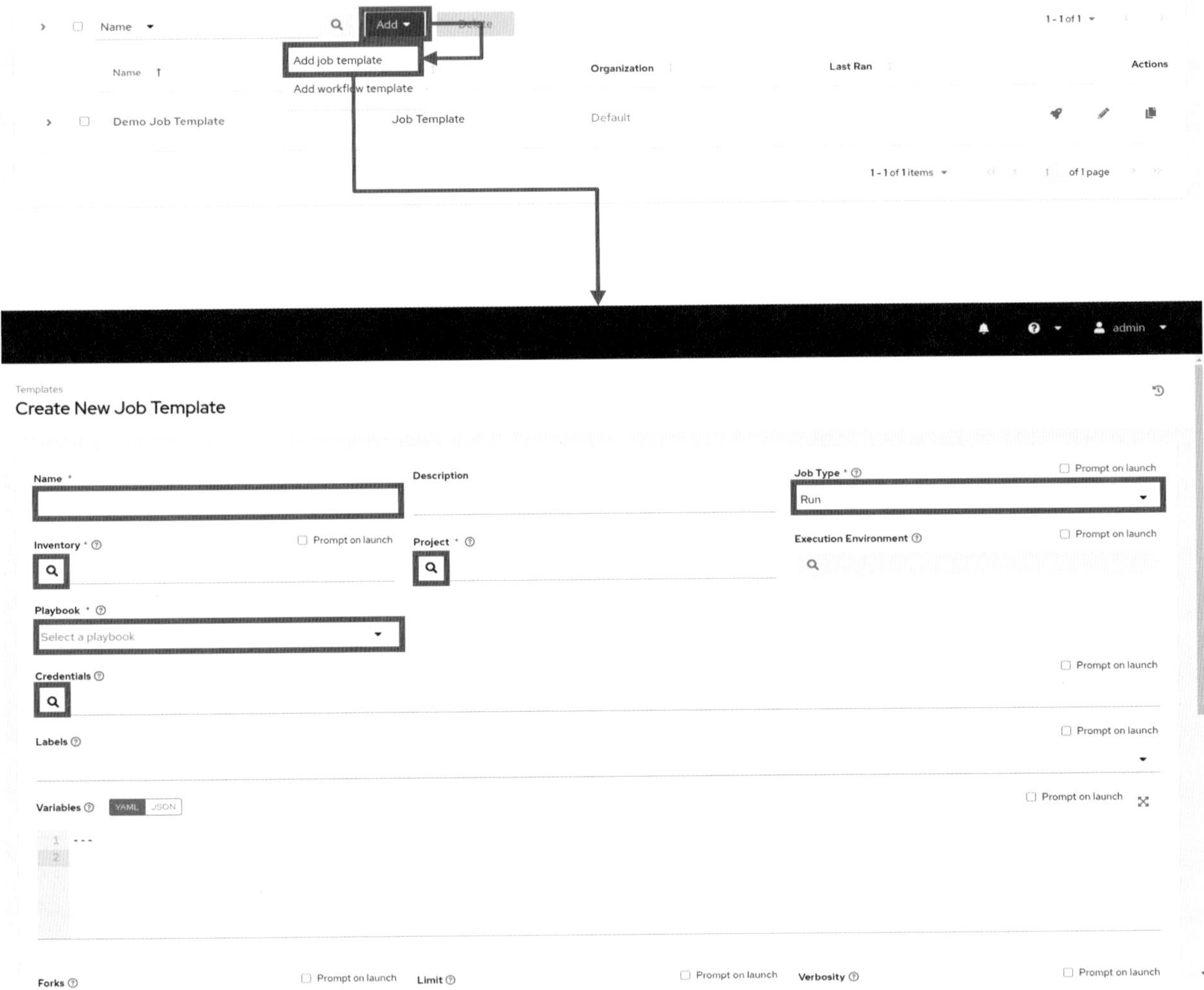

[그림 : Ansible AWX – Resources – Templates – Create New Job Template]

다음은 Inventory 대상 항목을 선택하여 설정합니다.

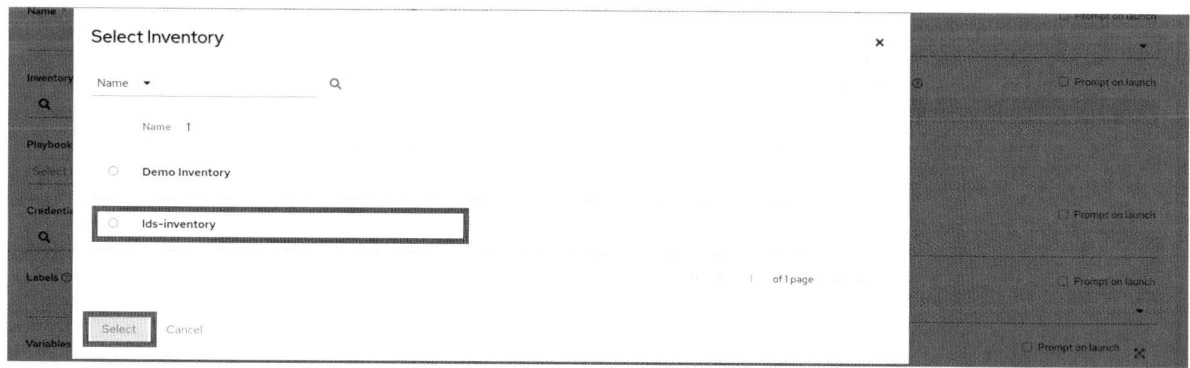

[그림 : Ansible AWX - Resources - Templates - Create New Job Template - Select Inventory]

다음은 Project 대상 항목을 선택하여 설정합니다.

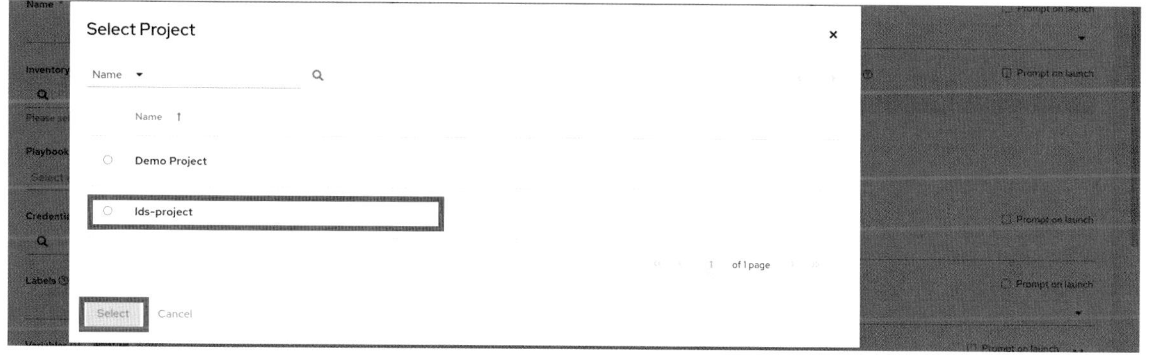

[그림 : Ansible AWX - Resources - Templates - Create New Job Template - Select Project]

다음은 Credentials 대상 항목을 선택하여 설정합니다.

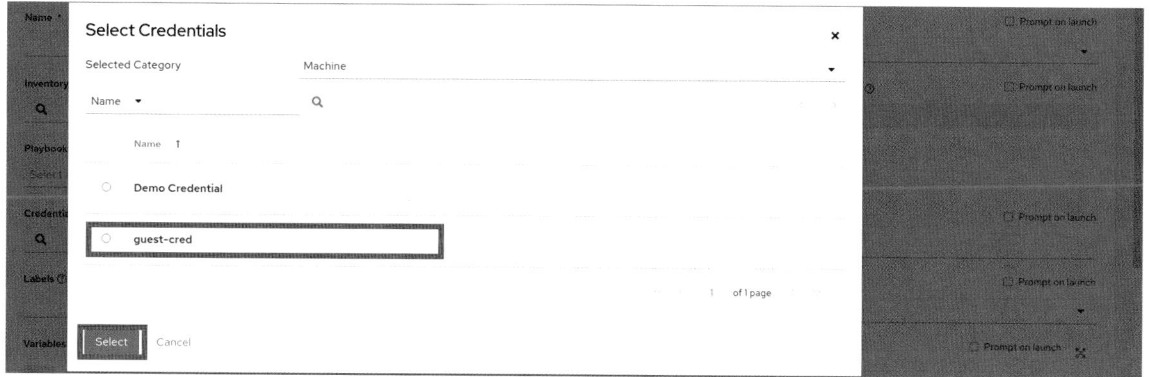

[그림 : Ansible AWX - Resources - Templates - Create New Job Template - Select Credentials]

Create New Job Template 생성 화면에서 필요 정보 입력후 Save를 선택합니다.

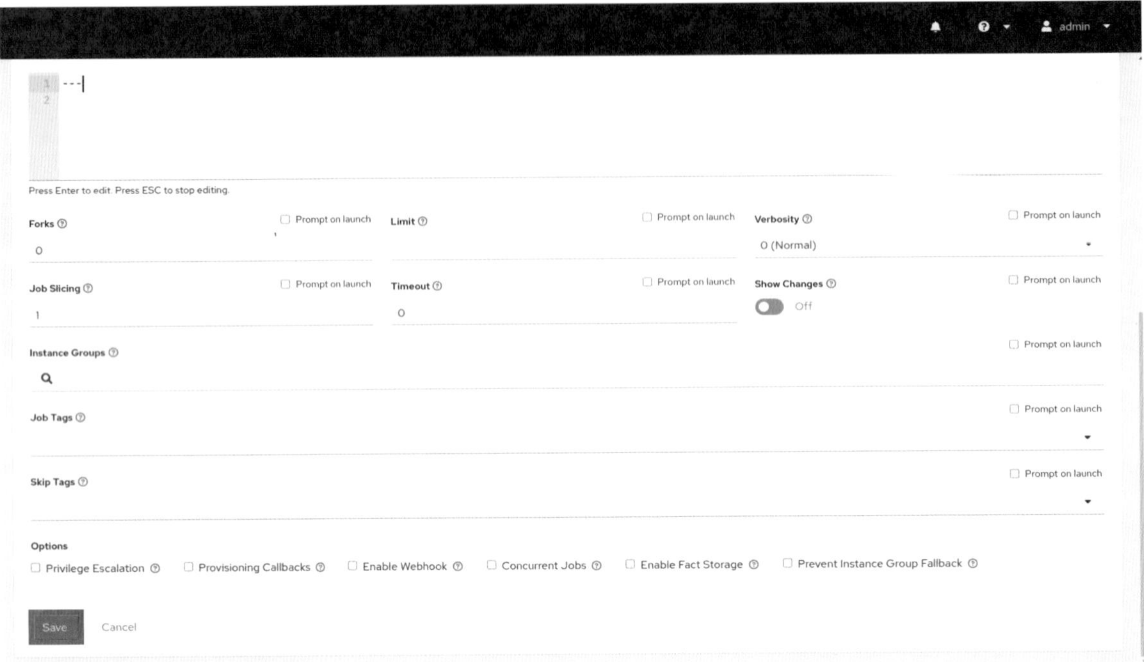

[그림 : Ansible AWX - Resources - Templates - Create New Job Template - Create]

위 내용을 참조하여 입력 한 내용은 다음과 같습니다.

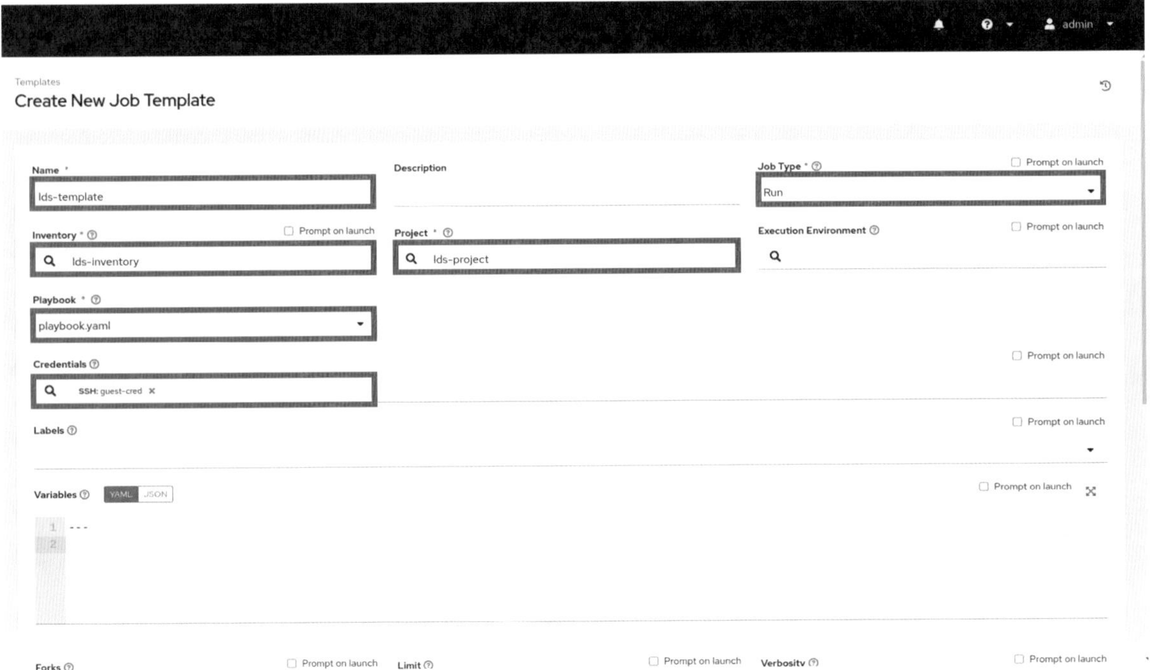

[그림 : Ansible AWX - Resources - Templates - Create New Job Template - Create - Info]

Job Template을 생성하면 아래와 같이 Job Template 상세 화면을 확인 가능합니다.

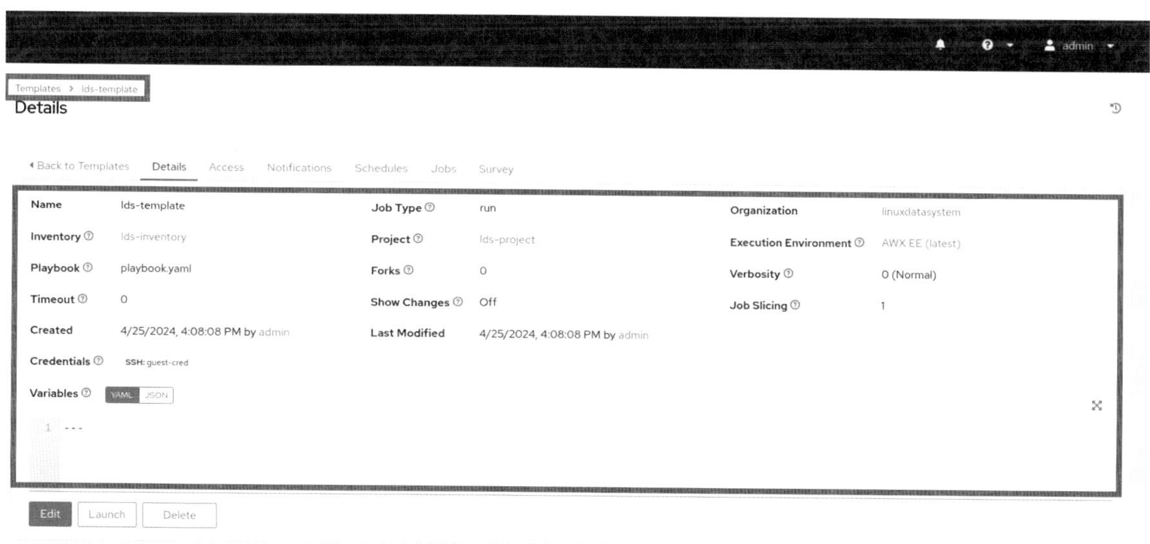

[그림 : Ansible AWX - Resources - Templates - Create New Job Template - Result]

6.4.4.3. 설정 - Job Template - 권한 설정

6.4.4.3.1. 설정 - Job Template - 권한 설정 - 방법

Ansible AWX에서 대상 Job Template에 권한을 추가하려면 다음 단계를 따릅니다.

1. Template 페이지로 이동:
   a. 왼쪽 메뉴에서 Resources을 선택합니다.
   b. "Template" 탭을 선택합니다.
2. 대상 Template 페이지로 이동:
   a. 항목에서 권한을 추가할 대상 Template를 선택합니다.
   b. "Access" 탭으로 이동합니다.
      i. "Add" 버튼을 선택합니다.
3. Add Roles:
   a. Select a Resource Type: Users/Teams 선택
      i. 추가할 User 또는 Team을 선택합니다.
      ii. "Next" 버튼을 클릭합니다.
   b. Select Items from List: 멤버 추가
      i. User 또는 Team 이름 옆의 체크박스를 클릭하여 멤버로 추가합니다. (여러 명 선택 가능)
      ii. "Next" 버튼을 클릭합니다.
   c. Select Roles to Apply: 역할 부여
      i. 선택한 User 또는 Team에게 부여할 역할을 선택합니다.

ii. "Save" 버튼을 클릭하여 권한을 적용합니다.

d. 변경 사항 확인

i. Users/Teams 추가 창이 닫힙니다.

ii. 각 User 및 Team에 할당된 역할이 업데이트되어 표시됩니다.

6.4.4.3.2. 설정 – Job Template – 권한 설정 – 실습

다음은 **lds-template** Template의 Admin 권한을 **awx-user-01** 계정에게 부여 하는 실습입니다.

1. **Templates** 페이지로 이동:
   a. 왼쪽 메뉴에서 **Resources**을 선택합니다.
   b. "**Templates**" 탭을 선택합니다.
      i. **lds-template** 을 선택합니다.
      ii. "**Access**" 탭으로 이동합니다.
         1. "**Add**" 버튼을 선택합니다.
2. Add Roles:
   a. **Select a Resource Type: Users**
      i. "**Next**" 버튼을 클릭합니다.
   b. **Select Items from List: awx-user-01**
      i. "**Next**" 버튼을 클릭합니다.
   c. **Select Roles to Apply:** Admin
      i. "Save" 버튼을 클릭하여 **권한**을 설정합니다.

Templates 내역에서 대상 Job Templates을 선택하여 Job Template 상세 화면으로 이동합니다.

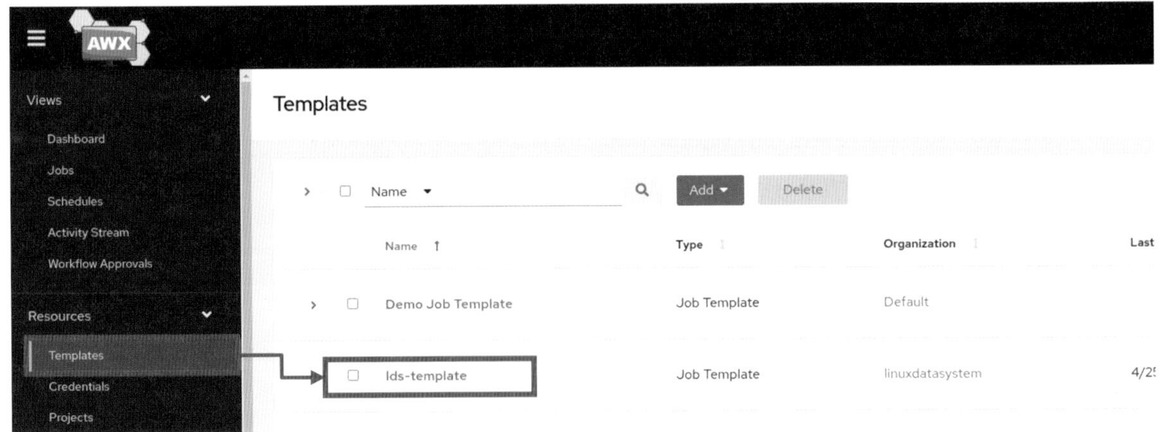

[그림 : Ansible AWX – Resources – Templates – lds-template]

대상 Template로 이동후 Access 탭에서 Add 버튼을 선택합니다.

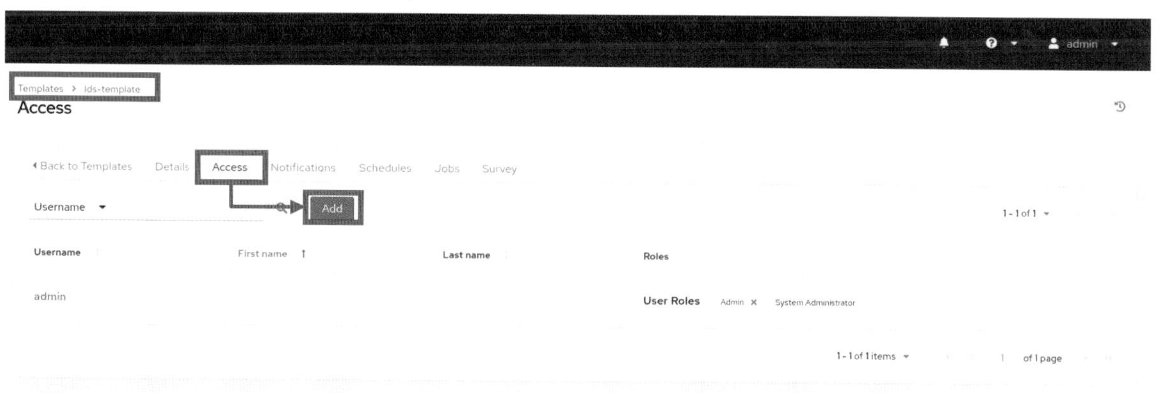

[그림 : Ansible AWX - Resources - Templates - lds-template - Access - Add]

다음과 같이 Resource Type 항목에서 Users를 선택합니다.

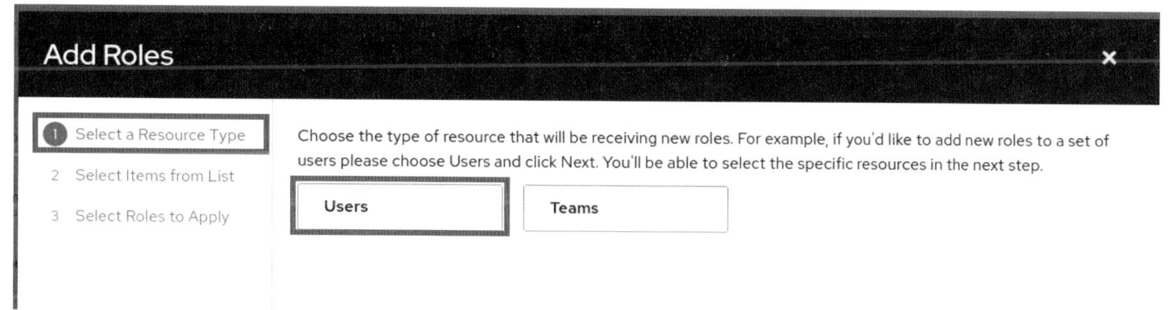

[그림 : Ansible AWX - Resources - Templates - lds-template - Access - Add Roles- Select a Resource Type]

다음과 같이 Items from List 항목에서 대상 User를 선택합니다.

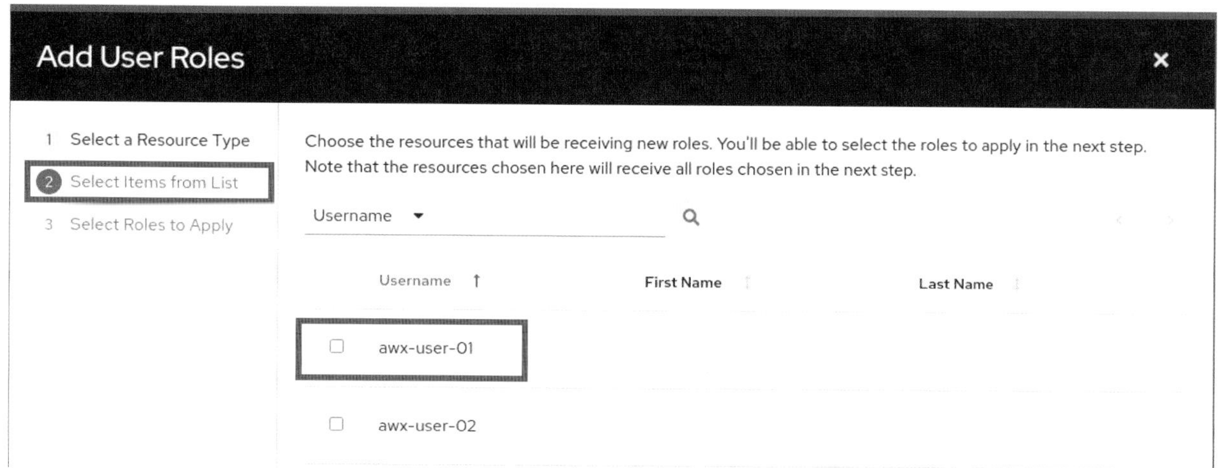

[그림 : Ansible AWX - Resources - Templates - lds-template - Access - Add Roles- Select Items from List]

다음과 같이 Roles to Apply 항목에서 Admin 권한을 선택합니다.

Add User Roles
1 Select a Resource Type
2 Select Items from List
3 Select Roles to Apply
Choose roles to apply to the selected resources. Note that all selected roles will be applied to all selected resources.
Selected awx-user-01
Admin
Can manage all aspects of the job template
Execute
May run the job template
Read
May view settings for the job template

[그림 : Ansible AWX - Resources - Templates - lds-template - Access - Add Roles- Select Roles to Apply]

다음과 같이 추가된 항목을 확인합니다.

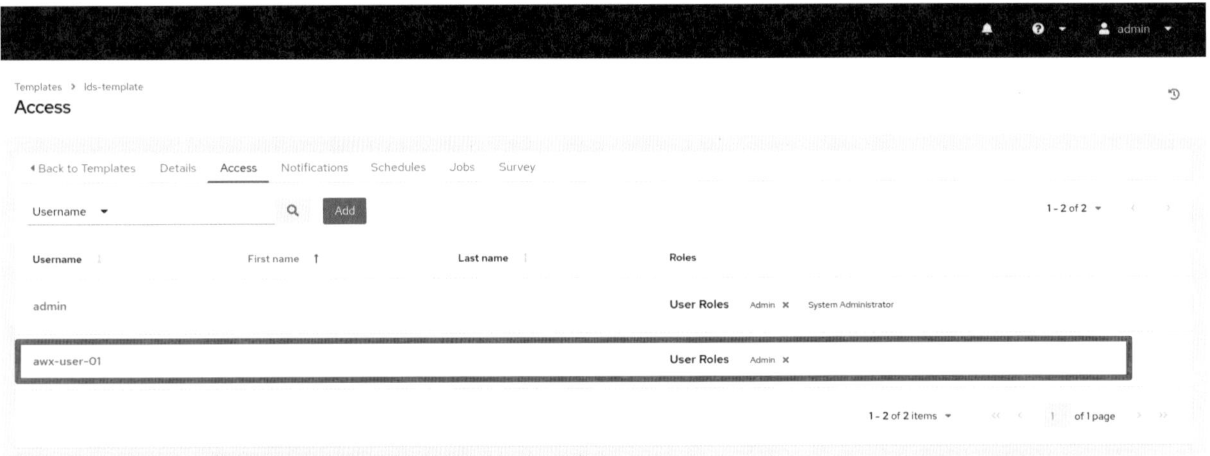

[그림 : Ansible AWX - Resources - Templates - lds-template - Access - Result]

6.4.4.4. 설정 - Job Template - 스케줄 설정

6.4.4.4.1. 설정 - Job Template - 스케줄 설정 - 방법

Ansible AWX에서 대상 **Job Template**에 스케줄을 추가하려면 다음 단계를 따릅니다.

1. **Template** 페이지로 이동:
   a. 왼쪽 메뉴에서 **Resources**을 선택합니다.
   b. "**Template**" 탭을 선택합니다.
2. 대상 **Template** 페이지로 이동:
   a. 항목에서 스케줄을 추가할 대상 **Template**를 선택합니다.
   b. "**Schedules**" 탭으로 이동합니다.
      i. "**Add**" 버튼을 선택합니다.
3. Create New Schedule:

a. **Name**: **Schedule** 이름을 입력합니다.(필수)

b. **Description**: **Schedule** 설명을 입력합니다. (선택 사항)

c. **Start date/time**: **Schedule** 시작 시간을 입력합니다.(필수)

d. **Local time zone**: Schedule이 실행되는 시간의 Timezone 정보를 입력합니다. (필수)

e. Repeat frequency: 주기 설정을 입력합니다.

i . 주기 정보를 다양하게 설정할 수 있으며

ii . 종료 일정을 Never, After number of occurrences 및 On date 형태로 지정할 수 있습니다.

f. "Save" 버튼을 클릭하여 **Job Template** 의 **Schedule** 생성

6.4.4.4.2. 설정 – Job Template – 스케줄 설정 – 실습

다음은 **lds-template** Template을 매시간 마다 실행하는 Schedule 설정 실습입니다.

1. **Templates** 페이지로 이동:

a. 왼쪽 메뉴에서 **Resources**을 선택합니다.

b. "**Templates**" 탭을 선택합니다.

i . **lds-template** 을 선택합니다.

ii . "**Schedule**" 탭으로 이동합니다.

1. "**Add**" 버튼을 선택합니다.

c. Create New Schedule:

i . **Name**: **lds-per-hour-sch**

ii . **Start date/time**: **[현재 날짜 및 시간]**

iii. **Local time zone**: **Asia/Seoul**

i. **Repeat frequency**:

ii. Hour:

1. Run every: **1 hour**

2. End: **On date**

3. End date/time: **[다음주 날짜 및 시간]**

iii. Exceptions

1. Add exceptions: None

Templates 내역에서 대상 Job Templates을 선택하여 Job Template 상세 화면으로 이동합니다.

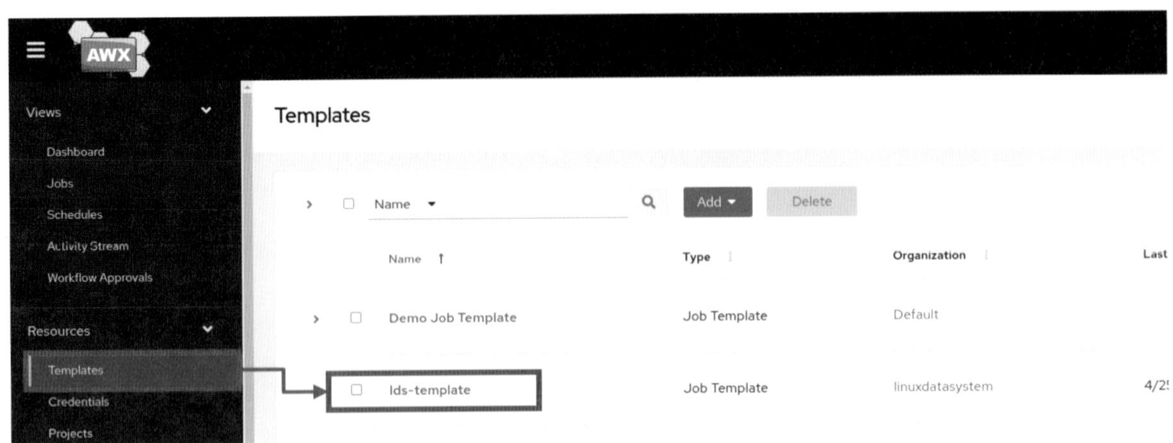

[그림 : Ansible AWX - Resources - Templates - lds-template]

대상 Template로 이동후 Schedule 탭에서 Add 버튼을 선택합니다.

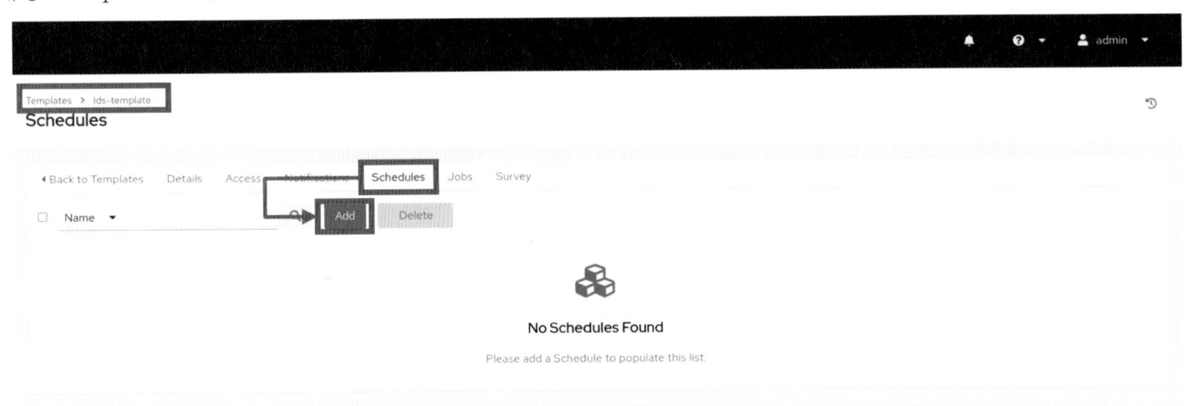

[그림 : Ansible AWX - Resources - Templates - lds-template - Schedule - Add]

다음과 같이 신규 생성할 Schedule 정보를 입력합니다. 여기서는 반복주기를 Hour를 기준으로 실행합니다.

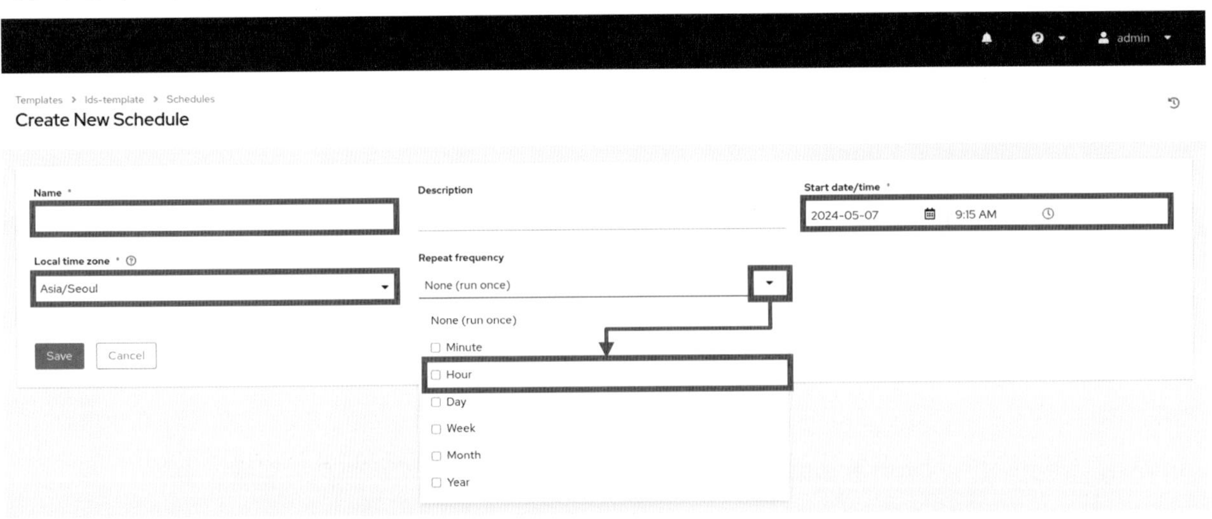

[그림 : Ansible AWX - Resources - Templates - Create New Schedule]

다음과 같이 Schedule의 반복 주기 정보를 설정합니다.

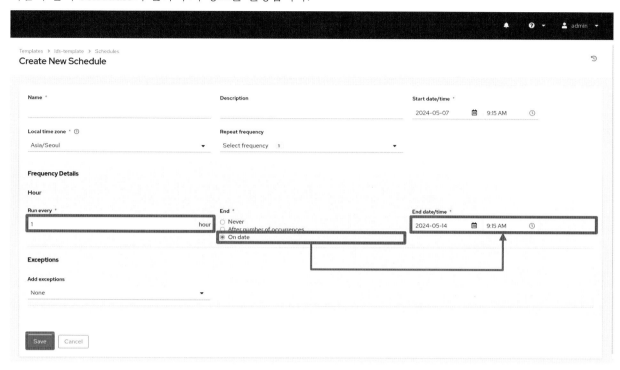

admin

Templates > lds-template > Schedules

Create New Schedule

Name *

Description

Start date/time *

2024-05-07 9:15 AM

Local time zone *

Asia/Seoul

Repeat frequency

Select frequency 1

Frequency Details

Hour

Run every *

1 hour

End *

Never

After number of occurrences

On date

End date/time *

2024-05-14 9:15 AM

Exceptions

Add exceptions

None

Save Cancel

[그림 : Ansible AWX – Resources – Templates – Create New Schedule – Frequency Details]

Schedule을 생성하면 아래와 같이 Schedule 상세 화면을 확인 가능합니다.

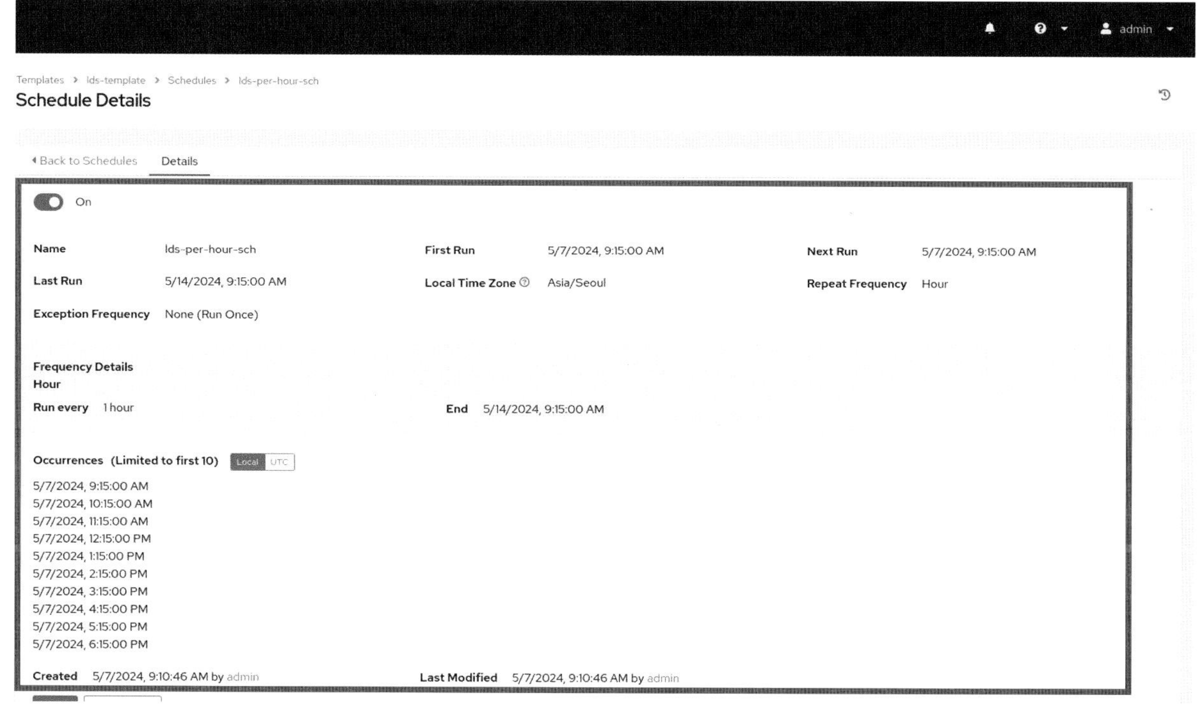

[그림 : Ansible AWX – Resources – Templates – Create New Schedule – Results]

6.4.4.4.3. 설정 – Job Template – 스케줄 설정 – 실습 결과

Schedule 설정한 Template의 실행 결과는 다음과 같이 확인 가능합니다.

대상 Template로 이동후 Jobs 탭으로 이동후 다음과 같이 Job 내용을 필터링 하여 검색합니다. **lds-per-hour-sch** Schedule 로 실행된 내용만 조회 합니다.

- 검색필터 내용은 다음과 같습니다.
  - Advanced 〉 and 〉 schedule 〉 name_icontains 〉 **lds-per-hour-sch**
- 조회된 결과에서 대상 Job을 클릭합니다.

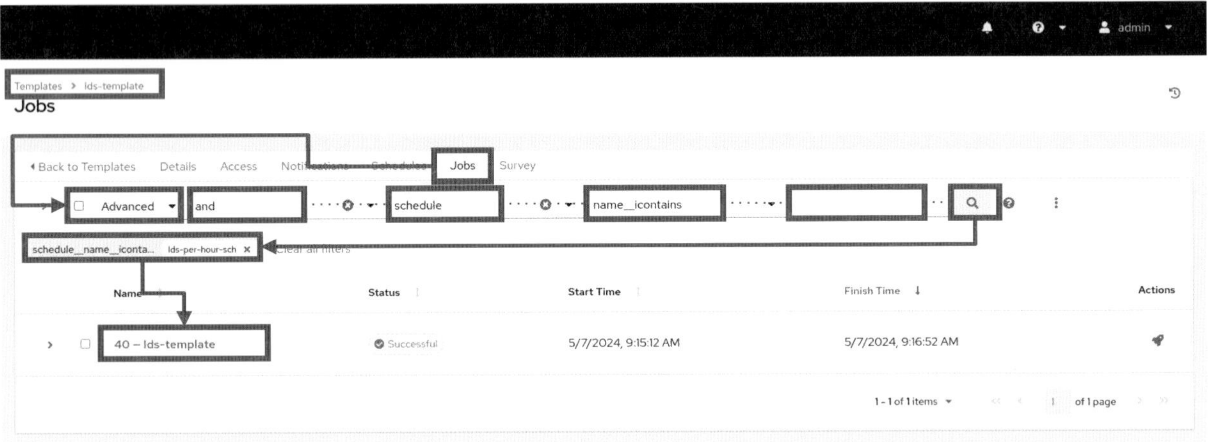

[그림 : Ansible AWX – Resources – Templates – lds-template – Job – Filter]

최근 조회된 Job 실행결과의 Details 화면에서 Schedule로 실행된 정보를 확인 할수 있습니다.

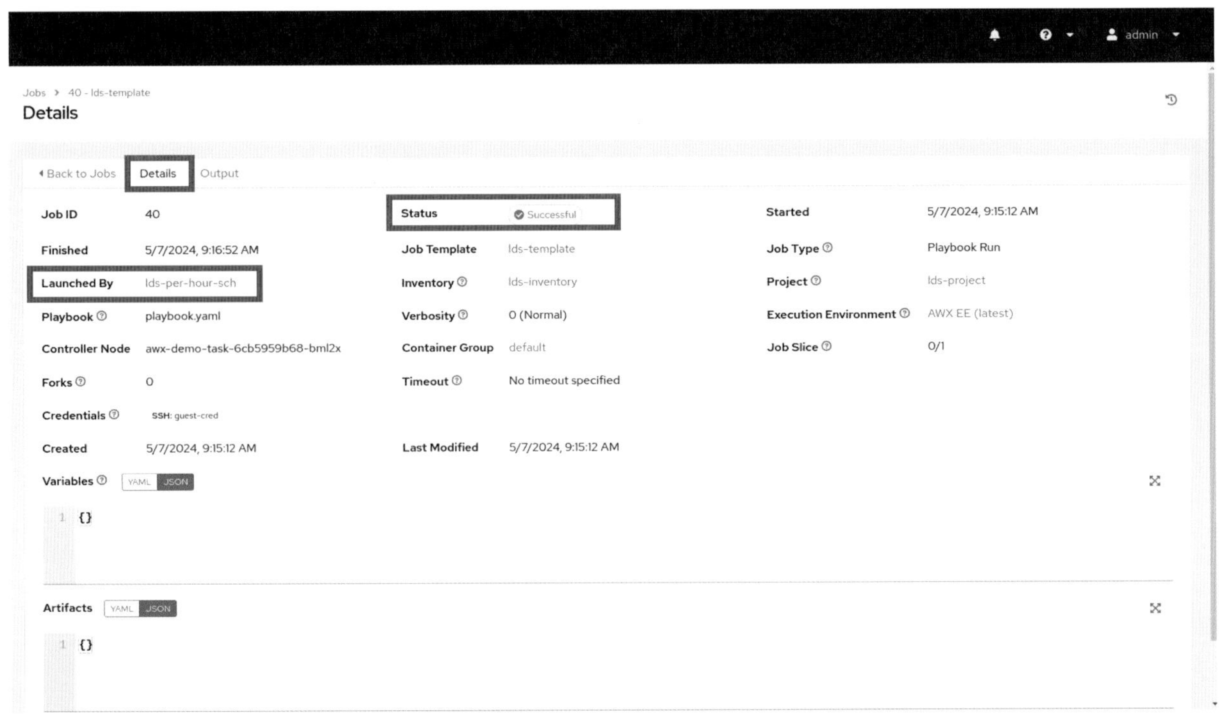

[그림 : Ansible AWX – Resources – Templates – lds-template – Job – Details]

PART 4

Ansible AWX 활용

PART 4 Ansible AWX 활용

제7장 Ansible AWX로 서버 유지 관리 및 업데이트

Ansible AWX를 사용하여 서버 유지 관리 및 업데이트를 효율적으로 수행하는 방법을 다룹니다. 이 장에서는 패키지 관리, 보안 업데이트, 그리고 시스템 보안을 강화하는 다양한 자동화 전략을 포함합니다.

7.1. 서버 패키지 관리

이 섹션에서는 Ansible Playbook을 사용하여 서버에서 필수 시스템 소프트웨어를 설치하고 기존 소프트웨어 패키지를 최신 상태로 업데이트하는 방법을 다룹니다.

7.1.1. 실습 환경 구성

7.1.1.1. Credentials 생성

Ansible AWX 구성 기준 실습 내용을 도식화 한 사항입니다.

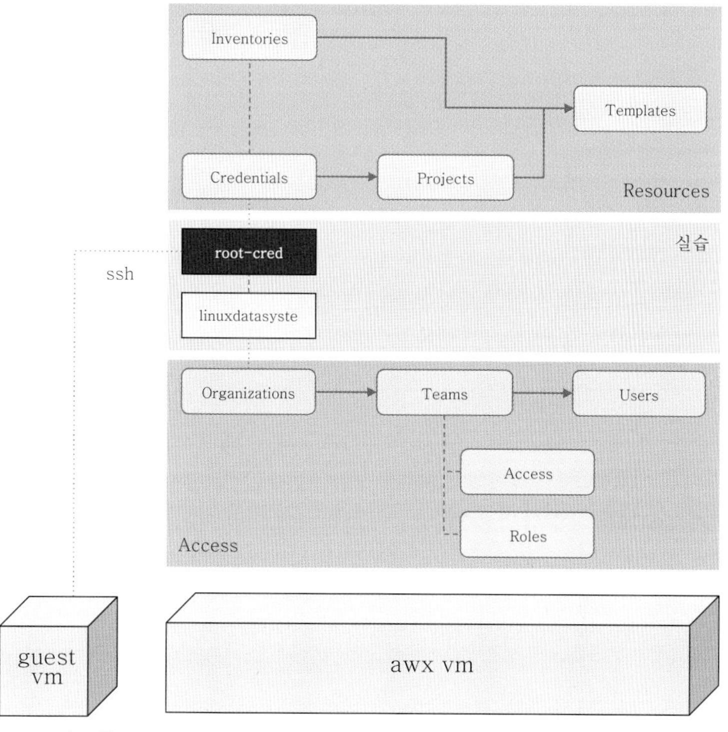

[그림 : Ansible AWX - Resources - Credentials - 실습]

Ansible AWX 준비 부분에서 생성한 guest 서버의 root 계정정보를 기준으로 진행합니다.

다음과 같이 **linuxdatasystem Organization**에 소속된 **root-cred Credential**을 생성합니다.

1. Create New Credential:
    a. **Name**: root-cred
    b. **Organization**: linuxdatasystem
    c. **Credential Type**: Machine
        i. Username: root
        ii. Password: [guest 서버의 root Password 입력]

실습 결과는 다음과 같습니다.

Credential 페이지에서 Add 버튼을 클릭하여 필요한 정보를 입력합니다. Credential Type이 Machine인 경우 Username 및 Password를 사용하여 입력 할 수 있습니다.

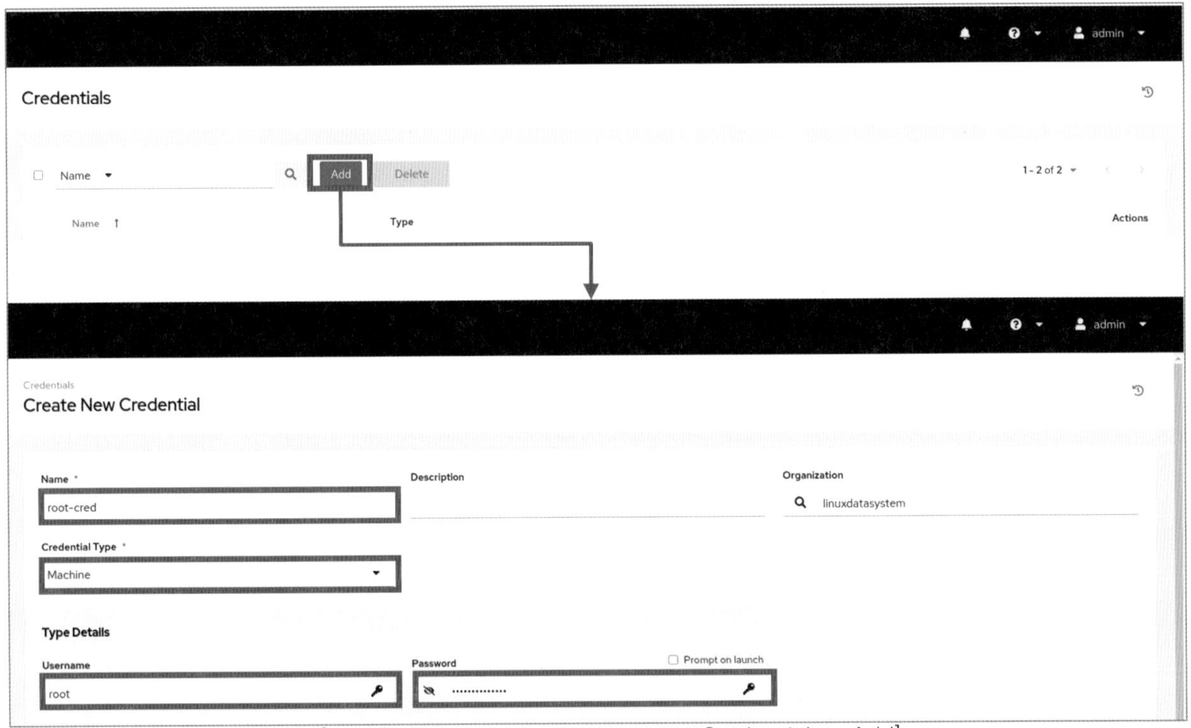

[그림 : Ansible AWX - Resources - Credentials - Add]

7.1.2. 필수 시스템 소프트웨어 설치

서버를 효율적으로 관리하고 필요한 도구를 갖추는 기반을 마련하기 위해, 기본적인 시스템 운영에 필요한 핵심 소프트웨어(예: vim, curl, git)를 설치합니다.

7.1.2.1. Project directory에 Playbook 파일 생성

대상 디렉토리로 이동후 다음과 같이 yaml 파일을 생성합니다.

- 이전에 생성한 [PERSISTENT_VOLUME_HOST_PATH]/lds-project 디렉터리에 다음 콘텐츠로 yaml 파일을 생성합니다.
  - 다음과 같이 명령어를 실행합니다.

```
cd [PERSISTENT_VOLUME_HOST_PATH]

cd lds-project

vi install-required-package.yaml

---
- name: Install essential system software
  hosts: all
  become: yes

  tasks:
    - name: Install a list of required packages
      yum:
        name:
          - vim
          - curl
          - git
        state: present
```

```
[root@awx ~]# cd /var/lib/rancher/k3s/storage/pvc-f183a2c8-0714-45ed-8055-fd63ac526572_awx_awx-demo-projects-claim
[root@awx pvc-f183a2c8-0714-45ed-8055-fd63ac526572_awx_awx-demo-projects-claim]# cd lds-project
[root@awx lds-project]# pwd
/var/lib/rancher/k3s/storage/pvc-f183a2c8-0714-45ed-8055-fd63ac526572_awx_awx-demo-projects-claim/lds-project
[root@awx lds-project]# vi install-required-package.yaml
[root@awx lds-project]# cat install-required-package.yaml
---
- name: Install essential system software
  hosts: all
  become: yes

  tasks:
    - name: Install a list of required packages
      yum:
        name:
          - vim
          - curl
          - git
        state: present

[root@awx lds-project]#
```

7.1.2.2. 추가 – Job Template

다음은 lds-project에 lds-template-required-package Template을 생성하는 실습입니다.

1. Templates 페이지로 이동:
   a. 왼쪽 메뉴에서 Resources을 선택합니다.
   b. "Templates" 탭을 선택합니다.
2. Create New Job Template: 새 job template 양식에 다음 정보를 입력
   a. **Name**: lds-template-required-package
   b. **Job Type**: Run
   c. **Inventory**: lds-inventory
   d. **Project**: lds-project
   e. **Playbook**: install-required-package.yaml
   f. **Credentials**: root-cred
   g. Limit: Selected **[Prompt on launch]**
   h. 실행 할 대상을 선택하기 위함
3. "Save" 버튼을 클릭하여 Job Template 생성

위 내용을 참조하여 입력 한 내용은 다음과 같습니다.

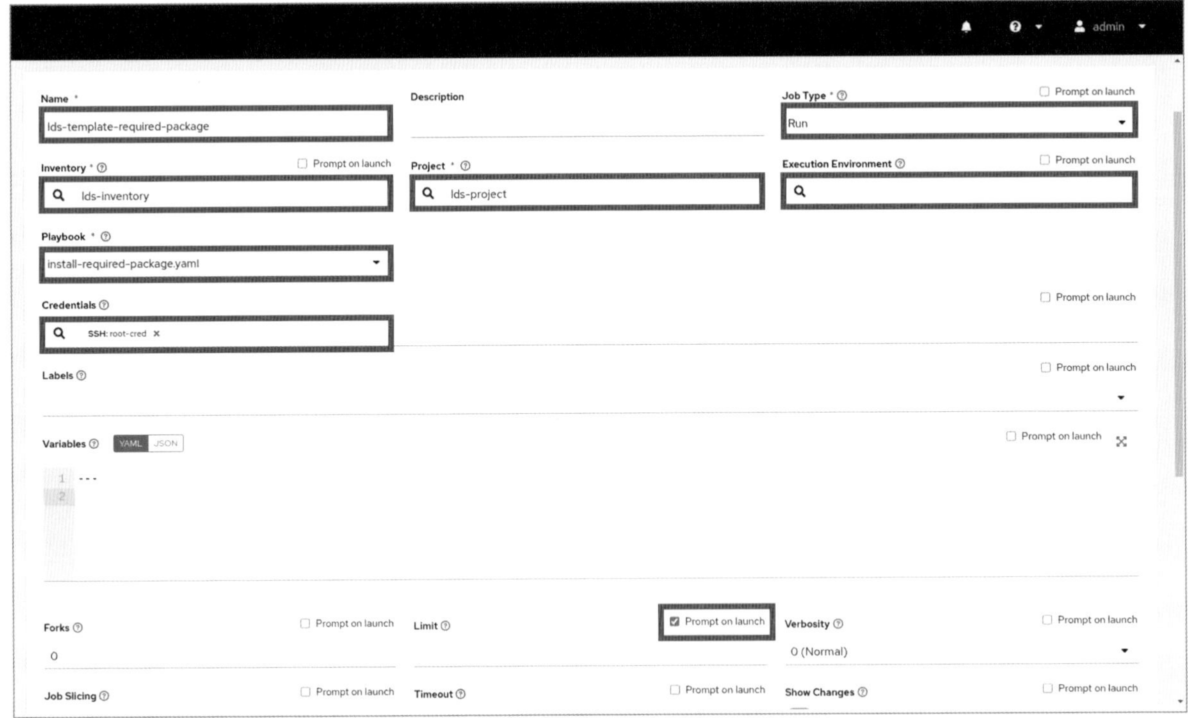

[그림 : Ansible AWX - Resources - Templates - Create New Job Template - Create - Info]

Job Template을 생성하면 아래와 같이 Job Template 상세 화면을 확인 가능합니다.

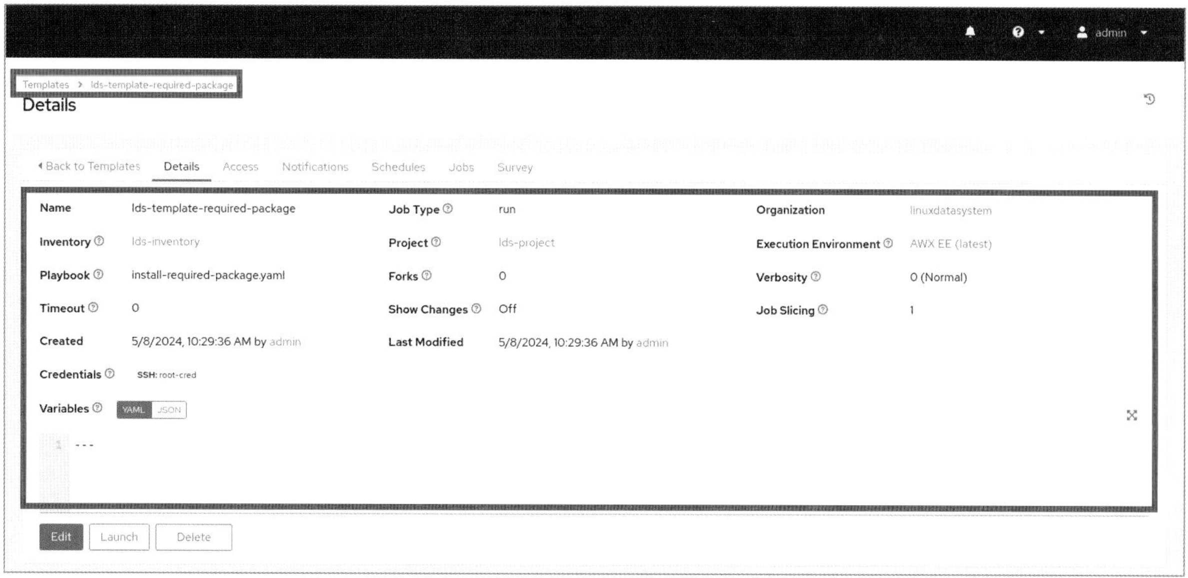

[그림 : Ansible AWX - Resources - Templates - Create New Job Template - Result]

7.1.2.3. 실행 - Job Template

다음은 lds-project에 lds-template-required-package Template을 실행하는 실습입니다.

1. **Templates** 페이지로 이동:
   a. 왼쪽 메뉴에서 **Resources**을 선택합니다.
   b. "**Templates**" 탭을 선택합니다.
2. 대상 Templates 실행: lds-template-required-package
   a. **Launch Template**
3. Launch | lds-template-required-package
   a. Other prompts
      i. Limit: **awx_guests**
         1. Group 기준한 실행
      ii. Preview

실행할 Job Template을 확인 후 Launch Template을 실행합니다.

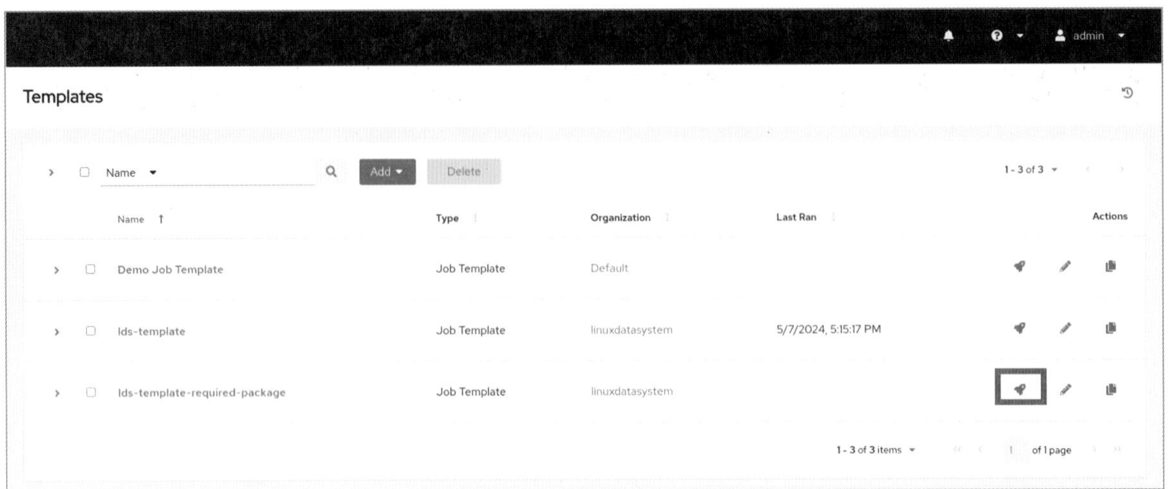

[그림 : Ansible AWX - Resources - Templates - lds-template-required-package - Launch Template]

Template 실행에 필요한 prompts 정보를 입력 후 실행합니다.

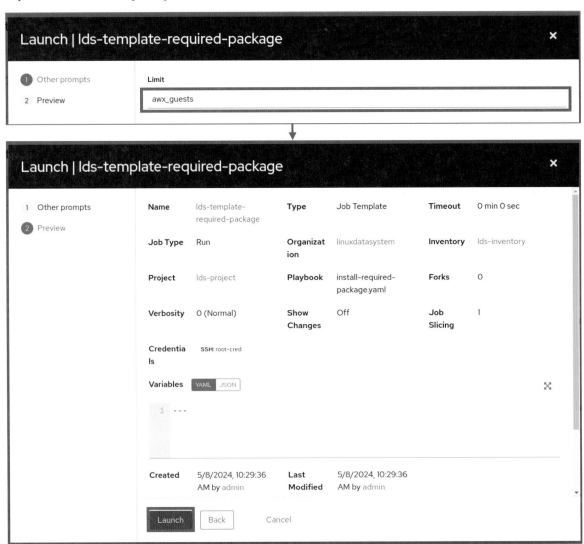

Launch | lds-template-required-package

1 Other prompts
2 Preview

Limit

awx_guests

Launch | lds-template-required-package

1 Other prompts
2 Preview

Name	lds-template-required-package	Type	Job Template	Timeout	0 min 0 sec
Job Type	Run	Organization	linuxdatasystem	Inventory	lds-inventory
Project	lds-project	Playbook	install-required-package.yaml	Forks	0
Verbosity	0 (Normal)	Show Changes	Off	Job Slicing	1
Credentials	SSH: root-cred				

Variables YAML JSON

```
1 ---
```

Created	5/8/2024, 10:29:36 AM by admin	Last Modified	5/8/2024, 10:29:36 AM by admin

Launch Back Cancel

[그림 : Ansible AWX - Resources - Templates - lds-template-required-package - Launch Template - prompts]

Template 실행 결과는 다음과 갔습니다.

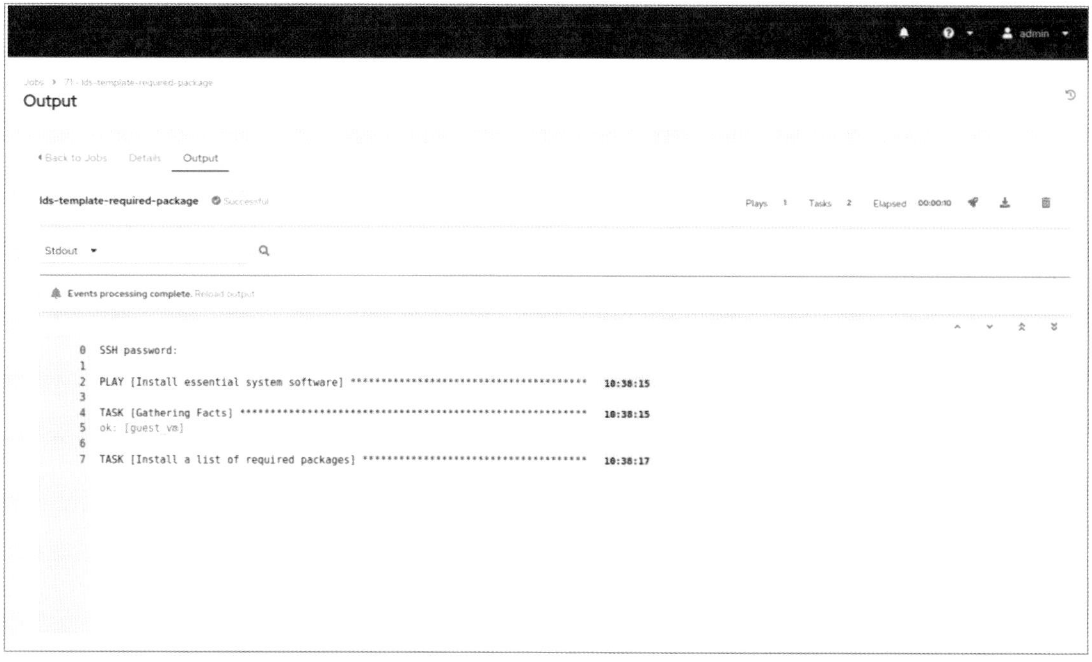

[그림 : Ansible AWX - Resources - Templates - lds-template-required-package - Launch Template - Results]

7.1.3. 서버 패키지 업데이트

서버의 안정성과 보안을 유지 관리하기 위해 모든 시스템 패키지를 최신 버전으로 업데이트하여 보안 및 기능 개선합니다.

7.1.3.1. Project directory에 Playbook 파일 생성

대상 디렉토리로 이동후 다음과 같이 yaml 파일을 생성합니다.

1. 이전에 생성한 [PERSISTENT_VOLUME_HOST_PATH]/lds-project 디렉터리에 다음 콘텐츠로 yaml 파일을 생성합니다.

    a. 다음과 같이 명령어를 실행합니다.

```
cd [PERSISTENT_VOLUME_HOST_PATH]

cd lds-project

vi update-package.yaml

---
- name: Update all packages on the servers
  hosts: all
  become: yes

  tasks:
```

```
  - name: Ensure all packages are up to date
    yum:
      name: '*'
      state: latest
    register: update_result
  - name: Check if kernel updates were installed
    set_fact:
      kernel_updated: "{{ update_result.results | selectattr('name', 'defined') | map(attribute='name') |
select('search', 'kernel') | list | length > 0 }}"
    when: update_result is defined and update_result.changed

  - name: Reboot the machine if kernel updates were installed
    reboot:
      msg: "Reboot initiated by Ansible due to kernel updates"
      connect_timeout: 5
      reboot_timeout: 300
      pre_reboot_delay: 5
      post_reboot_delay: 30
      test_command: whoami
    when: kernel_updated | default(false)
```

```
[root@awx ~]# cd /var/lib/rancher/k3s/storage/pvc-f183a2c8-0714-45ed-8055-
fd63ac526572_awx_awx-demo-projects-claim
[root@awx pvc-f183a2c8-0714-45ed-8055-fd63ac526572_awx_awx-demo-projects-claim]# cd lds-
project
[root@awx lds-project]# pwd
/var/lib/rancher/k3s/storage/pvc-f183a2c8-0714-45ed-8055-fd63ac526572_awx_awx-demo-
projects-claim/lds-project
[root@awx lds-project]# vi update-package.yaml
[root@awx lds-project]# cat update-package.yaml
---
- name: Update all packages on the servers
  hosts: all
  become: yes

  tasks:
    - name: Ensure all packages are up to date
      yum:
        name: '*'
        state: latest
      register: update_result

    - name: Check if kernel updates were installed
      set_fact:
        kernel_updated: "{{ update_result.results | selectattr('name', 'defined') | map(attribute='name') |
select('search', 'kernel') | list | length > 0 }}"
      when: update_result is defined and update_result.changed

    - name: Reboot the machine if kernel updates were installed
      reboot:
        msg: "Reboot initiated by Ansible due to kernel updates"
        connect_timeout: 5
```

```
        reboot_timeout: 300
        pre_reboot_delay: 5
        post_reboot_delay: 30
        test_command: whoami
      when: kernel_updated | default(false)

[root@awx lds-project]#
```

7.1.3.2. 추가 – Job Template

다음은 lds-project에 lds-template-update-package Template을 생성하는 실습입니다.

1. Templates 페이지로 이동:
   a. 왼쪽 메뉴에서 Resources을 선택합니다.
   b. “Templates” 탭을 선택합니다.
2. Create New Job Template: 새 job template 양식에 다음 정보를 입력
   a. **Name**: lds-template-update-package
   b. **Job Type**: Run
   c. **Inventory**: lds-inventory
   d. **Project**: lds-project
   e. **Playbook**: update-package.yaml
   f. **Credentials**: root-cred
   g. Limit: Selected **[Prompt on launch]**
      i . 실행 할 대상을 선택하기 위함
3. “Save” 버튼을 클릭하여 Job Template 생성

위 내용을 참조하여 입력 한 내용은 다음과 같습니다.

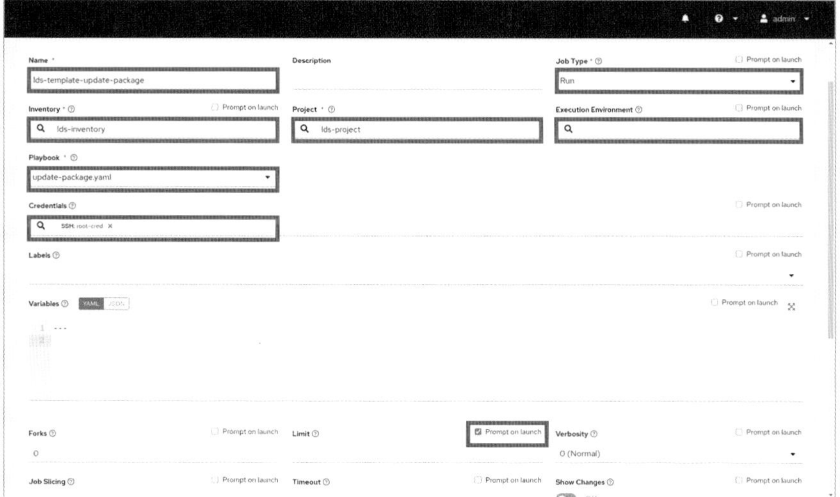

[그림 : Ansible AWX – Resources – Templates – Create New Job Template – Create – Info]

Job Template을 생성하면 아래와 같이 Job Template 상세 화면을 확인 가능합니다.

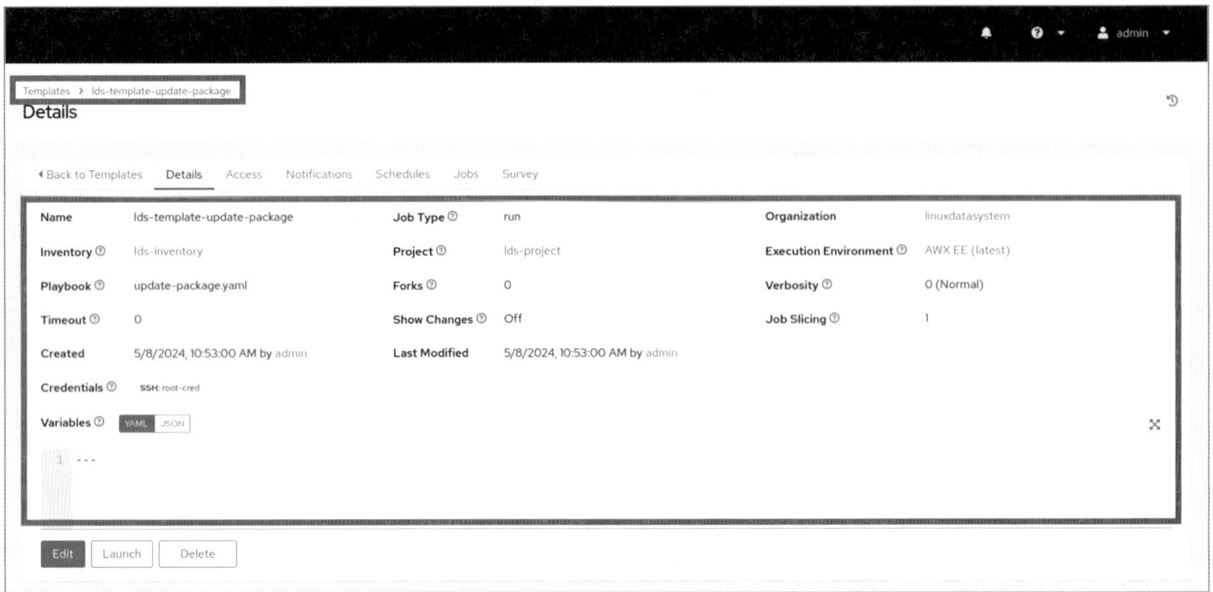

[그림 : Ansible AWX – Resources – Templates – Create New Job Template – Result]

7.1.3.3. 실행 – Job Template

다음은 lds-project에 lds-template-update-package Template을 실행하는 실습입니다.

1. **Templates** 페이지로 이동:
   a. 왼쪽 메뉴에서 **Resources**을 선택합니다.
   b. "**Templates**" 탭을 선택합니다.
2. 대상 Templates 실행: lds-template-update-package
   a. **Launch Template**
3. Launch | lds-template-update-package
   a. Other prompts
      i . Limit: **awx_guests**
         1. Group 기준한 실행
   b. Preview

실행할 Job Template을 확인 후 Launch Template을 실행합니다.

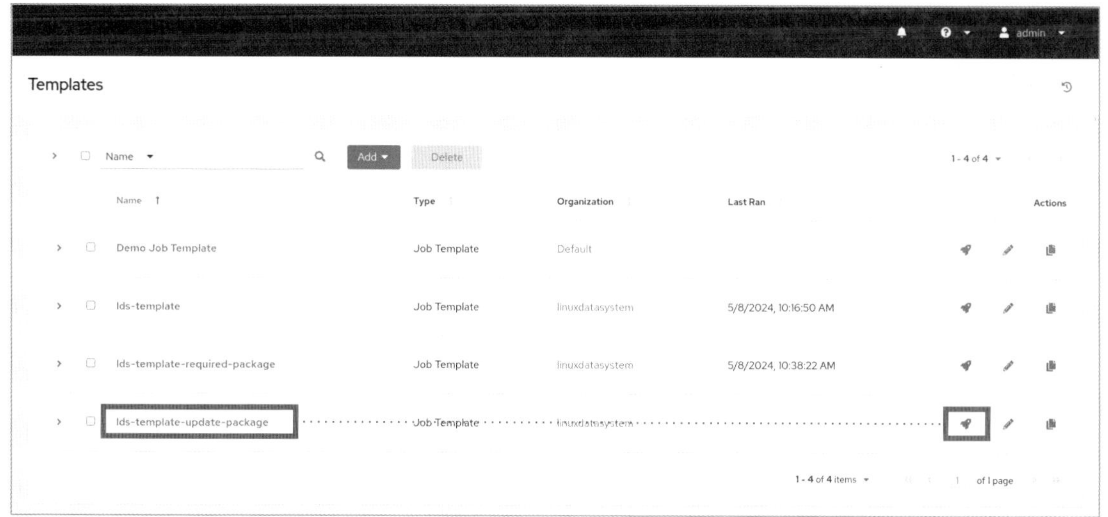

[그림 : Ansible AWX - Resources - Templates - lds-template-update-package - Launch Template]

Template 실행에 필요한 prompts 정보를 입력 후 실행합니다.

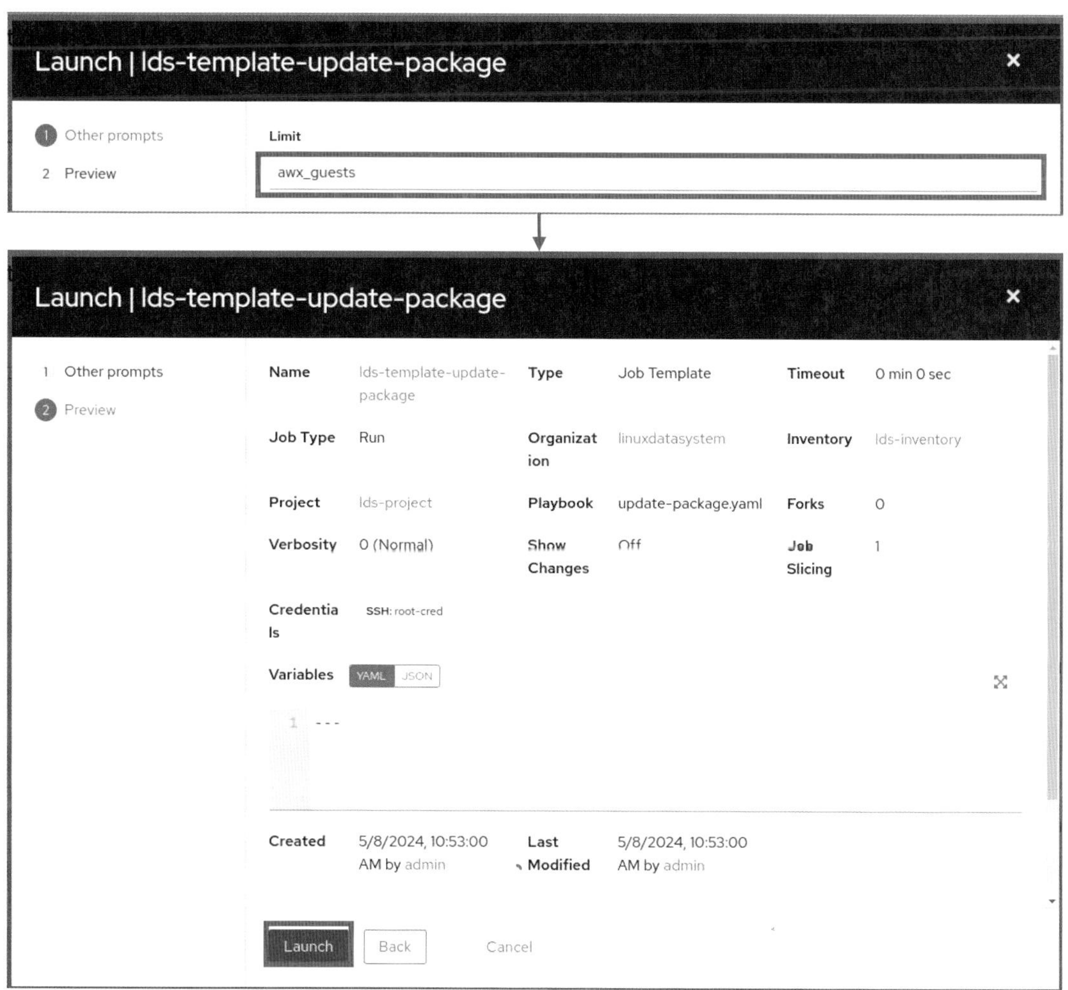

[그림 : Ansible AWX - Resources - Templates - lds-template-update-package - Launch Template - prompts]

Template 실행 결과는 다음과 같습니다.

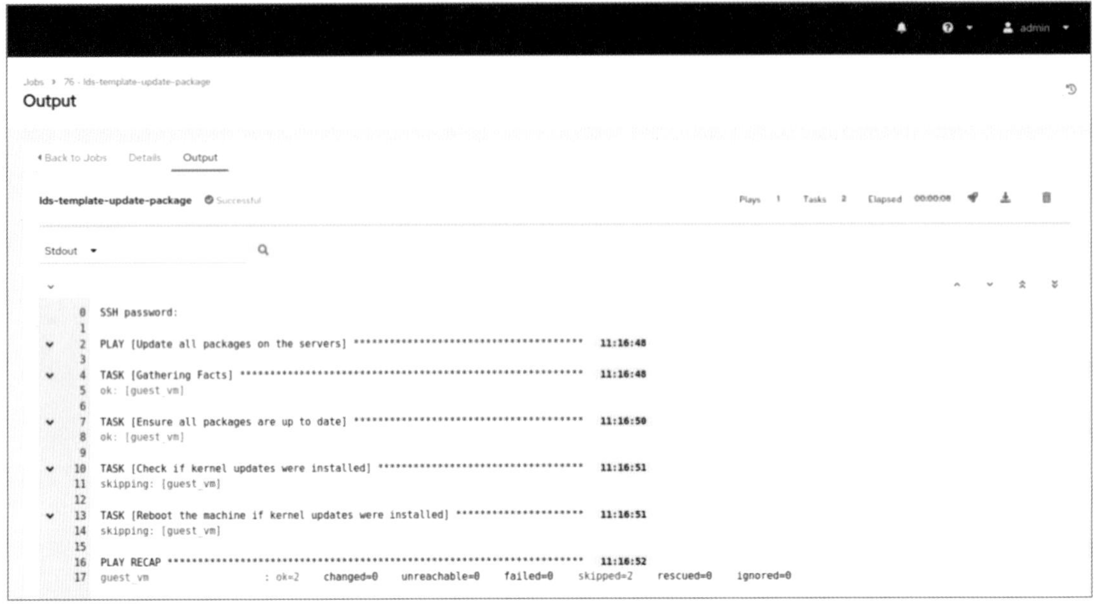

[그림 : Ansible AWX - Resources - Templates - lds-template-update-package - Launch Template - Results]

7.2. 서버 보안 업데이트

이 섹션에서는 보안 패치 적용과 취약점 스캔 및 보고를 통해 서버의 보안 수준을 강화하는 방법을 실습합니다.

7.2.1. 보안 패치 적용

외부 공격으로부터 시스템을 보호하고 데이터 유출 위험을 최소화하는 데 중요한 취약점을 해결하기 위해 최신 보안 패치를 적용합니다.

7.2.1.1. Project directory에 Playbook 파일 생성

대상 디렉토리로 이동후 다음과 같이 yaml 파일을 생성합니다.

1. 이전에 생성한 [PERSISTENT_VOLUME_HOST_PATH]/lds-project 디렉터리에 다음 콘텐츠로 yaml 파일을 생성합니다.

   a. 다음과 같이 명령어를 실행합니다.

```
cd [PERSISTENT_VOLUME_HOST_PATH]

cd lds-project

vi apply-security-patches.yaml
```

```
---
- name: Apply Security Patches
  hosts: all
  become: yes

  tasks:
  - name: Install security updates on CentOS/RHEL or Rocky
    yum:
      name: '*'
      state: latest
      security: yes
    when: ansible_os_family == "RedHat"
    register: yum_updates

  - name: Install security updates on Debian/Ubuntu
    apt:
      upgrade: 'dist'
      update_cache: yes
      force_apt_get: yes
      only_upgrade: yes
    when: ansible_os_family == "Debian"
    register: apt_updates

  - name: Check if a reboot is needed on Debian/Ubuntu
    stat:
      path: /var/run/reboot-required
    register: reboot_required
    when: ansible_os_family == "Debian"

  - name: Reboot the machine if needed for Debian/Ubuntu
    reboot:
      msg: "Rebooting because of security updates (Debian/Ubuntu)"
      connect_timeout: 5
      reboot_timeout: 600
    when: ansible_os_family == "Debian" and reboot_required.stat.exists

  - name: Reboot the machine if needed for CentOS/RHEL or Rocky
    reboot:
      msg: "Rebooting because of security updates (CentOS/RHEL or Rocky)"
      connect_timeout: 5
      reboot_timeout: 600
    when: ansible_os_family == "RedHat" and yum_updates.changed
```

```
[root@awx ~]# cd /var/lib/rancher/k3s/storage/pvc-f183a2c8-0714-45ed-8055-fd63ac526572_awx_awx-demo-projects-claim
[root@awx pvc-f183a2c8-0714-45ed-8055-fd63ac526572_awx_awx-demo-projects-claim]# cd lds-project
[root@awx lds-project]# pwd
/var/lib/rancher/k3s/storage/pvc-f183a2c8-0714-45ed-8055-fd63ac526572_awx_awx-demo-projects-claim/lds-project
[root@awx lds-project]# vi apply-security-patches.yaml
[root@awx lds-project]# cat apply-security-patches.yaml
```

```
---
- name: Apply Security Patches
  hosts: all
  become: yes

  tasks:
  - name: Install security updates on CentOS/RHEL or Rocky
    yum:
      name: '*'
      state: latest
      security: yes
    when: ansible_os_family == "RedHat"
    register: yum_updates

  - name: Install security updates on Debian/Ubuntu
    apt:
      upgrade: 'dist'
      update_cache: yes
      force_apt_get: yes
      only_upgrade: yes
    when: ansible_os_family == "Debian"
    register: apt_updates

  - name: Check if a reboot is needed on Debian/Ubuntu
    stat:
      path: /var/run/reboot-required
    register: reboot_required
    when: ansible_os_family == "Debian"

  - name: Reboot the machine if needed for Debian/Ubuntu
    reboot:
      msg: "Rebooting because of security updates (Debian/Ubuntu)"
      connect_timeout: 5
      reboot_timeout: 600
    when: ansible_os_family == "Debian" and reboot_required.stat.exists

  - name: Reboot the machine if needed for CentOS/RHEL or Rocky
    reboot:
      msg: "Rebooting because of security updates (CentOS/RHEL or Rocky)"
      connect_timeout: 5
      reboot_timeout: 600
    when: ansible_os_family == "RedHat" and yum_updates.changed

[root@awx lds-project]#
```

7.2.1.2. 추가 - Job Template

다음은 lds-project에 lds-template-apply-security Template을 생성하는 실습입니다.

1. Templates 페이지로 이동:

   a. 왼쪽 메뉴에서 Resources을 선택합니다.

b. “Templates” 탭을 선택합니다.

2. Create New Job Template: 새 **job template** 양식에 다음 정보를 입력

   a. **Name**: lds-template-apply-security

   b. **Job Type**: **Run**

   c. **Inventory**: lds-inventory

   d. **Project**: lds-project

   e. **Playbook**: apply-security-patches.yaml

   f. **Credentials**: root-cred

   g. Limit: Selected **[Prompt on launch]**

      i. 실행 할 대상을 선택하기 위함

3. “Save” 버튼을 클릭하여 **Job Template** 생성

위 내용을 참조하여 입력 한 내용은 다음과 같습니다.

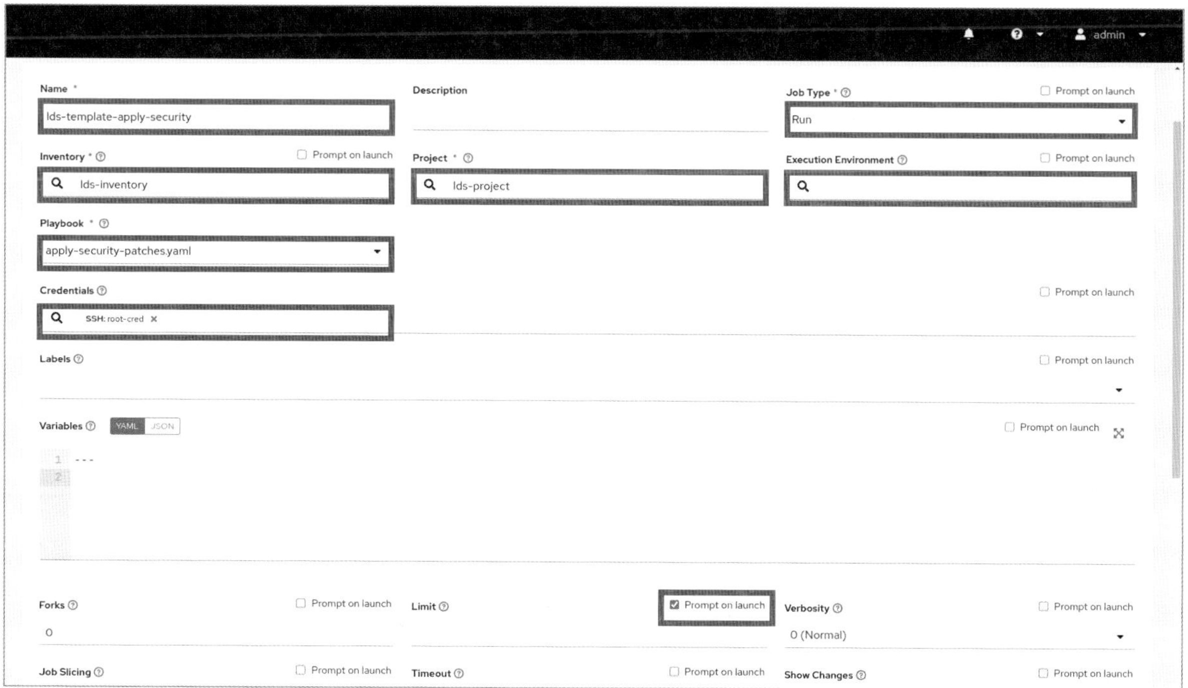

[그림 : Ansible AWX - Resources - Templates - Create New Job Template - Create - Info]

Job Template을 생성하면 아래와 같이 Job Template 상세 화면을 확인 가능합니다.

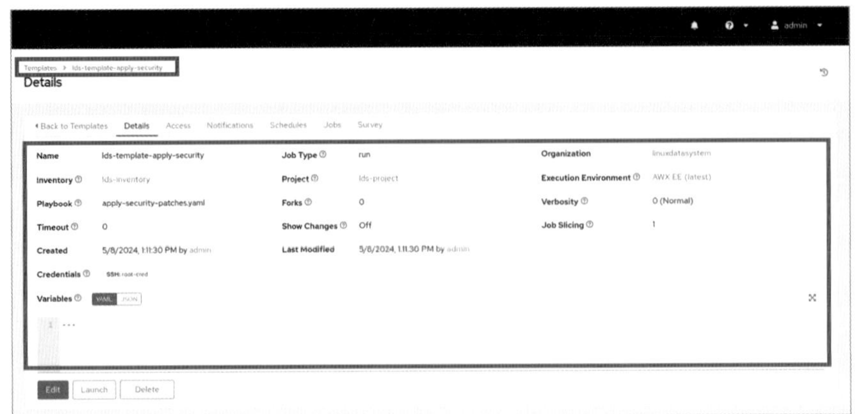

[그림 : Ansible AWX - Resources - Templates - Create New Job Template - Result]

7.2.1.3. 실행 - Job Template

다음은 lds-project에 lds-template-apply-security Template을 실행하는 실습입니다.

1. Templates 페이지로 이동:
   a. 왼쪽 메뉴에서 Resources을 선택합니다.
   b. "Templates" 탭을 선택합니다.
2. 대상 Templates 실행: lds-template-apply-security
   a. Launch Template
3. Launch | lds-template-apply-security
   a. Other prompts
      i . Limit: awx_guests
         1. Group 기준한 실행
   b. Preview
4. 실행할 Job Template을 확인 후 Launch Template을 실행합니다.

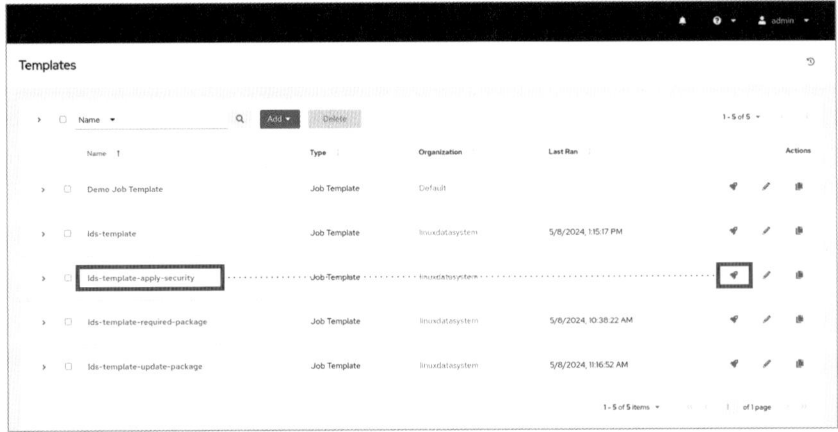

[그림 : Ansible AWX - Resources - Templates - lds-template-apply-security - Launch Template]

Template 실행에 필요한 prompts 정보를 입력 후 실행합니다.

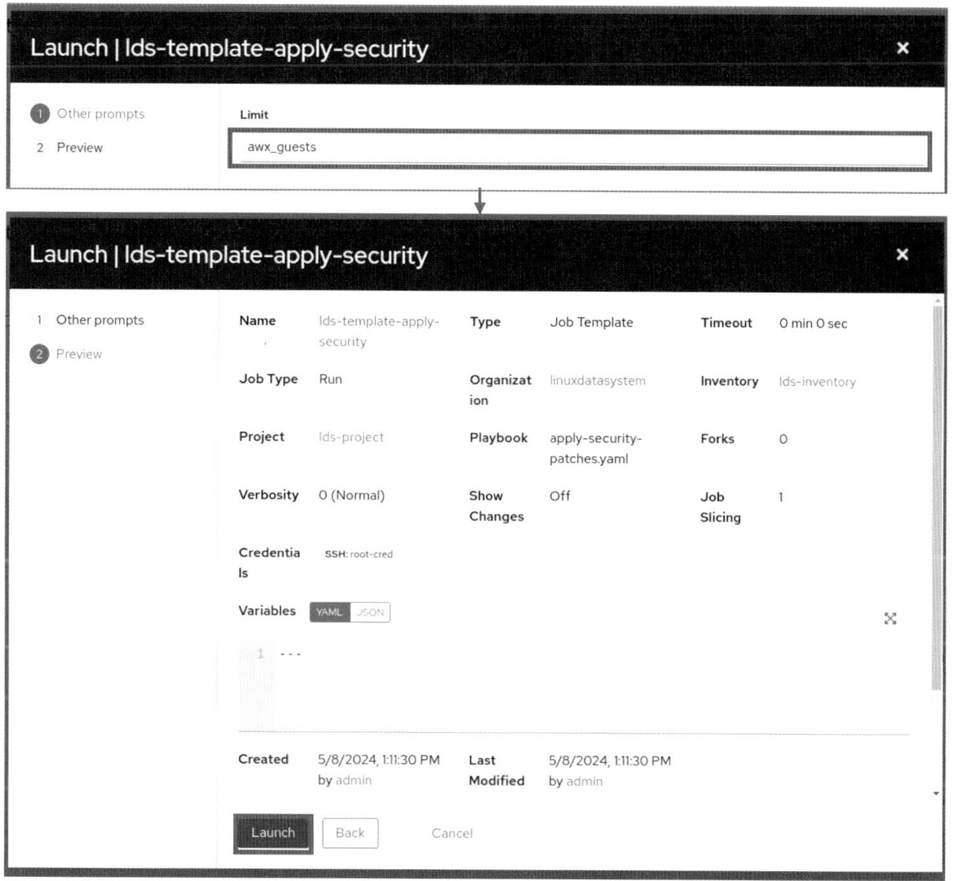

[그림 : Ansible AWX – Resources – Templates – lds–template–apply–security – Launch Template – prompts]

Template 실행 결과는 다음과 같습니다.

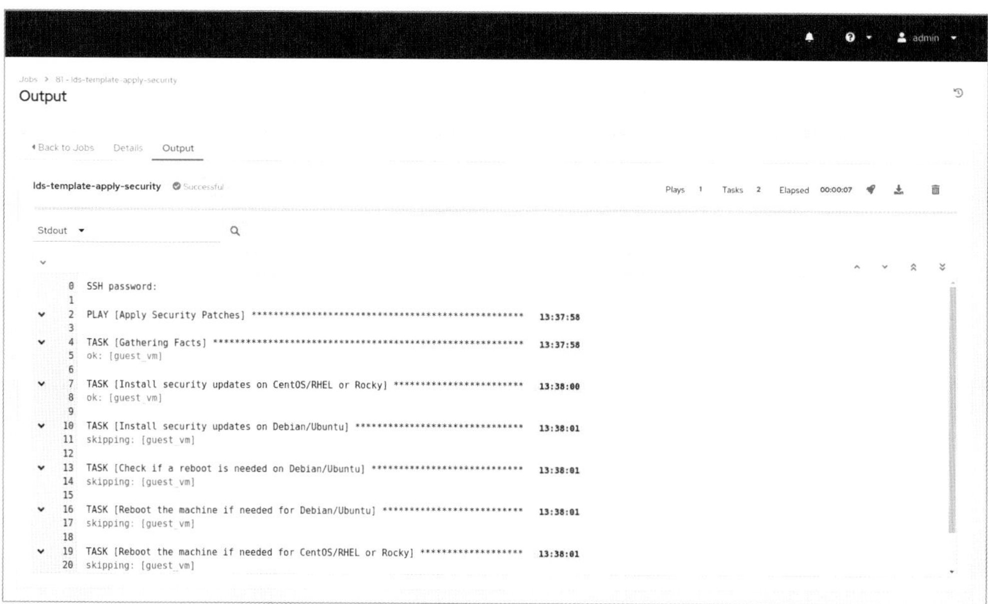

[그림 : Ansible AWX – Resources – Templates – lds–template–apply–security – Launch Template – Results]

7.2.2. 취약점 스캔 및 보고

시스템의 보안 취약점을 식별하고 적절한 조치를 취할 수 있도록 취약점 스캔을 수행하고 발견된 문제점을 보고하여 시스템의 보안 상태를 확인합니다.

7.2.2.1. Project directory에 Playbook 파일 생성

대상 디렉토리로 이동후 다음과 같이 yaml 파일을 생성합니다.

1. 이전에 생성한 [PERSISTENT_VOLUME_HOST_PATH]/lds-project 디렉터리에 다음 콘텐츠로 yaml 파일을 생성합니다.

   a. 다음과 같이 명령어를 실행합니다.

```
cd [PERSISTENT_VOLUME_HOST_PATH]

cd lds-project

vi vulnerability-scanning.yaml

---
- name: Vulnerability Scanning and Reporting
  hosts: all
  become: yes

  tasks:
    - name: Install EPEL Repository for CentOS/RHEL/Rocky
      yum:
        name: epel-release
        state: present
      when: ansible_os_family == "RedHat"

    - name: Install ClamAV on Debian/Ubuntu
      apt:
        name:
          - clamav
          - clamav-freshclam
        state: present
      when: ansible_os_family == "Debian"

    - name: Install ClamAV on CentOS/RHEL/Rocky
      yum:
        name:
          - clamav
          - clamav-update
        state: present
      when: ansible_os_family == "RedHat"

    - name: Update ClamAV database
      command: freshclam
      ignore_errors: yes
```

```
  - name: Check if /home exists
    stat:
      path: /home
    register: home_dir

  - name: Perform a ClamAV scan on /home if it exists
    command: clamscan -r /home --log=/var/log/clamscan_home.log
    register: scan_result
    when: home_dir.stat.exists

  - name: Print scan results
    debug:
      msg: "Scan completed. See /var/log/clamscan_home.log for details."
    when: scan_result is defined and scan_result.rc == 0
```

```
[root@awx ~]# cd /var/lib/rancher/k3s/storage/pvc-f183a2c8-0714-45ed-8055-fd63ac526572_awx_awx-demo-projects-claim
[root@awx pvc-f183a2c8-0714-45ed-8055-fd63ac526572_awx_awx-demo-projects-claim]# cd lds-project
[root@awx lds-project]# pwd
/var/lib/rancher/k3s/storage/pvc-f183a2c8-0714-45ed-8055-fd63ac526572_awx_awx-demo-projects-claim/lds-project
[root@awx lds-project]# vi vulnerability-scanning.yaml
[root@awx lds-project]# cat vulnerability-scanning.yaml
---
- name: Vulnerability Scanning and Reporting
  hosts: all
  become: yes

  tasks:
    - name: Install EPEL Repository for CentOS/RHEL/Rocky
      yum:
        name: epel-release
        state: present
      when: ansible_os_family == "RedHat"

    - name: Install ClamAV on Debian/Ubuntu
      apt:
        name:
          - clamav
          - clamav-freshclam
        state: present
      when: ansible_os_family == "Debian"

    - name: Install ClamAV on CentOS/RHEL/Rocky
      yum:
        name:
          - clamav
          - clamav-update
        state: present
      when: ansible_os_family == "RedHat"
```

```
  - name: Update ClamAV database
    command: freshclam
    ignore_errors: yes

  - name: Check if /home exists
    stat:
      path: /home
    register: home_dir

  - name: Perform a ClamAV scan on /home if it exists
    command: clamscan -r /home --log=/var/log/clamscan_home.log
    register: scan_result
    when: home_dir.stat.exists

  - name: Print scan results
    debug:
      msg: "Scan completed. See /var/log/clamscan_home.log for details."
    when: scan_result is defined and scan_result.rc == 0

[root@awx lds-project]#
```

7.2.2.2. 추가 - Job Template

다음은 lds-project에 lds-template-vulnerability-scanning Template을 생성하는 실습입니다.

1. Templates 페이지로 이동:
   a. 왼쪽 메뉴에서 Resources을 선택합니다.
   b. "Templates" 탭을 선택합니다.
2. Create New Job Template: 새 **job template** 양식에 다음 정보를 입력
   a. **Name**: lds-template-vulnerability-scanning
   b. **Job Type**: **Run**
   c. **Inventory**: lds-inventory
   d. **Project**: lds-project
   e. **Playbook**: vulnerability-scanning.yaml
   f. **Credentials**: root-cred
   g. Limit: Selected **[Prompt on launch]**
      i. 실행 할 대상을 선택하기 위함
3. "Save" 버튼을 클릭하여 **Job Template** 생성

위 내용을 참조하여 입력 한 내용은 다음과 같습니다.

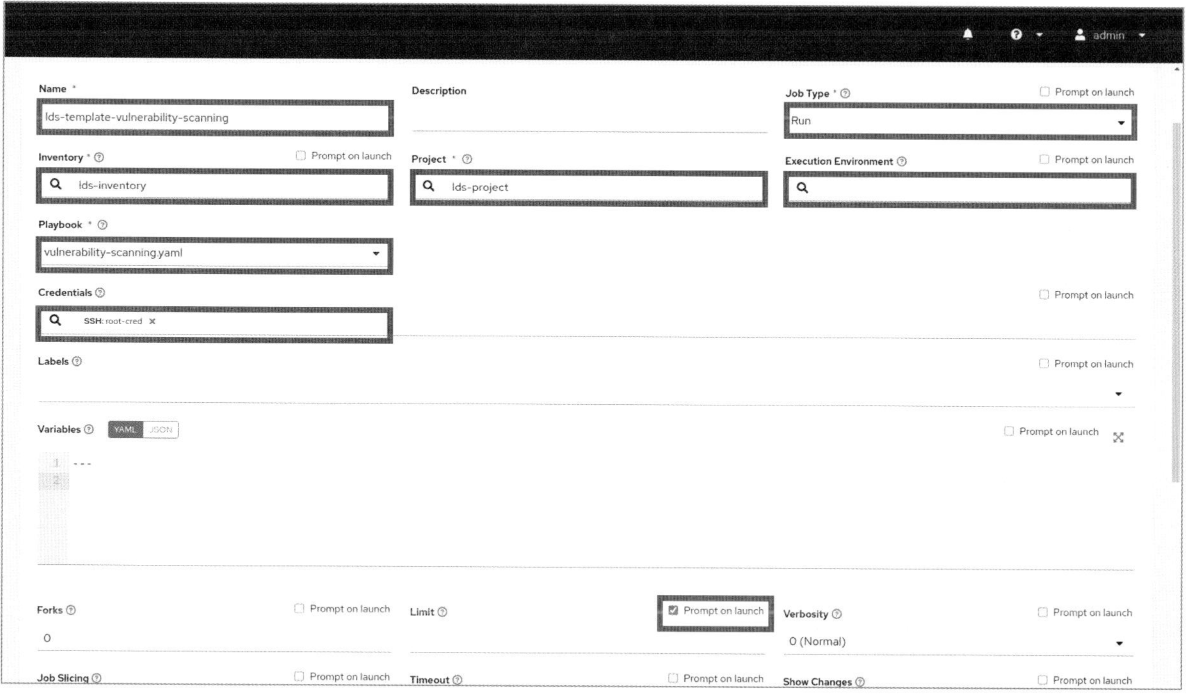

[그림 : Ansible AWX - Resources - Templates - Create New Job Template - Create - Info]

Job Template을 생성하면 아래와 같이 Job Template 상세 화면을 확인 가능합니다.

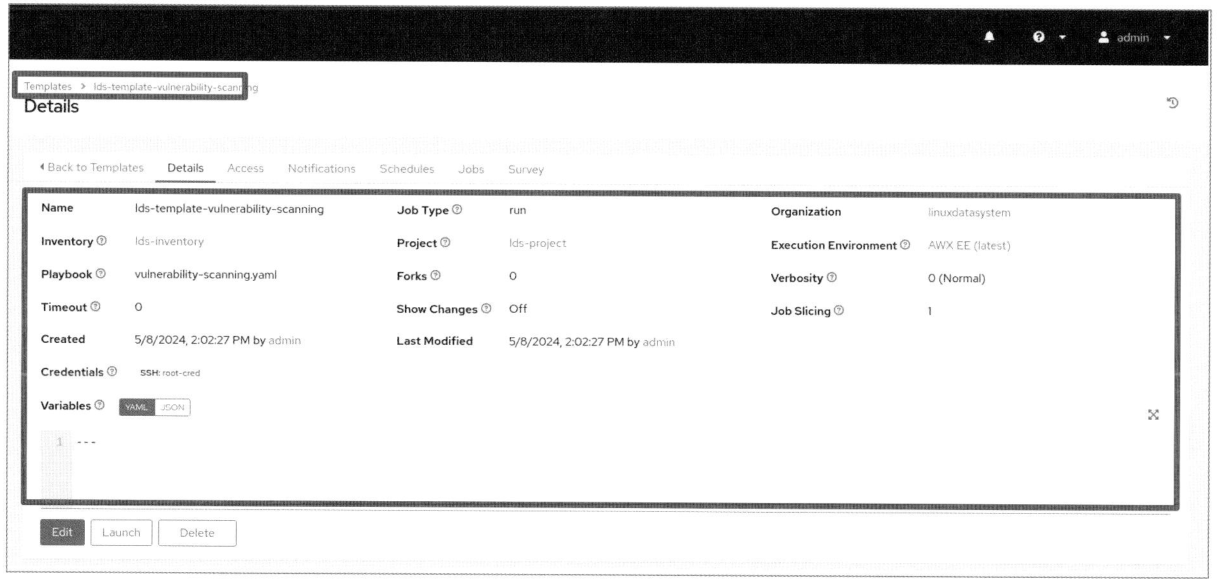

[그림 : Ansible AWX - Resources - Templates - Create New Job Template - Result]

7.2.2.3. 실행 - Job Template

다음은 lds-project에 lds-template-vulnerability-scanning Template을 실행하는 실습입니다.

1. Templates 페이지로 이동:

   a. 왼쪽 메뉴에서 **Resources**을 선택합니다.
   b. **"Templates"** 탭을 선택합니다.
2. 대상 Templates 실행: lds-template-vulnerability-scanning
   a. **Launch Template**
3. Launch | lds-template-vulnerability-scanning
   a. Other prompts
      i . Limit: **awx_guests**
         1. Group 기준한 실행
   b. Preview

실행할 Job Template을 확인 후 Launch Template을 실행합니다.

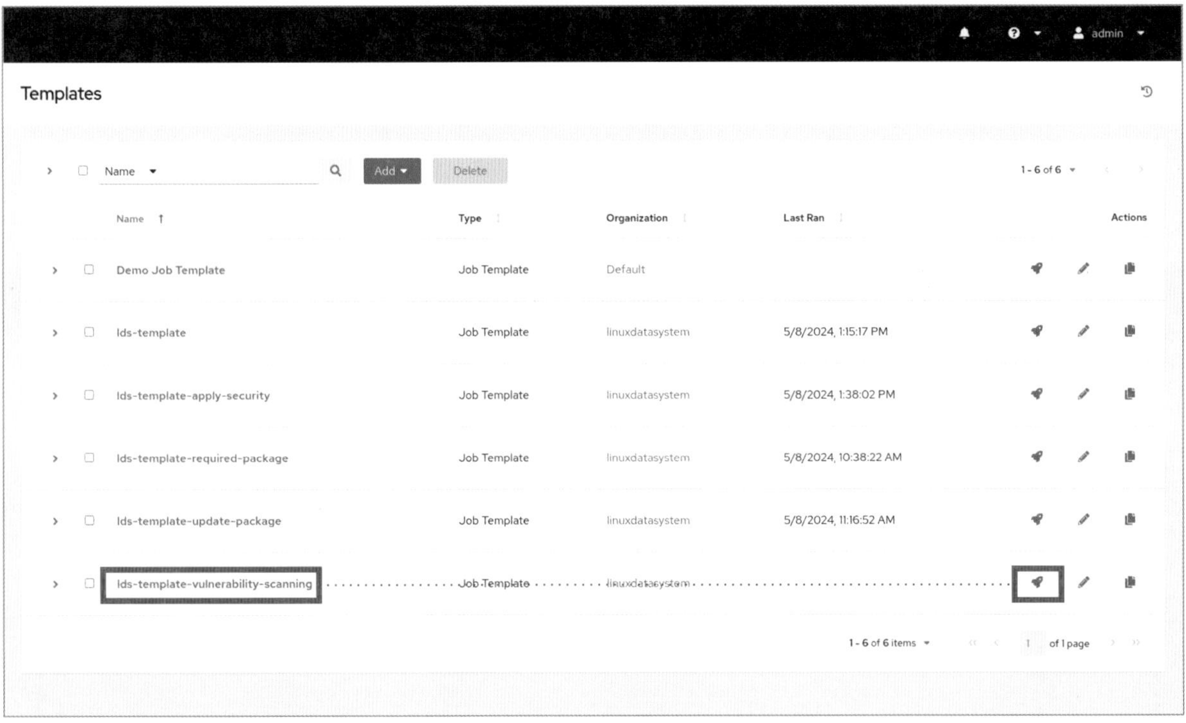

[그림 : Ansible AWX - Resources - Templates - lds-template-vulnerability-scanning - Launch Template]

Template 실행에 필요한 prompts 정보를 입력 후 실행합니다.

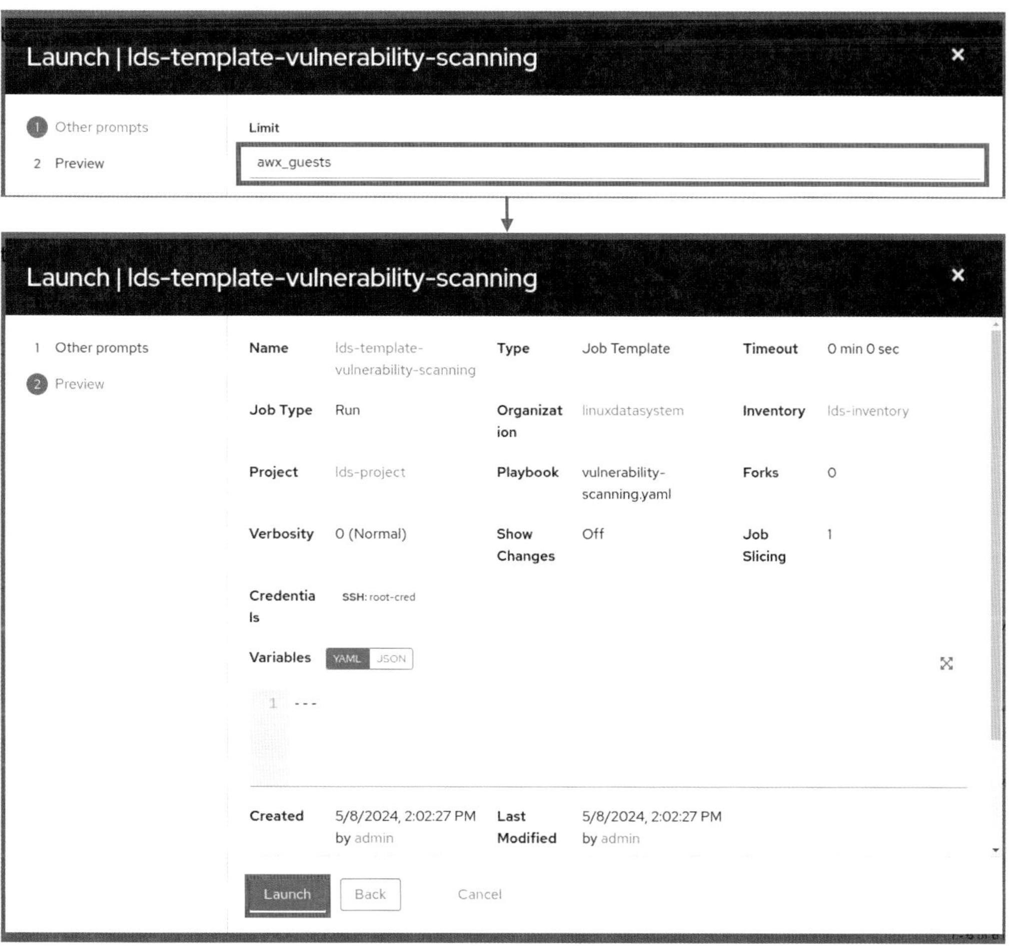

[그림 : Ansible AWX – Resources – Templates – lds-template-vulnerability-scanning – Launch Template – prompts]

Template 실행 결과는 다음과 같습니다.

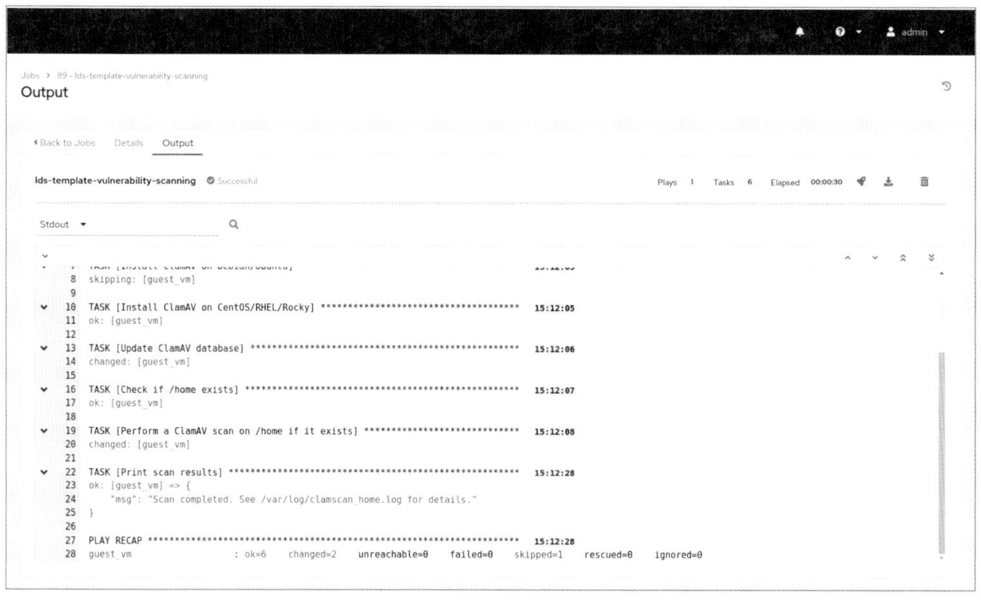

[그림 : Ansible AWX – Resources – Templates – lds-template-vulnerability-scanning – Launch Template – Results]

제8장 서버 보안 구성

이 장에서는 서버의 보안을 강화하기 위해 방화벽 설정과 액세스 및 인증 관리를 위한 여러 Ansible Playbook을 소개합니다. 이러한 Playbook은 기업의 보안 정책을 자동화하고 표준화하는 데 중요한 역할을 합니다.

8.1. 방화벽 설정

방화벽 설정은 서버의 입구를 통제하는 첫 번째 방어선으로, 외부의 잠재적 위험으로부터 시스템을 보호하는 중요한 역할을 합니다. Ansible Playbook을 통해 방화벽 설정을 자동화함으로써, 일관된 보안 정책을 서버 전반에 걸쳐 신속하게 배포할 수 있습니다.

8.1.1. 서버 방화벽 규칙 구성

이 섹션에서는 서버에 필요한 방화벽 규칙을 설정하여 외부에서의 무단 접근을 차단하고, 허용된 트래픽만 서버로 통과시키는 방법을 다룹니다. 방화벽 규칙을 통해 서버의 노출을 최소화하고, 잠재적인 보안 위협으로부터 시스템을 보호합니다.

방화벽을 활성화 시키고, ssh, http 및 https 통신만 허용하도록 설정합니다.

8.1.1.1. Project directory에 Playbook 파일 생성

대상 디렉토리로 이동후 다음과 같이 yaml 파일을 생성합니다.

- 이전에 생성한 [PERSISTENT_VOLUME_HOST_PATH]/lds-project 디렉터리에 다음 콘텐츠로 yaml 파일을 생성합니다.
  - 다음과 같이 명령어를 실행합니다.

```
cd [PERSISTENT_VOLUME_HOST_PATH]

cd lds-project

vi configure-firewall-rules.yaml

---
- name: Configure Firewall Rules
  hosts: all
  become: yes
  tasks:
    - name: Ensure firewalld is installed
      yum:
        name: firewalld
        state: present
```

```
  - name: Start and enable firewalld
    systemd:
      name: firewalld
      enabled: yes
      state: started

  - name: Allow SSH connections
    firewalld:
      service: ssh
      permanent: true
      state: enabled
      immediate: yes

  - name: Allow HTTP traffic
    firewalld:
      service: http
      permanent: true
      state: enabled
      immediate: yes

  - name: Allow HTTPS traffic
    firewalld:
      service: https
      permanent: true
      state: enabled
      immediate: yes

  - name: Reload firewalld to apply changes
    systemd:
      name: firewalld
      state: restarted
```

```
[root@awx ~]# cd /var/lib/rancher/k3s/storage/pvc-f183a2c8-0714-45ed-8055-fd63ac526572_awx_awx-demo-projects-claim
[root@awx pvc-f183a2c8-0714-45ed-8055-fd63ac526572_awx_awx-demo-projects-claim]# cd lds-project
[root@awx lds-project]# pwd
/var/lib/rancher/k3s/storage/pvc-f183a2c8-0714-45ed-8055-fd63ac526572_awx_awx-demo-projects-claim/lds-project
[root@awx lds-project]# vi configure-firewall-rules.yaml
[root@awx lds-project]# cat configure-firewall-rules.yaml
---
- name: Configure Firewall Rules
  hosts: all
  become: yes
  tasks:

  - name: Ensure firewalld is installed
    yum:
      name: firewalld
      state: present
```

```
  - name: Start and enable firewalld
    systemd:
      name: firewalld
      enabled: yes
      state: started

  - name: Allow SSH connections
    firewalld:
      service: ssh
      permanent: true
      state: enabled
      immediate: yes

  - name: Allow HTTP traffic
    firewalld:
      service: http
      permanent: true
      state: enabled
      immediate: yes

  - name: Allow HTTPS traffic
    firewalld:
      service: https
      permanent: true
      state: enabled
      immediate: yes

  - name: Reload firewalld to apply changes
    systemd:
      name: firewalld
      state: restarted

[root@awx lds-project]#
```

8.1.1.2. 추가 - Job Template

다음은 lds-project에 lds-template-configure-firewall-rules Template을 생성하는 실습입니다.

1. Templates 페이지로 이동:
   a. 왼쪽 메뉴에서 Resources을 선택합니다.
   b. "Templates" 탭을 선택합니다.
2. Create New Job Template: 새 **job template** 양식에 다음 정보를 입력
   a. **Name**: lds-template-configure-firewall-rules
   b. **Job Type**: Run
   c. **Inventory**: lds-inventory
   d. **Project**: lds-project

e. **Playbook**: configure-firewall-rules.yaml

f. **Credentials**: root-cred

i . Limit: Selected **[Prompt on launch]**

1. 실행 할 대상을 선택하기 위함

3. "Save" 버튼을 클릭하여 **Job Template** 생성

위 내용을 참조하여 입력 한 내용은 다음과 같습니다.

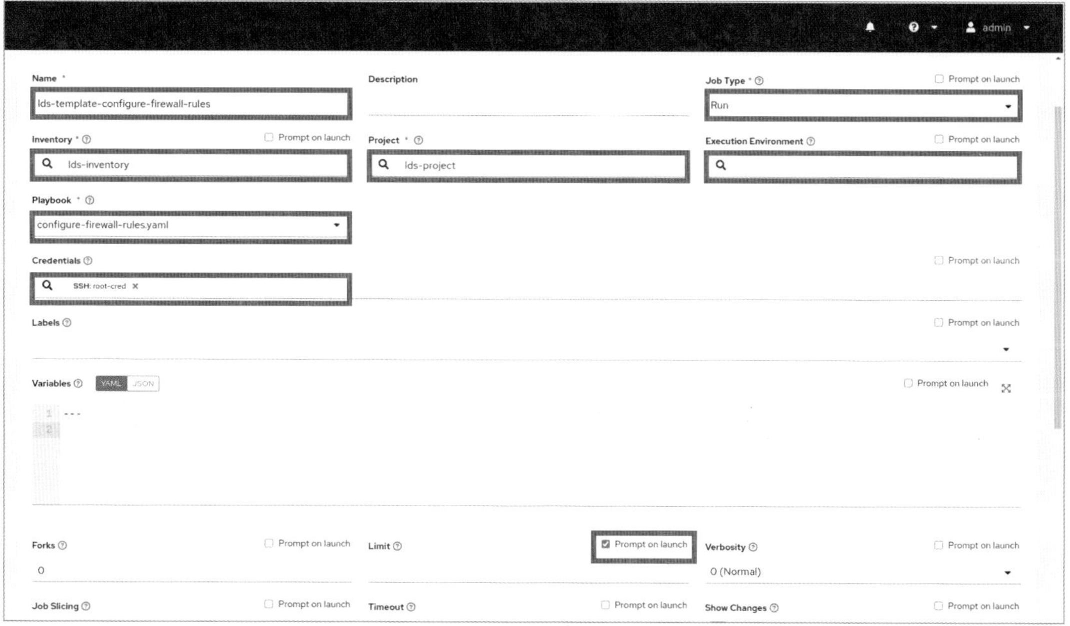

[그림 : Ansible AWX - Resources - Templates - Create New Job Template - Create - Info]

Job Template을 생성하면 아래와 같이 Job Template 상세 화면을 확인 가능합니다.

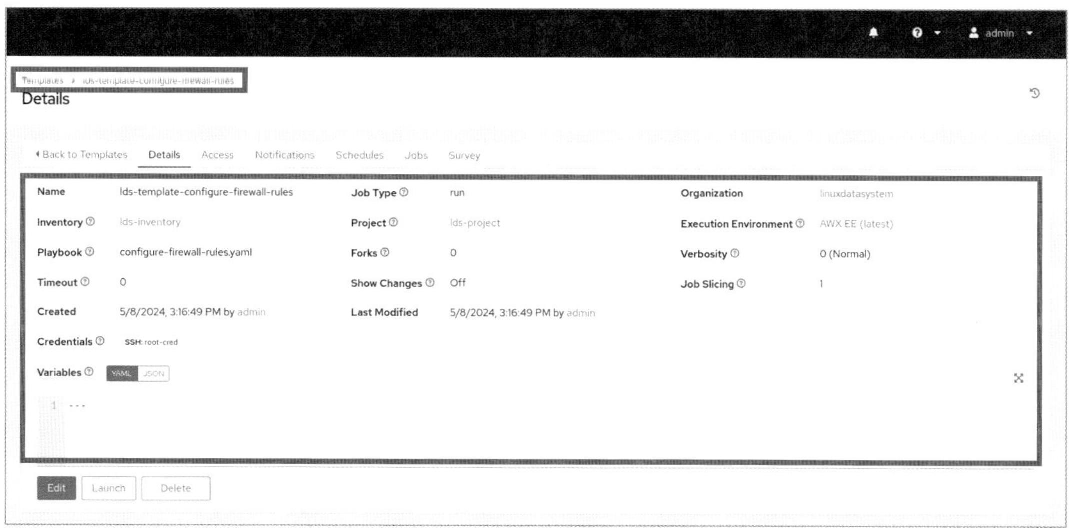

[그림 : Ansible AWX - Resources - Templates - Create New Job Template - Result]

8.1.1.3. 실행 – Job Template

다음은 lds-project에 lds-template-configure-firewall-rules Template을 실행하는 실습입니다.

4. Templates 페이지로 이동:
    a. 왼쪽 메뉴에서 Resources을 선택합니다.
    b. "Templates" 탭을 선택합니다.
5. 대상 Templates 실행: lds-template-configure-firewall-rules
    a. Launch Template
6. Launch | lds-template-configure-firewall-rules
    a. Other prompts
        i . Limit: awx_guests
            1. Group 기준한 실행
    b. Preview

실행할 Job Template을 확인 후 Launch Template을 실행합니다.

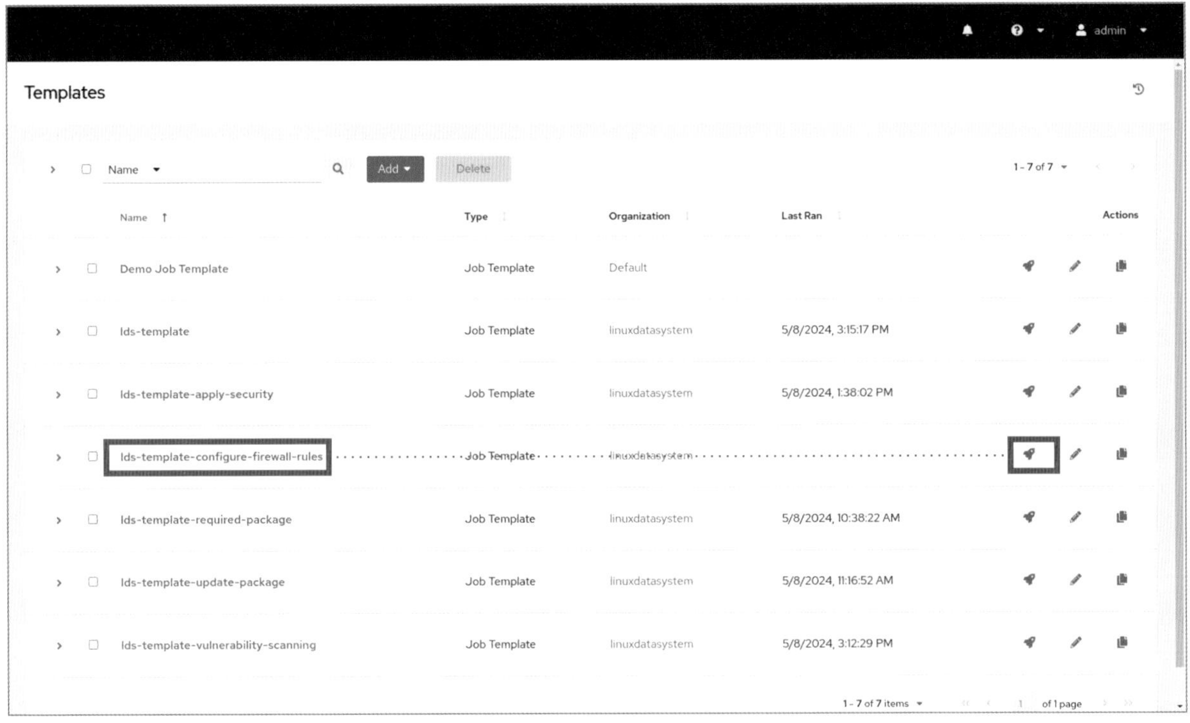

[그림 : Ansible AWX – Resources – Templates – lds-template-configure-firewall-rules – Launch Template]

Template 실행에 필요한 prompts 정보를 입력 후 실행합니다.

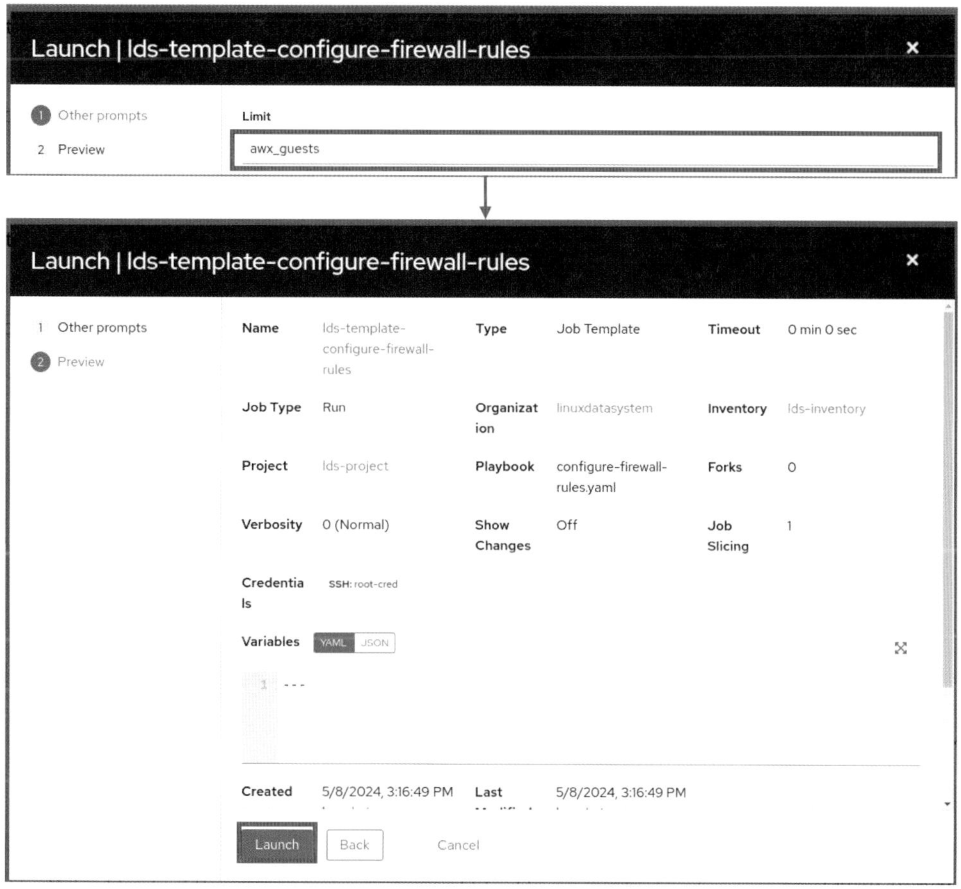

[그림 : Ansible AWX - Resources - Templates - lds-template-configure-firewall-rules - Launch Template - prompts]

Template 실행 결과는 다음과 같습니다.

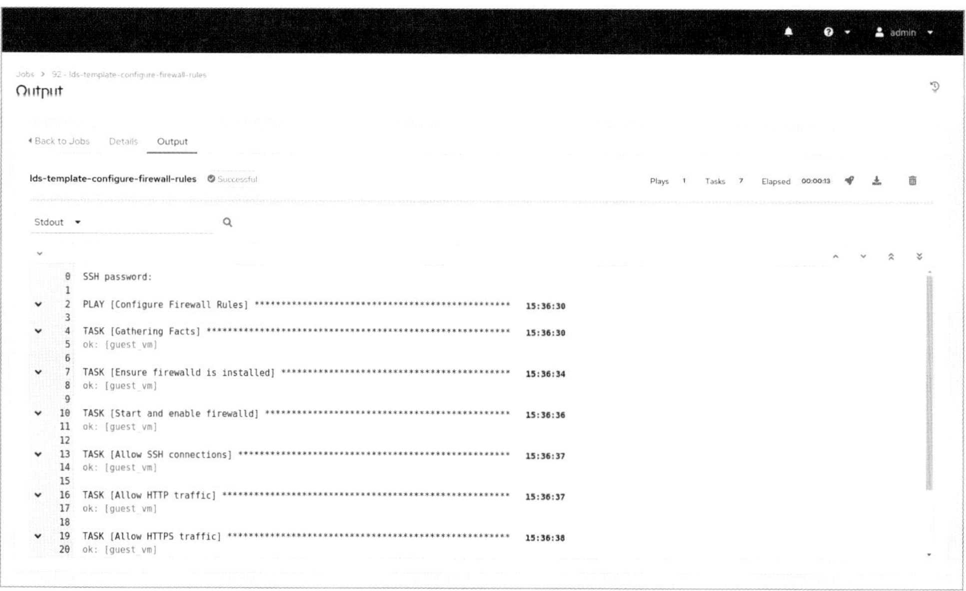

[그림 : Ansible AWX - Resources - Templates - lds-template-configure-firewall-rules - Launch Template - Results]

8.1.2. 방화벽 로깅 및 모니터링 설정

로깅 및 모니터링은 보안 사고의 조기 발견과 신속한 대응을 위해 필수적입니다. 이 섹션에서는 firewalld와 같은 방화벽 도구의 로깅 기능을 활성화하고 로그 데이터를 분석하는 방법을 알아보겠습니다. 이를 통해 시스템에 대한 비정상적인 네트워크 활동이나 공격 시도를 신속하게 파악할 수 있게 됩니다.

8.1.2.1. Project directory에 Playbook 파일 생성

대상 디렉토리로 이동후 다음과 같이 yaml 파일을 생성합니다.

1. 이전에 생성한 [PERSISTENT_VOLUME_HOST_PATH]/lds-project 디렉터리에 다음 콘텐츠로 yaml 파일을 생성합니다.

   a. 다음과 같이 명령어를 실행합니다.

```
cd [PERSISTENT_VOLUME_HOST_PATH]

cd lds-project

vi configure-firewall-logging.yaml

---
- name: Configure Firewall Logging
  hosts: all
  become: yes
  tasks:
    - name: Install necessary packages for logging
      yum:
        name: rsyslog
        state: present

    - name: Start and enable rsyslog
      systemd:
        name: rsyslog
        enabled: yes
        state: started

    - name: Configure firewalld to log all denied connections
      firewalld:
        rich_rule: 'rule family="ipv4" protocol value="tcp" log prefix="firewalld-denied: " level="info" limit
value="1/m" accept'
        zone: public
        permanent: true
        immediate: yes
        state: enabled

    - name: Configure rsyslog to store firewalld logs
      lineinfile:
        path: /etc/rsyslog.conf
        line: 'if $programname == "firewalld" and $msg contains "denied" then /var/log/firewalld_denied.log'
        create: yes
```

```
      notify:
        - restart rsyslog

    - name: Ensure log file exists for firewalld denied logs
      file:
        path: /var/log/firewalld_denied.log
        state: touch
        owner: root
        group: root
        mode: '0644'

  handlers:
    - name: restart rsyslog
      systemd:
        name: rsyslog
        state: restarted
```

```
[root@awx ~]# cd /var/lib/rancher/k3s/storage/pvc-f183a2c8-0714-45ed-8055-
fd63ac526572_awx_awx-demo-projects-claim
[root@awx pvc-f183a2c8-0714-45ed-8055-fd63ac526572_awx_awx-demo-projects-claim]# cd lds-
project
[root@awx lds-project]# pwd
/var/lib/rancher/k3s/storage/pvc-f183a2c8-0714-45ed-8055-fd63ac526572_awx_awx-demo-
projects-claim/lds-project
[root@awx lds-project]# vi configure-firewall-logging.yaml
[root@awx lds-project]# cat configure-firewall-logging.yaml
---
- name: Configure Firewall Logging
  hosts: all
  become: yes
  tasks:
    - name: Install necessary packages for logging
      yum:
        name: rsyslog
        state: present

    - name: Start and enable rsyslog
      systemd:
        name: rsyslog
        enabled: yes
        state: started

    - name: Configure firewalld to log all denied connections
      firewalld:
        rich_rule: 'rule family="ipv4" protocol value="tcp" log prefix="firewalld-denied: " level="info" limit
value="1/m" accept'
        zone: public
        permanent: true
        immediate: yes
        state: enabled


    - name: Configure rsyslog to store firewalld logs
```

```
    lineinfile:
      path: /etc/rsyslog.conf
      line: 'if $programname == "firewalld" and $msg contains "denied" then /var/log/firewalld_denied.log'
      create: yes
    notify:
      - restart rsyslog

  - name: Ensure log file exists for firewalld denied logs
    file:
      path: /var/log/firewalld_denied.log
      state: touch
      owner: root
      group: root
      mode: '0644'

handlers:
  - name: restart rsyslog
    systemd:
      name: rsyslog
      state: restarted

[root@awx lds-project]#
```

8.1.2.2. 추가 - Job Template

다음은 lds-project에 lds-template-configure-firewall-logging Template을 생성하는 실습입니다.

1. Templates 페이지로 이동:
   a. 왼쪽 메뉴에서 Resources을 선택합니다.
   b. "Templates" 탭을 선택합니다.
2. Create New Job Template: 새 **job template** 양식에 다음 정보를 입력
   a. **Name**: lds-template-configure-firewall-logging
   b. **Job Type**: Run
   c. **Inventory**: lds-inventory
   d. **Project**: lds-project
   e. **Playbook**: configure-firewall-logging.yaml
   f. **Credentials**: root-cred
   g. Limit: Selected [Prompt on launch]
      i. 실행 할 대상을 선택하기 위함
3. "Save" 버튼을 클릭하여 Job Template 생성

위 내용을 참조하여 입력 한 내용은 다음과 같습니다.

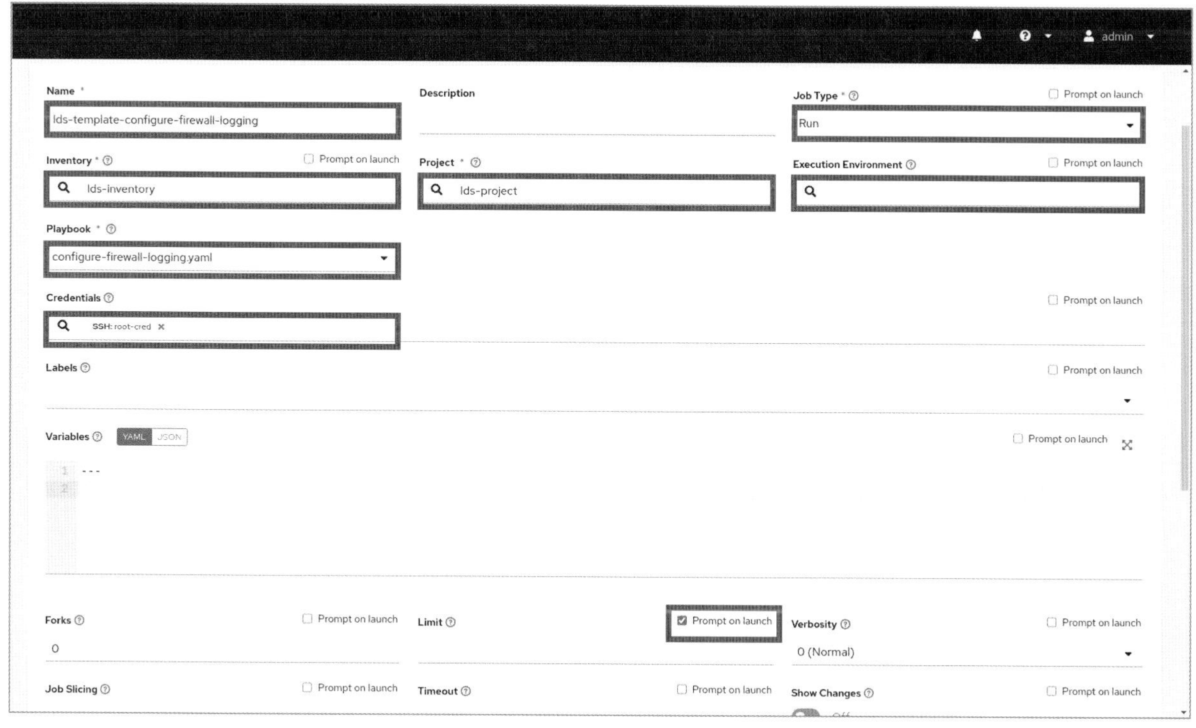

[그림 : Ansible AWX - Resources - Templates - Create New Job Template - Create - Info]

Job Template을 생성하면 아래와 같이 Job Template 상세 화면을 확인 가능합니다.

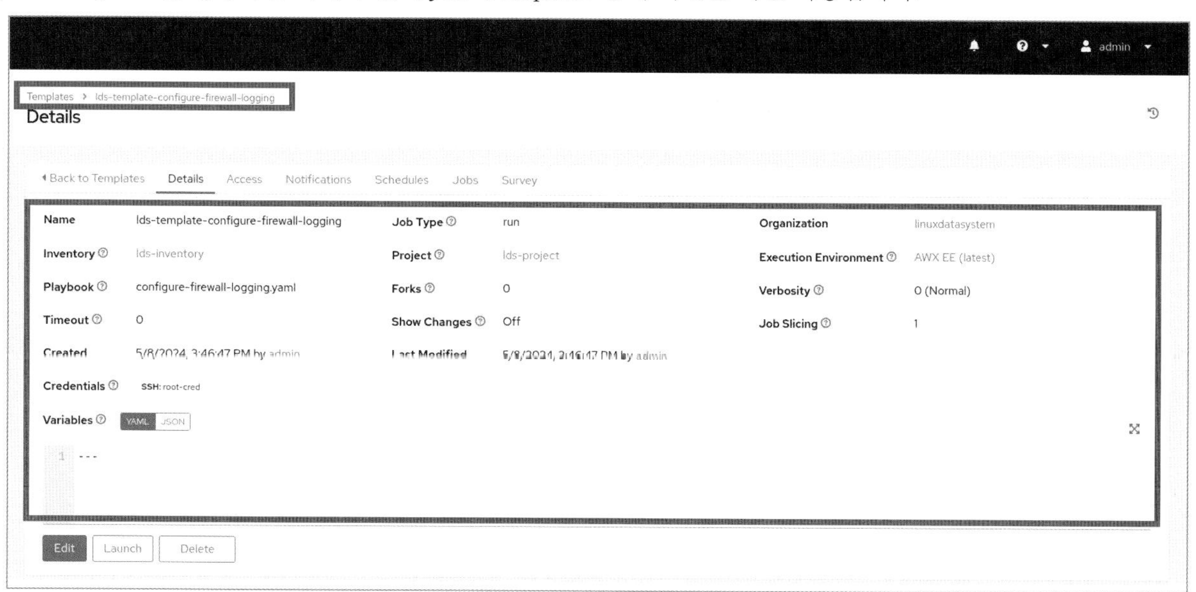

[그림 : Ansible AWX - Resources - Templates - Create New Job Template - Result]

8.1.2.3. 실행 - Job Template

다음은 lds-project에 lds-template-configure-firewall-logging Template을 실행하는 실습입니다.

1. Templates 페이지로 이동:

   a. 왼쪽 메뉴에서 **Resources**을 선택합니다.
   b. **"Templates"** 탭을 선택합니다.
2. 대상 Templates 실행: lds-template-configure-firewall-logging
   a. **Launch Template**
3. Launch | lds-template-configure-firewall-logging
   a. Other prompts
      i. Limit: **awx_guests**
         1. Group 기준한 실행
   b. Preview

실행할 Job Template을 확인 후 Launch Template을 실행합니다. 실행할 Template을 Name으로 검색하면 빠르게 확인 할 수 있습니다.

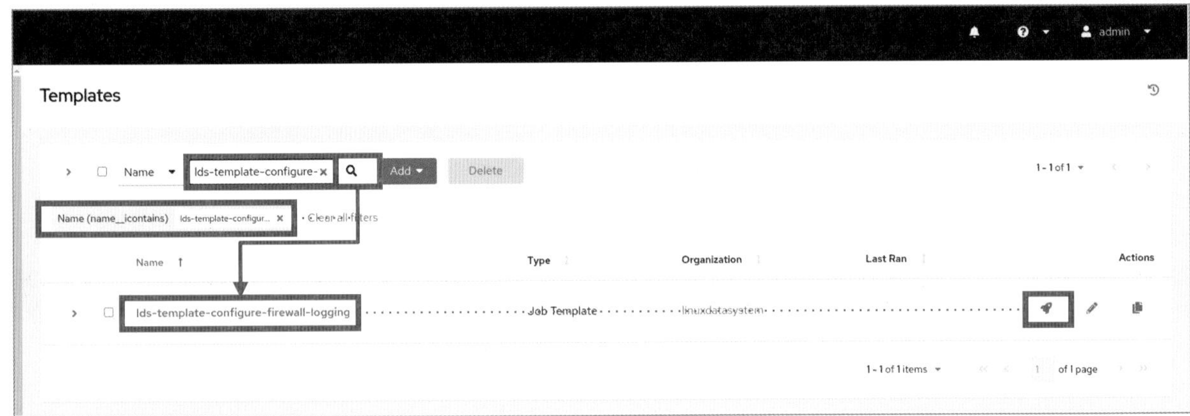

[그림 : Ansible AWX - Resources - Templates - lds-template-configure-firewall-logging - Launch Template]

Template 실행에 필요한 prompts 정보를 입력 후 실행합니다.

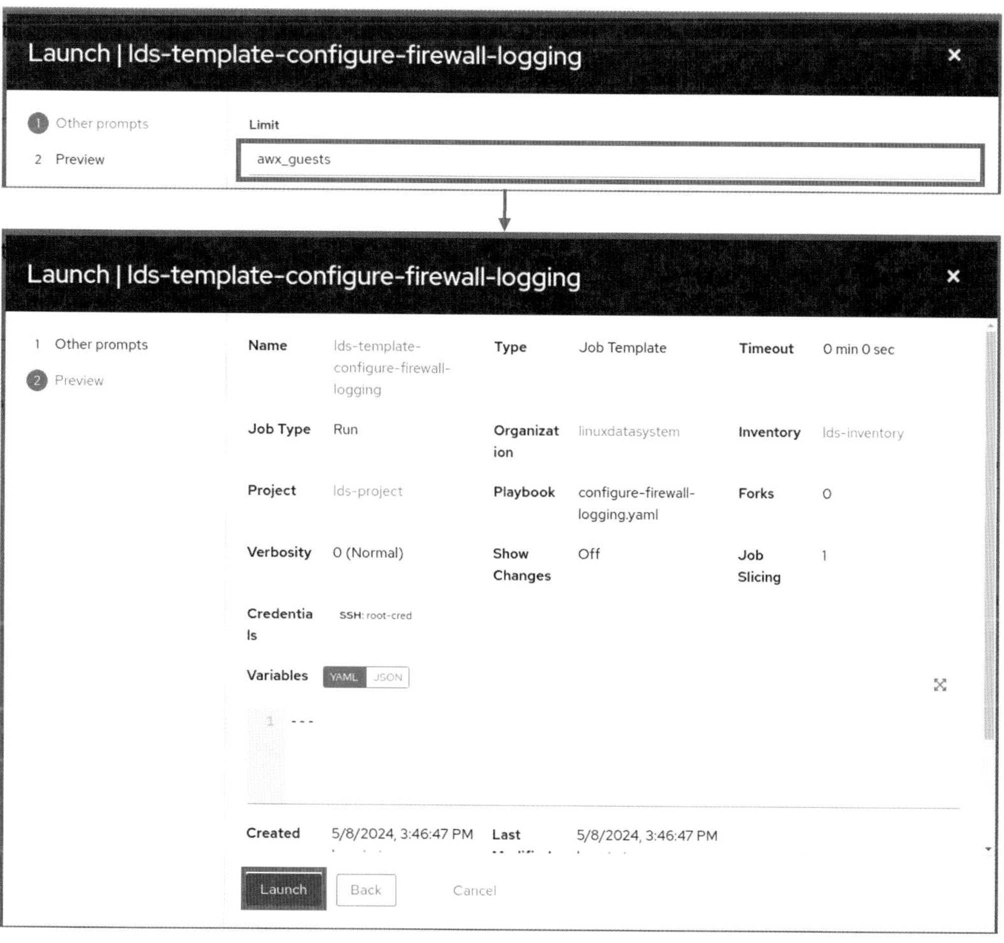

[그림 : Ansible AWX - Resources - Templates - lds-template-configure-firewall-logging - Launch Template - prompts]

Template 실행 결과는 다음과 같습니다.

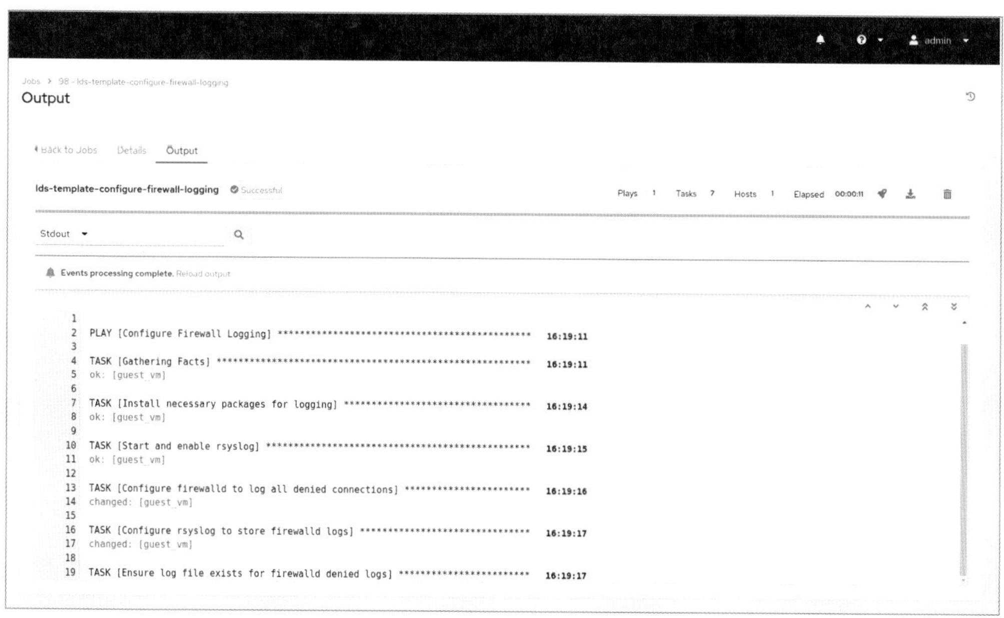

[그림 : Ansible AWX - Resources - Templates - lds-template-configure-firewall-logging - Launch Template - Results]

8.2. 액세스 및 인증 관리

액세스 및 인증 관리는 서버의 보안을 강화하고 데이터 무결성을 유지하는 데 필수적인 부분입니다. 이 섹션에서는 Ansible Playbook을 사용하여 서버의 패스워드 정책을 구성하는 방법을 실습합니다.

8.2.1. 서버 패스워드 정책 구성

서버의 패스워드 정책을 설정하는 것은 계정 보안을 강화하는 기본적인 단계입니다. 강력한 패스워드 정책은 무차별 대입 공격(brute force attacks)과 사전 공격(dictionary attacks)을 방지하는 데 도움을 줄 수 있습니다.

다음 Playbook은 libpam-pwquality 패키지를 설치하고, 패스워드의 최소 길이와 필수 문자 요구사항을 설정하여 패스워드 정책을 강화합니다. OS 및 Version 기준으로 설치 Package 정보가 다를수 있습니다.

8.2.1.1. Project directory에 Playbook 파일 생성

대상 디렉토리로 이동후 다음과 같이 yaml 파일을 생성합니다.

1. 이전에 생성한 [PERSISTENT_VOLUME_HOST_PATH]/lds-project 디렉터리에 다음 콘텐츠로 yaml 파일을 생성합니다.
   a. 다음과 같이 명령어를 실행합니다.

```
cd [PERSISTENT_VOLUME_HOST_PATH]

cd lds-project

vi configure-password-policy.yaml

---
- name: Configure Password Policy for Multiple Distributions
  hosts: all
  become: yes
  tasks:
    - name: Install EPEL Repository for Rocky Linux
      yum:
        name: epel-release
        state: present
      when: ansible_os_family == "RedHat"

    - name: Install PAM password quality control for Rocky Linux
      yum:
        name: libpwquality
        state: present
      when: ansible_os_family == "RedHat"

    - name: Install PAM password quality control for Debian
      apt:
        name: libpam-pwquality
```

```
      state: present
    when: ansible_os_family == "Debian"

  - name: Configure password quality requirements
    lineinfile:
      path: /etc/security/pwquality.conf
      regexp: '^{{ item.option }}'
      line: '{{ item.option }} = {{ item.value }}'
      state: present
    loop:
      - { option: 'minlen', value: '12' }
      - { option: 'dcredit', value: '-1' }
      - { option: 'ucredit', value: '-1' }
      - { option: 'ocredit', value: '-1' }
      - { option: 'lcredit', value: '-1' }
    when: ansible_os_family == "RedHat" or ansible_os_family == "Debian"
```

```
[root@awx ~]# cd /var/lib/rancher/k3s/storage/pvc-f183a2c8-0714-45ed-8055-fd63ac526572_awx_awx-demo-projects-claim
[root@awx pvc-f183a2c8-0714-45ed-8055-fd63ac526572_awx_awx-demo-projects-claim]# cd lds-project
[root@awx lds-project]# pwd
/var/lib/rancher/k3s/storage/pvc-f183a2c8-0714-45ed-8055-fd63ac526572_awx_awx-demo-projects-claim/lds-project
[root@awx lds-project]# vi configure-password-policy.yaml
[root@awx lds-project]# cat configure-password-policy.yaml
---
- name: Configure Password Policy for Multiple Distributions
  hosts: all
  become: yes
  tasks:
    - name: Install EPEL Repository for Rocky Linux
      yum:
        name: epel-release
        state: present
      when: ansible_os_family == "RedHat"

    - name: Install PAM password quality control for Rocky Linux
      yum:
        name: libpwquality
        state: present
      when: ansible_os_family == "RedHat"

    - name: Install PAM password quality control for Debian
      apt:
        name: libpam-pwquality
        state: present
      when: ansible_os_family == "Debian"

    - name: Configure password quality requirements
      lineinfile:
        path: /etc/security/pwquality.conf
        regexp: '^{{ item.option }}'
```

```
      line: '{{ item.option }} = {{ item.value }}'
      state: present
    loop:
      - { option: 'minlen', value: '12' }
      - { option: 'dcredit', value: '-1' }
      - { option: 'ucredit', value: '-1' }
      - { option: 'ocredit', value: '-1' }
      - { option: 'lcredit', value: '-1' }
    when: ansible_os_family == "RedHat" or ansible_os_family == "Debian"

[root@awx lds-project]#
```

8.2.1.2. 추가 – Job Template

다음은 lds-project에 lds-template-configure-password-policy Template을 생성하는 실습입니다.

1. Templates 페이지로 이동:
   a. 왼쪽 메뉴에서 Resources을 선택합니다.
   b. "Templates" 탭을 선택합니다.
2. Create New Job Template: 새 job template 양식에 다음 정보를 입력
   a. **Name**: lds-template-configure-password-policy
   b. **Job Type**: **Run**
   c. **Inventory**: lds-inventory
   d. **Project**: lds-project
   e. **Playbook**: configure-password-policy.yaml
   f. **Credentials**: root-cred
   g. Limit: Selected **[Prompt on launch]**
      1. 실행 할 대상을 선택하기 위함
3. "Save" 버튼을 클릭하여 Job Template 생성

위 내용을 참조하여 입력 한 내용은 다음과 같습니다.

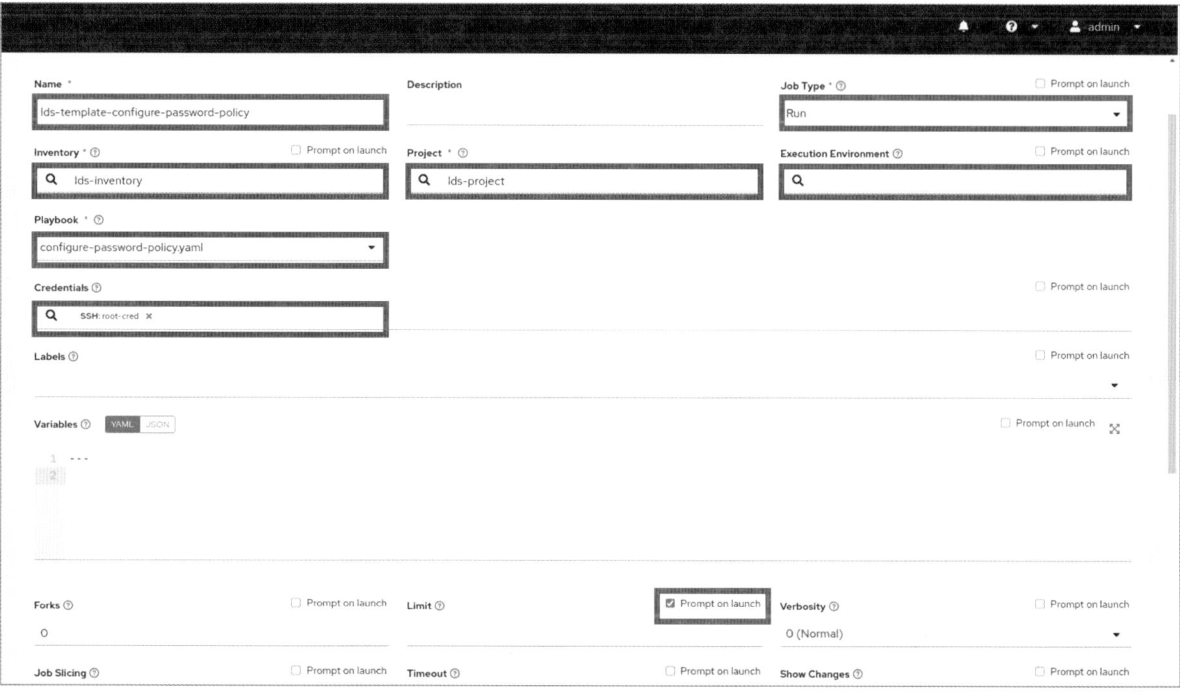

[그림 : Ansible AWX – Resources – Templates – Create New Job Template – Create – Info]

Job Template을 생성하면 아래와 같이 Job Template 상세 화면을 확인 가능합니다.

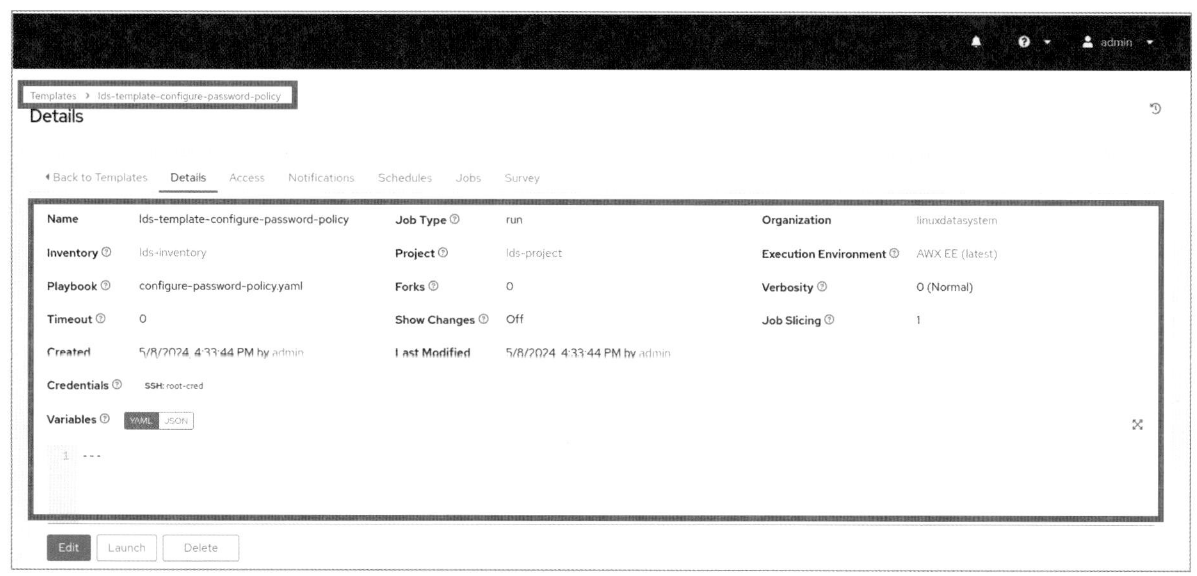

[그림 : Ansible AWX – Resources – Templates – Create New Job Template – Result]

8.2.1.3. 실행 – Job Template

다음은 lds-project에 lds-template-configure-password-policy Template을 실행하는 실습입니다.

1. Templates 페이지로 이동:

   a. 왼쪽 메뉴에서 **Resources**을 선택합니다.
   b. **"Templates"** 탭을 선택합니다.
2. 대상 Templates 실행: lds-template-configure-password-policy
   a. **Launch Template**
3. Launch | lds-template-configure-password-policy
   a. Other prompts
      i. Limit: **awx_guests**
         1. Group 기준한 실행
   b. Preview

실행할 Job Template을 확인 후 Launch Template을 실행합니다. 실행할 Template을 Name으로 검색하면 빠르게 확인 할 수 있습니다.

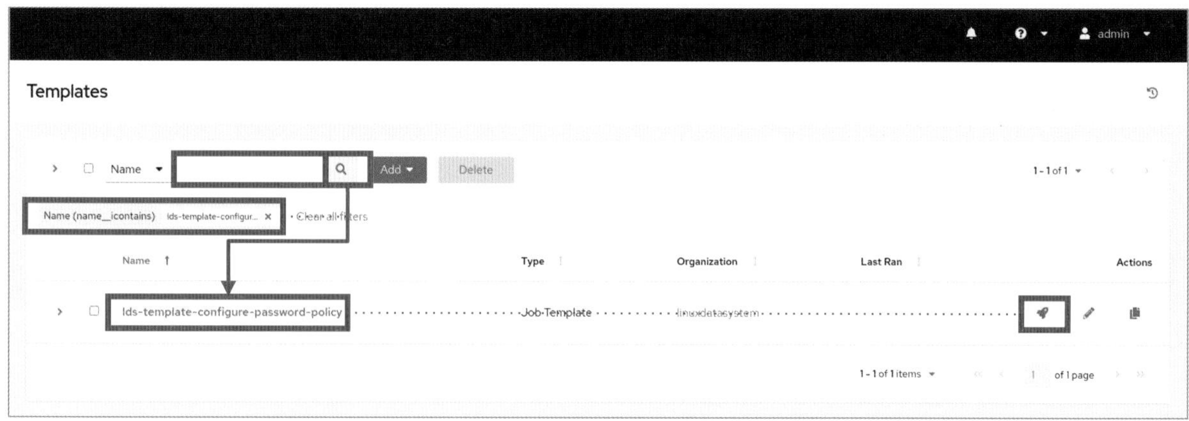

[그림 : Ansible AWX - Resources - Templates - lds-template-configure-password-policy - Launch Template]

Template 실행에 필요한 prompts 정보를 입력 후 실행합니다.

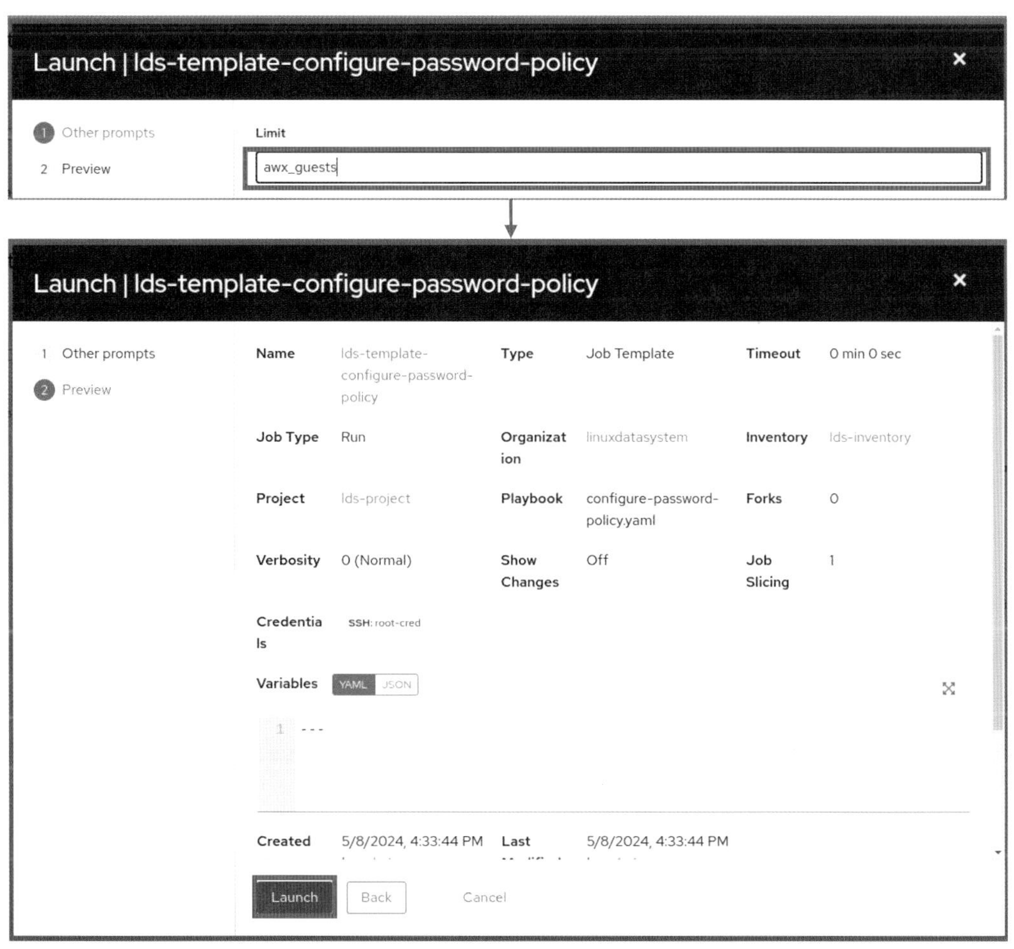

[그림 : Ansible AWX - Resources - Templates - lds-template-configure-password-policy - Launch Template - prompts]

Template 실행 결과는 다음과 같습니다.

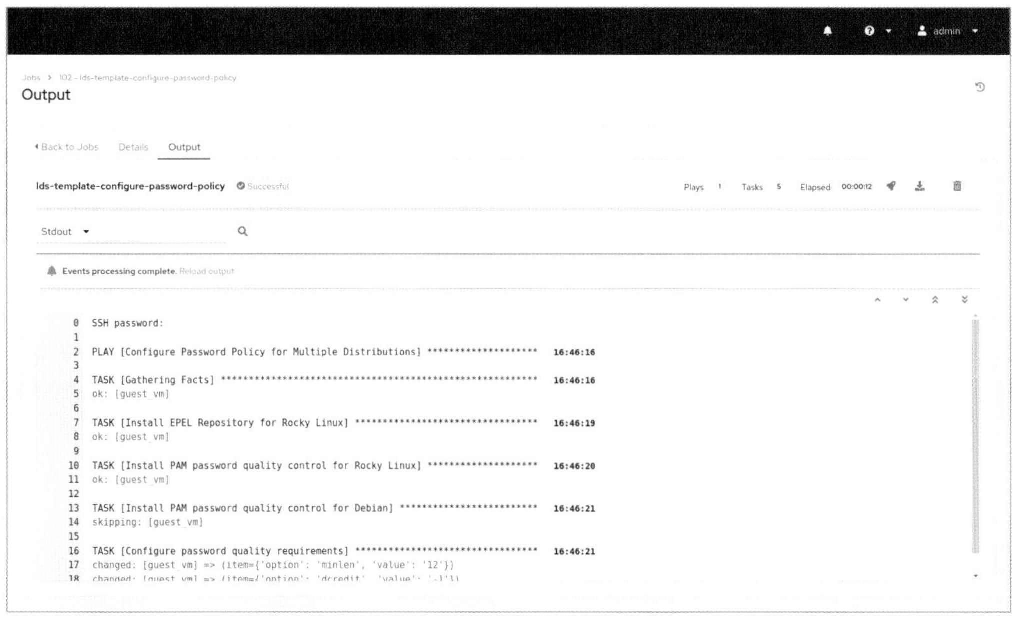

[그림 : Ansible AWX - Resources - Templates - lds-template-configure-password-policy - Launch Template - Results]

8.2.2. Sudo 권한 설정

서버 환경에서 사용자의 권한을 효과적으로 관리하는 것은 중요한 보안 관리의 일부입니다. sudo 권한 설정을 통해 특정 사용자 또는 사용자 그룹에게 시스템 상에서 높은 수준의 권한을 부여할 수 있으며, 이를 통해 필요한 관리 작업을 수행할 수 있도록 합니다. Ansible Playbook을 사용하여 sudo 권한을 설정하는 것은 이러한 권한을 일관되고 안전하게 배포하는 데 도움을 줍니다.

다음 Playbook은 Rocky Linux에서 wheel 그룹과 Debian에서 sudo 그룹에 속한 사용자에게 sudo 권한을 부여하는 방법을 설명합니다. 이 플레이북은 각 운영 체제에 맞춰서 조건부 작업을 실행하며, 각 그룹의 사용자가 비밀번호 입력 없이 sudo를 사용할 수 있도록 설정합니다.

8.2.2.1. Project directory에 Playbook 파일 생성

대상 디렉토리로 이동후 다음과 같이 yaml 파일을 생성합니다.

4. 이전에 생성한 [PERSISTENT_VOLUME_HOST_PATH]/lds-project 디렉터리에 다음 콘텐츠로 yaml 파일을 생성합니다.

   - 다음과 같이 명령어를 실행합니다.

```
cd [PERSISTENT_VOLUME_HOST_PATH]

cd lds-project

vi configure-sudo-privileges.yaml

---
- name: Configure Sudo Privileges for Specific Groups
  hosts: all
  become: true
  tasks:
    - name: Ensure sudo package is installed
      package:
        name: sudo
        state: present

    - name: Grant sudo privileges to the wheel group on Rocky Linux
      lineinfile:
        path: /etc/sudoers
        regexp: '^%wheel'
        line: '%wheel ALL=(ALL) NOPASSWD: ALL'
        validate: '/usr/sbin/visudo -cf %s'
      when: ansible_os_family == "RedHat"

    - name: Grant sudo privileges to the sudo group on Debian
      lineinfile:
        path: /etc/sudoers
        regexp: '^%sudo'
        line: '%sudo ALL=(ALL) NOPASSWD: ALL'
```

```
      validate: '/usr/sbin/visudo -cf %s'
    when: ansible_os_family == "Debian"
```

```
[root@awx ~]# cd /var/lib/rancher/k3s/storage/pvc-f183a2c8-0714-45ed-8055-
fd63ac526572_awx_awx-demo-projects-claim
[root@awx pvc-f183a2c8-0714-45ed-8055-fd63ac526572_awx_awx-demo-projects-claim]# cd lds-
project
[root@awx lds-project]# pwd
/var/lib/rancher/k3s/storage/pvc-f183a2c8-0714-45ed-8055-fd63ac526572_awx_awx-demo-
projects-claim/lds-project
[root@awx lds-project]# vi configure-sudo-privileges.yaml
[root@awx lds-project]# cat configure-sudo-privileges.yaml
---
- name: Configure Sudo Privileges for Specific Groups
  hosts: all
  become: true
  tasks:
    - name: Ensure sudo package is installed
      package:
        name: sudo
        state: present

    - name: Grant sudo privileges to the wheel group on Rocky Linux
      lineinfile:
        path: /etc/sudoers
        regexp: '^%wheel'
        line: '%wheel ALL=(ALL) NOPASSWD: ALL'
        validate: '/usr/sbin/visudo -cf %s'
      when: ansible_os_family == "RedHat"

    - name: Grant sudo privileges to the sudo group on Debian
      lineinfile:
        path: /etc/sudoers
        regexp: '^%sudo'
        line: '%sudo ALL=(ALL) NOPASSWD: ALL'
        validate: '/usr/sbin/visudo -cf %s'
      when: ansible_os_family == "Debian"

[root@awx lds-project]#
```

8.2.2.2. 추가 – Job Template

다음은 lds-project에 lds-template-configure-sudo-privileges Template을 생성하는 실습입니다.

1. Templates 페이지로 이동:
    a. 왼쪽 메뉴에서 Resources을 선택합니다.
    b. "Templates" 탭을 선택합니다.
2. Create New Job Template: 새 job template 양식에 다음 정보를 입력

a. **Name**: lds-template-configure-sudo-privileges

b. **Job Type**: **Run**

c. **Inventory**: lds-inventory

d. **Project**: lds-project

e. **Playbook**: configure-sudo-privileges.yaml

f. **Credentials**: root-cred

g. Limit: Selected **[Prompt on launch]**

i. 실행 할 대상을 선택하기 위함

3. "Save" 버튼을 클릭하여 **Job Template** 생성

위 내용을 참조하여 입력 한 내용은 다음과 같습니다.

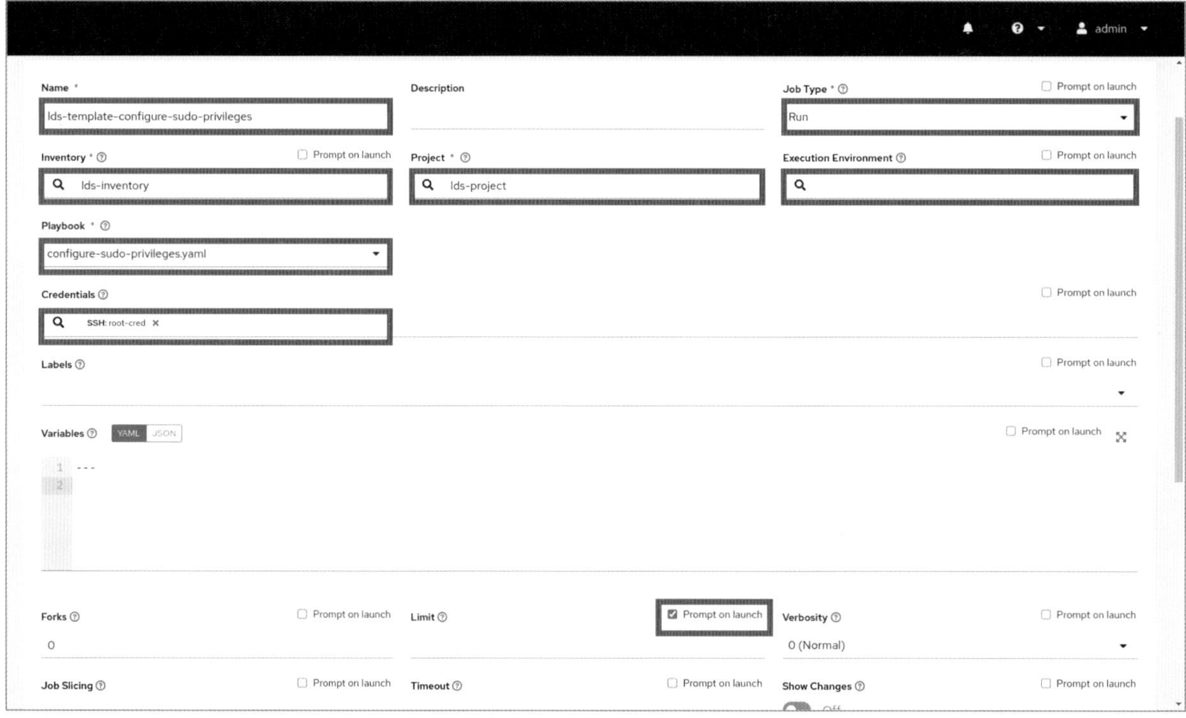

[그림 : Ansible AWX - Resources - Templates - Create New Job Template - Create - Info]

Job Template을 생성하면 아래와 같이 Job Template 상세 화면을 확인 가능합니다.

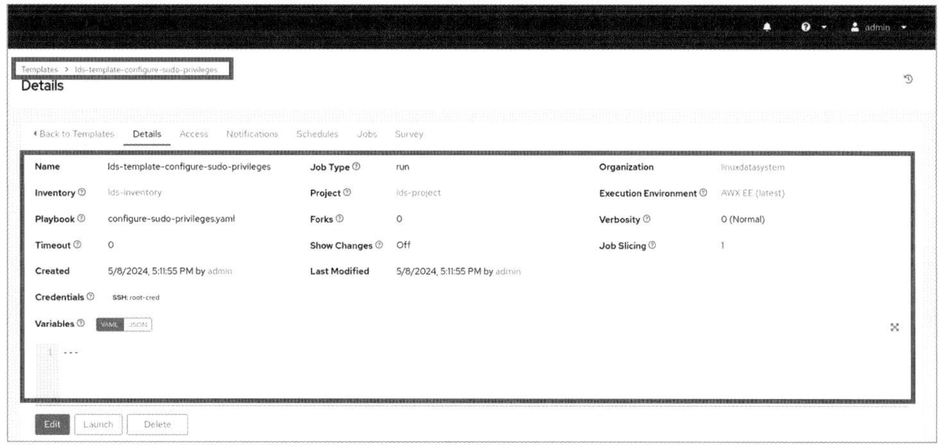

[그림 : Ansible AWX - Resources - Templates - Create New Job Template - Result]

8.2.2.3. 실행 - Job Template

다음은 **lds-project**에 **lds-template-configure-sudo-privileges Template**을 실행하는 실습입니다.

1. **Templates** 페이지로 이동:
   a. 왼쪽 메뉴에서 **Resources**을 선택합니다.
   b. "**Templates**" 탭을 선택합니다.
2. 대상 Templates 실행: lds-template-configure-sudo-privileges
   a. **Launch Template**
3. Launch | lds-template-configure-sudo-privileges
   a. Other prompts
      i. Limit: **awx_guests**
         1. Group 기준한 실행
   b. Preview

실행할 Job Template을 확인 후 Launch Template을 실행합니다. 실행할 Template을 Name으로 검색하면 빠르게 확인 할 수 있습니다.

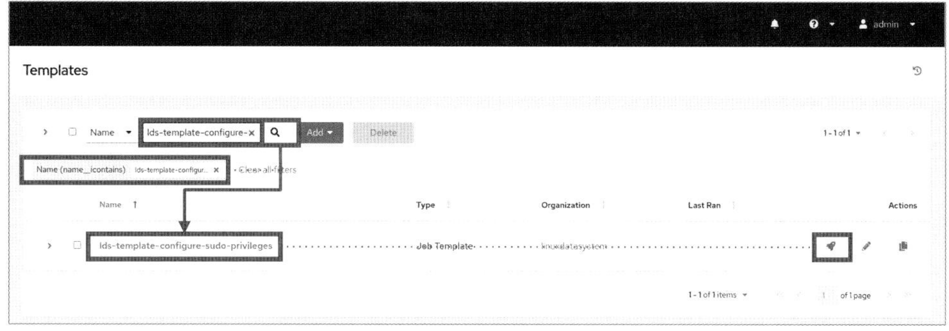

[그림 : Ansible AWX - Resources - Templates - lds-template-configure-sudo-privileges - Launch Template]

Template 실행에 필요한 prompts 정보를 입력 후 실행합니다.

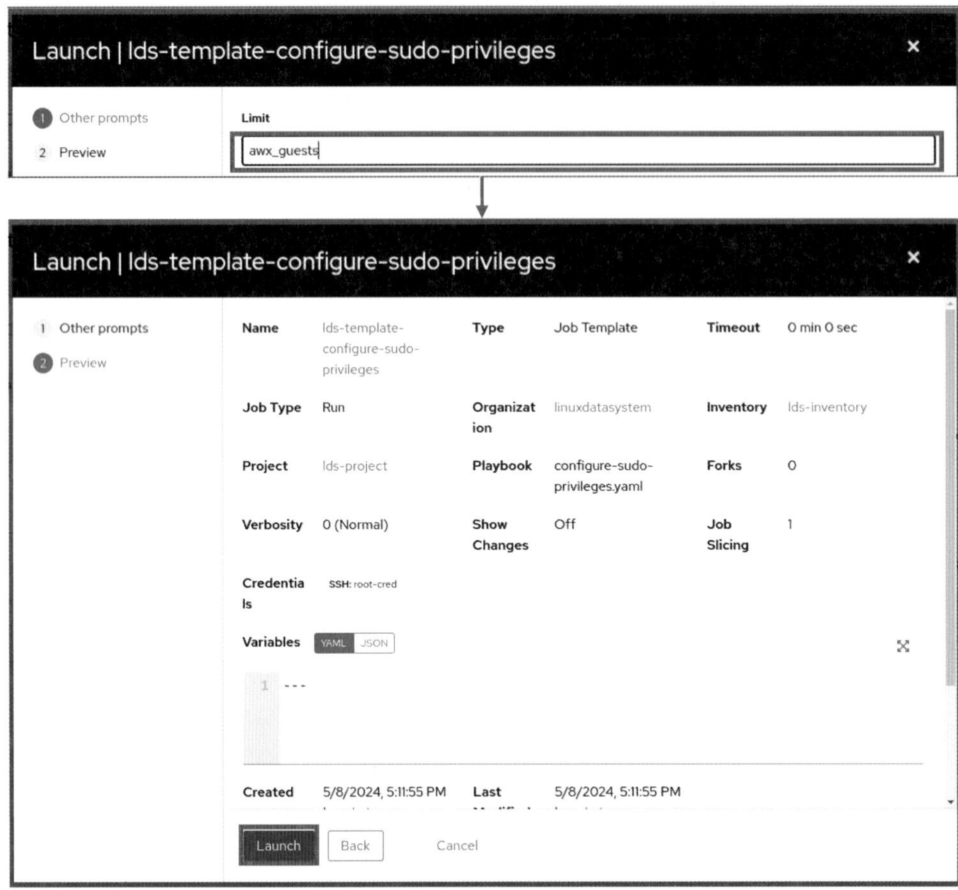

[그림 : Ansible AWX - Resources - Templates - lds-template-configure-sudo-privileges - Launch Template - prompts]

Template 실행 결과는 다음과 같습니다.

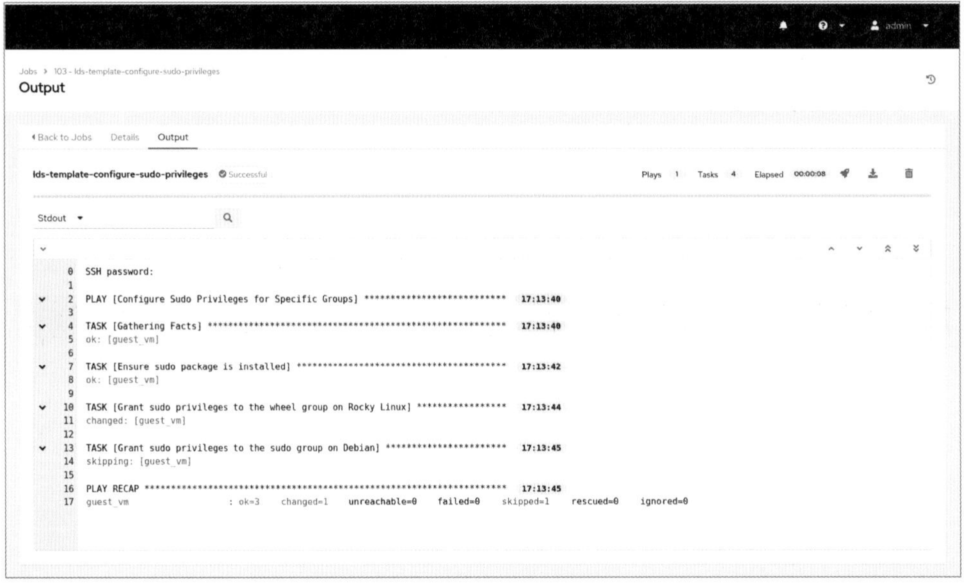

[그림 : Ansible AWX - Resources - Templates - lds-template-configure-sudo-privileges - Launch Template - Results]

제9장 애플리케이션 배포 및 관리

이 장에서는 애플리케이션의 배포, 관리 및 유지 보수를 위한 자동화 전략에 대해 설명합니다. 현대 IT 환경에서는 애플리케이션의 빠른 배포와 정확한 업데이트가 필수적이며, 이를 위해 Ansible과 같은 자동화 도구를 사용하여 효율적이고 오류를 최소화하는 방법을 추구합니다.

9.1. 웹 애플리케이션 관리

웹 애플리케이션의 배포, 업데이트 및 관리는 IT 운영에서 중요한 부분입니다. 이 과정은 애플리케이션의 가용성과 신뢰성을 유지하는 데 필수적이며, 사용자 경험을 향상시킵니다. Ansible Playbook을 활용하면 이러한 작업들을 자동화하고 표준화할 수 있어, 오류를 줄이고 효율성을 높일 수 있습니다.

9.1.1. 웹 애플리케이션 프로비저닝

프로비저닝은 웹 애플리케이션을 실행하기 위한 환경을 준비하는 과정입니다. Ansible Playbook을 사용하면 서버 환경의 설정, 필요한 소프트웨어의 설치, 네트워크 구성 등을 자동으로 처리할 수 있습니다. 이는 애플리케이션을 효과적으로 배포하고 실행하는 데 필요한 모든 요소를 포함합니다.

9.1.1.1. Project directory에 Playbook 파일 생성

대상 디렉토리로 이동후 다음과 같이 yaml 파일을 생성합니다.

- 이전에 생성한 [PERSISTENT_VOLUME_HOST_PATH]/lds-project 디렉터리에 다음 콘텐츠로 yaml 파일을 생성합니다.
  - 다음과 같이 명령어를 실행합니다.

```
cd [PERSISTENT_VOLUME_HOST_PATH]

cd lds-project

vi provision-web-applications.yaml

---
- name: Provision Web Applications on Linux Servers
  hosts: all
  become: true

  tasks:
    - name: Install Apache httpd and Tomcat on Rocky Linux
      block:
```

```
    - name: Install httpd
      yum:
        name: httpd
        state: present
    - name: Start and enable httpd
      systemd:
        name: httpd
        state: started
        enabled: true
    - name: Install Tomcat
      yum:
        name: tomcat
        state: present
    - name: Start and enable Tomcat
      systemd:
        name: tomcat
        state: started
        enabled: true
    - name: Open firewall for Tomcat on Rocky Linux
      firewalld:
        port: "8080/tcp"
        permanent: true
        state: enabled
  when: ansible_os_family == "RedHat"


- name: Install Apache httpd and Tomcat on Debian
  block:
    - name: Install httpd
      apt:
        name: apache2
        state: present
    - name: Start and enable httpd
      systemd:
        name: apache2
        state: started
        enabled: true
    - name: Install Tomcat
      apt:
        name: tomcat9
        state: present
    - name: Start and enable Tomcat
      systemd:
        name: tomcat9
        state: started
        enabled: true
  when: ansible_os_family == "Debian"

- name: Open firewall for HTTP and HTTPS on Rocky Linux
  firewalld:
    service: "{{ item }}"
    permanent: true
    state: enabled
  loop: ['http', 'https']
  when: ansible_os_family == "RedHat"
```

```
[root@awx ~]# cd /var/lib/rancher/k3s/storage/pvc-f183a2c8-0714-45ed-8055-
fd63ac526572_awx_awx-demo-projects-claim
[root@awx pvc-f183a2c8-0714-45ed-8055-fd63ac526572_awx_awx-demo-projects-claim]# cd lds-
project
[root@awx lds-project]# pwd
/var/lib/rancher/k3s/storage/pvc-f183a2c8-0714-45ed-8055-fd63ac526572_awx_awx-demo-
projects-claim/lds-project
[root@awx lds-project]# vi provision-web-applications.yaml
[root@awx lds-project]# cat provision-web-applications.yaml
---
- name: Provision Web Applications on Linux Servers
  hosts: all
  become: true

  tasks:
   - name: Install Apache httpd and Tomcat on Rocky Linux
     block:
       - name: Install httpd
         yum:
           name: httpd
           state: present
       - name: Start and enable httpd
         systemd:
           name: httpd
           state: started
           enabled: true
       - name: Install Tomcat
         yum:
           name: tomcat
           state: present
       - name: Start and enable Tomcat
         systemd:
           name: tomcat
           state: started
           enabled: true
       - name: Open firewall for Tomcat on Rocky Linux
         firewalld:
           port: "8080/tcp"
           permanent: true
           state: enabled
     when: ansible_os_family == "RedHat"
   - name: Install Apache httpd and Tomcat on Debian
     block:
       - name: Install httpd
         apt:
           name: apache2
           state: present
       - name: Start and enable httpd
         systemd:
           name: apache2
           state: started
           enabled: true
       - name: Install Tomcat
```

```
          apt:
            name: tomcat9
            state: present
        - name: Start and enable Tomcat
          systemd:
            name: tomcat9
            state: started
            enabled: true
      when: ansible_os_family == "Debian"

    - name: Open firewall for HTTP and HTTPS on Rocky Linux
      firewalld:
        service: "{{ item }}"
        permanent: true
        state: enabled
      loop: ['http', 'https']
      when: ansible_os_family == "RedHat"

[root@awx lds-project]#
```

9.1.1.2. 추가 – Job Template

다음은 lds-project에 lds-template-provision-web-applications Template을 생성하는 실습입니다.

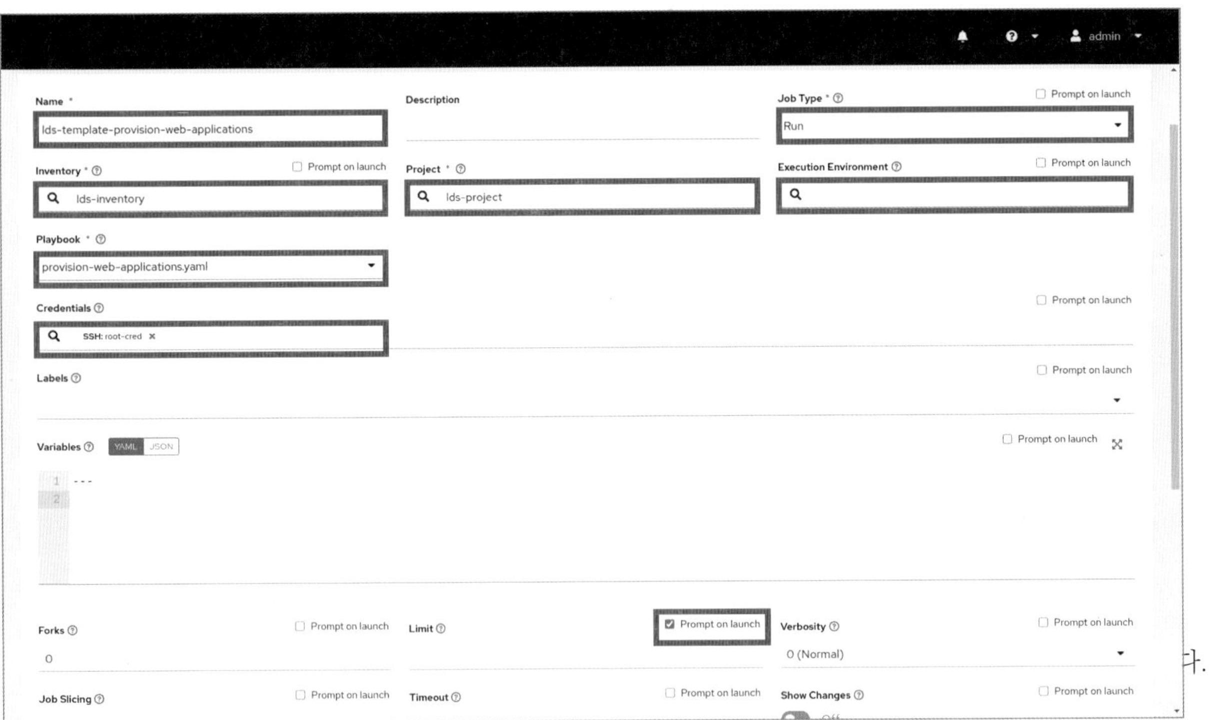

[그림 : Ansible AWX – Resources – Templates – Create New Job Template – Create – Info]

Job Template을 생성하면 아래와 같이 Job Template 상세 화면을 확인 가능합니다.

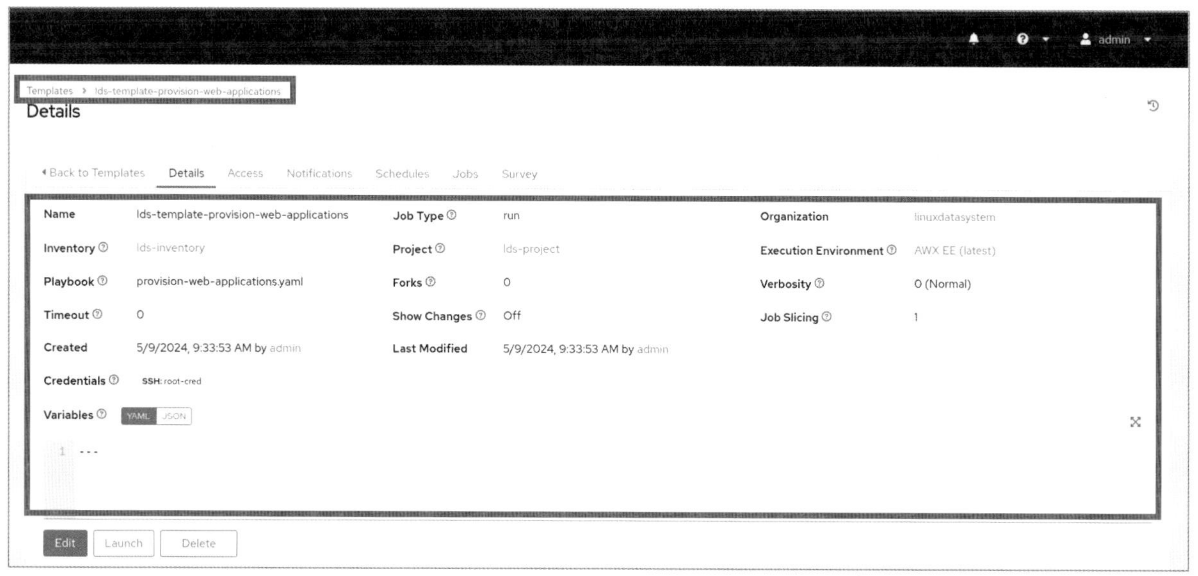

[그림 : Ansible AWX – Resources – Templates – Create New Job Template – Result]

9.1.1.3. 실행 – Job Template

다음은 lds-project에 lds-template-provision-web-applications Template을 실행하는 실습입니다.

4. Templates 페이지로 이동:
   a. 왼쪽 메뉴에서 Resources을 선택합니다.
   b. "Templates" 탭을 선택합니다.
5. 대상 Templates 실행: lds-template-provision-web-applications
   a. **Launch Template**
6. Launch | lds-template-provision-web-applications
   a. Other prompts
      i . Limit: **awx_guests**
         1. Group 기준한 실행
   b. Preview

실행할 Job Template을 확인 후 Launch Template을 실행합니다. 실행할 Template을 Name으로 검색하면 빠르게 확인 할 수 있습니다.

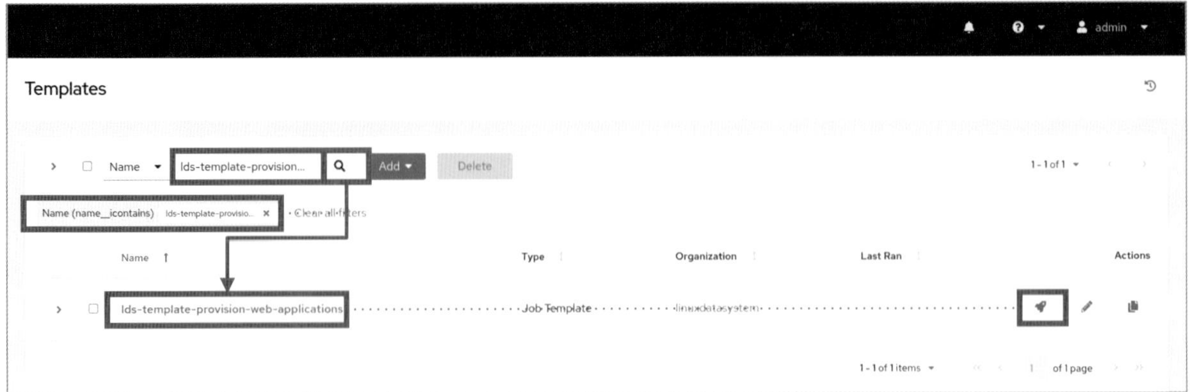

[그림 : Ansible AWX - Resources - Templates - lds-template-provision-web-applications - Launch Template]

Template 실행에 필요한 prompts 정보를 입력 후 실행합니다.

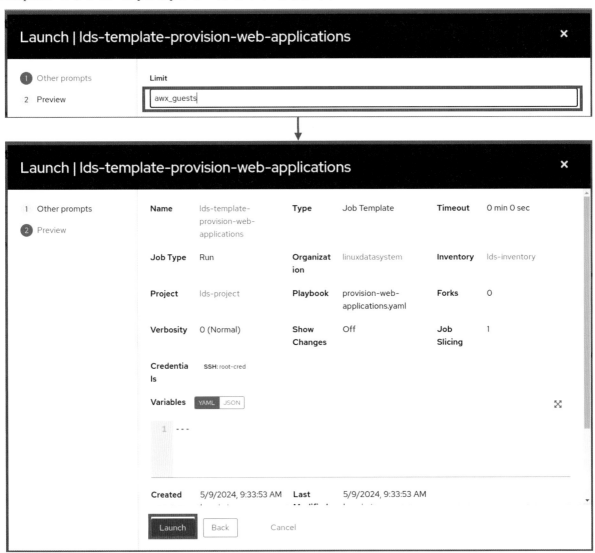

Launch | lds-template-provision-web-applications

1 Other prompts
2 Preview

Limit
awx_guests

Launch | lds-template-provision-web-applications

1 Other prompts
2 Preview

Name	lds-template-provision-web-applications	Type	Job Template	Timeout	0 min 0 sec
Job Type	Run	Organization	linuxdatasystem	Inventory	lds-inventory
Project	lds-project	Playbook	provision-web-applications.yaml	Forks	0
Verbosity	0 (Normal)	Show Changes	Off	Job Slicing	1
Credentials	SSH: root-cred				

Variables YAML JSON

```
1 ---
```

Created 5/9/2024, 9:33:53 AM Last Modified 5/9/2024, 9:33:53 AM

Launch Back Cancel

[그림 : Ansible AWX - Resources - Templates - lds-template-provision-web-applications - Launch Template - prompts]

Template 실행 결과는 다음과 같습니다.

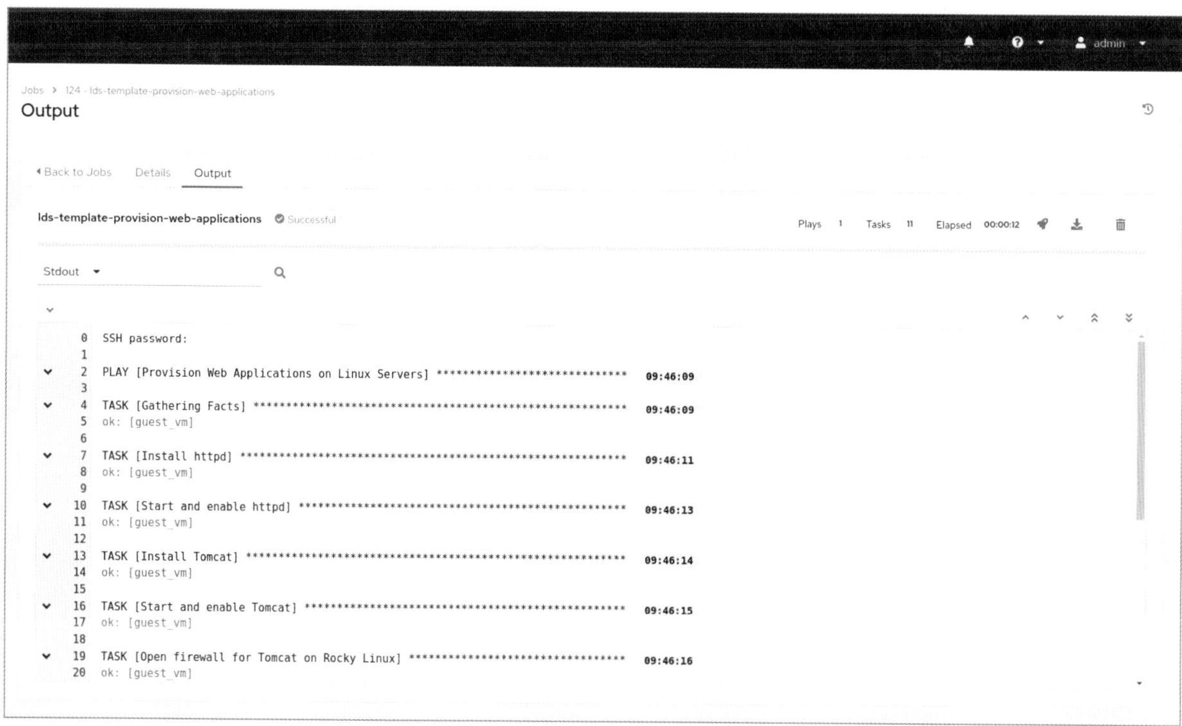

[그림 : Ansible AWX - Resources - Templates - lds-template-provision-web-applications - Launch Template - Results]

웹 브라우저에서 http://192.168.50.120 주소를 열면 httpd가 실행 중인지 확인할 수 있습니다.

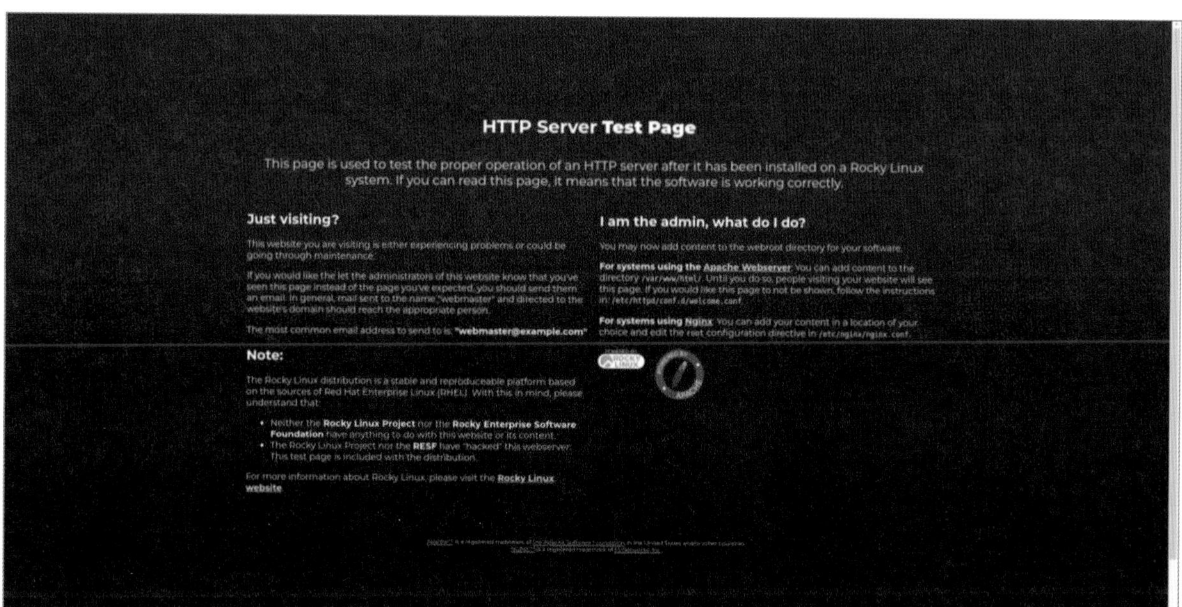

[그림 : Ansible AWX - Resources - Templates - lds-template-provision-web-applications - Launch Template - Results - Httpd]

웹 애플리케이션 삭제 및 관련 서비스 정리를 위한 Ansible Playbook 예제를 소개합니다. 이 Playbook은 Rocky Linux에서 httpd(Apache)와 Tomcat을 삭제하며, Debian에서는 httpd(Apache2)와 Tomcat9을 삭제합니다. 이를 통해 서버에서 불필요한 애플리케이션을 제거하고 시스템을 정리할 수 있습니다.

9.1.2.1. Project directory에 Playbook 파일 생성

대상 디렉토리로 이동후 다음과 같이 yaml 파일을 생성합니다.

1. 이전에 생성한 [PERSISTENT_VOLUME_HOST_PATH]/lds-project 디렉터리에 다음 콘텐츠로 yaml 파일을 생성합니다.

   a. 다음과 같이 명령어를 실행합니다.

```
cd [PERSISTENT_VOLUME_HOST_PATH]

cd lds-project

vi remove-web-applications.yaml

---
- name: Remove Web Applications from Linux Servers
  hosts: all
  become: true

  tasks:
    - name: Stop and disable httpd on Rocky Linux
      systemd:
        name: httpd
        state: stopped
        enabled: no
      when: ansible_os_family == "RedHat"

    - name: Remove httpd from Rocky Linux
      yum:
        name: httpd
        state: absent
      when: ansible_os_family == "RedHat"

    - name: Stop and disable Tomcat on Rocky Linux
      systemd:
        name: tomcat
        state: stopped
        enabled: no
      when: ansible_os_family == "RedHat"

    - name: Remove Tomcat from Rocky Linux
      yum:
        name: tomcat
        state: absent
      when: ansible_os_family == "RedHat"

    - name: Stop and disable apache2 on Debian
      systemd:
        name: apache2
        state: stopped
        enabled: no
      when: ansible_os_family == "Debian"
```

```
  - name: Remove apache2 from Debian
    apt:
      name: apache2
      state: absent
    when: ansible_os_family == "Debian"

  - name: Stop and disable Tomcat9 on Debian
    systemd:
      name: tomcat9
      state: stopped
      enabled: no
    when: ansible_os_family == "Debian"

  - name: Remove Tomcat9 from Debian
    apt:
      name: tomcat9
      state: absent
    when: ansible_os_family == "Debian"
```

```
[root@awx ~]# cd /var/lib/rancher/k3s/storage/pvc-f183a2c8-0714-45ed-8055-fd63ac526572_awx_awx-demo-projects-claim
[root@awx pvc-f183a2c8-0714-45ed-8055-fd63ac526572_awx_awx-demo-projects-claim]# cd lds-project
[root@awx lds-project]# pwd
/var/lib/rancher/k3s/storage/pvc-f183a2c8-0714-45ed-8055-fd63ac526572_awx_awx-demo-projects-claim/lds-project
[root@awx lds-project]# vi remove-web-applications.yaml
[root@awx lds-project]# cat remove-web-applications.yaml
---
- name: Remove Web Applications from Linux Servers
  hosts: all
  become: true

  tasks:
    - name: Stop and disable httpd on Rocky Linux
      systemd:
        name: httpd
        state: stopped
        enabled: no
      when: ansible_os_family == "RedHat"


    - name: Remove httpd from Rocky Linux
      yum:
        name: httpd
        state: absent
      when: ansible_os_family == "RedHat"

    - name: Stop and disable Tomcat on Rocky Linux
      systemd:
        name: tomcat
        state: stopped
```

```
    enabled: no
  when: ansible_os_family == "RedHat"

- name: Remove Tomcat from Rocky Linux
  yum:
    name: tomcat
    state: absent
  when: ansible_os_family == "RedHat"

- name: Stop and disable apache2 on Debian
  systemd:
    name: apache2
    state: stopped
    enabled: no
  when: ansible_os_family == "Debian"

- name: Remove apache2 from Debian
  apt:
    name: apache2
    state: absent
  when: ansible_os_family == "Debian"

- name: Stop and disable Tomcat9 on Debian
  systemd:
    name: tomcat9
    state: stopped
    enabled: no
  when: ansible_os_family == "Debian"

- name: Remove Tomcat9 from Debian
  apt:
    name: tomcat9
    state: absent
  when: ansible_os_family == "Debian"

[root@awx lds-project]#
```

9.1.2.2. 추가 – Job Template

다음은 lds-project에 lds-template-remove-web-applications Template을 생성하는 실습입니다.

1. Templates 페이지로 이동:
   a. 왼쪽 메뉴에서 Resources을 선택합니다.
   b. "Templates" 탭을 선택합니다.
2. Create New Job Template: 새 job template 양식에 다음 정보를 입력
   a. Name: lds-template-remove-web-applications
   b. Job Type: Run

c. **Inventory**: lds-inventory

d. **Project**: lds-project

e. **Playbook**: remove-web-applications.yaml

f. **Credentials**: root-cred

g. Limit: Selected **[Prompt on launch]**

i . 실행 할 대상을 선택하기 위함

3. "Save" 버튼을 클릭하여 **Job Template** 생성

위 내용을 참조하여 입력 한 내용은 다음과 같습니다.

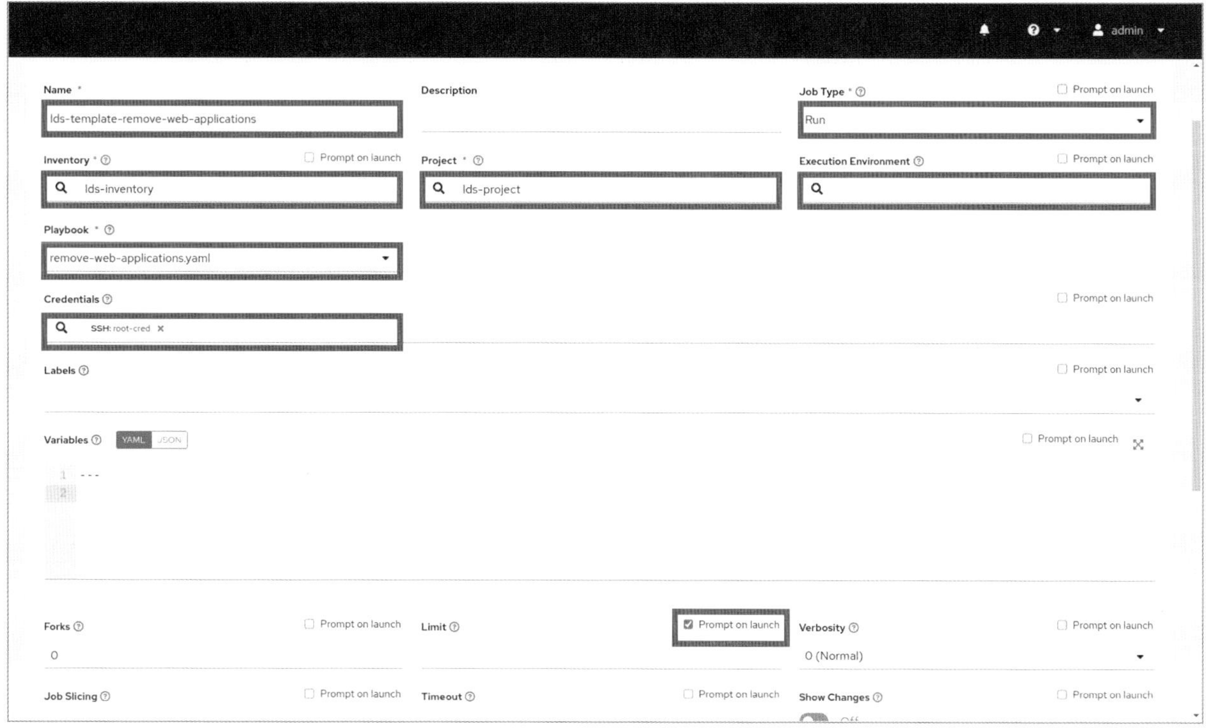

[그림 : Ansible AWX – Resources – Templates – Create New Job Template – Create – Info]

Job Template을 생성하면 아래와 같이 Job Template 상세 화면을 확인 가능합니다.

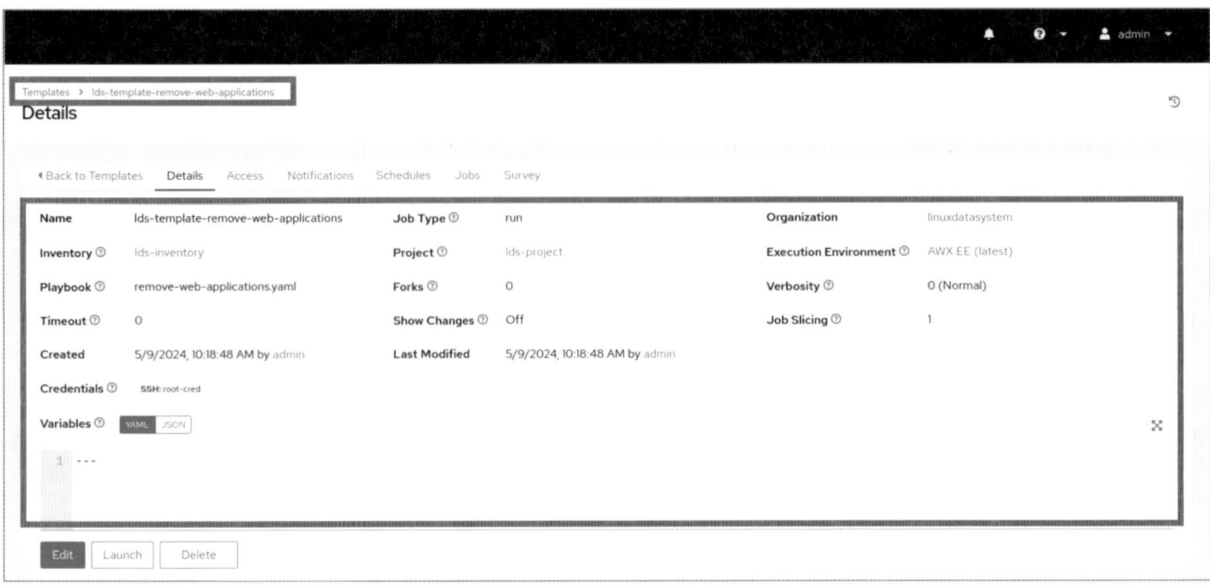

[그림 : Ansible AWX – Resources – Templates – Create New Job Template – Result]

9.1.2.3. 실행 – Job Template

다음은 lds-project에 **lds-template-remove-web-applications Template**을 실행하는 실습입니다.

1. **Templates** 페이지로 이동:
    a. 왼쪽 메뉴에서 **Resources**을 선택합니다.
    b. "**Templates**" 탭을 선택합니다.
2. 대상 Templates 실행: lds-template-remove-web-applications
    a. **Launch Template**
3. Launch | lds-template-remove-web-applications
    a. Other prompts
        i . Limit: **awx_guests**
            1. Group 기준한 실행
    b. Preview

실행할 Job Template을 확인 후 Launch Template을 실행합니다. 실행할 Template을 Name으로 검색하면 빠르게 확인 할 수 있습니다.

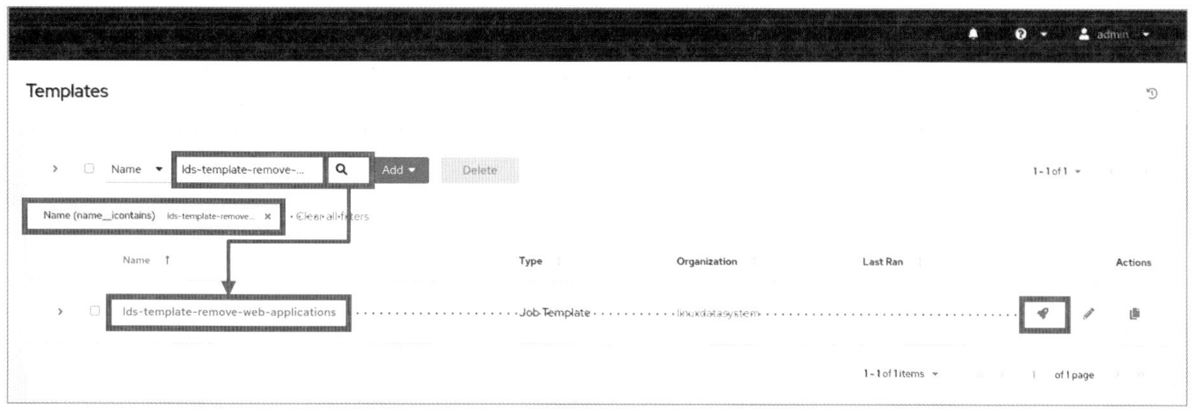

[그림 : Ansible AWX – Resources – Templates – lds-template-remove-web-applications – Launch Template]

Template 실행에 필요한 prompts 정보를 입력 후 실행합니다.

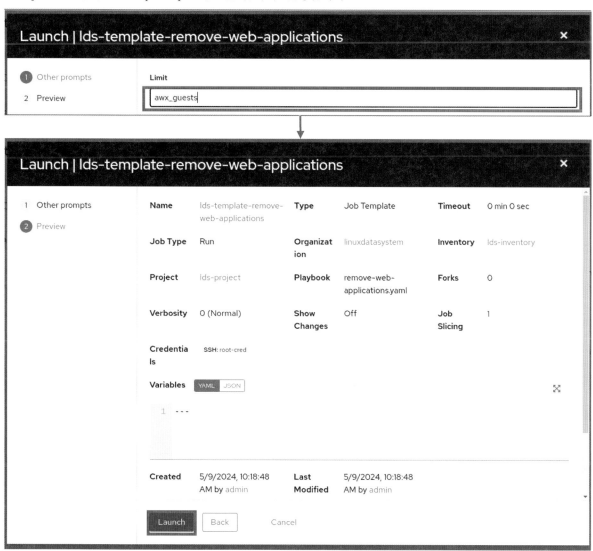

Launch | lds-template-remove-web-applications

1 Other prompts
2 Preview

Limit

awx_guests

Launch | lds-template-remove-web-applications

1 Other prompts
2 Preview

Name	lds-template-remove-web-applications	**Type**	Job Template	**Timeout**	0 min 0 sec
Job Type	Run	**Organization**	linuxdatasystem	**Inventory**	lds-inventory
Project	lds-project	**Playbook**	remove-web-applications.yaml	**Forks**	0
Verbosity	0 (Normal)	**Show Changes**	Off	**Job Slicing**	1
Credentials	SSH: root-cred				

Variables YAML JSON

```
1 ---
```

Created	5/9/2024, 10:18:48 AM by admin	**Last Modified**	5/9/2024, 10:18:48 AM by admin

Launch Back Cancel

[그림 : Ansible AWX – Resources – Templates – lds-template-remove-web-applications – Launch Template – Results – Httpd]

Template 실행 결과는 다음과 같습니다.

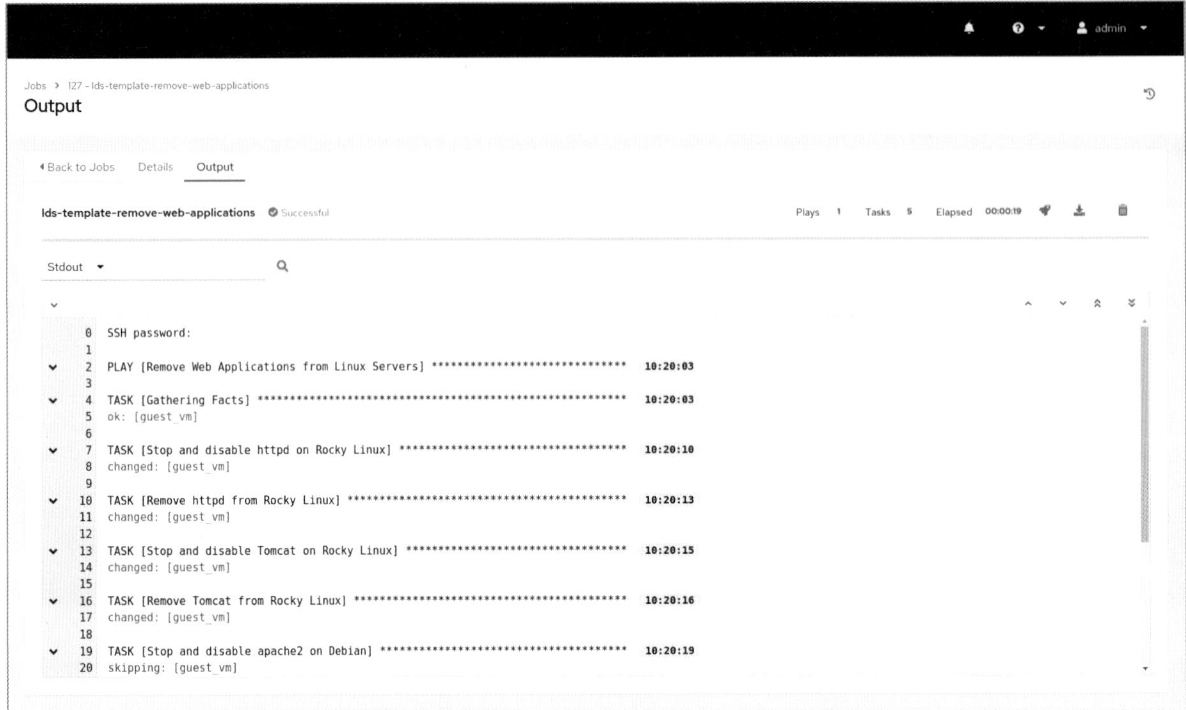

[그림 : Ansible AWX - Resources - Templates - lds-template-remove-web-applications - Launch Template - Results]

웹 브라우저에서 http://192.168.50.120 주소를 열면 접속이 되지 않는 것을 확인할 수 있습니다.

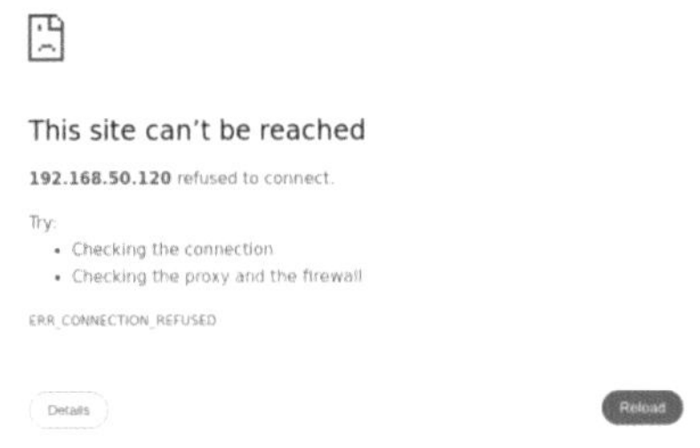

[그림 : Ansible AWX - Resources - Templates - lds-template-remove-web-applications - Launch Template - Results - Httpd]

9.2. Jenkins 관리

이 세션에서는 Jenkins를 Ansible Playbook을 사용하여 Linux 서버에 설치합니다. Jenkins와 그 종속성들을 설치하고 기본적인 구성을 완료하는 과정을 자동화합니다.

9.2.1. Jenkins 프로비저닝

Ansible Playbook을 사용하여 Jenkins 애플리케이션을 자동으로 설치하고 구성하는 과정을 포함합니다. 이 접근 방식을 통해 개발자와 시스템 관리자는 Jenkins 설치, 설정, 관리 작업을 자동화하여 시간을 절약하고 오류를 줄일 수 있습니다. Playbook을 사용한 프로비저닝은 일련의 단계를 통해 서버를 원하는 상태로 구성하여 복잡한 작업을 단순화하고 반복 가능하게 만듭니다.

9.2.1.1. Project directory에 Playbook 파일 생성

대상 디렉토리로 이동후 다음과 같이 yaml 파일을 생성합니다.

1. 이전에 생성한 [PERSISTENT_VOLUME_HOST_PATH]/lds-project 디렉터리에 다음 콘텐츠로 yaml 파일을 생성합니다.

    a. 다음과 같이 명령어를 실행합니다.

```
cd [PERSISTENT_VOLUME_HOST_PATH]

cd lds-project

vi install-jenkins.yaml

---
- name: Install and Configure Jenkins on Rocky Linux
  hosts: all
  become: true

  tasks:
    - name: Install Java
      yum:
        name: java-11-openjdk
        state: present

    - name: Add Jenkins repository
      yum_repository:
        name: jenkins
        description: Jenkins
        baseurl: https://pkg.jenkins.io/redhat-stable/
        gpgkey: https://pkg.jenkins.io/redhat-stable/jenkins.io.key
        gpgcheck: yes
        enabled: yes
```

```
- name: Import Jenkins repository key
  command: rpm --import https://pkg.jenkins.io/redhat-stable/jenkins.io.key

- name: Refresh repository cache
  command: yum makecache

- name: Install Jenkins
  yum:
    name: jenkins
    state: present
    disable_gpg_check: yes

- name: Start and enable Jenkins service
  systemd:
    name: jenkins
    state: started
    enabled: true

- name: Open firewall for Jenkins
  firewalld:
    service: http
    zone: public
    permanent: true
    state: enabled

- name: Open Jenkins port for external access
  firewalld:
    port: "8080/tcp"
    zone: public
    permanent: true
    state: enabled
```

```
- name: Get initialAdminPassword
  shell: cat /var/lib/jenkins/secrets/initialAdminPassword
  register: jenkins_admin_password
  changed_when: false

- name: Display Jenkins initial admin password
  debug:
    msg: "The initial Jenkins admin password is: {{ jenkins_admin_password.stdout }}"

- name: Wait for Jenkins to start up and log in
  uri:
    url: "http://{{ ansible_default_ipv4.address }}:8080/login"
    method: GET
    return_content: yes
    status_code: 200
  register: login_page
  retries: 10
  delay: 10
  until: login_page.status == 200
  when: jenkins_admin_password.stdout is defined
```

```
  - name: Reload firewalld
    systemd:
      name: firewalld
      state: reloaded

  - name: Restart Jenkins
    systemd:
      name: jenkins
      state: restarted
```

```
[root@awx ~]# cd /var/lib/rancher/k3s/storage/pvc-f183a2c8-0714-45ed-8055-fd63ac526572_awx_awx-demo-projects-claim
[root@awx pvc-f183a2c8-0714-45ed-8055-fd63ac526572_awx_awx-demo-projects-claim]# cd lds-project
[root@awx lds-project]# pwd
/var/lib/rancher/k3s/storage/pvc-f183a2c8-0714-45ed-8055-fd63ac526572_awx_awx-demo-projects-claim/lds-project
[root@awx lds-project]# vi install-jenkins.yaml
[root@awx lds-project]# cat install-jenkins.yaml
---
- name: Install and Configure Jenkins on Rocky Linux
  hosts: all
  become: true

  tasks:
    - name: Install Java
      yum:
        name: java-11-openjdk
        state: present

    - name: Add Jenkins repository
      yum_repository:
        name: jenkins
        description: Jenkins
        baseurl: https://pkg.jenkins.io/redhat-stable/
        gpgkey: https://pkg.jenkins.io/redhat-stable/jenkins.io.key
        gpgcheck: yes
        enabled: yes

    - name: Import Jenkins repository key
      command: rpm --import https://pkg.jenkins.io/redhat-stable/jenkins.io.key

    - name: Refresh repository cache
      command: yum makecache

    - name: Install Jenkins
      yum:
        name: jenkins
        state: present
        disable_gpg_check: yes

    - name: Start and enable Jenkins service
```

```
    systemd:
      name: jenkins
      state: started
      enabled: true

  - name: Open firewall for Jenkins
    firewalld:
      service: http
      zone: public
      permanent: true
      state: enabled

  - name: Open Jenkins port for external access
    firewalld:
      port: "8080/tcp"
      zone: public
      permanent: true
      state: enabled

  - name: Get initialAdminPassword
    shell: cat /var/lib/jenkins/secrets/initialAdminPassword
    register: jenkins_admin_password
    changed_when: false

  - name: Display Jenkins initial admin password
    debug:
      msg: "The initial Jenkins admin password is: {{ jenkins_admin_password.stdout }}"

  - name: Wait for Jenkins to start up and log in
    uri:
      url: "http://{{ ansible_default_ipv4.address }}:8080/login"
      method: GET
      return_content: yes
      status_code: 200
    register: login_page
    retries: 10
    delay: 10
    until: login_page.status == 200
    when: jenkins_admin_password.stdout is defined

  - name: Reload firewalld
    systemd:
      name: firewalld
      state: reloaded

  - name: Restart Jenkins
    systemd:
      name: jenkins
      state: restarted

[root@awx lds-project]#
```

9.2.1.2. 추가 – Job Template

다음은 lds-project에 lds-template-install-jenkins Template을 생성하는 실습입니다.

1. Templates 페이지로 이동:
   a. 왼쪽 메뉴에서 Resources을 선택합니다.
   b. "Templates" 탭을 선택합니다.
2. Create New Job Template: 새 job template 양식에 다음 정보를 입력
   a. Name: lds-template-install-jenkins
   b. Job Type: Run
   c. Inventory: lds-inventory
   d. Project: lds-project
   e. Playbook: install-jenkins.yaml
   f. Credentials: root-cred
   g. Limit: Selected [Prompt on launch]
      i . 실행 할 대상을 선택하기 위함
3. "Save" 버튼을 클릭하여 Job Template 생성

위 내용을 참조하여 입력 한 내용은 다음과 같습니다.

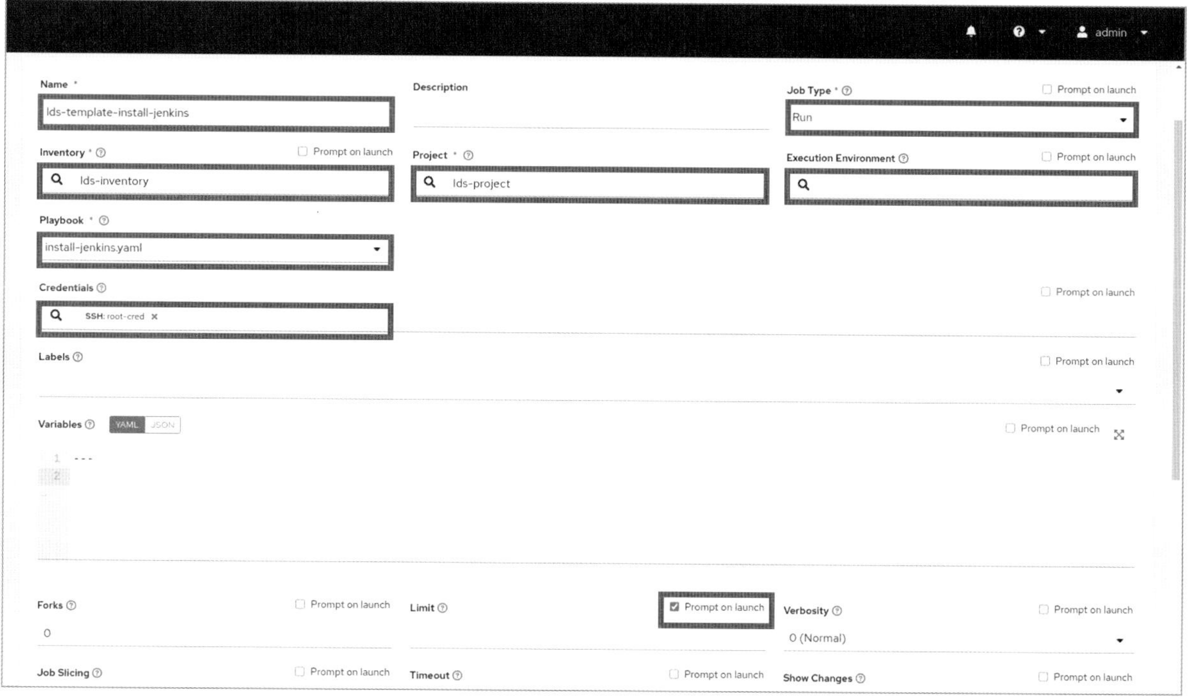

[그림 : Ansible AWX – Resources – Templates – Create New Job Template – Create – Info]

Job Template을 생성하면 아래와 같이 Job Template 상세 화면을 확인 가능합니다.

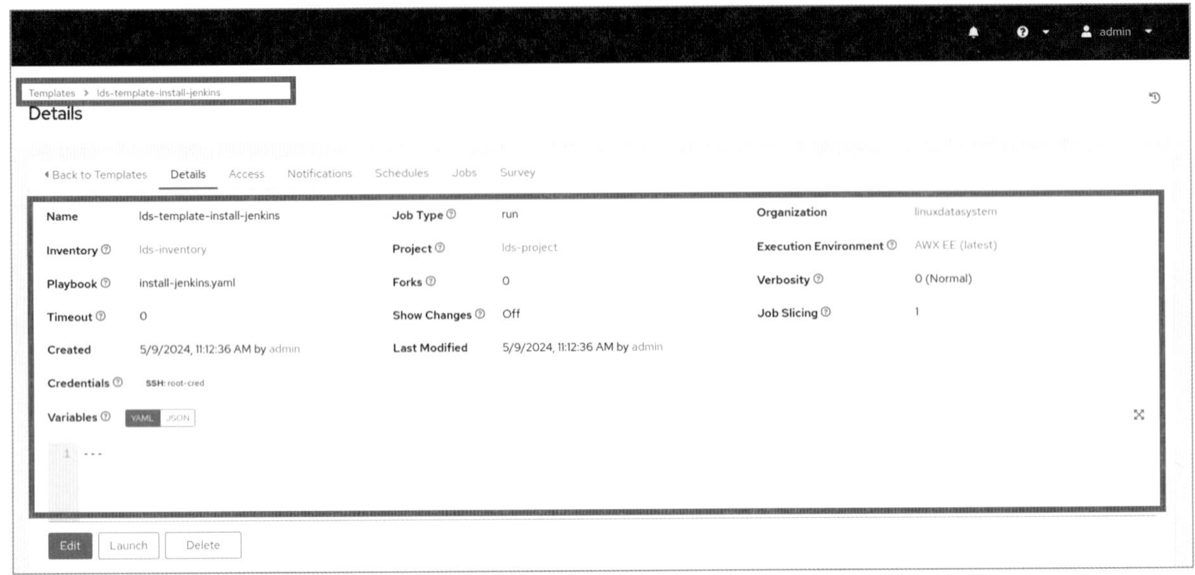

[그림 : Ansible AWX – Resources – Templates – Create New Job Template – Result]

9.2.1.3. 실행 – Job Template

다음은 lds-project에 lds-template-install-jenkins Template을 실행하는 실습입니다.

1. **Templates** 페이지로 이동:
    a. 왼쪽 메뉴에서 **Resources**을 선택합니다.
    b. **"Templates"** 탭을 선택합니다.
2. 대상 Templates 실행: lds-template-install-jenkins
    a. **Launch Template**
3. Launch | lds-template-install-jenkins
    a. Other prompts
        i . Limit: **awx_guests**
            1. Group 기준한 실행
    b. Preview

실행할 Job Template을 확인한 후 Launch Template을 실행합니다. 실행할 Template의 이름으로 검색하면 빠르게 확인할 수 있습니다.

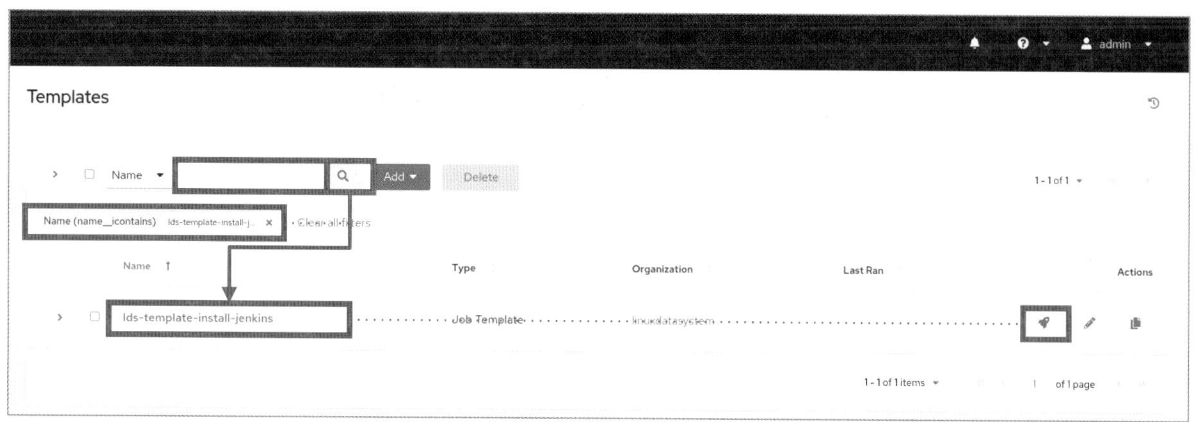

[그림 : Ansible AWX – Resources – Templates – lds–template–install–jenkins – Launch Template]

Template 실행에 필요한 prompts 정보를 입력 후 실행합니다.

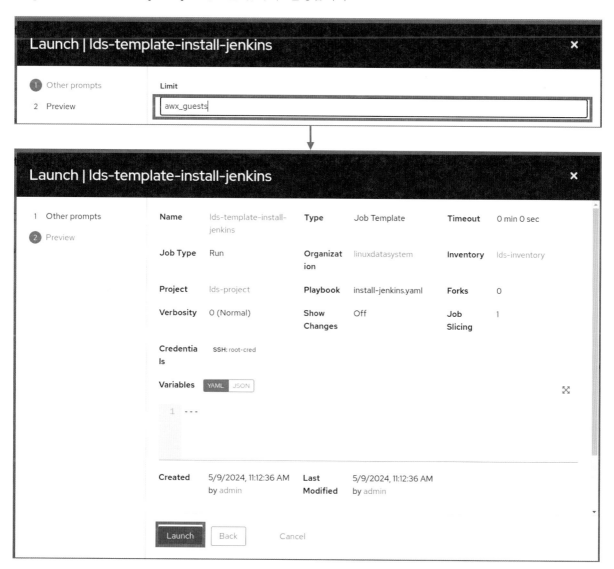

Launch | lds-template-install-jenkins

1 Other prompts
2 Preview

Limit
awx_guests

Launch | lds-template-install-jenkins

1 Other prompts
2 Preview

Name	lds-template-install-jenkins	Type	Job Template	Timeout	0 min 0 sec
Job Type	Run	Organization	linuxdatasystem	Inventory	lds-inventory
Project	lds-project	Playbook	install-jenkins.yaml	Forks	0
Verbosity	0 (Normal)	Show Changes	Off	Job Slicing	1
Credentials	SSH: root-cred				

Variables YAML JSON

```
1 ---
```

Created	5/9/2024, 11:12:36 AM by admin	Last Modified	5/9/2024, 11:12:36 AM by admin

Launch Back Cancel

[그림 : Ansible AWX – Resources – Templates – lds–template–install–jenkins – Launch Template – prompts]

Template 실행 결과는 다음과 같습니다.

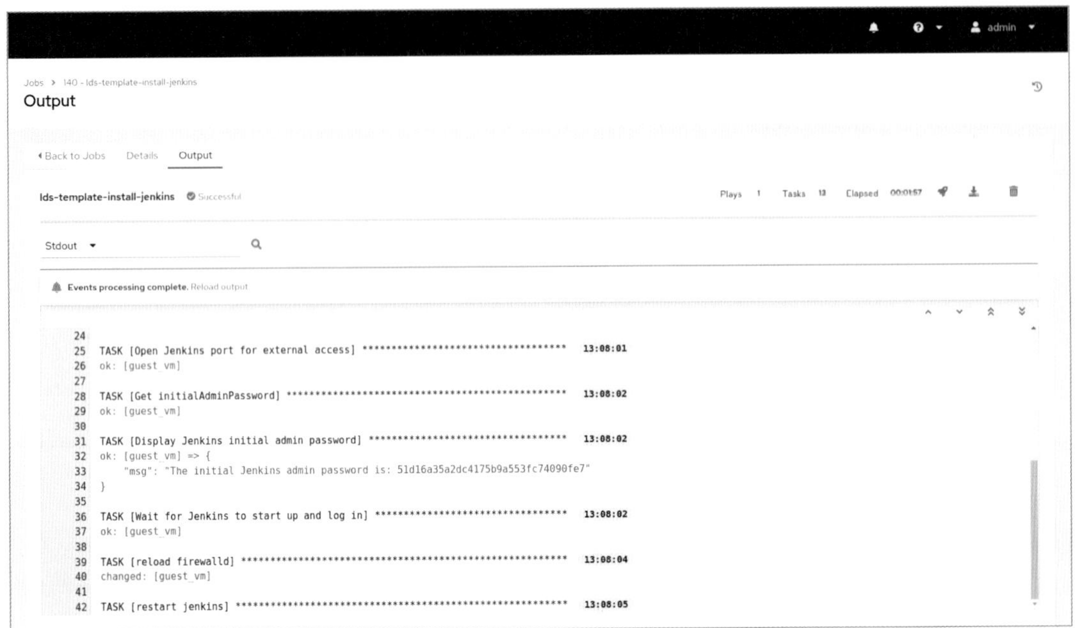

[그림 : Ansible AWX - Resources - Templates - lds-template-install-jenkins - Launch Template - Results]

실행 결과 내역에서 [Display Jenkins initial admin password] 정보를 확인합니다. (msg": "The initial Jenkins admin password is: 51d16a35a2dc4175b9a553fc74090fe7")

9.2.1.4. Jenkins 설정

9.2.1.4.1. Unlock Jenkins

웹 브라우저에서 http://192.168.50.120:8080에 접속하여 Jenkins 콘솔에 로그인합니다. 초기 패스워드 정보를 확인하여 로그인합니다.

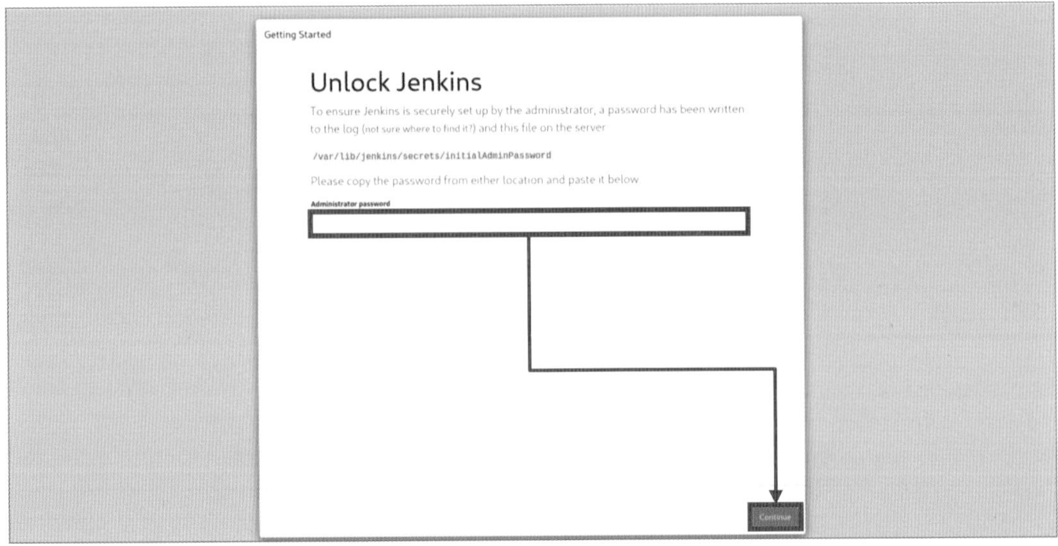

[그림 : Jenkins - Getting Started - Unlock Jenkins]

9.2.1.4.2. Customize Jenkins

Jenkins에 필요한 Plugins을 설치하도록 진행합니다.

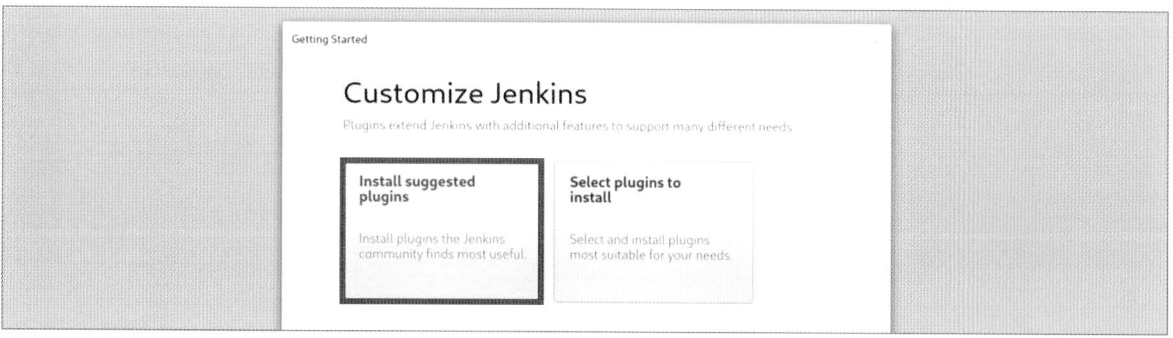

[그림 : Jenkins - Getting Started - Customize Jenkins]

9.2.1.4.3. Getting Started

Jenkins에 필요한 Plugins을 설치합니다. Plugins이 설치 진행 상황을 실시간으로 확인할 수 있습니다.

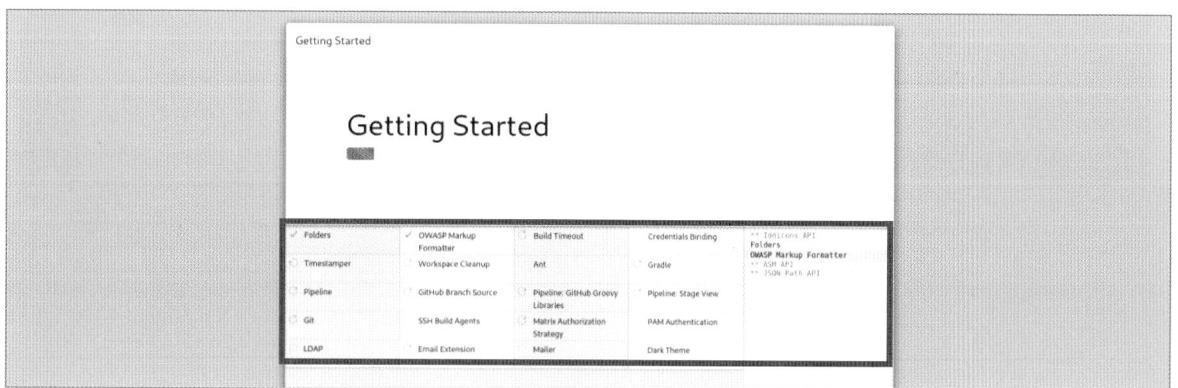

[그림 : Jenkins - Getting Started - Getting Started]

9.2.1.4.4. Create First Admin User

Admin User를 생성합니다.

- 필요한 정보를 입력합니다.
  - Username: admin
  - Password: [INPUT_PASSWORD]
  - Confirm password: [INPUT_PASSWORD]
  - E-mail address: [INPUT EMAIL]

[그림 : Jenkins - Getting Started - Create First Admin User]

9.2.1.4.5. Instance Configuration

Instance Configuration 정보를 확인합니다.

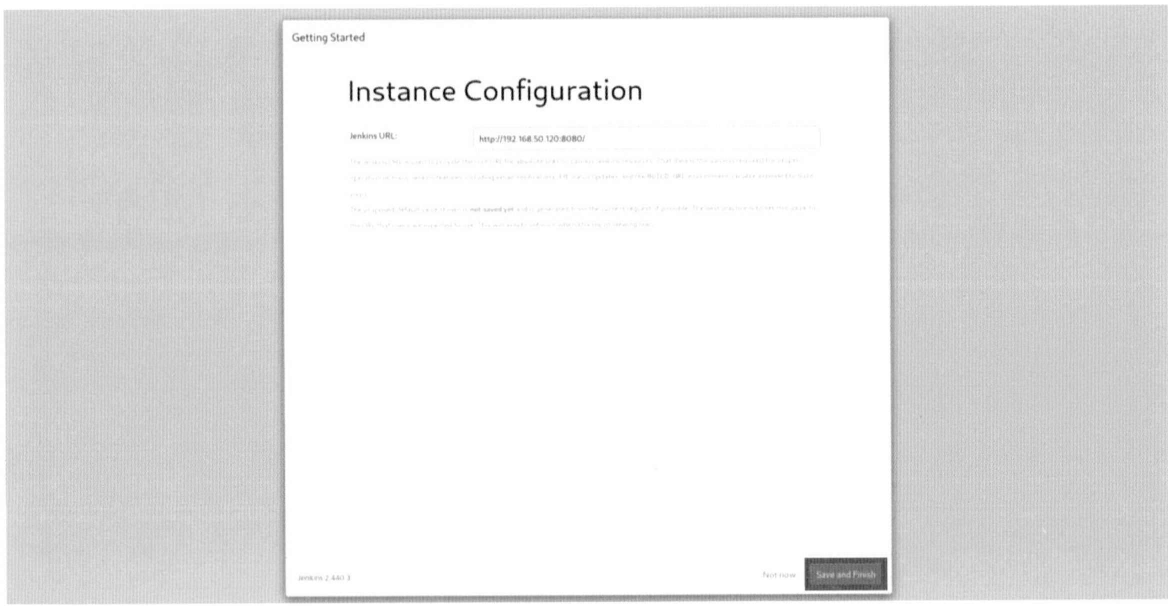

[그림 : Jenkins - Getting Started - Instance Configuration]

Jenkins 구성을 완료 합니다.

[그림 : Jenkins – Getting Started – Complete]

9.2.1.4.6. Main Page

Jenkins Main Page 접속하는 것을 확인할 수 있습니다.

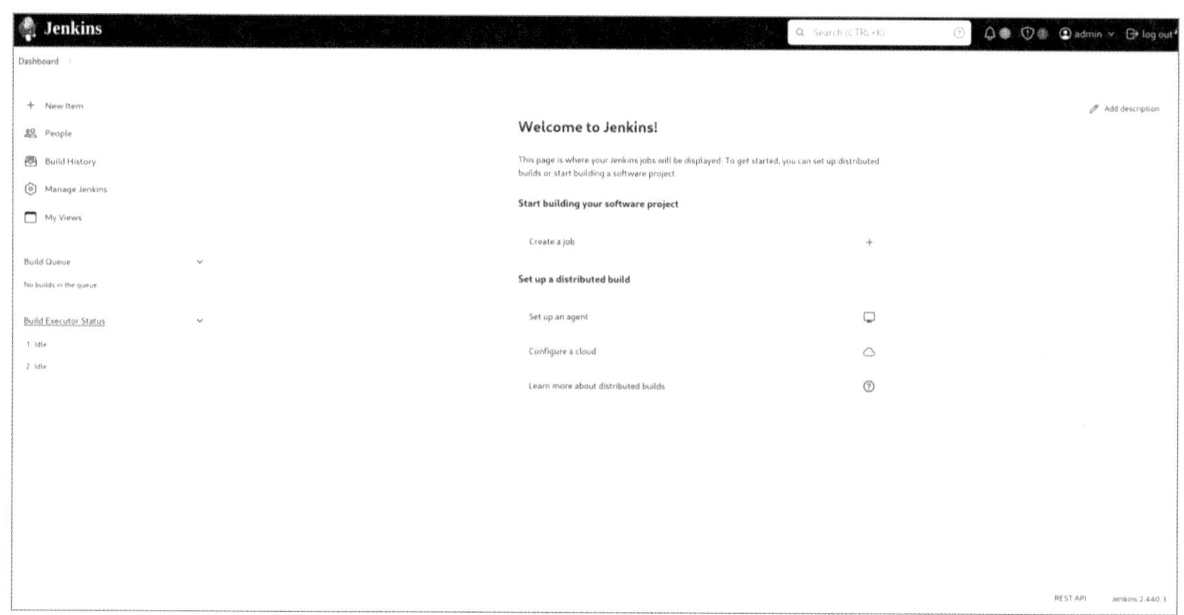

[그림 : Jenkins – Getting Started – Complete]

PART 5 참고 문헌

5.1. Reference

- VirtualBox
  - Welcome to VirtualBox.org
    - https://www.virtualbox.org/
  - End-user documentation
    - https://www.virtualbox.org/wiki/End-user_documentation
  - Technical documentation
    - https://www.virtualbox.org/wiki/Technical_documentation
  - User Manual
    - https://www.virtualbox.org/manual/
- Rocky Linux
  - Enterprise Linux, the community way.
    - https://rockylinux.org/
  - Rocky Linux Documentation
    - https://docs.rockylinux.org/
  - Rocky Linux guides
    - https://docs.rockylinux.org/guides/
    - https://docs.rockylinux.org/ko/guides/installation/
  - Rocky Linux 9 설치
    - https://docs.rockylinux.org/guides/installation/#installing-rocky-linux-9
- Ansible
  - Ansible Documentation
    - https://docs.ansible.com/ansible/latest/index.html
- Ansible AWX
  - AWX - github
    - https://github.com/ansible/awx
  - Installing AWX
    - https://github.com/ansible/awx/blob/devel/INSTALL.md
  - AWX Documentation

- https://ansible.readthedocs.io/projects/awx/en/latest/
- awx-operator - github
  - https://github.com/ansible/awx-operator
- delete awx
  - https://github.com/ansible/awx-operator/blob/devel/docs/uninstall/uninstall.md
- Ansible AWX Operator Documentation
  - https://ansible.readthedocs.io/projects/awx-operator/en/latest/
- AWX: Web-Based Console Manager for Ansible Tower of Power
  - https://www.admin-magazine.com/Archive/2018/46/AWX-Web-Based-Console-Manager-for-Ansible
- Automating with AWX
  - https://ansible.readthedocs.io/projects/awx/en/latest/userguide/index.html

k3s

- Requirements
  - https://docs.k3s.io/kr/installation/requirements
- airgap
  - https://docs.k3s.io/installation/airgap
- Prerequisite - linux
  - https://docs.k3s.io/kr/advanced#red-hat-enterprise-linux--centos
- architecture
  - https://docs.k3s.io/architecture

kvm

- Kernel Virtual Machine
  - https://www.linux-kvm.org/page/Main_Page

Util

- rufus
  - https://rufus.ie/ko/

쉽게 따라하는

Ansible AWX 구축 가이드

Ansible AWX 개념·사용법 이해와 활용

개정판 1쇄 발행 2024년 8월 16일

저 자 ㈜리눅스데이타시스템
집필지원 권태민, 권순호, 이유진, 이종민

발행인 ㈜리눅스데이타시스템
발행처 ㈜리눅스데이타시스템
출판등록 2020년 11월 4일
신고번호 제 2024-000032호
주 소 경기도 과천시 과천대로12길 117 과천 펜타원 G동 1401호
전 화 02-6207-1160
팩 스 02-6207-1161

홈페이지 www.linuxdata.co.kr
기술사이트 www.linuxdata.org

디자인/인쇄 ㈜라라팝
전 화 02-3789-8556
정 가 33,000원
ISBN 979-11-988452-0-7 (93560)